普通高等教育"十四五"计算机类专业系列教材

计算机组成原理教程

主　编　徐　东　姜志明
副主编　薄　瑜　李　琳　王　璨　于文武
参　编　翟　悦　罗佳伟　于林林　张海波
　　　　郭　杨
主　审　刘瑞杰

中国铁道出版社有限公司
CHINA RAILWAY PUBLISHING HOUSE CO., LTD.

内 容 简 介

计算机硬件系统包括运算器、控制器、存储器、输入设备和输出设备五大部分。本书前七章围绕计算机硬件系统组成的五大部分展开讨论：第 1 章为概论；第 2 章为计算机中的数制及编码；第 3 章为总线系统；第 4 章为存储器；第 5 章为输入/输出系统；第 6 章为指令系统；第 7 章为中央处理器。后两章可为硬件实验提供设计参考：第 8 章为汇编语言及其程序设计，第 9 章为中断系统。

本书结构清晰、深入浅出、通俗易懂，既可作为普通高等院校计算机类相关专业的"计算机组成原理"课程的教学用书，也可作为计算机硬件爱好者的学习和参考书。

图书在版编目（CIP）数据

计算机组成原理教程/徐东，姜志明主编. —北京：中国
铁道出版社有限公司，2022.3（2025.1重印）
普通高等教育"十四五"计算机类专业系列教材
ISBN 978-7-113-28828-0

Ⅰ.①计⋯　Ⅱ.①徐⋯　②姜⋯　Ⅲ.①计算机组成原理–
高等学校–教材　Ⅳ.①TP301

中国版本图书馆 CIP 数据核字（2022）第 020320 号

书　　名：计算机组成原理教程
作　　者：徐　东　姜志明

策　　划：李志国　贾　星　　　　　　　　　编辑部电话：（010）63549501
责任编辑：贾　星　贾淑媛
封面设计：刘　颖
责任校对：孙　玫
责任印制：赵星辰

出版发行：中国铁道出版社有限公司（100054，北京市西城区右安门西街 8 号）
网　　址：https://www.tdpress.com/51eds
印　　刷：三河市宏盛印务有限公司
版　　次：2022 年 3 月第 1 版　2025 年 1 月第 4 次印刷
开　　本：880 mm×1230 mm 1/16　印张：18　字数：469 千
书　　号：ISBN 978-7-113-28828-0
定　　价：49.80 元

前言

习近平总书记在党的十九大报告中指出："建设教育强国是中华民族伟大复兴的基础工程。"在全国教育大会上，习总书记进一步提出了"加快推进教育现代化、建设教育强国"的新要求。改革开放以来，党中央一直十分重视教育事业发展，先后提出并实施了科教兴国战略、人才强国战略和创新驱动发展战略，把教育放在优先发展的战略位置上，全面深化教育改革，大力推进教育事业发展，建成了世界上最大规模的教育体系，使我国教育水平迈进世界中上行列，为我国社会主义现代化建设事业提供了坚实的人才支撑和智力保障，促进了我国由人口大国向人才资源大国的转变，为加快教育现代化和教育强国建设奠定了坚实的基础。

围绕习总书记的重要论述，各地高校紧密结合地方经济建设发展需要，开展了专业建设和课程改革，优化了传统学科专业，积极为地方经济建设输送人才，为我国经济社会的快速健康和可持续发展，以及高等教育自身的改革发展做出了巨大贡献。

本书立足于计算机类相关专业，以专业基础课为主，满足高校多层次教学的需要。在规划过程中体现了如下一些基本原则和特点：

（1）面向多层次、多学科专业。本书内容坚持"理论+实践"的原则，能够满足计算机类相关专业的教学和实践的需要。

（2）教学需要，促进教学发展。在选择内容和编写过程中，致力于学生能力的培养，具体体现于素质教育、创新能力与实践能力的培养。

（3）突出应用型本科培养特性，提升教材质量。在经典教学内容的基础上，突出应用型本科特色，培养学生分析问题和解决问题的能力，并引导学生做到举一反三、融会贯通。

（4）一线教师担任编写工作。本书的主编及参编人员均承担过计算机组成原理及计算机硬件类课程多年的教学任务，将教学过程中的经验融入本书，语言深入浅出，例子简单易懂，适合教学的同时也能满足自学读者的需要。书稿完成后由主审教师进行审稿和校对，保证了教材的质量。

全书共包含9章内容，遵循由简至难的原则，旨在使读者理解计算机系统的硬件结构以及各功能部件的组成和工作原理，帮读者建立计算机的整机概念，使读者初步具备设计简单计算机系统的能力，并对一些新技术、新产品以及计算机硬件的发展方向有一定的了解，从而为进一步学习后续课程和进行与硬件有关的技术工作打下基础。教材先对计算机组成原理进行了总体概括，然后分别探讨了计算机各组成部分的结构和原理，并结合 80x86

系列特性，使读者更容易理解计算机工作特性。具体内容包括：第 1 章为概论，对计算机组成原理进行了总体概括和简介；第 2 章重点讨论了计算机的数制及编码，为后面章节打下编码基础；第 3 章介绍了总线系统，让读者初步形成整机意识；第 4 章介绍了存储器，可深入了解存储器体系结构及其工作特性；第 5 章介绍了输入/输出系统，讨论外围设备、主机与外设之间的工作方式等；第 6 章和第 7 章介绍了指令系统和中央处理器，包括指令格式、指令类型、中央处理器的硬件组成及工作原理等，并探讨了微处理器的新技术；第 8 章为汇编语言及其程序设计，以 80x86 为基础，系统介绍汇编语言程序设计方法；第 9 章为中断系统，旨在通过对中断系统的学习，使读者进一步加深对整机的理解。

本书在内容的选取上符合应用型人才培养目标的要求，在内容的组织上遵循由浅入深、理论与实践相结合的原则，注重课程内容的前后联系，通俗易懂，适用面广，可以作为普通高等院校计算机相关学科和专业教材，也可以作为其他理工类专业的选修教材。为满足读者的不同需求，本书将部分章节内容设置为可选项，并用"*"（星号）加以标注。

本书由大连科技学院的老师合作编写，由徐东、姜志明任主编，薄瑜、李琳、王璨、于文武任副主编，翟悦、罗佳伟、于林林、张海波、郭杨参与编写。全书由刘瑞杰主审。本书在编写过程中参考了大量的著作、教材等资料，在此向相关作者一并表示感谢。

虽然全体编写人员都倾注了精力，力求尽善尽美，但由于编者水平有限，书中难免出现疏漏或不当之处，敬请广大读者不吝指正，不胜感谢。

编　者

2021 年 10 月

目 录

第①章

概 论

电子计算机的产生和发展是 20 世纪最重要的科技成果之一。近几十年来，人们深刻地体会到了计算机给我们的工作和生活所带来的巨大变化。随着计算机的日益普及，其应用也已深入到社会的各个角落，极大地改变着人们的工作方式、学习方式和生活方式，成为信息时代的主要标志。在本书的第 1 章，我们将对计算机的发展背景及其系统组成进行概述，内容包括：介绍计算机的基本结构和工作原理、计算机系统的基本组成及层次结构、计算机硬件的体系结构及功能、计算机的特性、计算机的发展，并且通过举例典型微处理器系统结构及工作原理来进一步加深对计算机工作原理的理解。

1.1 计算机的基本结构和工作原理

1.1.1 计算机的基本结构

我们所说的计算机（Computer）实际上是指电子数字计算机（Digital Computer）。计算机的一个比较确切的定义是：计算机是一种以电子器件为基础，不需要人的直接干预，能够对各种数字化信息进行快速算术和逻辑运算的工具，是一个由硬件、软件组成的复杂的自动化设备。

电子数字计算机最初是作为一种计算工具出现的，它的算题过程和人们使用算盘算题过程极其相似。

1. 算盘算题过程与所需设备

如果，现在要计算：$21 \times 12 - 117 \div 13 = ?$

首先，需要有一个算盘作为计算工具；其次要用纸张来记录和存放原始数据、中间结果和运算的最后结果。这些原始数据、运算结果记录到纸上是由笔来完成的，而整个运算过程又是在人的控制下进行的。其步骤概括如下：

（1）人把算题和原始数据用笔记录下来。

（2）人用算盘算 21×12，然后把中间结果 252 用笔记在纸上。

（3）人用算盘算 $117 \div 13$，得中间结果 9，也用笔记在纸上。

（4）人用算盘将第一个中间结果 252 减去第二个中间结果 9，得最后结果 243，再用笔记录到纸上。

2. 计算机算题过程与所需设备

由计算机来完成上述的算题过程，首先需要一个能代替算盘完成各种运算的部件，这个部件称为运算器。其次是需要一个能记录和存放原始数据、中间结果、运算结果的部件，这个部件叫做存储器。计算机算题和人使用算盘算题还有一个本质的区别：计算机算题过程是脱离人的干预的，即人事先把解题步骤按先后顺序排列起来，输入到计算机的存储器中，人只要指挥计算机运转，计算机就会自动完成计算。这种解题步骤我们称它为程序（Program）。

存储器是存放程序的部件。用来完成原始数据和程序输入的装置，称为输入设备。计算结果或中间结果的输出所用的装置则称为输出设备。人的任务是编制程序和操作计算机，算题的全过程是在程序作用下依次发出各种控制命令，操纵着计算过程一步步地进行，完全代替了人用算盘算题过程中的控制作用。我们把这种代替人起控制作用、能依次发出各种控制信息的部件叫控制器。

综上所述，计算机的基本组成包括运算器、控制器、存储器、输入设备和输出设备五部分，如图 1.1 所示。

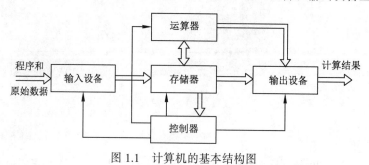

图 1.1　计算机的基本结构图

1.1.2　计算机工作原理

从图 1.1 可见，计算机中的信息流主要有两类：一类是数据流，图中用双线表示，包括原始数据、中间结果、计算结果及程序的指令；另一类是控制命令信息流，图中用单线表示。在计算机中，不管是数据还是控制命令，它们都是由"0"和"1"组成的二进制信息流。

原始数据和程序通过输入设备存入存储器中（存储器存放程序和数据的示意图见图 1.2），然后启动计算机，计算机便在程序的控制下，按照存入的顺序取出指令；再按照人的意图，自动进行全部运算，最后再通过输出设备输出计算结果。运算过程中，数据从存储器取入运算器进行运算，运算的中间结果和最后结果可存入存储器中，也可由运算器经过输出设备输出。

现在，仍以前面所举的"21×12-117÷13"这道题为例，将计算机的工作过程归结如下：

第一步：由输入设备将事先编制好的解题步骤（即程序）和原始数据（21，12，117，13）输入到存储器指定编号的地方（或称单元）存放起来。

第二步：命令计算机从第一条指令开始执行程序，让计算机在程序作用下自动完成解题的全过程。这包括下列操作：

（1）把第一个数 21 从存储器中取到运算器（取数操作）。

（2）把第二个数 12 从存储器取到运算器，进行 21×12 的运算，并得到中间结果 252（乘法运算）。

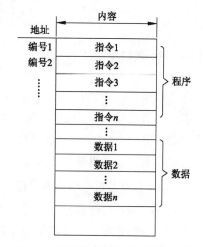

图 1.2　存储器中程序和数据的存储

（3）将运算器中的中间结果 252 送到存储器中暂时存放（存数操作）。

（4）把第三个数 117 从存储器中取到运算器（取数操作）。

（5）把第四个数 13 从存储器中取到运算器，并进行 117÷13 的运算，运算器中得到中间结果除 9（除法运算）。

（6）将运算器中的中间结果 9 送到存储器中暂时存放（存数操作）。

（7）将暂存的二个中间结果先后取入运算器，进行 252-9 的运算，得到最后结果 243，并存入存储器。

（8）将最后结果 243 直接由运算器或存储器经输出设备输出，例如打印在纸上。

（9）停机。

以上就是迄今为止，电子计算机所共同遵循的程序存储和程序控制的原理。这种原理是 1945 年由冯·诺依曼（John von Neumann）提出的，故又称为冯·诺依曼型计算机原理。

早期的计算机中，各个部件都是围绕着运算器来组织的，其特点是，在存储器和输入/输出设备之间传送数据都需要经过运算器。在当前流行的计算机系统结构中，更常用的方案则是围绕着存储器来组织的，如图 1.1 所示。这两种方案并无实质性的区别，只是在一些小的方面做了部分改进，使输入/输出操作尽可能地绕过 CPU，直接在输入/输出设备和存储器之间完成，以提高系统的整体运行性能。

图 1.1 的五大基本组成部分是计算机的实体，统称为计算机的硬件（Hardware）。而把包括解题步骤在内的各式各样的程序叫做计算机的软件（Software）。硬件中的运算器、控制器和存储器称为计算机系统的主机，其中的运算器和控制器相当于用算盘算题的人工系统中的算盘和人的作用，是计算机结构中的核心部分，又称为中央处理器（Central Processing Unit，CPU）。

1.2　计算机硬件的五个功能部件及其功能

计算机系统的核心功能是执行程序。为此，首先必须有能力把要运行的程序和用到的原始数据输入计算机内部并存储起来，接下来应该有办法逐条执行这个程序中的指令以完成数据运算并得到运算结果，最后还要输出运算结果供人检查和使用。为此，一套计算机的硬件系统至少需要五个相互连接在一起的部件或设备组成，如图 1.3 所示。

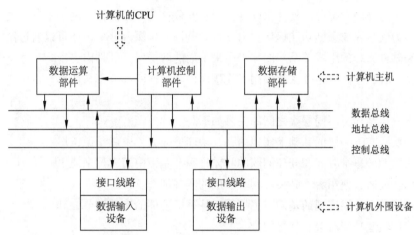

图 1.3　计算机硬件系统的组成示意图

图 1.3 所示五个方框表示了计算机硬件的五个基本功能部件。其中，数据输入设备完成把程序和原始数据输入计算机；数据存储部件用于实现程序和数据的保存；数据运算部件承担数据的运算和处理功能；数据输出设备完成把运算及处理结果从计算机输出，供用户查看或长期保存；而计算机控制部件则负责首先从存储部件取出指令并完成指令译码，然后根据每条指令运行功能的要求，向各个部件或设备提供它们所需要的控制信号，它在整个硬件系统中起着指挥、协调和控制的作用。

可以把计算机想象为一个处理数据的工厂，那么数据运算部件就是数据加工车间，数据存储部件就是存放原材料、半成品和最终产品的库房，数据输入设备相当于运送原材料的运货卡车，数据输出设备相当于发出最终产品的运货卡车，计算机控制部件则相当于承担领导、指挥功能的厂长和各个职能办公室。在领导的正确指挥下，如果能够源源不断地获得原材料，工厂内又有存放的场所，车间能够对这些原材料进行指定的加工处理，加工后的产品可以畅通地运送出去并销售，即这些硬件资源能协调工作，则这个工厂（计算机）就进入正常运行轨道了。

在图 1.3 中，被称为部件的三个组成部分通常是使用电子线路来实现的，安装在一个金属机柜内或者印制电路板上，称为计算机的主机。数据运算部件（运算器）和计算机控制部件（控制器）合称为计算机的中央处理器。在图 1.3 中，被称为设备的两个组成部分通常是使用精密机械装置和电子线路共同制造出来的，也可以合称为输入/输出设备，又称为计算机的外围设备。

图 1.3 中间的是计算机中三种类型的总线。数据总线用于在这些部件或设备之间传送属于数据信息（指令和数据）的电气信号；地址总线用于在这些部件或设备之间传送属于地址信息的电气信号，用于选择数据存储部件中的一个存储单元，或者外围设备中的一台设备；控制总线用于向存储部件和外围设备传送起控制作用的电气信号，也就是指定在 CPU 和这些部件或者设备之间数据传送的方向以及操作的性质（读操作还是写操作）等。可以看出，计算机的五个功能部件正是通过这三种类型的总线被有机地连接在一起的，从而构成一台完整的、可以协调运行（执行程序）的计算机硬件系统。

前面介绍的内容还只限于"工厂的硬件组成"，也就是人员和厂房、设备等。只有这些，工厂还是运转不起来的，至少是很难运转。要想成功运转，还需要有一系列的规章制度、管理策略和经营办法等"软件"部分。计算机系统也一样，在硬件组成的基础之上，还必须有软件部分才能运转，软件部分主要包括操作系统、程序设计语言及其支持软件等。

1.3 计算机系统的基本组成及层次结构

完整的计算机系统是由硬件（Hardware）和软件（Software）两大部分（即两类资源）组成的。计算机的硬件系统是计算机系统中看得见、摸得着的物理设备，是一种高度复杂的、由多种电子线路及精密机械装置等构成的、能自动并且高速地完成数据计算与处理的装置或者工具。计算机的软件系统是计算机系统中的程序和相关数据，包括完成计算机资源管理、方便用户使用的系统软件（一般由厂家提供）和完成用户预期处理的应用软件（一般由用户设计并自己使用）这样两大部分。硬件与软件二者相互依存，分工协作，缺一不可，硬件是计算机软件运行的物质基础，软件则为硬件完成预期功能提供智力支持，若进一步深入分析，还可以通过图 1.4 所示的六个层次来认识计算机硬件和软件系统的组成关系。图 1.4 中最下面的两层属于硬件内容，最上面的三层属于软件内容，中间的指令系统层用于连接硬件和软件两部分，与两部分都有密切关系。

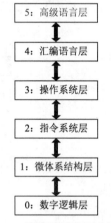

图 1.4 计算机系统层次结构

计算机系统可具有六层结构，不同层次之间的关系如下：

（1）处在上面的一层是在下一层的基础上实现的，其功能更强大，也就是说，层级越高越接近于人解决问题的思维方式和处理问题的具体过程，对于使用人员来说更方便。使用本层提供的功能时，使用者不必关心其下一层的实现细节。

（2）处在下面的一层是上一层实现的基础，更接近于计算机硬件的实现细节，其功能相对简单，人们使用这些功能时会感到更困难。

（3）实现本层功能时，可能尚无法了解其上一层的最终目标和将要解决的问题，也不必理解其更下一层实现中的有关细节问题，只要使用下一层所提供的功能来完成本层的功能即可。

采用这种分层次的方法来分析和解决某些问题，有利于简化待处理问题的难度。在一段时间内，处理某一层中的问题时，只需集中精力解决当前最需要关心的核心问题即可，而不必牵扯相关上下层中的其他问题。

各层的具体功能介绍如下：

第 0 层是数字逻辑层，着重体现实现计算机硬件的最重要的物质材料——电子线路，能够直接处理离散的数字信号。设计计算机硬件组成的基础是数字逻辑和数字门电路，解决的基本问题包括使用何种器件存储信息、使用何种线路传送信息、使用何种器件运算与加工信息等。

第 1 层是微体系结构（Micro Architecture）层，也称其为计算机裸机。众所周知，计算机的核心功能是执行程序，程序是按一定规则和顺序组织起来的指令序列。这一层次着重体现的是：为了执行指令，需要在计算机中设置哪些功能部件（例如，存储、运算、输入和输出接口和总线等部件，当然还有更复杂一些的控制器部件）、每个部件如何组成和怎样运行、这些部件如何实现相互连接并协同工作等方面的知识和技术。计算机硬件系统通常由运算器部件、控制器部件、存储器部件、输入设备和输出设备这五个部分组成，这些部分是计算机组成原理课程学习的主要内容。

第 2 层是指令系统（Instruction Set）层，该层介于硬件和软件之间。它涉及确定提供哪些指令，包括指令能够处理的数据类型和对各种类型数据可以执行的运算、每一条指令的格式和实现的功能、指出如何进行存储单元的读/写操作、如何执行外围设备的输入/输出操作、对哪些数据进行运算、执行哪一种运算、如何保存计算结果等。指令系统层的功能是计算机硬件系统设计、实现的最基本和最重要的依据，与计算机硬件实现的复杂程度、程序设计的难易程度、程序占用硬件资源的多少、程序运行的效率等都直接相关。也就是说，硬件系统的功能就是要实现每一条指令的功能，能够直接识别和执行由指令代码组成的程序。当然，指令系统与计算机软件的关系也十分密切，指令是用于程序设计的。方便程序设计、节省硬件资源、有利于提高程序运行效率是对指令系统的主要要求。一台计算机的指令系统对于计算机厂家和用户来说都是很重要的事情，需要非常认真、仔细地分析和对待。指令系统设计属于计算机系统结构的范围，合理选择可用的电子元件和线路来实现每一条指令的功能则是计算机组成的主要任务。

第 3 层是操作系统（Operating System）层。操作系统是计算机系统中最重要的系统软件，主要负责计算机系统中的资源管理与分配，以及向使用者提供简单、方便、高效的服务。计算机系统中包含许多复杂的硬件资源和软件资源，不仅对于普通用户，就是水平很高的专业人员有时也难以直接控制和操作，因此由操作系统承担计算机系统的资源管理和调度执行，会使系统的运行更可靠、更高效。同时，操作系统还为用户提供了编程支持，它与程序设计语言相结合，使得程序设计更简单，创建用户的应用程序和操作计算机也更方便。操作系统是依据（直接或者间接）计算机指令系统所提供的指令设计出来的程序。它把一些常用功能以操作命令或者系统调用的方式提供给使用人员，可以说，操作系统进一步扩展了原来的指令系统，提供了新的可用命令，从而构成了一台比纯硬件系统（计算机裸机）功能更加强大的计算机系统。

第 4 层是汇编语言（Assembly Language）层。计算机是由人指挥控制、供人来使用的电子设备。使用计算机的人员要想办法把自己的意图传递给计算机，为了完成这种"对话"，就需要使用某种语言。如果人和计算机能直接用自然语言对话当然是最好的了，但遗憾的是，到目前为止，计算机还不能真正听懂人类的自然语言，更不可能执行人类自然语言的全部命令。最简单的解决办法是让计算机使用其硬件可以直接识别、理解的，用电子线路容易处理的一种语言，这就是计算机的机器语言，又称为二进制代码语言，也就是计算机的指令，一台计算机的全部指令的集合构成了该计算机的指令系统。由此可以看出，计算机的基础硬件实质是在机器语言的层次上设计与实现的，并且可以直接识别和执行的只能是由机器语言构成的程序。这样做的结果是计算机一方的矛盾是解决了，但是使用计算机的人员却很难接受并使用这种语言。为此，必须找出一种折中方案，使得人们使用计算机和计算机实现都相对容易，这就要用到汇编语言、高级程序设计语言以及各种专用目标语言。

汇编语言大体上可看做是由对计算机机器语言符号化处理的结果，再增加一些为方便程序设计及实现的扩展功能组成的。与机器语言相比，汇编语言至少有两大优点：首先，用英文单词或其缩写形式代替二进制指令代码，使其更容易被人们记忆和理解；其次，选用含义明确的英文单词来表示程序中用到的数据（常量和变量），可以避免程序设计人员直接为这些数据分配存储单元，这些工作由汇编程序完成。汇编语言是面向计算机硬件本身的、程序设计人员可以使用的一种计算机语言。汇编语言程序必须经过一个称为汇编程序的系统软件的翻译，将其转换为计算机机器语言后，才能在计算机的硬件系统上执行。

第 5 层是高级语言层，高级语言又称算法语言（Algorithm Language），它的实现思路不再是过分地向计算机指令系统"靠拢"，而是着重面向解决实际问题所用的算法，更多的是考虑如何方便程序设计人员写出能解决问题的处理方案和解题过程。目前常用的高级语言有 C、C++、VC++、Java、VB、Delphi 等。用这些语言设计出来的程序通常需要经过一个称为编译程序的软件将其编译成机器语言程序，或者首先编译成汇编程序后，再经过汇编编程得到机器语言程序，才能在计算机的硬件系统上执行。

人们通常把没有配备软件的纯硬件系统称为"裸机"，这是计算机系统的根基或"内核"，它的设计目标更多地集中在方便硬件实现和有利于降低成本这两个方面，因此提供的功能相对较弱，只能执行由机器语言编写的程序。为此，人们期望能开发出功能更强、更接近人的思维方式和使用习惯的语言，这是通过在裸机上配备适当的软件来完成的。每加一层软件就构成新的"虚拟计算机"，功能更强大，使用也更加方便。例如，配备了操作系统，就可以通过操作系统的命令（Command）或者窗口上的图标方便地操作这个新的虚拟机系统；再配备汇编语言，用户就可以用它来编写用户程序，实现用户预期的处理功能；配备了高级语言之后，用户就可以使用高级语言更方便、更高效地编写程序，解决规模更为庞大、逻辑关系更为复杂的问题。由此，可以把前面说明的计算机系统中的第 1 层至第 5 层分别称为裸机、L1 虚拟机（支持机器语言）、L2 虚拟机（增加了操作系统）、L3 虚拟机（支持汇编语言）、L4 虚拟机（支持高级语言）。

总之，我们强调要把计算机系统当做一个整体。它既包含硬件，也包含软件，软件和硬件在逻辑功能上是等效的，即某些操作可由软件实现，也可由硬件实现。故软、硬件之间没有固定的界线，主要受实际需要及系统性能价格比所支配。随着组成计算机的基本元器件的发展，其性能不断提高，价格不断下降，因此硬件成本下降。与此同时，随着应用不断发展，软件成本在计算机系统中所占的比例上升。这就造成了软、硬件之间的界限推移，即某些本来由软件完成的工作由硬件去完成（即软件硬化），同时也提高了计算机的实际运行速度。

1.4　计算机的系统结构、组成和实现

1.4.1　计算机系统结构的定义

计算机系统结构（Computer Architecture）也称为计算机体系结构。这是 1964 年 Amdahl 在介绍 IBM 360 系列时提出的，在 20 世纪 70 年代被广泛采用。由于器件技术的迅速发展，计算机硬、软件界限在动态变化，因此，对计算机系统结构定义的理解也不尽一致。

Amdahl 提出：计算机系统结构是从程序设计者角度所看到的计算机的属性，即概念性结构和功能特性，这实际上是计算机系统的外特性。然而，从计算机系统的层次结构概念出发，不同级的程序设计者所看到的计算机属性显然是不一样的，因此，所谓"系统结构"就是指计算机系统中对各级之间界限的定义及其上、下的功能分配。所以，各级都有其自己的系统结构，各级之间存在"透明"性，所谓"透明"性，一是指确实存在，二是指无法监测和设置。在计算机系统中，低层的概念性结构和功能特性，对高层来说是"透明"的。计算机系统结构的研究对象是计算机物理系统的抽象和定义，具体包括以下几部分：

- 数据表示：定点数、浮点数编码方式，硬件能直接识别和处理的数据类型和格式等。
- 寻址方式：最小寻址单位、寻址方式种类、地址计算等。
- 寄存器定义：通用寄存器、专用寄存器等的定义、结构、数量和作用等。
- 指令系统：指令的操作类型和格式，指令间排序和控制（微指令）等。
- 存储结构：最小编址单位、编址方式、主存和辅存容量、最大编址空间等。
- 中断系统：中断种类、中断优先级和中断屏蔽、中断响应、中断向量等。
- 机器工作状态定义和切换：管态、目态等定义及切换。
- I/O 系统：I/O 接口访问方式，I/O 数据源、目的、传送量，I/O 通信方式，I/O 操作结束和出错处理等。
- 总线结构：总线通信方式、总线仲裁方式、总线标准等。
- 系统安全与保密：检错、纠错，可靠性分析，信息保护，系统安全管理等。

1.4.2　计算机组成与实现

计算机组成（Computer Organization）是指计算机系统结构的逻辑实现，包括机器级内的数据通道和控制信号的组成及逻辑设计，它着眼于机器级内各事件的时序方式与控制机构、各部件功能及相互联系。

计算机组成还应包括：数据通路宽度；根据速度、造价、使用状况设置专用部件，如是否设置乘法器、除法器、浮点运算协处理器、I/O 处理器等；部件共享和并行执行；控制器结构（组合逻辑、PLA、微程序）、单处理机或多处理机、指令预取技术和预估、预判技术应用等组成方式的选择；可靠性技术；芯片的集成度和速度的选择。

计算机实现（Computer Implementation）是指计算机组成的物理实现，包括处理机、主存等部件的物理结构，芯片的集成度和速度，芯片、模块、插件、底板的划分与连接，专用芯片的设计，微组装技术、总线驱动，电源、通风降温，整机装配技术等。它着眼于芯片技术和组装技术，其中，芯片技术起着主导作用。

1.4.3　计算机系统结构、组成和实现之间的关系

计算机系统结构、组成和实现是三个不同的概念。系统结构是计算机物理系统的抽象和定义，计算机组成是计算机系统结构的逻辑实现，计算机实现是计算机组成的物理实现。它们各自有不同的内容，但又有紧密的关系。

例如，指令系统功能的确定属于系统结构，而指令的实现，如取指、取操作数、运算、送结果等具体操作及其时序属于组成，而实现这些指令功能的具体电路、器件设计及装配技术等属于实现。

又如，是否需要乘、除指令属于系统结构，而乘、除指令是用专门的乘法器、除法器实现，还是用加法器累加配上右移或左移操作实现则属于组成。乘法器、除法器或加法器的物理实现，如器件选择及所用的微组装技术等属于实现。

由此可见，具有相同系统结构（如指令系统相同）的计算机可以因为速度要求不同等因素而采用不同的组成。例如，取指、译码、取数、运算、存结果可以顺序执行，也可以采用时间上重叠的流水线技术并行执行以提高执行速度。又如乘法指令可以采用专门的乘法器实现，也可以采用加法器通过累加、右移实现，这取决于机器要求的速度、程序中乘法指令出现的频度及所采用的乘法算法等因素。如出现频度高、速度快，可用乘法器；如出现频度低，则用后种方法对机器整体速度下降影响不大，却可显著降低价格。

同样，一种计算机组成可以采用多种不同的计算机实现。例如：主存可用 TTL 芯片，也可用 MOS 芯片；可用 LSI 工艺芯片，也可用 VLSI 工艺芯片。这取决于器件的技术和性能价格比。

总而言之，系统结构、组成和实现之间的关系应符合下列原则：系统结构设计不应对组成、实现有过多和不合理的限制；组成设计应在系统结构的指导下，以目前能实现的技术为基础；实现应在组成的逻辑结构指导下，以目前的器件技术为基础，以性能价格比的优化为目标。

1.5 计算机系统的特性

计算机系统从功能和结构两方面看都具有明显的多层次性质，此外，从不同角度看，计算机系统还具有许多其他重要特性。

1.5.1 计算机等级

计算机系统按其性能与价格的综合指标通常分为巨型、大型、中型、小型、微型等若干级。但是，随着技术进步，各个等级的计算机性能指标都在不断地提高，以致于 30 年前的一台大型机的性能甚至比不上如今的一台微型计算机的性能。可见，用于划分计算机等级的绝对性能标准是随着时间变化而变化的。如果以不变的绝对价格标准来划分计算机等级，便可得到如图 1.5 所示的计算机等级与价格、性能关系示意图。

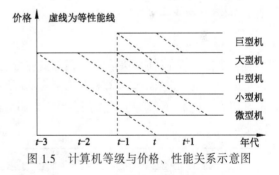

图 1.5 计算机等级与价格、性能关系示意图

计算机等级的发展遵循以下三种不同的设计思想：

（1）在本等级范围内以合理的价格获得尽可能好的性能，逐渐向高档机发展，称为最佳性能价格比设计。

（2）只求保持一定的可用的性能而争取最低的价格，称为最低价格设计，其结果往往是从低档向下分化出新的计算机等级。

（3）以获取最高性能为主要目标而不惜增加价格，称为最高性能设计，于是产生最高等级计算机。

第（1）类设计主要针对大、中型计算机用户需要，生产主计算机以及超级小型机；第（2）类设计以普及应用计算机为目标，生产数量众多的微、小型计算机；第（3）类设计只满足少数用户的特殊需要，在数量上不占主流。图 1.5 所示的斜虚线为等性能线，它反映了较高等级的计算机技术向较低等级计算机推广及转移的趋势。

1.5.2 计算机系列

系列机概念指的是先设计好一种系统结构，而后就按这种系统结构设计它的系统软件，按器件状况和硬件技术研究这种结构的各种实现方法，并按照速度、价格等不同要求，分别提供不同速度、不同配置的各档机器。系列机必须保证用户看到的机器属性一致。例如，IBM AS400 系列，数据总线有 16、32、64 位之分，而数据表示方式一致，系统的软件必须兼容。系列机软件兼容，指的是同一个软件（目标程序）可以不加修改地运行于系统结构相同的各台机器中，而且所得的结果一致。软件兼容有向上兼容和向下兼容两个含义：向上兼容指的是低档机器的目标程序（机器语言级）不加修改就可以运行于高档机器中；向下兼容指的是高档机器的目标程序（机器语言级）不加修改就可以运行于低档机器中。

1.5.3 计算机的主要性能指标

为了进一步了解计算机的特性，全面衡量一台计算机的性能，下面介绍计算机的主要性能指标。

1. 机器字长

机器字长是指参与运算的数的基本位数，它是由加法器、寄存器的位数决定的，所以机器字长一般等于内部寄存器的大小。字长标志着精度，字长越长，计算的精度就越高。

在计算机中为了更灵活地表达和处理信息，又以字节（Byte）为基本单位，用大写字母 B 表示。1 个字节等于 8 位二进制位（bit）。

不同的计算机，字（word）的长度可以不相同，但对于系列机来说，在同一系列中字的长度应该是固定的。如：Intel 80x86 系列中，一个字等于 16 位；IBM 303x 系列中，一个字等于 32 位。

2. 数据通路宽度

数据总线一次所能并行传送信息的位数，称为数据通路宽度。它影响着信息的传送能力，从而影响计算机的有效处理速度。这里所说的数据通路宽度是指外部数据总线的宽度，它与 CPU 内部的数据总线宽度（内部寄存器的大小）有可能不同。有些 CPU 的内、外数据总线宽度相等，如 Intel 8086、80286、80486 等；有些 CPU 的外部数据总线宽度小于内部，如 8088、80386SX 等；也有些 CPU 的外部数据总线宽度大于内部数据宽度，如 Pentium 等。所有的 Pentium 都有 64 位外部数据总线和 32 位内部寄存器，这一结构看起来似乎有问题，其实这是因为 Pentium 有两条 32 位流水线，它就像两个合在一起的 32 位芯片，64 位数据总线可以高效地满足多个寄存器的需要。

3. 主存容量

一个主存储器所能存储的全部信息量称为主存容量。通常以字节数来表示存储容量，这样的计算机称为字节编址的计算机。也有一些计算机是以字为单位编址的，它们用字数乘以字长来表示存储容量。表示容量大小时，经常用到 K、M、G、T、P 之类的字符，它们与通常意义上的 K、M、G、T、P 有些差异，如表 1.1 所示。

表 1.1 K、M、G、T、P 的定义

单 位	通 常 意 义	实 际 表 示
K（Kilo）	10^3	$2^{10}=1\ 024$
M（Mega）	10^6	$2^{20}=1\ 048\ 576$
G（Giga）	10^9	$2^{30}=073\ 741\ 824$
T（Tera）	10^{12}	$2^{40}=1\ 099\ 511\ 627\ 776$
P（Peta）	10^{15}	$2^{50}=1\ 125\ 899\ 906\ 842\ 624$

1 024 B 称为 1 KB，1 024 KB 称为 1 MB，1 024 MB 称为 1 GB……计算机的主存容量越大，存放的信息就越多，处理问题的能力就越强。

4. 运算速度

计算机的运算速度与许多因素有关，如机器的主频、执行什么样的操作以及主存本身的速度等。对运算速度的衡量有多种不同的方法。

（1）根据不同类型指令在计算过程中出现的频繁程度，乘上不同的系数，求得统计平均值，这时所指的运算速度是平均运算速度。

（2）以每条指令执行所需时钟周期数（Cycles Per Instruction，CPI）来衡量运算速度。

（3）以 MIPS 和 MFLOPS 作为计量单位来衡量运算速度。

MIPS（Million Instructions Per Second）表示每秒执行多少百万条指令。对于一个给定的程序，MIPS 定义为

$$MIPS = 指令条数 / (执行时间 \times 10^6) \tag{1-1}$$

这里所说的指令一般是指加、减运算这类短指令。

MFLOPS（Million Floating-Point Operations Per Second）表示每秒执行多少百万次浮点运算。对于一个给定的程序，MFLOPS 定义为

$$MFLOPS = 浮点操作次数 / (执行时间 \times 10^6) \tag{1-2}$$

1.6 典型微处理器系统结构及工作原理简介

为便于分析计算机结构，我们先从一个以实际系统为基础经过简化的 8 位微处理器系统的典型模型着手，分析其基本结构和工作原理，然后再过渡到实际的更复杂的计算机结构。因此，这里暂不考虑外围设备及其接口，而是先从一个由 CPU 和一片半导体存储器构成的最简单的模型机着手进行分析。图 1.6 所示为这种模型计算机结构。

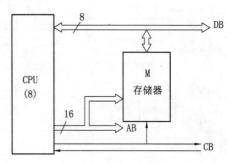

图 1.6 模型计算机结构

1.6.1 系统连接

我们知道 CPU 是计算机的核心。这个核心是靠三组总线将系统其他部件存储器、I/O 接口连接起来的。三组总线是数据总线（Data Bus，DB），地址总线（Adress Bus，AB）和控制总线（Control Bus，CB）。

1. 数据总线（DB）

数据总线是传输数据或代码的一组通信线，其条数与处理器字长相等。8 位微处理器的 DB 有 8 条，分别表示为 $D_0 \sim D_7$，D_0 为最低位。数据在 CPU 与存储器（或 I/O 接口）间的传送是双向的，因此 DB 为双向总线，其双向的实现借助于双向数据缓冲器，如图 1.7 所示。当三态控制信号 TSC = 1 时，输入门开放，数据由存储器（或 I/O 接口）流进 CPU；而 TSC = 0 时，则输出门开放，数据自 CPU 内部传输到存储器（或 I/O 接口）。TSC 信号由 CPU 内部产生；微处理器不同，用作 TSC 的信号也不同。常用的信号是 R/W（读/写控制信号）。

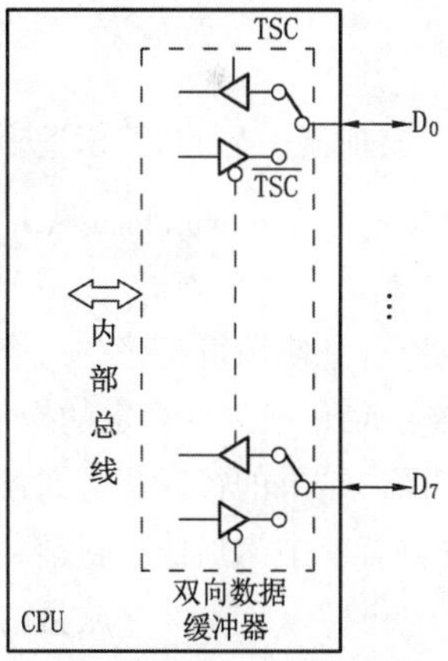

图 1.7 双向数据缓冲器实现数据双向传输

2. 地址总线（AB）

地址总线是传送地址信息的一组通信线，是微处理器用来寻址存储器单元（或 I/O 接口的端口）用的总线。8 位微处理器的地址总线条数为 16，分别用 $A_0 \sim A_{15}$ 表示，其中，A_0 为最低位。由 16 位地址线可以指定 $2^{16} = 65\ 536$ 个不同的地址（常略称为 64K 内存单元）。地址常用 16 进制数表示，地址范围为：0000H～FFFFH。计算机中常常又将 256 个单元称为一个页面，例如将 0000H～00FFH 的 256 个单元称为零页页面。

3. 控制总线（CB）

控制总线是用来传送各种控制信号的，这些信号是微处理器和其他芯片间相互反映情况和相互进行控制用的。有的是 CPU 发给存储器（或 I/O 接口）的控制信号，称输出控制信号，如 Z-80 的读信号 RD、写信号 WR。有的又是外设通过接口发给 CPU 的控制信号，称输入控制信号，如 Z-80 中的中断请求信号 INT、NMI。控制信号间是相互独立的，其表示方法采用能表明含义的缩写英文字母符号，若符号上有一横线，表示用负逻辑（低电平有效），

否则为高电平有效。

1.6.2 典型微处理器的内部结构

一个典型的8位微处理器的结构如图1.8所示，主要包括以下几个重要部分：累加器，算术逻辑单元（ALU），状态标志寄存器，寄存器阵列，指令寄存器，指令译码器和定时及各种控制信号的产生电路。

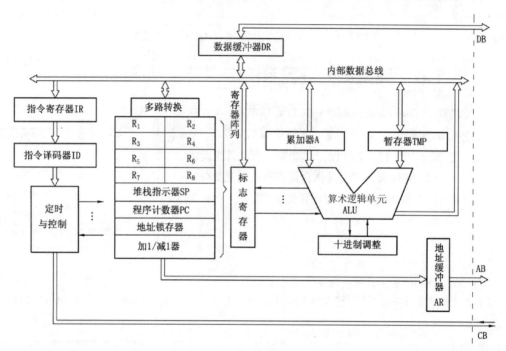

图 1.8　典型微处理器的内部结构

1. 累加器（A）和算术逻辑单元（ALU）

累加器（Accumulator，A）和算术逻辑单元（Arithmetic Logic Unit，ALU）主要用来完成数据的算术和逻辑运算。

累加器是使用最频繁的一个特殊的寄存器。在执行算术逻辑运算时，它用来存放一个操作数，参加运算的操作数在 ALU 中进行规定的操作运算，运算结束后，运算结果通常又放回累加器，其中原有信息随即被破坏。同时将操作结果的特征状态送给标志寄存器。所以，顾名思义，累加器是用来暂时存放 ALU 运算结果的。CPU 中至少应有一个累加器。目前，CPU 中通常有很多个累加器。当使用多个累加器时，就变成了通用寄存器堆结构，其中任何一个既可存放目的操作数，也可以放源操作数。例如本书介绍的 80x86 系列 CPU 就采用了这种累加器结构。累加器的字长和微处理器的字长相同，累加器具有输入/输出和移位功能，微处理器采用累加器结构可以简化某些逻辑运算。由于所有运算的数据都要通过累加器，故累加器在微处理器中占有很重要的位置。

算术逻辑单元（ALU）用来进行算术或逻辑运算以及移位循环等操作。ALU 有 2 个输入端和 2 个输出端，其中一端如前所述，接至累加器，接收由累加器送来的一个操作数；另一端通过数据总线接到寄存器阵列，以接收来自内部数据总线的第二个操作数。它可以是数据缓冲寄存器（Data Register，DR）中的内容，也可以是寄存器阵列（Register Array，RA）中某个寄存器的内容。

2. 控制器

控制器又称控制单元（Control Unit，CU），是全机的指挥控制中心。它负责把指令逐条从存储器中取出，经译码分析后向全机发出取数、执行、存数等控制命令，以保证正确完成程序所要求的功能。

（1）指令寄存器（Instruction Register，IR）：用来保存从存储器取出的将要执行的指令码，以便指令译码器对其操作码字段进行译码，产生执行该指令所需的微操作命令。当执行一条指令时，先把它从内存取到数据缓冲寄存器中，然后再传送到指令寄存器中。

（2）指令译码器（Instruction Decoder, ID）：用来对指令寄存器中的指令操作码字段（指令中用来说明指令功能的字段）进行译码，根据指令译码的结果，以确定该指令应执行什么操作，并输出相应的控制信号。

（3）可编程逻辑阵列（Programmable Logic Array, PLA）：用来产生取指令和执行指令所需要的各种操作电位、不同节拍的信号、时序脉冲等执行此条命令所需的全部控制信号，并经过控制总线送往有关部件，从而使计算机完成相应的操作。

3. 内部寄存器阵列

（1）程序计数器（Program Counter, PC）：有时也被称为指令指针（Instruction Pointer, IP），它被用来存放下一条要执行指令所在存储单元的地址。在程序开始执行前，必须将它的起始地址，即程序的第一条指令所在的存储单元地址送入 PC。当执行指令时，CPU 将自动修改 PC 内容，以便使其保持的总是将要执行的下一条指令的地址。由于大多数指令是按顺序执行的，所以修改的办法通常只是简单地对 PC 加 1。但遇到跳转等改变程序执行顺序的指令时，后继指令的地址（即 PC 的内容）将从指令寄存器中的地址字段得到。

（2）地址寄存器（Address Register, AR）：用来存放正要取出的指令的地址或操作数的地址。由于在内存单元和 CPU 之间存在着操作速度上的差异，所以必须使用地址寄存器来保存地址信息，直到内存的读/写操作完成为止。

在取指令时，PC 中存放的指令地址送到 AR，根据此地址从存储器中取出指令。在取操作数时，将操作数地址通过内部数据总线送到 AR，再根据此地址从存储器中取出操作数；在向存储器存入数据时，也要先将待写入数据的地址送到 AR，再根据此地址向存储器写入数据。

（3）数据缓冲寄存器（Data Register, DR）：用来暂时存放指令或数据，从存储器读出时，若读出的是指令，经 DR 暂存的指令经过内部数据总线送到指令寄存器 IR；若读出的是数据，则通过内部数据总线送到运算器或有关的寄存器。同样，当向存储器写入数据时，也首先将其存放在数据缓冲寄存器 DR 中，然后再经数据总线送入存储器。

可以看出，数据缓冲寄存器 DR 是 CPU 和内存、外部设备之间信息传送的中转站，用来补偿 CPU 和内存、外围设备之间在操作速度上存在的差异。

（4）标志寄存器（Flag Register, FLAGS）：有时也称为程序状态字（Program Status Word, PSW），它用来存放执行算术运算指令、逻辑运算指令或测试指令后建立的各种状态码内容，以及对 CPU 操作进行控制的控制信息。标志位的具体设置及功能随微处理器型号的不同而不同。编写程序时，可以通过测试有关标志位的状态（0 或 1）来决定程序的流向。

4. 内部总线和总线缓冲器

内部总线把 CPU 内各寄存器和 ALU 连接起来，以实现各单元之间的信息传送。内部总线分为内部数据总线和地址总线，它们分别通过数据缓冲器和地址缓冲器与芯片外的系统总线相连。缓冲器用来暂时存放信息（数据或地址），它具有驱动放大能力。

1.6.3 典型存储器的内部结构

存储器是存放程序和数据的装置。半导体存储器内部通常由存储单元阵列、地址寄存器、地址译码器和数据缓冲器以及控制电路五个部分组成。

每个存储单元有一个唯一的编号，它可以按字编址，也可以按字节编址。在按字编址时，一个存储单元能存储的二进制信息的长度即为 CPU 的字长；在按字节编址时，每个单元存储的二进制信息的长度为 8 位，即一个字节。在微型计算机中通常是按字节编址组织存储器的。图 1.9 所示为按字节编址的存储器内部结构。

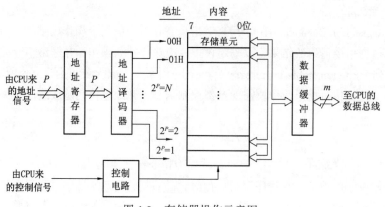

图 1.9　存储器操作示意图

当对指定的存储单元进行读或写（统称为访问 Access）时，应该首先将存储器单元的地址（P 位二进制数）送入地址寄存器，然后由地址译码器译码，从 $N = 2^p$ 个存储单元中选择指定哪个存储单元，并在 CPU 发来的控制信号 RD（读）或 WR（写）的控制下，将其中存放的数码（m 位）读出到数据缓冲器再输出，或者将由数据缓冲器输入的 m 位数码写入到所指定的存储单元中。前者称为读存储器操作，后者则为写存储器操作。

1．读操作

读操作之前，存储单元中已经存放有内容——指令代码或操作数。例如，图 1.10（a）中执行读操作，可把地址为 00H 单元中存放的指令代码 0011111B（即 3EH）读到 CPU 的指令寄存器，也可把另一地址 01H 单元中存放的操作数 00010101B（即 15H）读到 CPU 的数据寄存器 A。

2．写操作

写操作即是把 CPU 中某数据寄存器的内容存入某一指定的存储单元中的操作。例如，图 1.10（b）中的写操作是把累加器 A 的内容 4CH 通过 DB 总线存入 20H 单元。读/写操作是在执行程序时进行的。

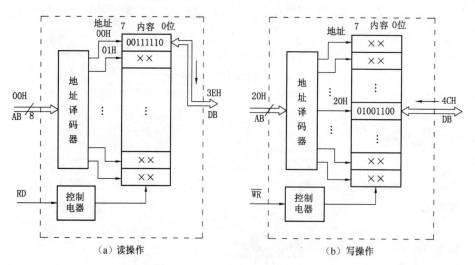

（a）读操作　　　　　　　　　　　　（b）写操作

图 1.10　存储器操作示意图

下面将以一个极简单的例子来说明程序的编制执行过程，借以了解微计算机的程序存储和程序控制的工作原理。

1.6.4　简单程序的编制和执行

1．指令系统简介

汇编语言程序的编制是依赖于 CPU 的指令系统的。每类 CPU 都有自己的指令系统，它包括了计算机所能识别和执行的全部指令。这里，只对指令系统作个简单介绍。

指令包括操作码（Opcode）和操作数（Operand）或操作数地址两部分。前者指定指令执行什么类型的操作；后者指明操作对象或操作数存放的地址以及运算结果送往何处。

每种 CPU 指令系统的指令都有几十条、上百条之多。为了帮助记忆，用助记符（Mnemonic Symbol）来代表操作码。通常助记符用相应于指令功能的英文缩写词来表示。如 z80 微处理器中，数的传送（Load）用 LD，加法用 ADD，输出用 OUT，暂停用 HALT。但是计算机存储、识别和执行都只能对二进制编码形式的指令码进行，为此还应将助记符指令翻译成二进制码。翻译得到的二进制指令码可能为单字节、双字节、三字节甚至四字节。

2. 程序的编制

题目：要求计算机执行 15H 加 37H，结果存到 20H 单元。

步骤 1：首先根据使用的 CPU 的指令系统，用其中合适的指令完成题目的要求。这样，可写出完成两数相加的助记符形式表示的程序如下：

```
LD A,15H          ;将被加数取入累加器 A
ADD A,37H         ;累加器内容和加数相加,结果在 A 中
LD (20H),A        ;将 A 中内容送到 20H 单元存放
HALT;停机
```

步骤 2：将助记符形式的程序翻译成二进制码形式表示的程序（即机器代码 Machine Code）。这一步通过查指令表完成。

```
第一条指令：00111110        ;LD A,n 的操作码
            00010101        ;操作数 15H 的二进制形式
第二条指令：11000110        ;ADDA,n 的操作码
            00110111        ;操作数 37H 的二进制形式
第三条指令：00110010        ;LD(20H),A 的操作码
            00100000        ;操作数地址 20H
第四条指令：01110110        ;暂停指令的操作码
```

步骤 3：程序存储。本程序 4 条指令共 7 个字节，若将它们放在从 00H 号开始的存储单元中，共需要 7 个存储单元，如图 1.11 所示：

地址		存储单元		
二进制	十六进制	内容		
00000000	00H	0011	1110	LD A
00000001	01H	0001	0101	15H
00000010	02H	1100	0110	ADD A
00000011	03H	0011	0111	37H
00000100	04H	0011	0010	LD(20H),A
00000101	05H	0010	0000	20H
00000110	06H	0111	0110	HALT
⋮	⋮	⋮		
00100000	20H	0100	1100	存结果

图 1.11　机器码程序在存储器中的存放

3. 程序执行过程

程序通常是按顺序执行的，执行时，应先给程序计数器 PC 赋以第一条指令的地址 00H，接着开始取第一条指令，执行第一条指令，再取第二条指令，执行第二条指令……直至遇到暂停指令为止，这个过程可概括为：

取指 1	执行 1	取指 2	执行 2	……	暂停

（1）取指令 1 过程。

① CPU 将 PC 的内容 00H 送至地址缓冲寄存器 AR。

② 当 PC 内容送入 AR 后，PC 内容自动加 1，变为 01H。

③ AR 将 00H 地址信号通过地址总线送至存储器，经地址译码器译码，选中 00H 单元。

④ CPU 经控制总线发出"读"命令到存储器。

⑤ 所选中的 00H 单元内容 3EH 读到数据总线 DB 上。

⑥ 读出的内容经数据总线送至 CPU 数据缓冲寄存器 DR。

⑦ 因是取指令阶段，读出的必为操作码，故 DR 将它送至指令寄存器 IR，经指令译码器 ID 译码后，发出执行这条指令所需要的各种控制命令。该过程见图 1.12。

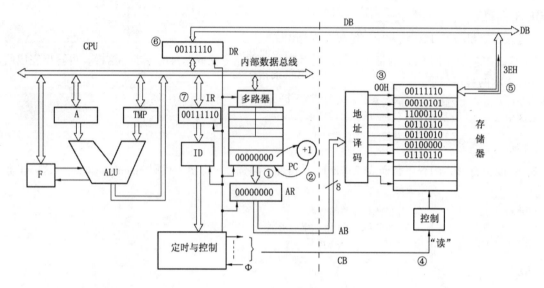

图 1.12　取第一条指令示意图

指令经译码后，判定是一条取操作数送累加器 A 的指令，而操作数放在第二字节，因而，执行第一条指令必须是取出第二字节中的操作数。

（2）执行指令 1 的过程。

① CPU 把 PC 的内容 01H 送至 AR。

② 当 PC 内容送至 AR 后，PC 内容自动加 1，变为 02H。

③ AR 将地址信号 01H 通过地址总线送到存储器，经地址译码后选中 01H 单元。

④ CPU 经控制总线发出"读"命令到存储器。

⑤ 所选中的 01H 单元内容 15H 读到数据总线 DB 上。

⑥ 通过 DB 总线，把读出的操作数 15H 送到 DR。

⑦ 因已知读出的是操作数，且指令要求送到累加器 A，故由 DR 通过内部数据总线送入 A 中。此过程读者可以仿照图 1.12 拟出。至此，第一条指令执行完毕，接着进入第二条指令的取指阶段。

（3）取指令 2 的过程。

① 把 PC 的内容 02H 送到 AR。

② 当 PC 的内容送入 AR 后，PC 自动加 1 变为 03H。

③ AR 经地址总线把地址信号 02H 送至存储器，经地址译码后，选中相应的 02H 单元。

④ CPU 发"读"命令到存储器。

⑤ 所选中的 02H 单元内容 C6H 通过数据总线送到 DR。

⑥ 因是取指阶段，读出的必为操作码，故 DR 将它送至指令寄存器 IR，经指令译码器 ID 译码后，识别出这是一条加法指令。将 A 的内容作为第一操作数，第二操作数在指令第二字节中，因此执行第二条指令的第一步必须取出指令第二字节中的操作数。然后在算术逻辑单元 ALU 中相加，最后把结果送回累加器 A 中。

（4）执行指令 2 的过程。

① 把 PC 的内容 03H 送至 AR。

② 当 PC 的内容送至 AR 后，PC 自动加 1，变为 04H。

③ AR 通过地址总线把地址号 03H 送至存储器，经地址译码后选中 03H 单元。

④ CPU 发"读"命令到存储器。

⑤ 所选中的 03H 单元内容 37H 读至数据总线 DB 上，送至 DR 中。

⑥ 因已知读出的是操作数，而且知道要与 A 中的内容相加，故此操作数通过内部数据总线送至暂存寄存器 TMP 中。

⑦ 由于算术逻辑单元 ALU 的两个输入端均有了操作数，故可执行加法操作。

⑧ 相加的结果由 ALU 输出，经内部数据总线送至累加器 A 中。

至此，第二条指令的执行阶段结束，接着转入第三条指令的取指阶段。第三条指令的取指也按上述类似过程进行。最后取回的第四条指令经译码，判定是暂停操作，于是机器暂停下来。

可以看出，程序的执行过程，就是周而复始地取指令、分析指令（译码）和执行指令的过程，直至该程序的全部指令执行完毕，由最后一条暂停指令实现停机。

4．运算结果的存储和输出过程

上面的简单程序执行完后，加法结果保留在累加器 A 中，如果按题目要求将运算结果存入存储单元 20H 中保存，或者希望将此结果通过接口电路送至某一外设（设外设端口为 01H），则应在前面程序基础上加入新的第三条存储指令和第四条输出指令，最后一条仍为暂停指令。

第一条：LD A,15H

第二条：Add A,37H

第三条：LD (20H),A   ;将累加器 A 中的结果存入 20H 单元

第四条：OUT (01H),A   ;并将结果输出到 01H 号外设端口

        HALT

新加入的指令经翻译成二进制码后，依次接着第二条指令存放在存储器中，如图 1.13 所示。

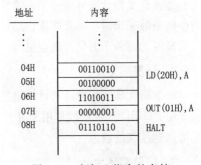

图 1.13　新加入指令的存储

新加入的第三条指令的取指过程与前面指令的取指过程类似。当把 04H 单元的指令码 32H 译码后，识别出这是一条存数指令，存数的地址放在第二字节，因此执行这条指令首先需要取出第二字节的操作数地址，这和指令 1 的操作执行过程类似。但不同是的：第一条指令执行时取回的是操作数 15H，放入累加器 A；而第三条指令执行时取回的是操作数地址 20H，当被取回放入 DR（见图 1.14 的⑥）后，接着执行的操作是把 DR 的内容传到地址缓冲寄存器 AR（见图 1.14 的⑦），再由 AR 把 20H 地址发至存储器，经地址译码后选中 20H 单元（见图 1.14 的⑧），CPU 发来"写"命令（见图 1.14 的⑨），累加器 A 中的内容 4CH 经内部数据总线，数据缓冲寄存器 DR 输出到 DB 总线上，接着就写入到存储单元 20H（见图 1.14 的⑩）。

第三条指令的执行操作分为两部分：前面部分为读操作，即将 05H 单元中的操作数地址 20H 读入后并放到 AR 中（见图 1.14 的⑤⑥⑦）；后面部分为写入操作，即将 A 中内容写入到 20H 单元（见图 1.14 中的②、⑨、⑩）。

新加入的第四条指令取指和执行与第三条类似，但不同的是：取回的指令 D3H 经译码后知道是一条输出指令，因而执行时前面部分的读操作读回的是外设端口地址 01H（而不是存储器地址），于是接着是把累加器中的内容 4CH 写入到端口上去。

综上所述：计算机的工作过程，实质上就是在程序控制下，自动地、逐条地从存储器中取指令、分析指令、执行指令，再取下一条指令，周而复始执行指令序列的过程，这就是冯·诺依曼的程序存储和程序控制的计算机的基本原理。

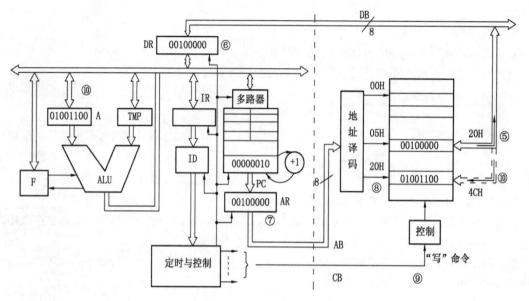

图 1.14　执行第三条指令的写入操作示意图

1.7　计算机的发展、应用与展望

1.7.1　计算机的特点

计算机的主要特点表现在以下几个方面：

1．运算速度快

运算速度是计算机的一个重要性能指标，计算机的运算速度通常用每秒执行定点加法的次数或平均每秒执行指令的条数来衡量。运算速度快是计算机的一个突出特点，计算机的运算速度已由早期的每秒几千次发展到现在的最高可达每秒千万亿次甚至更高。

2．计算精度高

科学研究和工程设计对计算结果的精度有很高的要求。一般的计算工具只能达到几位有效数字（如过去常用的 4 位数学用表、8 位数学用表等），而计算机处理计算结果的精度可达到十几位、几十位有效数字，甚至根据需要可达到任意的精度。

3．存储容量大

计算机的存储器可以存储大量数据，这使计算机具有了"记忆"功能。目前计算机的存储容量越来越大，已高达太字节数量级的容量。计算机具有"记忆"功能，是其与传统计算工具的一个重要区别。

4．具有逻辑判断功能

计算机的运算器除了能够完成基本的算术运算外，还具有进行比较、判断等逻辑运算的功能。这种能力是计算机处理逻辑推理问题的前提。

5．自动化程度高，通用性强

由于计算机的工作方式是将程序和数据先存放在机内，工作时按程序预先规定的操作，一步一步地自动完成，一般无须人工干预，因而自动化程度高。这一特点是一般计算工具所不具备的。计算机通用性的特点，表现在其几乎能求解自然科学和社会科学中一切类型的问题，能广泛地应用于各个领域。

1.7.2　计算机的发展简史

世界上第一台真正的全自动电子数字式计算机是 1946 年在美国宾夕法尼亚大学研制成功的 ENIAC（Electronic Numerical Integrator and Computer）。这台计算机共用了 18 000 多个电子管，占地约 170 m^2，总重量约为 30 t，耗电量超过 140 kW，每秒能做 5 000 次加减运算。ENIAC 虽然有许多明显的不足，它的功能也远不及现在的一台普通微型计算机，但它的诞生宣告了电子计算机时代的到来。在随后的几十年中，计算机的发展突飞猛进，经历了电子管、晶体管、集成电路、大规模与超大规模集成电路、甚大规模集成电路五个阶段，在这个发展过程中计算机的体积越来越小，功能越来越强，价格越来越低，应用越来越广泛。

第一代计算机是电子管计算机（1946—1958），这一时期计算机的主要特征是使用电子管作为电子器件，软件还处于初始阶段，使用机器语言与汇编语言编制程序。该时代计算机是计算机发展的初级阶段，其体积比较大，运算速度比较慢，存储容量不大。为了解决某一问题，所编制的程序往往很复杂。这一代计算机主要用于进行科学计算。

第二代计算机是晶体管计算机（1958—1964），这一时期计算机的主要特征是使用晶体管作为电子器件，在软件方面则开始使用计算机高级语言，这为更多的人学习和使用计算机铺平了道路。这一代计算机的体积大大减小，具有质量小、寿命长、耗电少、运算速度快和存储容量比较大等优点。因此，这一代计算机不仅用于科学计算，还用于数据处理和事务处理，并逐渐用于工业控制。

第三代计算机是集成电路计算机（1964—1970），这一时期计算机的主要特征是使用中、小规模集成电路（MSI、SSI）作为电子器件。在这一时期，操作系统的出现使计算机的功能越来越强，应用范围越来越广。使用中、小规模集成电路制成的计算机，其体积与功耗都进一步减小，运算速度加快，可靠性等指标也得到了进一步的提高，并且为计算机的小型化、微型化提供了良好的条件。在这一时期，计算机不仅用于科学计算，还用于文字处理、企业管理和自动控制等领域，出现了计算机技术与通信技术相结合的管理信息系统，可用于生产管理、交通管理和情报检索等领域。

第四代计算机是指用大规模与超大规模集成电路（LSI、VLSI）作为电子器件制成的计算机（1971—1990）。这一代计算机的各种性能都有了大幅度的提高，应用软件也越来越丰富，应用涉及国民经济的各个领域，已经在办公自动化、数据库管理、图像识别、语音识别和专家系统等众多领域大显身手，并且进入了家庭。从 1971 年到 1990 年，作为第四代计算机重要产品的微型计算机得到了飞速的发展，对计算机的普及起到了决定性的作用。

第五代计算机是指用甚大规模集成电路（ULSI）作为电子器件制成的计算机。1990 年后计算机进入第五代，其主要标志有两个：一个是单片集成电路规模达 100 万晶体管以上；另一个是超标量技术的成熟和广泛应用。第五代计算机是把信息采集、存储、处理、通信同人工智能结合在一起的智能计算机系统。它能进行数值计算或处理一般的信息，主要面向知识处理，具有形式化推理、联想、学习和解释的能力，能够帮助人们进行判断、决策、开拓未知领域和获得新的知识。人—机之间可以直接通过自然语言（声音、文字）或图形图像交换信息。第五代计算机又称新一代计算机。

1.7.3　计算机的应用

由于计算机具有高速、自动化和存储大量信息的优势，还具有很强的推理和判断能力，因此，计算机已经被广泛应用于各个领域，并且仍然呈上升和扩展趋势。通常，计算机的应用可概括为以下几个方面：

1. 科学计算

早期的计算机主要用于科学计算。目前，科学计算仍然是计算机的一个重要应用领域。由于计算机具有很高的运算速度和运算精度，使得过去用手工无法完成的计算变为可能。随着计算机技术的发展，计算机的计算能力将越来越强，计算速度会越来越快，计算精度也会越来越高。利用计算机进行数值计算，可以节省大量的时间、人力和物力。

2．过程检测与控制

利用计算机自动地对工业生产过程中的某些信号进行检测，并把检测到的数据存入计算机中，再根据需要对这些数据进行处理，这样的系统称为计算机检测系统。但一般来说，实际的工业生产过程是一个连续的过程，往往既需要用计算机进行检测，又需要用计算机进行控制。例如，在化工、电力和冶金等生产过程中，用计算机自动采集各种参数，监测并及时控制生产设备的工作状态；在导弹、卫星的发射中，用计算机随时精确地控制飞行轨道与姿态；在热处理加工中，用计算机随时检测与控制炉窑的温度；在对人有害的工作场所，用计算机来监控机器人自动工作等。特别是微处理器进入仪器仪表领域后所产生的智能化仪器仪表，将工业自动化推向了一个更高的水平。利用计算机进行控制，可以节省劳动力、降低劳动强度、提高劳动生产效率，并且还可以节省生产原料、减少能源消耗、降低生产成本。

3．信息管理

信息管理是目前计算机应用最广泛的一个领域。所谓信息管理，是指利用计算机来加工、管理和操作任何形式的数据资料，如企业管理、物资管理、报表统计、账目计算和信息情报检索等。当今社会是一个信息化的社会，随着计算机技术、网络技术及通信技术的日益成熟并用于信息管理，为办公自动化、管理自动化和社会自动化创造了越来越有利的条件。

4．计算机辅助系统

计算机辅助系统已被广泛应用在大规模集成电路、计算机、建筑、船舶、飞机、机床、机械等设计上。如计算机辅助设计（CAD）、计算机辅助制造（CAM）、计算机辅助教学（CAI）等。计算机辅助设计（Computer Aided Design，CAD）是利用计算机来帮助设计人员进行工程设计，以提高设计工作的自动化程度，节省人力和物力。用计算机进行辅助设计，不仅速度快，而且质量高。计算机辅助制造（Computer Aided Manufacturing，CAM）是利用计算机进行生产设备的管理、控制与操作，从而提高产品质量、降低生产成本以及缩短生产周期，并且还大大改善了工作人员的工作条件。计算机辅助教学（Computer Aided Instruction，CAI）是利用计算机帮助学习的系统，它将教学内容、教学方法以及学习情况等信息存储在计算机中，使学生能够轻松自如地从中学到所需要的知识。

1.7.4　计算机的展望

从 1946 年 ENIAC 问世以来，计算机技术的进步推动了计算机的发展和广泛应用，使计算机在人类的全部活动领域中占有极为重要的地位。从超级计算机到心脏起搏器，从电话网络到汽车的燃油喷射系统，它几乎无处不在、无所不及，完全可以填补甚至取代各类信息处理器，成为人类得力的助手。

世界上不少科学家预言，到了 2046 年，人类社会几乎所有的知识和信息将全部融入于计算机空间，而任何人在任何地方任何时间都可以通过网络，对所有的知识和信息进行在线获取。这个预测是大家所希望的，也是极有可能成为现实的。计算机空间将为崭新的信息方式、娱乐方式和教育方式提供基础，并将提供新层次的个人服务和健康保健，最大的受益将是人们可以在远距离与他人进行全感知的交流。这种计算机应该具有类似人脑的一些超级智能，即具有类似人脑的自组织、自适应、自联想、自修复的能力。

显然，欲实现上述目标，首先应该是努力提高处理器的主频。硅芯片微处理器主频与其集成度紧密相关，但实现起来并非易事。其一，硅芯片的集成度受其物理极限的制约，集成度不可能无止境地提高，当集成电路的线宽达到仅为单个分子大小的物理极限时，意味着硅芯片的集成度已到了穷途末路的境地。其二，由于硅芯片集成度提高时，其制作成本也在不断提高，即在微电子工艺发展中还遵循另一规律："新一代芯片的研发成本大约为前一代芯片的 2 倍。"一般来说，建造一个生产 0.25 μm 工艺芯片的车间需 20～25 亿美元，而使用 0.18 μm 工艺时，费用将跃升为 30～40 亿美元。按几何级数递增的制作成本，使得数年内该费用将达 100 亿美元，致使企业无法承受。其三，随着集成度的提高，微处理器内部的功耗、散热、线延迟等一系列问题将难以解决。因此，Intel 公司的工程师保罗·帕肯曾发表的认为硅片技术 10 年后将走到尽头的那个大胆的预测，绝不是空穴来风。

尽管如此，人类对美好愿望的追求是无止境的，绝不会因硅芯片的终结而放弃超级智能计算机的研制。

那么究竟谁能接过传统硅芯片发展的接力棒呢？多年来，科学家们把眼光都聚集在光子计算机、生物计算机和量子计算机上。

光子计算机是一种由光信号进行数字运算、逻辑操作、信息存储和处理的新型计算机。它由激光器、光学反射镜、透镜、滤波器等光学元件和设备构成，靠激光束进入反射镜和透镜组成的阵列进行信息处理，以光子代替电子，光运算代替电运算。光的并行、高速，天然地决定了光子计算机的并行处理能力很强，具有超高运算速度。光子计算机还具有与人脑相似的容错性，系统中某一元件损坏或出错时，并不影响最终的计算结果。光子在光介质中传输所造成的信息畸变和失真极小，光传输、转换时能量消耗和散发热量极低，对环境条件的要求比电子计算机低得多。随着现代光学与计算机技术、微电子技术相结合，在不久的将来，光子计算机将成为人类普遍的工具。然而要想制造真正的光子计算机，需要开发出可以用一条光束来控制另一条光束变化的光学晶体管这一基础元件，一般说来，科学家们虽然可以实现这样的装置，但是所需的条件如温度等仍较为苛刻，尚难以进入实用阶段。

生物计算机也称仿生计算机，主要原材料是生物工程技术产生的蛋白质分子，并以此作为生物芯片来替代半导体硅片，利用有机化合物存储数据。信息以波的形式传播，当波沿着蛋白质分子链传播时，会引起蛋白质分子链中单键、双键结构顺序的变化。运算速度要比当今最新一代计算机快 10 万倍，它具有很强的抗电磁干扰能力，并能彻底消除电路间的干扰。能量消耗仅相当于普通计算机的十亿分之一，且具有巨大的存储能力。生物计算机具有生物体的一些特点，如能发挥生物本身的调节机能，自动修复芯片上发生的故障，还能模仿人脑的机制等。生物计算机作为即将完善的新一代计算机，其优点是十分明显的。但它也有自身难以克服的缺点，其中最主要的便是从中提取信息困难。一种生物计算机 24 小时就完成了人类迄今全部的计算量，但从中提取一个信息却花费了1 周。这也是目前生物计算机没有普及的最主要原因。

量子计算机是利用原子所具有的量子特性进行信息处理的一种全新概念的计算机。原子会旋转，而且不是向上就是向下，正好与数码科技的"0"与"1"完全吻合。既然原子可以同时向上或向下旋转，如果把一群原子聚在一起，它们就可以不像现在的计算机那样进行线性运算，而是同时进行所有可能的运算。只要有 40 个原子一起运算，就可达到相当于现在一部超级计算机的同等性能。专家们认为，如果有一个包含全球电话号码的资料库，则找出一个特定的电话号码，一部量子计算机数分钟就可完成。量子计算机以处于量子状态的原子作为中央处理器和内存，其运算能力比目前以硅芯片为电路基础的传统计算机要快几亿倍。

量子计算机拥有强大的量子信息处理能力，对于目前海量的信息，能够从中提取有效的信息进行加工处理，使之成为新的有用的信息。量子信息的处理先需要对量子计算机进行储存处理，之后再对所给的信息进行量子分析。

例如，运用量子计算机能准确预测天气状况，目前计算机预测的天气状况的准确率达 75%，但是运用量子计算机进行预测，准确率能进一步提升，更加方便人们的出行；目前的计算机经常会受到病毒的攻击，直接导致计算机瘫痪，还会导致个人信息被窃取，但是量子计算机由于具有不可克隆的量子原理，这些问题不会存在，在用户使用量子计算机时能够放心上网，不用害怕个人信息泄露；另一方面，量子计算机拥有强大的计算能力，能够同时分析大量不同的数据，所以在金融方面能够准确分析金融走势，在避免金融危机方面起到很大的作用；在生物化学的研究方面也能够发挥很大的作用，可以模拟新的药物成分，更加精确地研制药物和化学用品。

利用高速运行的量子计算机，再结合现代计算机采用的高并行度的体系结构，通过将大量高速处理器用高带宽局域网进行连接，它就可以具备类似于人脑的高并行性的特质。

超级智能计算机不仅需要有硬件支撑，而且还必须有软件支持。模拟大脑功能创建超级计算机，除了具备足够的硬件能力和适应计算机学习的软件外，还需要有足够的初始体系结构和丰富的感官输入流。当前的技术对感官输入已经很容易满足，而足够的初始体系则较难实现，因为大脑并非一开始就是一片空白。它有一个遗传可编码的初始结构，存在着神经皮层可塑性、大脑皮层的相似性及进化的特点。这些问题的解决必须随着神经科学的进一步发展，在对人脑的神经结构和它的学习算法了解得足够多的前提下，才有可能在具有很强计算能力的计算机上实现复制。科学家估计在今后十多年内，采用当前的设备支持输入/输出渠道，对人脑继续研究，发现新的计算机学习方法和对新神经科学的深入研究，超级智能计算机的出现只是时间问题。

21世纪，人们除了继续追求超级智能计算机的研究外，更引起人们注目的是价格低廉、使用方便、体积更小、外形多变，具有个性化的计算机的研究和应用。

虽然计算机强大的功能使它能处理相当多的事务，但至今还存在不尽如人意的缺点。因此，普及面仍未达到应有的程度。其原因主要在于对绝大多数人而言，还不能非常方便地对它进行操作，而且很难适应各种场合的需要。因此，除了继续提高芯片主频外，在输入/输出方式上应有更多的性能突破。输入/输出方式应更多样化和更人性化。

计算机的外形及尺寸大小将随着不同的对象和环境而变化，甚至朝着个性化量体定做的方向发展。特别是嵌入式的计算机，可以遍及汽车、房间、车站、机场及各种建筑场地，使用者利用随身携带的信息操作器具，无须做任何连接，利用红外线等传输方式，随时从公共场所服务器主机上接收所需的信息，包括个人的电子邮件等。尤其是个人身上穿戴的可连接网络的设备，可以随时随地照顾用户健康、安全，并帮助用户在复杂的物理空间环境中工作。

大数据时代的到来，超级计算机将会在未来信息化发展中大放光彩。超级计算机是目前计算机中功能最强、运算速度最快、存储容量最大的一类计算机，多用于国家高科技领域和尖端技术研究，是国家科技发展水平和综合国力的重要标志。一个国家的高性能的超级计算机，直接关系到国计民生、关系到国家的安全。几乎在国计民生的所有领域中，超级计算机都起到了举足轻重的关键作用。首先是它和云计算、云存储联系在一起，为大数据技术的发展提供保障。未来，超级计算机很可能会发展为共享服务器云计算的形式，发挥它极强运算速度和大批量数据处理的优势。另一方面，超级计算机本身的架构和组件方式可能也会有很大改变，尤其体现在体积的缩小、运行的轻量化、成本的缩小化。超级计算机作为一个国家信息化的一种重要体现，首先将会在国防科技、工业化、航天卫星等领域发挥重要作用，其次，它会在诸如气象、物理、探测等领域显现出它的优势。依靠强大的数据处理能力和高速的运算能力，未来的超级计算机将会是大数据时代的重要工具，而且会进一步普及到我们的生活中来，为我们的社会发展做出巨大贡献。

习 题 1

1. 单项选择题

（1）完整的计算机系统应包括（　　）。

    A. 运算器、存储器和控制器　　　　B. 外围设备和主机

    C. 主机和实用程序　　　　　　　　D. 配套的硬件设备和软件系统

（2）计算机系统中的存储器系统是指（　　）。

    A. RAM 存储器　　　　　　　　　B. ROM 存储器

    C. 主存储器　　　　　　　　　　　D. 主存储器和外存储器

（3）冯·诺依曼机工作方式的基本特点是（　　）。

    A. 多指令流单数据流　　　　　　　B. 按地址访问并顺序执行指令

    C. 堆栈操作　　　　　　　　　　　D. 存储器按内容选择地址

（4）计算机高级程序语言一般分为编译型和解释型两类，在Java、BASIC和C语言中，属于解释型语言的是（　　）。

    A. 全部　　　　　　　　B. Java　　　　　　　　C. BASIC　　　　　　　　D. C

（5）下列说法中不正确的是（　　）。

    A. 高级语言的命令用英文单词来表示

    B. 高级语言的语法很接近人类语言

    C. 高级语言的执行速度比低级语言快

    D. 同一高级语言可在不同形式的计算机上执行

2. 简答题

（1）什么是"计算机"？怎样理解"计算机"这个术语？

（2）计算机发展了几代？各代的基本特征是什么？

（3）计算机的应用主要分为哪几个方面？请举出熟悉的例子。

（4）冯·诺依曼型计算机的基本特点是什么？

（5）计算机硬件有哪些部件？各部件的作用是什么？

（6）什么是总线？以总线组成计算机有哪几种组成结构？

（7）什么是硬件、软件和固件？什么是软件和硬件的逻辑等价？在什么意义上软件和硬件是不等价的？

（8）计算机中运行的软件有哪些？举例说明。

（9）说明高级语言、汇编语言和机器语言三者的区别。

（10）计算机系统按程序设计语言划分为哪几个层次？

第 ② 章

计算机中的数制及编码

目前的计算机都以二进制形式进行算术运算和逻辑操作，因此，对于用户在键盘上输入的十进制数字和符号命令，计算机必须先把它们转换成二进制形式后再进行识别、运算和处理，然后再把运算结果还原成十进制数字和符号，并在显示器上显示出来。

2.1 数 据 表 示

2.1.1 数据单位表示

1. 位（bit）

位是二进制数据的最小单位，一个二进制位只能表示两个状态，即 $2^1 = 2$。要表示的信息如果很大，就要把更多的二进制位联合起来组成一个整体。每增加一位，所表示的数的量就增加一倍，像 ASCII 码用 7 位二进制位的组合码所能表示的数是 $2^7 = 128$，而用 8 位二进制位的组合码所能表示的数则是 $2^8 = 256$。

2. 字节（Byte）

字节在计算机系统内是常用的一个名词或技术术语，常用 B 表示。字节被规定成是由 8 个二进制信息组成的一个数据单位，也就是说，1 字节 =8 个二进制位，即 1 Byte = 8 bit。字节是计算机内用来表示数据的一种单位。通常，在一个字节内存放一个 ASCII 码，2 个字节即可用来存放一个汉字国标码。在给计算机内的存储器地址进行编码时，就采用了给每一个字节分配一个地址编码的存储器地址编码方案。

3. 字（word）

通常，把计算机在进行数据处理时，一次存取加工和传送的数据长度称为字。一个字可以是由一个或几个字节组成。由于字长是计算机一次所能处理的实际位数，所以决定了计算机数据处理的速率，是衡量计算机性能的重要标志之一，通常字长越长，计算机的性能也就会越强。

不同计算机的字长是不相同的，像 Pentium 的前辈机 8086、80286 就是 16 位的处理机，而 80386、80486 则是 32 位的处理机。

就处理机而论，说到字，就是每 16 位二进制数构成一个字。也就是说，一个字是由两个字节组成。即一个字等于 2 个字节，等于 16 个比特。它是由连续存放的两个相邻的字节组成，是从 16 位处理机那里继承下来的一个概念。

4. 双字（doubleword）

双字，就是两个字。也就是说，双字是由两个 16 位的二进制数据组成，即由 32 位二进制数据组成。所以，1 双字等于 2 个字，等于 4 个字节，等于 32 个比特。它是由连续存放的 4 个相邻的字节，或者说是由两个相邻的字组成。由于历史的原因，是继字之后又延续、拓宽下来的一个概念。

在处理机系统内，它是一个非常重要的数据形式。在程序设计时经常要用到 32 位的双字。在 32 位处理机系统内，使用 32 位的双字进行算术运算，比起 16 位的处理机，其运算精度大为提高。32 位的数据可以以浮点形式和整数形式表示非常大的数或非常小的数。

5．四字（quadword）

所谓四字，就是由 2 个 32 位的双字，或者说是由 4 个 16 位二进制数，或者说是由 8 个字节，或者说是由 64 位二进制数据组成，1 个四字等于 2 个双字，等于 4 个字，等于 8 个字节，等于 64 个比特。它可以存放非常大的数据。它是由连续存放的 8 个相邻的字节，或者说是由 4 个相邻的字组成，可以满足非常高精度的需要。

2.1.2　表示存储器容量的计量单位

在处理机系统内，存储器容量的大小通常以字节数量的多少表示。目前常用的计量单位有 4 种，分别是 KB、MB、GB、TB。

1．KB

KB 是 kilobyte 的缩写，是千字节的意思，1 KB=1 024 B。用二进制表示则相当于 2^{10}，即 2^{10}=1 024，要用 10 位二进制数表示。

2．MB

MB 是 megabyte 的缩写，是兆字节的意思，其中 M 表示兆，B 表示字节。相当于 10^6，即 10^6＝1 024 K＝1 024×1 024。用二进制表示则相当于 2^{20}，即 2^{20}＝1 M＝1 024 K，要用 20 位二进制数表示。

3．GB

GB 是 gigabyte 的缩写，是吉字节的意思，其中 1 GB 表示 1 024 M，B 表示字节。相当于 10^9，即 10^9＝1 024 M＝1 024×1 024 K＝1 024×1 024×1 024。用二进制表示，则相当于 2^{30}，即 2^{30}＝1 024 M＝1 024×1 024 K，要用 30 位二进制数来表示。

4．TB

TB 是 terabyte 的缩写，是太字节的意思，其中 1 T 表示 1 024 G，B 表示字节。相当于 10^{12}，即 10^{12}＝1 024 G＝1 024×1 024 M＝1 024×1 024×1 024 K＝1 024×1 024×1 024×1 024。用二进制表示则相当于 2^{40}，即 2^{40}＝1 024 G，要用 40 位二进制数来表示。

2.1.3　存储器编址与数据存储

计算机系统内的存储器，说到底是由一个个存储单元组成的，为了对存储器进行有条不紊地操作和高效地管理，给每个存储单元都编上一个号，也就是给每个存储单元都分配一个地址码，俗称给存储器地址"编址"。经过编址之后的存储器在逻辑上就形成了一个线性地址空间，在这种情况下，存储器中就可以存放各种各样的信息了。

处理机在进行数据的存取操作时，首先要给出欲存取数据的地址，然后再由硬件的地址译码部件找到数据所在的存储器地址，这样一个过程被称之为"寻址"。只有找到数据所在的存储器地址，才可以存取所需的数据。

如图 2.1 所示，存储器中的字节、字、双字和四字是这样规定的：一个字节由 8 个二进制位组成，位的编号从 0 至 7，0 位是最低位。

一个字占用两个连续地址的两个字节，共 16 位，字的编号从 0 至 15，0 位是最低位。字中含第 0 至第 7 位的那个字节称为低序字节，含 8 至 15 位的字节为高序字节。低序字节对应较低的地址，也将低序字节地址作为该字的地址。

一个双字是由 4 个连续地址的 4 个字节构成的，即由两个字构成，共 32 位，编号 0 至 31，0 位为最低位。含 0 至 15 位的字为低序字，含 16 至 31 位的字为高序字。

一个四字是由 8 个连续地址的 8 个字节构成的，共有 64 位，编号 0 至 63，其中 0 位为最低位。含 0 至 31 位的双字称为低序双字，含 32 至 63 位的双字称为高序双字，仅当从较低的双字开始，各自独立地访问较低、较高的双字时，或者在访问各个单字节时，才使用较高的地址。图 2.2 展示出了字、双字和四字在存储器中各字节的存放次序。

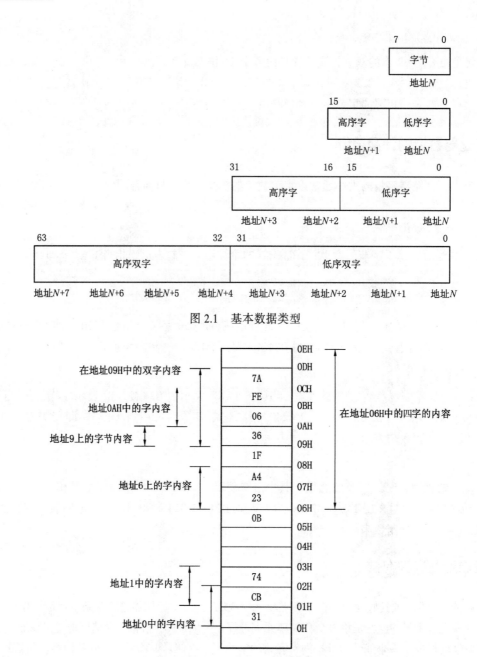

图 2.1　基本数据类型

图 2.2　存储器中字节、字、双字和四字

当然，在计算机系统中，存储器的编址与数据存储也可以采用"低地址存储高位字节"的形式，这里不做讨论。

2.2　计算机中的数制及数的转换

2.2.1　计算机中的数制

所谓数制是指数的制式，是人们利用符号计数的一种科学方法。数制是人类在长期的生存斗争和社会实践中逐步形成的。数制有很多种，微型计算机中常用的数制有十进制、二进制、八进制和十六进制等。现对十进制、二进制和十六进制这三种数制讨论如下：

1．十进制

十进制（Decimal）是大家很熟悉的进位计数制，它共有 0、1、2、3、4、5、6、7、8、9 十个数字符号。这十个数字符号又称为"数码"，每个数码在数中最多可有两个值的概念，一个是数字符号的数值，另一个是该数字符号的权。例如，十进制数 45 中的数码 4，其本身的值为 4，它的权为 10^1，所以它实际代表的值为 40。在数学上，数制中数码的个数定义为基数，故十进制的基数为 10。

十进制是一种科学的计数方法，十进制数的主要特点如下：

（1）它有 0～9 十个不同的数码，这是构成所有十进制数的基本符号。

（2）它是逢十进位的。十进制数在计数过程中，当它的某位计满十时就要向它邻近的高位进一。

因此，任何一个十进制数不仅与构成它的每个数码本身的值有关，而且还与这些数码在数中的位置有关。这就是说，任何一个十进制数都可以展开成幂级数形式。例如：

$$123.45=1\times10^2+2\times10^1+3\times10^0+4\times10^{-1}+5\times10^{-2}$$

2．二进制

二进制（Binary）比十进制更为简单，二进制数的主要特点如下：

（1）它共有 0 和 1 两个数码，任何二进制数都由这两个数码组成。

（2）二进制数的基数为 2，做加法时它奉行逢 2 进 1 的进位原则。

因此，二进制数同样也可以展开成幂级数形式，不过内容有所不同罢了。例如：

$$10110.11=1\times2^4+0\times2^3+1\times2^2+1\times2^1+0\times2^0+1\times2^{-1}+1\times2^{-2}$$
$$=1\times2^4+1\times2^2+1\times2^1+1\times2^{-1}+1\times2^{-2}$$
$$=22.75$$

3．十六进制

十六进制（Hexadecimal）是人们学习和研究计算机中二进制数的一种工具，它是随着计算机的发展而广泛应用的。十六进制数的主要特点如下：

（1）它有 0、1、2、……、9、A、B、C、D、E、F 共 16 个数码，任何一个十六进制数都是由其中的一些或全部数码构成。

（2）十六进制数的基数为 16，进位计数为逢 16 进 1。

十六进制数也可展开成幂级数形式。例如：

$$70F.B1H=7\times16^2+0\times16^1+F\times16^0+B\times16^{-1}+1\times16^{-2}=1\ 807.691\ 4$$

当阅读和书写不同数制的数时，如果不在每个数上外加一些辨认标记，就会混淆，从而无法分清。通常采用英文字母标记，加在被标记数的后面，分别用 B、D 和 H 大写字母表示二进制数、十进制数和十六进制数，如 89H 为 16 进制数、101B 为二进制数等，其中，十进制数中的 D 标记可以省略。

2.2.2　不同数制间数的转换

计算机采用二进制数操作，但人们习惯于使用十进制数，这就要求计算机能自动对不同数制的数进行转换。下面暂且不讨论计算机怎样进行这种转换，先来看看在数学中如何进行上述三种数制间数的转换，如图 2.3 所示。

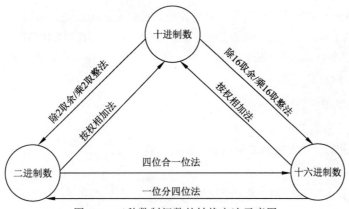

图 2.3　三种数制间数的转换方法示意图

1．二进制数和十进制数间的转换

（1）二进制数转换成十进制数只要把欲转换数按权展开后相加即可，例如：

$$11010.01B=1\times2^4+1\times2^3+1\times2^1+1\times2^{-2}=26.25$$

（2）十进制数转换成二进制数的过程是上述转换过程的逆过程，但十进制整数转换成二进制整数和十进制小数转换成二进制小数的方法是不相同的，下面分别进行介绍。

① 十进制整数转换成二进制整数的方法有很多种，但最常用的是除 2 取余法，就是首先用 2 去除要转换的十进制数，得到一个商和一个余数，然后继续用 2 去除上次所得的商，直到商为 0 为止，最后把各次余数按最后得到的为最高位、最先得到的为最低位，依次排列起来便得到所求的二进制数。

【例 2.1】试求出十进制数 215 所对应的二进制数。

【解】

```
2│    215 ················ 余1 最低位
 2│    107 ················ 余1      ↑
  2│    53 ················ 余1       │
   2│   26 ················ 余0       │
    2│  13 ················ 余1       │
     2│  6 ················ 余0       │
      2│ 3 ················ 余1       │
         1 ················ 余1 最高位
```

把所得余数按箭头方向从高到低排列起来便可得到：215=11010111B。

② 十进制小数转换成二进制小数通常采用乘 2 取整法，就是首先用 2 去乘要转换的十进制小数，将乘积结果的整数部分提出来，然后继续用 2 去乘上次乘积的小数部分，直到所得积的小数部分为 0 或满足所需精度为止，最后把各次整数按最先得到的为最高位、最后得到的为最低位，依次排列起来便得到所求的二进制小数。

【例 2.2】试把十进制小数 0.687 9 转换为二进制小数（要求转换完成的二进制数小数点后有 4 位）。

【解】把 0.687 9 不断地乘以 2，取每次所得乘积的整数部分，直到乘积的小数部分满足所需精度为止，把所得整数按箭头方向从高位到低位排列后得到：0.6879D≈0.1011B。

```
        0.6879
      ×     2
      ────────
        1.3758 ··············取得整数1 最高位
        0.3758
      ×     2                              │
      ────────                             │
        0.7516 ··············取得整数0      │
        0.5032                             │
      ×     2                              │
      ────────                             ▼
        1.5032 ··············取得整数1
        0.5032
      ×     2
      ────────
        1.0064 ··············取得整数1 最低位
```

③ 对同时有整数和小数两部分的十进制数，其转换成二进制数的方法是：对整数和小数部分分开转换后，再合并起来。例如，把例 2.1 和例 2.2 合并起来便可得到：215.6879≈11010111.1011B。

应当指出：任何十进制整数都可以精确转换成一个二进制整数，但任何十进制小数却不一定可以精确转换成一个二进制小数，例 2.2 中的情况便是一例。

2．十六进制数和十进制数间的转换

1）十六进制数转换成十进制数

十六进制数转换成十进制数的方法和二进制数转换成十进制数的方法类似，即把十六进制数按权展开后相加。例如：

$$3FEAH=3\times16^3+15\times16^2+14\times16^1+10\times16^0=16\ 362$$

2）十进制数转换成十六进制数

（1）十进制整数转换成十六进制整数的方法与十进制整数转换成二进制整数的方法类似，十进制整数转换成十六进制整数可以采用除 16 取余法，就是用 16 连续去除要转换的十进制整数，直到商数小于 16 为止，然后把各次余数按逆序排列起来所得的数，便是所求的十六进制数。

【例 2.3】求 3901 所对应的十六进制数。

【解】把 3901 连续除以 16，直到商数为 15 为止，所以，3901=F3DH。

$$
\begin{array}{r|l}
16 & \underline{3901} \quad\cdots\cdots\cdots\cdots\cdots\cdots\cdots\cdots\text{余}13 \quad \text{写作D} \quad \text{最低位} \\
16 & \underline{243} \quad\cdots\cdots\cdots\cdots\cdots\cdots\cdots\cdots\text{余}3 \quad\; \text{写作3} \\
& 15 \quad\;\;\cdots\cdots\cdots\cdots\cdots\cdots\cdots\cdots\text{余}15 \quad \text{写作F} \quad \text{最高位}
\end{array}
$$

（2）十进制小数转换成十六进制小数的方法类似于十进制小数转换成二进制小数的方法，常采用乘 16 取整法。乘 16 取整法则是把欲转换的十进制小数连续乘以 16，直到所得乘积的小数部分为 0 或达到所需精度为止，最后把各次整数按最先得到的为最高位、最后得到的为最低位，依次排列起来便得到所求的十六进制小数。

【例 2.4】求 0.76171875 所对应的十六进制数。

【解】将 0.76171875 连续乘以 16，直到所得乘积的小数部分为 0，所以，0.76171875=0.C3H。

$$
\begin{array}{r}
0.76171875 \\
\times \quad\quad 16 \\
\hline
12.18750000 \cdots\cdots\cdots\cdots\cdots\text{取整数12} \quad \text{写作C} \\
0.18750000 \\
\times \quad\quad 16 \\
\hline
3.00000000 \cdots\cdots\cdots\cdots\cdots\cdots\text{取整数3} \quad \text{写作3}
\end{array}
$$

3．二进制数和十六进制数的转换

二进制数和十六进制数间的转换十分方便，这就是为什么人们要采用十六进制形式对二进制数加以表达的内在原因。

1）二进制数转换成十六进制数

二进制数转换成十六进制数可采用四位合一位法，就是从二进制数的小数点开始，或左或右每四位一组，不足四位以 0 补足，然后分别把每组用十六进制数码表示，并按序相连。

【例 2.5】把 1101111100011.10010100B 转换为十六进制数。

【解】采用四位合一位法，所以，1101111100011.10010100B=1BE3.94H

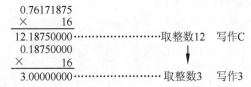

2）十六进制数转换成二进制数

转换方法是把十六进制数的每位分别用四位二进制数码表示，然后把它们连成一体。

【例 2.6】把十六进制数 3AB.7A5 转换为一个二进制数。

【解】采用一位分四位法，所以，3AB.7A5H=1110101011.011110100101B。

2.3　二进制数的运算

二进制数的运算可分为二进制整数运算和二进制小数运算两种类型，但运算法则完全相同。由于大部分计算机中数的表示方法均采用定点整数表示法，故这里仅介绍二进制整数运算方法，二进制小数运算方法与整数的运算方法相同，留给读者思考。

在计算机中，经常遇到的运算分为两类，即算术运算和逻辑运算。算术运算包括加、减、乘、除运算，逻辑运算有逻辑乘、逻辑加、逻辑非和逻辑异或等，下面分别进行介绍。

1. 算术运算

1）加法运算

二进制加法法则为：

$$0+0=0$$
$$1+0=0+1=1$$
$$1+1=0（向邻近高位有进位）$$
$$1+1+1=1（向邻近高位有进位）$$

两个二进制数的加法过程和十进制加法过程类似，下面举例加以说明。

【例2.7】设有两个八位二进制数 X=10011110B，Y=01011001B，试求出 $X+Y$ 的值。

【解】$X+Y$ 可写成如下竖式：

$$
\begin{array}{r}
被加数\ X\quad 1\ 0\ 0\ 1\ 1\ 1\ 1\ 0\ B\\
加数\ Y\quad 0\ 1\ 0\ 1\ 1\ 0\ 0\ 1\ B\\
\hline
和\ X+Y\quad 1\ 1\ 1\ 1\ 0\ 1\ 1\ 1\ B
\end{array}
$$

所以，$X+Y$=10011110B+01011001B=11110111B。

2）减法运算

二进制减法法则为：

$$0-0=0$$
$$1-1=0$$
$$1-0=1$$
$$0-1=1（向邻近高位借1当做2）$$

两个二进制数的减法运算过程和十进制减法运算过程类似，现举例说明。

【例2.8】设两个8位二进制数 X=10010111B，Y=11011001B，试求 $X-Y$ 值。

【解】由于 $Y>X$，故有 $X-Y=-(Y-X)$，相应的竖式为：

$$
\begin{array}{r}
被减数\ Y\quad 1\ 1\ 0\ 1\ 1\ 0\ 0\ 1\ B\\
减数\ X\quad 1\ 0\ 0\ 1\ 0\ 1\ 1\ 1\ B\\
\hline
差数\ Y-X\quad 0\ 1\ 0\ 0\ 0\ 0\ 1\ 0\ B
\end{array}
$$

所以，$X-Y$=-01000010B。

两个二进制数相减时先要判断它们的大小，把大数作为被减数，小数作为减数，差的符号由两数关系决定。此外，在减法过程中还要注意低位向高位借1应当做2。

3）乘法运算

二进制乘法法则为：

$$0\times0=0$$
$$1\times0=0\times1=0$$
$$1\times1=1$$

两个二进制数相乘的运算方法与两个十进制数相乘的运算方法类似，可以用乘数的每一位分别去乘被乘数，所得结果的最低位与相应乘数位对齐，最后把所有结果加起来，便得到积，这些中间结果又称为部分积。

【例2.9】设有两个四位二进制数 X=1101B 和 Y=1001B，试用手工算法求出 $X\times Y$ 的值。

【解】二进制乘法运算竖式为：

$$
\begin{array}{r}
被乘数 \quad 1101B \\
乘数 \quad \times 1001B \\
\hline
1101 \\
0000 \\
0000 \\
1101 \\
\hline
乘积 \quad 1110101B
\end{array}
$$

乘积为 1110101B，所以，$X \times Y = 1101B \times 1001B = 1110101B$。

上述人工算法可总结为：先对乘数最低位判断，若是"1"就把被乘数写在和乘数位对齐的位置上（若是"0"，就写下全"0"）；然后逐次从低位向高位对乘数其他位判断，每判断一位就把被乘数或"0"（相对于前次被乘数位置）左移一位后写下来，直至判断完乘数的最高位；最后全部相加。这种乘法算法复杂，用电子线路实现较困难，故计算机中通常不采用这种算法。

在计算机中，部分积左移和部分积右移是普遍采用的两种乘法算法。前者从乘数最低位向高位逐位进行，后者从乘数最高位向低位进行，其本质是相同的。部分积右移法具体步骤为：先使部分积为"0"，若乘数最低位为"1"，则部分积与被乘数相加（若乘数最低位是"0"，则该部分积与"0"相加）；然后将得到的部分积右移一位，用同样的方法对乘数的次低位进行处理，直至处理到乘数的最高位为止。这就是说：部分积右移法采用了边相乘边相加的方法，每次加被乘数或"0"时总要先使部分积右移（相当于人工算法中的被乘数左移），而被乘数的位置可保持不变。

上述算法很难为人们所理解，但它却有利于计算机采用硬件或软件的方法来实现。通常，计算机内部只有一个加法器，乘法指令由加法、移位和判断电路利用上述算法来完成。有的微型计算机无乘法指令，乘法问题是通过用加法指令、移位指令和判断指令按部分积左移或部分积右移的算法编成的乘法程序来实现的。

4）除法运算

除法是乘法的逆运算。与十进制除法类似，二进制除法也是从被除数最高位开始，查找出其够减除数的位数，并在其最低位处上商 1 和完成它对除数的减法运算，然后把被除数的下一位移到余数位置上。若余数不够减除数，则上商 0，并把被除数的再下一位移到余数位置上；若余数够减除数，则上商 1 并进行余数减除数。这样重复进行，直到全部被除数的各位都下移到余数位置上为止。

【例 2.10】设 $X = 10101011B$，$Y = 110B$，试求 $X \div Y$ 的值。

【解】$X \div Y$ 的竖式是：

$$
\begin{array}{r}
11100 \\
110 \overline{\smash{)}10101011} \\
110 \\
\hline
1001 \\
110 \\
\hline
110 \\
110 \\
\hline
11
\end{array}
$$

所以，$X \div Y = 10101011B \div 110B = 11100B$ 余 11B。

归根到底，上述手工除法由判断、减法和移位等步骤组成。也就是说，只要有了减法器，外加判断和移位就可实现除法运算。在计算机中，除法常采用恢复余数法和不恢复余数法两种方法来处理，但基本原理和手工除法相同。

2. 逻辑运算

计算机处理数据时常常要用到逻辑运算。逻辑运算由专门的逻辑电路完成。下面介绍几种常用的逻辑运算。

1）逻辑乘运算

逻辑乘又称逻辑与，常用 $\wedge$ 运算符表示。逻辑乘运算法则为：

$$0 \wedge 0 = 0$$

$$1 \wedge 0 = 0 \wedge 1 = 0$$
$$1 \wedge 1 = 1$$

两个二进制数进行逻辑乘，其运算方法类似于二进制乘法运算。

【例2.11】已知 X=01100110B，Y=11110000B，试求 $X \wedge Y$ 的值。

【解】$X \wedge Y$ 的运算竖式为：

$$\begin{array}{r} 01100110B \\ \wedge\ 11110000B \\ \hline 01100000B \end{array}$$

所以，$X \wedge Y$=01100000B。

逻辑乘运算通常可用于从某数中取出某几位。由于例2.11中 Y 的取值为 F0H，因此逻辑乘运算结果中高四位可看做是从 X 的高四位中取出来的。若要把 X 中最高位取出来，则 Y 的取值显然应为 80H。

2）逻辑加运算

逻辑加又称逻辑或，常用运算符 $\vee$ 表示。逻辑加的运算规则为：

$$0 \vee 0 = 0$$
$$1 \vee 0 = 0 \vee 1 = 1$$
$$1 \vee 1 = 1$$

【例2.12】已知 X=00110101B，Y=00001111B，试求 $X \vee Y$ 的值。

【解】$X \vee Y$ 的运算竖式为：

$$\begin{array}{r} 00110101B \\ \vee\ 00001111B \\ \hline 00111111B \end{array}$$

所以，$X \vee Y$=00110101B$\vee$00001111B=00111111B。

逻辑加运算通常可用于使某数中某几位添加"1"。由于例2.12中 Y 的取值为 0FH，因此逻辑加运算结果中低四位可看做是给 X 低四位添加"1"的结果。若要使 X 的高四位加"1"，则 Y 的取值显然应取 F0H。

3）逻辑非运算

逻辑非运算又称逻辑取反，常采用"‾"运算符表示。逻辑非的运算规则为：

$$\overline{0} = 1$$
$$\overline{1} = 0$$

【例2.13】已知 X=11000011B，试求 $\overline{X}$ 的值。

【解】因为：X =11000011B

所以：$\overline{X}$=00111100B

4）逻辑异或运算

逻辑异或又称为半加，是不考虑进位的加法，常采用"$\oplus$"运算符表示。逻辑异或的运算规则为：

$$0 \oplus 0 = 1 \oplus 1 = 0$$
$$1 \oplus 0 = 0 \oplus 1 = 1$$

【例2.14】已知 X=10110110B，Y=11110000B，试求 $X \oplus Y$ 的值。

【解】$X \oplus Y$ 的运算竖式为：

$$\begin{array}{r} 10110110B \\ \oplus\ 11110000B \\ \hline 01000110B \end{array}$$

所以，$X \oplus Y$=10110110B$\oplus$11110000B=01000110B。

异或运算可用于把某数的若干位取反。由于例2.14中 Y 的取值为 F0H，因此异或运算结果中高四位可看做是

X 高四位取反的结果。若要使 X 中最高位取反，则 Y 的取值应为 80H。异或运算还可用于乘除法运算中的符号位处理。

2.4　数的表示法

2.4.1　机器数和真值

在计算机中，无论数值还是数的符号，都只能用 0、1 来表示。通常专门用一个数的最高位作为符号位：0 表示正数，1 表示负数。例如：

$$+18 = 00010010$$
$$-18 = 10010010$$

这种在计算机中使用的、连同符号位一起数字化了的数，称为机器数。

机器数所表示的真实值则叫真值。例如机器数 10110101 所表示的真值为 -53（十进制）或 -0110101（二进制）；机器数 00101010 的真值为 $+42$（十进制）或 $+0101010$（二进制）。

可见，在机器数中，用 0、1 取代了真值的正、负号。

2.4.2　有符号数的机器数表示方法

实际上，机器数可以有不同的表示方法。对有符号数，机器数常用的表示方法有原码、反码、补码三种。

1. 原码

对一个二进制数而言，若用最高位表示数的符号（常以 0 表示正数，1 表示负数），其余各位表示数值大小，则称为该二进制数的原码表示法。

例如，设 $X=+1011100$，$Y=-1011100$，则 $[X]_{原}=01011100$，$[Y]_{原}=11011100$。

$[X]_{原}$ 和 $[Y]_{原}$ 分别为 X 和 Y 的原码，是符号数值化了的数，可在计算机中使用，称为机器数。原来的带正负号的数 X 和 Y 称为相应机器数的真值。原码 $[X]_{原}$ 和真值 X 之间的关系如下：

若设机器字长为 n，则数 X 的原码的定义为：

$$[X]_{原}=\begin{cases} X = 0X_1X_2 \cdots X_{n-1} & (X \geqslant 0) \\ 2^{n-1} + |X| = 2^{n-1} - X = 1X_1X_2 \cdots X_{n-1} & (X \leqslant 0) \end{cases}$$

当机器字长 $n=8$ 时：

$$[+1]_{原}=00000001 \quad [-1]_{原}=10000001$$
$$[+127]_{原}=01111111 \quad [-127]_{原}=11111111$$
$$[+0]_{原}=00000000 \quad [-0]_{原}=10000000$$

n 位原码表示数值的范围是：

$$-(2^{n-1}-1) \sim +(2^{n-1}-1)$$

它对应的原码为 $111\cdots1 \sim 0111\cdots1$。

数 0 的原码有两种不同形式：

$$[+0]_{原}=000\cdots0$$
$$[-0]_{原}=100\cdots0$$

原码表示简单、直观，与真值的转换方便。但用它作加减法运算不方便，而 0 有 +0 和 –0 两种表示方法。

2. 反码

在用反码表示时，数 X 的反码记为 $[X]_{反}$；若设机器字长为 n，则反码的定义为：

$$[X]_{\text{补}} = \begin{cases} 0X_1X_2\cdots X_{n-1} & (X \geqslant 0) \\ 1\bar{X}_1\bar{X}_2\cdots X_{n-1} & (X < 0) \end{cases}$$

当机器字长 $n=8$ 时：

$$[+1]_{\text{反}}=00000001，\quad [-1]_{\text{反}}=11111110$$
$$[+127]_{\text{反}}=01111111，\quad [-127]_{\text{反}}=10000000$$
$$[+0]_{\text{反}}=00000000，\quad [-0]_{\text{反}}=11111111$$

反码的求法可概括为：正数的反码与原码相同，负数的反码是将其原码除符号位外，各位变反。n 位反码表示数值的范围是：

$$-（2^{n-1}-1）\sim+（2^{n-1}-1）$$

它对应于反码的 $100\cdots0\sim0111\cdots1$。

数 0 的反码也有两种形式：

$$[+0]_{\text{反}} = 000\cdots0$$
$$[-0]_{\text{反}} = 111\cdots1$$

将反码还原为真值的方法是：反码→原码→真值，而 $[X]_{\text{原}} = [[X]_{\text{反}}]_{\text{反}}$。或者说，当反码的最高位为 0 时，后面的二进制序列值即为真值，且为正；最高位为 1 时，则为负数，后面的数值位要按位求反才为真值。

3. 补码

正数的补码表示与原码表示相同；负数的补码是将其对应的正数各位（连同符号位）取反加 1（最低位加 1）而得到，或将其原码除符号位外各位取反加 1 而得到。

数 X 的补码记为 $[X]_{\text{补}}$；若设机器字长为 n，则补码的定义为：

$$[X]_{\text{补}} = \begin{cases} 0X_1X_2\cdots X_{n-1} & (X \geqslant 0) \\ 1\bar{X}_1\bar{X}_2\cdots X_{n-1}+1 & (X < 0) \end{cases}$$

当机器字长 $n=8$ 时：

$$[+3]_{\text{补}}=00000011$$
$$[-3]_{\text{补}}=11111101$$
$$[+1]_{\text{补}}=00000001$$
$$[-1]_{\text{补}}=11111111$$
$$[+127]_{\text{补}}=01111111$$
$$[-127]_{\text{补}}=10000001$$
$$[+0]_{\text{补}}=[+0]_{\text{补}}=00000000$$

n 位补码表示数值的范围是：

$$-（2^{n-1}-1）\sim+（2^{n-1}-1）$$

它对应于补码的 $100\cdots00\sim111\cdots1$。

数 0 的补码只有一种形式：

$$[0]_{\text{补}} = [-0]_{\text{补}} = 00\cdots0$$

将补码还原为真值的方法是：补码→原码→真值，而 $[X]_{\text{原}} = [[X]_{\text{补}}]_{\text{补}}$。或者说，若补码的符号位为 0，则其后的数值位即为真值，且为正；若符号位为 1，则应将其后的数值位按位取反后，再加 1，所得结果才是真值，且为负。

综上所述，可以得出以下几点结论：

（1）原码、反码、补码的最高位都是表示符号位。符号位为 0 时，表示真值为正数，其余位为真值。符号位为 1 时，表示真值为负，其余位除原码外不再是真值；对于反码，需按位取反才是真值；对于补码，则需按位取反加 1 才是真值。

（2）对于正数，三种编码都是一样的，即$[X]_原 = [X]_反 = [X]_补$。对于负数，三种编码互不相同。所以，原码、反码、补码本质上是用来解决负数在机器中表示的三种不同的编码方法。

（3）二进制位数相同的原码、反码和补码所能表示的数值范围不完全相同。以 8 位为例，它们表示的真值范围分别为：

原码：−127 ~+127。

反码：−127 ~+127。

补码：−128 ~+127。

2.4.3　补码运算及溢出问题

1．运算规则

补码的加减法运算规则可用下式表示：

$$[X \pm Y]_补 = [X]_补 + [\pm Y]_补$$

其中 X、Y 为正、负数均可。该式说明，无论加法还是减法运算，都可由补码的加法运算实现，运算结果（和或差）也以补码表示。若运算结果不产生溢出，且最高值（符号位）为 0，则表示结果为正数，最高位为 1，则结果为负数。

补码的加减法运算规则的正确性可根据补码定义予以证明：

$$
\begin{aligned}
[X \pm Y]_补 &= 2^n + (X \pm Y) \\
&= (2^n + X) + (2^n \pm Y) \\
&= [X]_补 + [\pm Y]_补
\end{aligned}
$$

【例 2.15】$X = 33$，$Y = 45$，求 $X+Y$、$X-Y$。

【解】

$[X]_补 = 00100001$

$[Y]_补 = 00101101$，$[-Y]_补 = 11010011$

$[X+Y]_补 = [X]_补 + [Y]_补 = 01001110$

$[X-Y]_补 = [X]_补 + [-Y]_补 = 11110100$

所以：

$X+Y = [[X+Y]_补]_补 = 01001110 = (+78)_{10}$

$X-Y = [[X-Y]_补]_补 = 10001100 = (-12)_{10}$

显然，上述结果是正确的。

从上述补码运算规则和举例可看出，用补码表示计算机中的有符号数优点明显。第一，负数的补码与对应正数的补码之间的转换可用同一方法——求补运算实现，因而可简化硬件；第二，可将减法变为加法运算，从而省去减法器；第三，有符号数和无符号数的加法运算可用同一加法器电路完成，结果都是正确的。例如，两个内存单元的内容分别为 00010010 和 11001110，无论它们代表有符号数补码还是无符号数二进制码，运算结果都是正确的：

机器数运算	代表有符号数	代表无符号数
00010010	$[+18]_补$	18
+) 11001110	+) $[-50]_补$	+) 206
11100000	$[-32]_补$	224

2．溢出条件与判断

当结果超出补码表示的数值范围时，上述补码运算就不正确了。例如，对于 8 位补码，当两个正数相加之和大于+127 或两个负数相加之和小于−128 时，就会出错。这种现象称为"溢出"。

计算机运算时要避免产生溢出。万一出现了溢出，要能判断，并作出相应处理，如停机或转入检查程序，给出出错信息等。

计算机怎样判断是否产生溢出呢？通常有三种判断方法：

① 符号比较法。两个同符号数相加，若"和数"符号与加数符号不同，或者两个异符号数相减，若"差数"符号与被减数符号不同，则表示产生了溢出。两个异符号数相加或两个同符号数相减，是不可能产生溢出的。

② 双符号位法（也叫变形补码法）。对参与运算的数在运算过程中采用两个符号位（正数由 0 扩展为 00，负数由 1 扩展为 11），若运算结果——"和数"或"差数"的两个符号位不同，表示有溢出，相同表示没溢出。运算的最后结果仍取一个符号位（高位符号位）。

③ 双进位法。加减运算后，"和数"与"差数"中的符号位的进位输入 C_{in}（即最高数值位向符号位的进位）与进位输出 C_{out}（即符号位向进位位 C 的进位）若不同，说明有溢出；若相同，说明无溢出。即是说，可用 C_{in} 与 C_{out} 的异或运算来判断补码运算的结果是否有溢出。

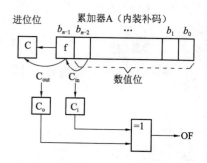

图 2.4　双进位法判断溢出示意图

$$OF = C_{in} \oplus C_{out} = \begin{cases} 1 & \text{有溢出} \\ 0 & \text{无溢出} \end{cases}$$

微型计算机中多采用"双进位法"进行判断。图 2.4 给出了这种判断方法的原理示意。

【例 2.16】求 55+66。

【解】

$$[55]_{补} = 00110111$$
$$+ \quad [66]_{补} = 01000010$$
$$\overline{\qquad\qquad 01111001 = [121]_{补}}$$
$$\qquad\qquad \leftarrow \qquad \leftarrow$$
$$\qquad\qquad C_o \qquad C_i$$

因为 $C_o = 0$，$C_i = 0$，$OF = C_o \oplus C_i = 0$，所以无溢出，结果正确。

【例 2.17】求 −14+（−59）。

【解】

$$[-14]_{补} = 11110010$$
$$+ \quad [-59]_{补} = 11000101$$
$$\overline{1 \qquad 10110111 = [-731]_{补}}$$
$$\qquad\qquad \leftarrow \qquad \leftarrow$$
$$\qquad\qquad C_o \qquad C_i$$

因为 $C_o = 1$，$C_i = 1$，$OF = C_o \oplus C_i = 0$，所以无溢出，结果正确。

【例 2.18】求 98+45。

【解】

$$[98]_{补} = 01100010$$
$$+ \quad [45]_{补} = 00101101$$
$$\overline{\qquad\qquad 10001111 = [-113]_{补}}$$
$$\qquad\qquad \leftarrow \qquad \leftarrow$$
$$\qquad\qquad C_o \qquad C_i$$

因为 $C_o = 0$，$C_i = 1$，$OF = C_o \oplus C_i = 1$，所以有溢出，结果不对。

【例 2.19】求（−93）+（−59）。

【解】

$$
\begin{array}{r}
[-93]_{补} = 10100011 \\
+ \quad [-59]_{补} = 11000101 \\
\hline
1 \quad\quad 01101000 = [+104]_{补}
\end{array}
$$

$$\leftarrow \quad\quad \leftarrow$$
$$C_o \quad\quad\quad C_i$$

因为 $C_o = 1$，$C_i = 0$，$OF = C_o \oplus C_i = 1$，所以有溢出，结果不对。

上面例 2.16 ～ 例 2.19 说明：根据 C_0、C_i 的值不仅可判断有无溢出，而且可判断是正溢出还是负溢出。结论如下：

$C_o C_i = 00 = 11$ 时，无溢出。

$C_o C_i = 01$ 时，为正溢出。

$C_o C_i = 10$ 时，为负溢出。

2.4.4　定点数与浮点数

通常，对于任意一个二进制数 X，都可表示成：

$$X = 2^J \cdot S$$

其中，S 为数 X 的尾数，J 为数 X 的阶码，2 为阶码的底。尾数 S 表示数 X 的全部有效数字，阶码 J 则指出了小数点的位置。S 值和 J 值都可正可负。当 J 值固定时，表示是定点数；当 J 值可变时，表示是浮点数。

当所要处理的数含有小数部分时，就有一个如何表示小数点的问题。在计算机中并不用某个二进制位来表示小数点，而是隐含规定小数点的位置。

根据小数点的位置是否固定，数的表示方法可分为定点表示和浮点表示，相应的机器数就叫定点数和浮点数。

1. 定点数

定点数是一种小数点位置固定的数。在计算机中，根据小数点固定的位置不同，定点数有定点（纯）整数和定点（纯）小数两种。

当阶码 $J = 0$、尾数 S 为纯整数时，说明小数点固定在数的最低位之后，即称为定点整数。

当阶码 $J = 0$、尾数 S 为纯小数时，说明小数点固定在数的最高位之后，即称为定点小数。

定点整数和定点小数在计算机中的表示形式没什么区别，其小数点完全靠先约定而含在不同位置，如图 2.5 所示。

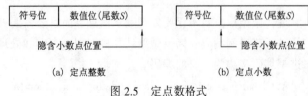

(a) 定点整数　　　　　(b) 定点小数

图 2.5　定点数格式

2. 浮点数

当要处理的数是既有整数又有小数的混合小数时，采用定点数格式很不方便。为此，人们一般都采用浮点数进行运算。浮点数是小数点位置不固定的数，也是一种指数表示法。一般由 4 个字段组成，其格式如下：

阶符 J_f	阶码 J	数符 S_f	尾数（也叫有效数）S

其中阶码一般用补码定点整数表示，尾数一般用补码或原码定点小数表示。

为保证不损失有效数字，一般还对尾数进行规格化处理，即保证尾数的最高位是 1，实际大小通过阶码进行调整，就如同十进制数的科学表示法对数的调整。

例如，某计算机用 32 位表示一个浮点数，格式如下：

31	30	24	23	22	0
阶符 J_f	阶码 J		数符 S_f	尾数（也叫有效数）S	

其中阶码部分为 8 位补码定点整数，尾数部分为 24 位补码定点小数（规格化）。用它来表示一个数 –258.75，则可按该格式变换如下：

$$(-258.75)_{10} = (-100000010.11)_2$$
$$= (-0.10000001011) \times 2^9$$
$$= (1.10000001011000000000000)_原 \times 2^{(00001001)_原}$$
$$= (1.01111110101000000000000)_补 \times 2^{(00001001)_补}$$

所以，–258.75 在该计算机中的浮点数为：

00001001101111110101000000000000

按照这一浮点格式，可计算出它所能表示的数值范围为：

$$-1 \times 2^{2^7-1} \sim +(1-2^{-23}) \times 2^{2^7-1}$$

显然，它比 32 位定点数表示的范围 $[-2^{31} \sim +(2^{31}-1)]$ 要大得多。

2.5　数和字符的编码

在计算机内，信息都是用代码表示的，字母、数字和符号（以后简称为字符）也是用代码表示的。一般情况下，计算机依靠输入设备把要输入的字符编成一定格式的代码，然后才能接收进来。输出则是相反过程，为了在输出设备输出字符，计算机要把相应的字符编码送到外围输出设备。在日常生活中，编码问题是经常会遇到的。例如，电话号码、房间编号、班级号和学号等。这些编码问题的共同特点是采用十进制数字作为用户、房间、班级和学生等的编号，编码位数和用户数的多少有关。例如，一个两位十进制数字的电话编码最多容许 100 家用户装电话。

在计算机中，由于机器只能识别二进制数，因此键盘上所有数字、字母和符号也必须事先为它们进行二进制编码，以便机器对它们加以识别、存储、处理和传送。与日常生活中的编码问题一样，所需编码的数字、字母和符号越多，二进制数字的位数也就越长。下面介绍几种计算机中常用的编码。

2.5.1　ASCII 码

现代微型计算机不仅要处理数字信息，而且还需要处理大量字母和符号，这就需要人们对这些数字、字母和符号进行二进制编码，以供微型计算机识别、存储和处理。这些数字、字母和符号统称为字符，故字母和符号的二进制编码又称为字符的编码。

ASCII 码（American Standard Code for Information Interchange，美国信息交换标准码）诞生于 1963 年，是一种比较完整的字符编码，是对键盘上输入字符的二进制编码，现已成为国际通用的标准编码，广泛应用于微型计算机中，多用于输入/输出设备（如电传打字机）上。7 位 ASCII 码可表示 128 种字符，在计算机中，通常用 1 个字节来表示，只是字节中的最高位为 0。其中包括 32 个通用控制符号，10 个阿拉伯数字，52 个英文大、小字母，34 个专用符号，共 128 个。例如阿拉伯数字 0 ~ 9 的 ASCII 码分别为 30H ~ 39H，英文大写字母 A、B……Z 的 ASCII 码是从 41H 开始依次往下编排。并非所有的 ASCII 字符都能打印，有些字符为控制字符，用来控制退格、换行和回车等。ASCII 码还包括几个其他的字符，例如文件结束（EOF）、传送结束（EOT），用作传送和存储数据的标志。

通常，ASCII 码共分两类：一类是图形字符，共 96 个；另一类是控制字符，共 32 个。96 个图形字符包括十进制数符 10 个、大小写英文字母 52 个以及其他字符 34 个，这类字符有特定形状，可以显示在显示器上或打印在打印纸上，其编码可以存储、传送和处理。32 个控制字符包括回车符、换行符、退格符、设备控制符和信息分隔符等，这类字符没有特定形状，其编码虽然可以存储、传送和起某种控制作用，但字符本身是不能在显示器上显示或在打印机上打印的。

字符 0~9 所对应的 ASCII 码是在其数字的基础上加 30H 得到的。例如，字符 9 对应的 ASCII 码为 30H+09H=39H；字符 A 所对应的 ASCII 码，是在其对应的十六进制数的基础上加 37H，A 在十六进制里面代表数字 10，则有 37H+0AH=41H。由于字符 A~Z 的 ASCII 码是顺序排列的，所以任意一个大写字母的 ASCII 码都能通过字符 A 的 ASCII 码计算出来。例如，字符 Z 所对应的 ASCII 码应比字符 A 所对应的 ASCII 码大 25（19H），所以字符 Z 所对应的 ASCII 码为 41H+19H=5AH。由于小写字母所对应的 ASCII 码比其大写字母所对应的 ASCII 码大 32（20H），所以小写字母 a 所对应的 ASCII 码为 41H+20H=61H。由于小写字母 a~z 所对应的 ASCII 码也是顺序排列的，所以任意一个小写字母的 ASCII 码也可参照字符 a 的 ASCII 码计算出来。

ASCII 码共有七位，用一个字节表示还多出一位。多出的这位是最高位，常常用做奇偶校验，故称为奇偶校验位。奇偶校验位在信息发送中用处很大，它可以用来校验信息传送过程是否有错。

2.5.2　BCD 码

BCD 码（Binary Coded Decimal，十进制数的二进制编码）是计算机中常用的二进制编码。计算机对十进制数的处理过程是：键盘上输入的十进制数字先被替换成一个个 ASCII 码送入计算机，然后通过程序替换成 BCD 码，并对 BCD 码直接进行运算；也可以先把 BCD 码替换成二进制码进行运算，并把运算结果再变为 BCD 码，最后还要把 BCD 码形式的输出结果变换成 ASCII 码才能在屏幕上加以显示，这是因为 BCD 码形式的十进制数是不能直接在键盘/屏幕上输入/输出的。

BCD 码是一种具有十进制权的二进制编码。BCD 码的种类较多，常用的有 8421 码、2421 码、余 3 码和格雷码等。现以 8421 码为例进行介绍。

1. 8421 码的定义

8421 码也是 BCD 码中的一种，因组成它的四位二进制数码的权为 8、4、2、1 而得名。8421 码是一种采用四位二进制数来代表十进制数码的代码系统，在这个代码系统中，10 组四位二进制数分别代表了 0~9 中的 10 个数字符号，如表 2.1 所示。

表 2.1　8421BCD 编码表

十进制数	8421 码	十进制数	8421 码
0	000B	8	1000B
1	0001B	9	1001B
2	0010B	10	00010000B
3	0011B	11	00010001B
4	0100B	12	00010010B
5	0101B	13	00010011B
6	0110B	14	00010100B
7	0111B	15	00010101B

四位二进制数字共有 16 种组合，其中，0000B ~ 1001B 为 8421 的基本代码系统，1010B ~ 1111B 未被使用，称为非法码或冗余码。10 以上的所有十进制数至少需要两位 8421 码（即八位二进制数字）来表示，而且不应出现非法码，否则就不是真正的 BCD 数。因此，BCD 数是由 BCD 码构成的，是以二进制形式出现的，是逢十进位的，但它并不是一个真正的二进制数，因为二进制数是逢二进位的。例如：十进制数 45 的 BCD 形式为 01000101B（即 45H），而它的等值二进制数为 00101101B（即 2DH）。

2. BCD 加法运算

BCD 加法是指两个 BCD 数按逢十进一原则相加，其和也是一个 BCD 数。BCD 加法应由计算机自动完成,但计算机只能进行二进制加法，它在两个相邻 BCD 码之间只能按逢 16 进位，不可能进行逢十进位。因此，计算机进行 BCD 加法时，必须对二进制加法的结果进行修正，使两个紧邻的 BCD 码之间真正能够做到逢十进一。

在进行 BCD 加法运算的过程中，计算机对二进制加法结果进行修正的原则是：若和的低四位大于 9 或低四位向高四位发生了进位，则低四位加 6 修正；若高四位大于 9 或高四位的最高位发生进位，则高四位加 6 修正。这种修正由微处理器内部的十进制调整电路自动完成。

【例 2.20】已知 $X = 48, Y = 69$，试分析 BCD 的加法过程。

【解】根据 BCD 数的定义，有如下竖式成立：

```
        (48)    0100    1000B
     +  (69)    0110    1001B
    ─────────────────────────
       (117)    1011    0001B
            +           0110B  ────→ 低四位加6修正（因为低四位有进位）
    ─────────────────────────
                1011    0111B
            + 0110
    ─────────────────────────
        1  0001        0111B
```

显然，人工算法和机器算法的结果一致。

3. BCD 减法运算

与 BCD 加法运算类似，BCD 减法运算中也要修正。在 BCD 减法运算过程中，若本位被减数大于减数（即低四位二进制数的最高位无借位），则减法是正确的；若本位被减数小于减数，则减法运算时就需要借位，由于 BCD 运算规则是借 1 当做 10，二进制在两个 BCD 码间的运算规则是借 1 当做 16，而机器是按二进制规则运算的，故必须进行减 6 修正。

在 BCD 减法运算过程中，计算机对二进制运算结果修正的原则是：若低四位大于 9 或低四位向高四位有借位，则低四位减 6 修正；若高四位大于 9 或高四位最高位有借位，则高四位减 6 修正。和 BCD 加法运算类似，这个修正也由机器内部的十进制调整电路自动完成。

【例 2.21】已知 $X = 53$，$Y = 27$，试分析 BCD 减法的原理。

【解】按二进制数运算规则，$X - Y$ 的竖式为：

```
        (53)    0101    1011B
     -  (27)    0110    0111B
    ─────────────────────────
        (26)    0010    1100B
                        0110B  ────→ 减6修正（因为低四位有借位）
    ─────────────────────────
                0010    0110B
```

所以，$X - Y = 53 - 27 = 00100110B$。

在计算机中，两个数的减法被转换成被减数的补码加上减数相反数的补码来完成，也就是说，在计算机中不存在减法电路。BCD 码的乘、除运算同样也需要调整，对于 BCD 码的加、减运算以及乘法运算都是先进行运算，然后调整的，但对于除法来说，却要先调整，后运算。关于 BCD 码的乘、除运算，本书不再讲解，感兴趣的读者可查阅相关书籍。

2.5.3 汉字的编码

西文是拼音文字，只需用几十个字母（英文为 26 个字母，俄文有 33 个字母）就可写出西文资料。因此，计算机只要对这些字母进行二进制编码就可以对西文信息进行处理。汉字是表意文字，每个汉字都是一个图形。计算机要对汉字文稿进行处理（例如编辑、删改、统计等），就必须对所有汉字进行二进制编码，建立一个庞大的汉字库，以便计算机进行查找。

据统计，历史上使用过的汉字有 60 000 多个。虽然目前大部分已成为不再使用的"死字"，但有用汉字仍有 1.6 万个。1974 年，人们对书刊上大约 2 100 万份汉字文献资料进行统计，共用到汉字 6 347 个。其中，使用频度达到 90% 的汉字只有 2 400 个，其余汉字的使用频度只占 10%。

汉字的编码方法通常分为两类：一类称为汉字输入法编码，例如五笔字型编码、拼音编码等，现已多达数百种；另一类是计算机内部对汉字处理时所用的二进制编码，通常称为机内码，如电报码、国标码和区位码等。

1. 国标码

国标码（GB 2312—1980）是《信息交换用汉字编码字符集（基本集）》的简称，是我国国家标准总局于 1980 年颁布的国家标准。

在国标码中，共收集汉字 6 763 个，分为两级。第一级收集汉字 3 755 个，按拼音排序。第二级收集汉字 3 008 个，按部首排序。除汉字外，该标准还收集一般字符 201 个（包括间隔符、标点符号、运算符号、单位符号和制表符等）、序号 60 个、数字 22 个、拉丁字母 66 个、汉语拼音符号 26 个、汉语注音字母 37 个等。因此，这张表很大，连同汉字一共是 7 445 个图形字符。

为了给 7 445 个图形字符编码，采用七位二进制编码显然是不够的。因此，国标码采用 14 位二进制来给 7 445 个图形字符编码。14 位二进制中的高七位占一个字节（最高位不用），称为第一字节；低七位占另一个字节（最高位不用），称为第二字节。

国标码中的汉字和字符分为字符区和汉字区。21H 至 2FH（第一字节）和 21H 至 7EH（第二字节）为字符区，用于存放非汉字图形字符；30H 至 7EH（第一字节）和 21H 至 7EH（第二字节）为汉字区。在汉字区中，30H 至 57H（第一字节）和 21H 至 7EH（第二字节）为一级汉字区；58H 至 77H（第一字节）和 21H 至 7EH（第二字节）为二级汉字区，其余为空白区，可供使用者扩充。因此，国标码是采用四位十六进制数来表示一个汉字的。例如，"啊"的国标码为 3021H（30H 为第一字节，21H 为第二字节），"厂"的国标码为 3327H（33H 为第一字节，27H 为第二字节）。

2. 区位码及其向国标码的替换

其实区位码和国标码的区别并不大，它们共用一张编码表。国标码用四位十六进制数来表示一个汉字，区位码是用四位十进制区号和位号来表示一个汉字，只是在编码的表示形式上有所区别。具体来讲，区位码把国标码中第一字节的 21H 至 7EH 映射成 1~94 区，把第二字节的 21H 至 7EH 映射成 1~94 位。区位码中的区号决定对应汉字位于哪个区（每区 94 位，每位一个汉字），位号决定相应汉字的具体位置。例如，"啊"的区位码为 1601（十进制），16 是区号，01 是位号；"厂"的区位码为 1907（十进制），19 是区号，07 是位号。

国标码是计算机赖以处理汉字的最基本编码，区位码在输入过程中比较容易记忆。计算机最终还是要把区位码替换成国标码，替换方法是先把十进制形式的区号和位号替换成二进制形式，然后分别加上 20H。例如，"啊"的区位码为 1601，替换成十六进制形式为 1001H，区号和位号分别加上 20H 后变为 3021H。这就是"啊"的国标码。同理，"厂"的区位码为 1907，国标码为 3927H。

3. 汉字机内码

国标码作为一种国家标准，是所有汉字编码都必须遵循的统一标准，但由于国标码每个字节的最高位都是"0"，与国际通用的标准 ASCII 码无法区分。例如，"天"字的国标码是 01001100 01101100，这两个字节分别对应十六进制数的 4CH、6CH。而英文字符"L"和"l"的 ASCII 码也恰好是 4CH 和 6CH，因此，如果存储器中有连续两个字节 4CH 和 6CH，就难以确定到底是汉字"天"字，还是英文字符"L"和"l"。显然，国标码必须进行某种变换才能在计算机内部使用。因此，我国的做法是将每个汉字所对应的国标码的两个字节的最高位分别设定为 1，作为该字的机内码。例如汉字"天"的机内码就是 11001100 11101100，写成十六进制数是 CCH ECH。

2.5.4 校验码编码和解码

在计算机中，信息在存入磁盘、磁带或其他存储器中常常会由于某种干扰而发生错误，信息在传输过程中也会因为传输线路上的各种干扰而使接收端接收到的数据和发送端发送的数据不相同。为了确保计算机可靠工作，人们常常希望计算机能对从存储器中读出的信息或从接收端接收到的信息自动做出判断，并加以纠错。由此，引出了计算机对校验码的编码和解码问题。校验码编码发生在信息发送（或存储）之前，校验码解码则在信息被接收（或读出）后进行。这就是说：欲发送信息应首先按照某种约定规律编码成校验码，使这些有用信息加载在校验码上进行传送；接收端对接收到的校验码按约定规律的逆规律进行解码和还原，并在解码过程中去发现和纠正因传输过程中的干扰所引起的错误码位。

校验码编码采用冗余校验的编码思想。冗余校验编码是指在基本的有效信息代码位上再扩充若干位校验位。增加的若干位校验位对编码前的信息来说是多余的，故又称为冗余位。冗余位对于信息的查错和纠错是必需的，而且冗余位越多，其查错和纠错能力就越强。

下面介绍一下奇偶校验码编码、海明码编码、循环冗余校验码。

1．奇偶校验码编码

奇偶校验码编码和解码又称奇偶校验，是一种只有一位冗余位的校验码编码方法，常用于主存校验和信息传送。奇偶校验分为奇校验和偶校验两种。奇校验的约定编码规律是，要求编码后的校验码中"1"的个数（包括有效信息位和奇校验位）为奇数，偶校验则要求编码后的校验码中"1"的个数（包括有效信息位和偶校验位）为偶数。

一个八位奇偶校验码，有效信息位通常位于奇偶校验码中的低七位（D6～D0），一位奇偶校验位处于校验码中的最高位（D7）。奇偶校验位状态常由发送端的奇偶校验电路自动根据发送字节低七位中"1"的个数来确定。奇偶检验电路通常采用异或电路实现，如果采用偶检验，发送端将所有信息位经过异或后所得的结果就是偶校验位，若采用奇校验，所有信息位异或后取反就是奇校验位。接收端将接收到的全部信息（包括校验信息位）进行异或运算，若采用的是偶校验，异或运算的结果为 0，则认为接收到的信息正确；如果采用奇校验，全部信息位异或后结果为 1，则认为传输正确，否则得到的就是错误信息。对于采用奇偶校验的信息传输线路，奇偶校验位的状态取决于其余 7 位信息中"1"的奇偶性。对于偶校验，若其他 7 位中"1"的个数为偶数，则奇偶校验电路自动在校验位上补 0；若"1"的个数为奇数，则校验位上为 1，以保证所传信息字节中"1"的个数为偶数。

例如，字符 C 的 ASCII 码为 01000011B，采用偶校验，校验位形成过程为：校验位=D6 $\oplus$ D5 $\oplus$ D4 $\oplus$ D3 $\oplus$ D2 $\oplus$ D1 $\oplus$ D0=1000011=1，校验位占 D7 位，最后形成含有偶检验位的信息编码为 11000011。这样，接收端奇偶校验电路只要判断每个字节中是否有偶数个"1"（包括奇偶校验位）就可以知道信息在传输中是否出错。

奇偶校验的缺点：一是无法检验每个字节中同时发生偶数个错码的通信错误；二是当检验出错误时，无法确定到底是哪一位出错。

2．海明码编码

海明码是一种既能发现错误又能纠正错误的校验码，由理查德·海明（Richard Hamming）于 1950 年提出。海明码的码位有 $n+k$ 位，n 为有效信息的位数，k 为奇偶校验位位数。k 个奇偶校验位有 2^k 种组合，除采用一种组合指示信息在传送或读出过程中有无错误外，尚有 2^k-1 种组合可以用来指示出错的码位。因此，若要能指示海明码中任意一位是否有错，则校验码的位数 k 必须满足如下关系：

$$2^k \geqslant n+k+1$$

由此可以计算出 n 与 k 的关系如表 2.2 所示。

表 2.2　有效信息位与所需校验位的关系

k（最小）	n	k（最小）	n
2	1	5	12～26
3	2～4	6	27～57
4	5～11	7	58～120

在 n 和 k 的值确定以后，还要进一步确定哪些位为有效信息位，以及哪些位作为奇偶校验位。在海明码编码中规定：位号恰好等于 2 的权值的那些位，即第 1（2^0）位、第 2（2^1）位、第 4（2^2）位、第 8（2^3）位……均可用做奇偶校验位，并命名为 P_0、P_1、P_2、P_3……P_k 位，余下各位则是有效信息位。

3．循环冗余校验码

循环冗余校验（Cyclic Redundancy Check，CRC）码可以发现并纠正信息存储或传输过程中连续出现的多位错误，这在辅助存储器（如磁表面存储器）和计算机通信方面得到了广泛的应用。

CRC 码是一种基于模 2 运算（即以按位模 2 相加为基础的四则运算，运算时不考虑进位和借位）建立编码规律的校验码，可以通过模 2 运算来建立有效信息位和校验位之间的约定关系。这种约定关系为：假设 n 是有效数据信息位位数，r 是校验位位数，则 n 位有效信息位与 r 位校验位所拼接的数（$k=n+r$，位长），能被某一约定的数除尽。

所以应用 CRC 码的关键是如何从 n 位有效信息位简便地得到 r 位校验位（编码），以及如何从 $n+r$ 位信息码判断是否出错。

1）CRC 码的编码方法

设待编码的有效信息以多项式 $M(x)$ 表示，将 $M(x)$ 左移 r 位得到多项式 $M(x)\times x^r$，使低 r 位二进制位全为零，以便与随后得到的 r 位校验位相拼接。那怎样求得校验位呢？方法是使用多项式 $M(x)\times x^r$ 除以生成多项式 $G(x)$，求得的余数即为校验位。为了得到 r 位余数（校验位），$G(x)$ 必须是 $r+1$ 位的。

假设 $M(x)\times x^r$ 除以生成多项式 $G(x)$ 所得的余数用表达式 $R(x)$ 表示，商的表达式用 $Q(x)$ 表示，则它们之间的关系如下：

$$M(x)\times x^r/G(x)=Q(x)+R(x)/G(x)$$

这时将 r 位余数 $R(x)$ 与左移 r 位的 $M(x)\times x^r$ 相加，就得到 $n+r$ 位的 CRC 编码。

$$M(x)\times x^r+R(x)=Q(x)\times G(x)+R(x)+R(x)$$

因为两个相同数据的模 2 和为零，即 $R(x)+R(x)=0$，所以有：

$$M(x)\times x^r+R(x)=Q(x)\times G(x)$$

可以看出，所求得的 CRC 码是一个可被用 $G(x)$ 表示的数码除尽的数码。

2）模 2 运算

模 2 运算是不考虑借位和进位的运算。

（1）模 2 加减：可用异或门实现，即：

$$0+0=0；0+1=1；1+0=1；1+1=0$$
$$0-0=0；0-1=1；1-0=1；1-1=0$$

（2）模 2 乘法：用模 2 加求部分积之和。

（3）模 2 除法：用模 2 减求部分余数，每上一位商，部分余数要减少一位。上商规则是：余数最高位为 1，就商 1，否则商 0；当部分余数的位数小于除数时，该余数为最后余数。

【例 2.22】设四位有效信息位是 1100，选用生成多项式 $G(x)=1011$，试求有效信息位 1100 的 CRC 编码。

【解】

① 将有效信息位 1100 表示为多项式 $M(x)$。

$$M(x)=x^3+x^2=1100$$

② $M(x)$ 左移 3 位，得 $M(x)\times x^3$。

$$M(x)\times x^3=x^6+x^5=1100000$$

③ 用 $r+1$ 位的生成多项式 $G(x)$，对 $M(x)\times x^3$ 作“模 2 除”。

$$M(x)\times x^3/G(x)=1100000/1011=1110+010/1011（模 2 除）$$

④ $M(x)\times x^3$ 与 r 位余数 $R(x)$ 作“模 2 加”，即可求得它的 CRC 码。

$$M(x)\times x^3+R(x)=1100000+010=1100010（模 2 加）$$

因为 $k=7$、$n=4$，所以编好的 CRC 码又称为 $(7,4)$ 码。

3）CRC 码的译码及纠错

CRC 码传输到目标部件时，用约定的多项式 $G(x)$ 对收到的 CRC 码进行“模 2 除”，若余数为 0，则表明该 CRC 校验码正确，否则表明有错，不同的出错位，其余数是不同的。由余数指出是哪一位出了错，然后加以纠正。

不同的出错位，其余数是不同的。表 2.3 给出了(7,4)CRC 码的出错模式。

可以证明：更换不同的有效信息位，余数与出错位的对应关系不会发生变化，它只与码制和生成多项式 $G(x)$ 有关。

由表 2.3 可知，若 CRC 码有一位出错，用 $G(x)$ 作"模 2 除"运算，则得到一个不为零的余数，若对余数补零，继续作"模 2 除"运算，会得到一个有趣的结果，即各次余数会按表 2.3 中的顺序循环。例如，第一位 N_1 出错，余数将为 1，补零后再除，得到余数为 010，以后依次为 100、011……反复循环。这就是循环码的由来，这个特点正好可用于纠错。当余数不为零时，一边对余数补零继续作"模 2 除"运算，一边将被检测的 CRC 码循环左移。由表 2.3 可以看出，当出现余数为 101 时，出错位也移到了 N_7 位，可通过"异或门"将它们纠正，再在下次移位时送回 N_7。然后继续移位，直至移满一个循环［对（7,4）码，共移 7 次］，就得到一个纠正后的码字。

表 2.3　$G(x)＝1011$ 时，（7,4）循环码出错模式表

序号	N_7 N_6 N_5 N_4 N_3 N_2 N_1	余数	出错位
正确	1　1　0　0　0　1　0	000	无
出错	1　1　0　0　0　1　1	001	1
	1　1　0　0　0　0　0	010	2
	1　1　0　0　1　1　0	100	3
	1　1　0　1　0　1　0	011	4
	1　1　1　0　0　1　0	110	5
	1　0　0　0　0　1　0	111	6
	0　1　0　0　0　1　0	101	7

4）关于生成多项式

不是任何一个 $r+1$ 位多项式都能作为生成多项式，从检错、纠错的要求来看，生成多项式应满足下列要求：

（1）任何一位发生错误，都应使余数不为零。

（2）不同位发生错误，都应使余数不同。

（3）对余数补零，继续作"模 2 除"，应使余数循环。

反映这些要求的数学关系是比较复杂的，读者若有兴趣可以参考有关书籍。

习　题　2

1．单项选择题

（1）在下列数中最小的数为（　　）。

　　A．$(101001)_2$　　　　　　　　B．$(52)_8$　　　　　　　　C．$(101001)_{BCD}$　　　　　　D．$(233)_{16}$

（2）在下列数中最大的数为（　　）。

　　A．$(10010101)_2$　　　　　　B．$(227)_8$　　　　　　　C．$(143)_{10}$　　　　　　　D．$(96)_{16}$

（3）在机器中，（　　）的零的表示形式是唯一的。

　　A．原码　　　　　　　　　　B．补码　　　　　　　　　C．反码　　　　　　　　　D．原码和反码

（4）在计算机系统中采用补码运算的目的是（　　）。

　　A．与手工运算方式保持一致　　　　　　　　B．提高运算速度

　　C．简化计算机的设计　　　　　　　　　　　D．提高运算的精度

（5）假定下列字符码中有奇偶校验位，但没有数据错误，采用偶校验的字符码是（　　）。

　　A．11001011　　　　　　　B．11010110　　　　　　C．11000001　　　　　　D．11001001

（6）若某数 X 的真值为 -0.1010，在计算机中该数表示为 1.0110，则该数所用的编码方法是（　　）码。

A. 原　　　　　　　　B. 补　　　　　　　　C. 反　　　　　　　　D. 移

2. 简答题

（1）试比较下列各数对中的两个数的大小。

① $(2001)_{10}$ 和 $(2001)_8$

② $(4095)_{10}$ 和 $(7776)_8$

③ $(0.115)_{10}$ 和 $(0.115)_{16}$

④ $(0.625)_{10}$ 和 $(0.505)_8$

（2）若采用奇偶校验，下列数据的奇偶校验位分别是什么？

① 0101011　　② 1011011

（3）已知下列补码，求真值 X。

① $[X]_{补}=10000000$　　　　② $[X]_{补}=(600)_8$

③ $[X]_{补}=(FB)_{16}$　　　　　④ $[-X]_{补}=(725)_8$

（4）试求下列 BCD 码的和，并按法则进行二～十进制调整。

① 97+68　　② 39+87　　③ 26+62　　④ 369+963

（5）试计算：采用 32×32 点阵字形的一个汉字字形占多少字节？存储 6 763 个 16×16 点阵以及 24×24 点阵字形的汉字库各需要多少存储容量？

（6）海明校验码的编码规则有哪些？

（7）假定被校验的数据 $M(x)=1100B$，生成多项式为 $G(x)=x^3+x+1$，则其 CRC 校验码是什么？

第 ③ 章

总 线 系 统

数字计算机是由若干系统功能部件构成的，这些系统功能部件只有连接在一起协调工作才能形成一个完整的计算机硬件系统。总线是连接处理器、存储器和 I/O 接口的公共链路，各个功能部件只有通过总线进行有效连接，才可能实现彼此之间的相互通信和资源共享。它在各部件之间传递地址、数据和控制信号。1970 年，DEC 公司在 PDP11/20 上采用了标准总线。到 Unibus 之后，总线技术迅速发展，使系统的模块化结构设计翻开了新的一页。

3.1 总 线 概 述

3.1.1 认识总线

总线是连接多个部件的信息传输线，是各部件共享的传输介质。它支持多品种之间软硬件的兼容和版本升级，便于系统的故障诊断和维护。总线的结构和性能是计算机系统性能的一项重要指标。

1. 总线的特点

总线具有两个明显的特点：

（1）共享性。总线是供所有部件通信共享的，任何两个部件之间的数据传输都是通过共享的公共总线进行的。

（2）独占性。一旦有一个部件占用总线与另一个部件进行数据通信，其他部件就不能再占用总线，也就是说，一个部件对总线的使用是独占的。

2. 总线的分类

总线的应用很广泛，根据功能和位置，总线有不同的分类。总线按数据传送方式可分为并行传输总线和串行传输总线两类。总线按连接部件的不同可分为片内总线、系统总线和通信总线三类，片内总线是指芯片内部的总线，如在 CPU 芯片内部，寄存器与寄存器之间、寄存器与运算逻辑单元 ALU 之间都用片内总线连接；系统总线是指 CPU、主存、I/O 设备（通过 I/O 接口）各大部件之间的信息传输线；通信总线是指计算机系统之间或计算机系统与其他系统之间的连线。

在多处理机系统中，连接各处理机的总线称为全局总线，连接每个处理机各个模块的总线称作局部（本地）总线。比如，微机和工作站广泛使用的 VME 总线是全局总线，VMX 是处理机的本地总线。全局总线也称为系统总线，从广义上讲，无论是独立的处理机还是多处理机，系统中支持各种设备的通用总线都称作系统总线。VMR、ISA、PCI 都是系统总线。有些总线专门用于外围设备，如 USB 总线、IEEE1394 总线，它们是目前流行的串行总线；IDE 总线和 SCSI 总线则是和具有相应接口的硬盘驱动器和光盘驱动器等外围设备连接的外围总线。还有一些功能专用的总线，如连接显卡的 AGP 总线，它是一种为提高视频带宽而设计的图形加速端口。

按照总线上传输信号的不同，总线可分为地址总线、控制总线、数据总线三类。地址总线（Address Bus，AB）上传送的是从 CPU 等主设备发往从设备的地址信号。当 CPU 对存储器或 I/O 端口进行读/写时，必须首先经地址总线送出所要访问的存储单元或 I/O 接口的地址，并在整个读/写周期一直保持有效。 控制总线（Control Bus，CB）上传送的是一个部件对另一个部件的控制或状态信息，如 CPU 对存储器的读/写控制信号，外围设备向 CPU 发出的中断请求信号等。数据总线（Data Bus，DB）上传送的是各部件之间交换的数据信息。数据总线通常是双向的，即数据可以由从设备发往主设备（称为读或输入），也可以由主设备发往从设备（称为写或输出）。

3. 总线的特性

（1）物理特性。总线的物理特性是指总线的物理连接方式，包括总线的根数，总线的插头、插座的形状，引脚线的排列方式等。

（2）功能特性。功能特性是指总线中每根传输线的功能，例如：地址总线用于传输地址码，数据总线用于传递数据，控制总线用于传送控制信号。控制信号既有从 CPU 发出的，如存储器读/写、I/O 设备的读/写；也有 I/O 设备向 CPU 发来的，如中断请求、DMA 请求等。

（3）电气特性。电气特性定义每一根线上信号的传输方向及有效电平范围。一般规定送入 CPU 的信号称为输入信号（IN），从 CPU 发出的信号称为输出信号（OUT）。例如，地址总线是单向输出线，数据总线是双向传输线，它们信号定义都是高电平为 "1"，低电平为 "0"。控制总线中各条线一般是单向的，有 CPU 发出的，也有进入 CPU 的。有高电平有效的，也有低电平有效的。大多数总线的电平都符合 TTL 电平的定义。

（4）时间特性。时间特性定义了每根线在什么时间有效。也就是说，只有规定了总线上各信号有效的时序关系，整个计算机系统的各个功能部件才能有条不紊地协调工作。

4. 总线的标准化

当代的计算机系统即便具有相同的指令系统、相同的功能，可是不同厂家生产的各功能部件在实现方法上也可能不同，但这却不妨碍各厂家生产的相同功能部件之间的互换使用。其根本原因就在于它们都遵守了相同的总线标准的要求，也就是说，各厂家生产同一功能部件时，部件内部结构可以完全不同，但其外部的总线接口标准却一定要相同。

例如，微型计算机系统中采用的标准总线，从 ISA 总线（16 位，带宽 8 MB/s）发展到 EISA 总线（32 位，带宽 33.3 MB/s），又发展到 VESA 总线（32 位，带宽 132 MB/s），以及速度更快、功能更强的 PCI 总线（64 位，带宽 800 MB/s）。

3.1.2　总线的连接方式

由于外围设备种类繁多，速度各异，所以不可能简单地把它们连到 CPU，而必须寻找一种方法，以便将外围设备同 CPU 连接起来，使它们可以在一起正常工作。通常，这项任务用接口部件来完成。接口可以实现高速 CPU 与低速外围设备之间工作速度上的匹配和同步，并完成计算机和外围设备之间的所有数据传送和控制，既可通过总线与 CPU 实现互连，又可进行可靠通信。

如早期的 PC 总线相对简单。数据宽度仅为 8 位，是一组连接 I/O 扩展的系统总线，即 PC 总线，后来发展为 16 位的 ISA 总线。根据计算机内不同的数据传输速率，一台微机可以具有多个层次的总线。比如基于 Pentium 的 PC 系统，具有连接微处理器和北桥的前端总线、连接图形终端的 AGP 总线、PCI 总线和 ISA 总线。可以根据设备的不同速度，把它们连接在不同层次或者不同速率的总线上。

根据连接方式不同，单处理机系统中采用的总线结构有单总线结构、双总线结构、多总线结构。

1. 单总线结构

许多单处理器的计算机，使用单一的系统总线来连接 CPU、主存和 I/O 设备，称为单总线结构，允许 I/O 设备之间、I/O 设备与 CPU 之间、I/O 设备与主存之间直接交换信息，如图 3.1 所示。

系统的各个部件均挂在单总线上，构成微机的硬件系统，所以又称为面向系统的单总线结构。在单总线结构中，CPU（微处理器）与主存储器之间、CPU 与 I/O 设备之间、I/O 设备与主存储器之间、各 I/O 设备之间都可以通过单总线交换信息。因此，这就可以将各 I/O 设备的寄存器与主存储器统一编址，统称为总线地址。于是，CPU 就能通过统一的传送指令，如同访问主存储器单元一样地访问 I/O 设备的寄存器。单总线结构的优点是控制简单方便，易于扩充系统所配置的 I/O 设备，而且在主存与 I/O 设备交换信息时，还允许 CPU 继续工作。但由于系统的所有部件和设备都挂在一组单总线上，而单总线又只能分时工作，即同一时刻只能在一对设备之间传送数据，因此极易形成计算机系统的瓶颈，使数据传输的吞吐量受到限制。这是单总线结构的主要缺点。因此，这类总线多数被小型计算机或微型计算机所采用。

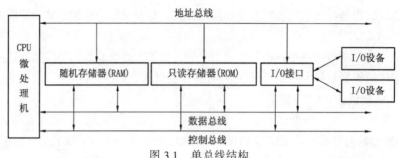

图 3.1　单总线结构

随着计算机应用范围的不断扩大，其外围设备的种类和数量也越来越多，它们对数据传输量和传输速率的要求也越来越高。倘若仍然采用单总线结构，那么，当 I/O 设备很多时，总线发出的控制信号要从一端逐个顺序地传递到另一端的最后一个设备，其传播的延迟时间就会严重影响系统的工作效率。在数据传输量和传输速率要求不太高的情况下，为克服系统瓶颈问题，尽可能采用增加总线宽度和提高传输率来解决；但当总线上的设备，如高速视频显示器、网络传输接口等，其数据量很大和传输速率要求相当高的时候，单总线则不能满足系统工作的需要。因此，为了根本解决数据传输速率，解决 CPU、主存与 I/O 设备之间传输速率的不匹配，实现 CPU 与其他设备相对同步，不得不采用多总线结构。

2. 面向 CPU 的双总线结构

面向 CPU 的双总线结构如图 3.2 所示。双总线结构的计算机系统中有两组总线。一组总线是 CPU 与主存储器之间进行信息交换的公共通路，称为存储总线。CPU 利用存储总线从主存储器取出指令后进行分析、执行，从主存储器读取数据进行加工处理，再将结果送回主存储器。另一组是 CPU 与 I/O 设备之间进行信息交换的公共通路、称为输入/输出（I/O）总线。各外围设备通过接口电路挂接在 I/O 总线上，接口是主机与外围设备之间的交换部分，它一般由暂存信息的缓冲寄存器及有关控制逻辑组成。

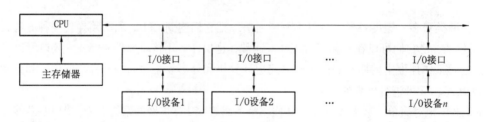

图 3.2　面向 CPU 的双总线结构

由于在 CPU 与主存储器之间、CPU 与 I/O 设备之间分别设置了一组总线，从而提高了微型计算机系统信息传送率。但是由于外围设备与主存储器之间没有直接的通路，要通过 CPU 才能进行信息交换。当输入设备向主存储器输入信息时，必须先送到 CPU 的寄存器中，然后再送入主存；当输出运算结果时，必须先由主存储器送入 CPU 寄存器中，然后再送到某一指定的输出设备。这势必增加了 CPU 的负担，CPU 必须花大量的时间进行信息的输入/输出处理，从而降低了 CPU 的工作效率，这是主要缺点。

3. 面向主存储器的双总线结构

如图 3.3 所示，面向主存储器的双总线结构保留了单总线结构的优点，即所有设备和部件均可通过总线交换信息，与单总线结构不同的是，在 CPU 与主存储器之间，又专门设置了一组高速存储总线，使 CPU 可以通过它直接与主存储器交换信息。这样处理后，不仅使信息传送效率高，而且减轻总线的负担，这是其优点，但硬件造价稍高。

图 3.3　面向主存储器的双总线结构

4．多总线结构

多总线系统结构如图 3.4 所示，CPU 和缓存（Cache）之间采用高速的 CPU 总线，主存连在系统总线上。通过桥，CPU 总线、系统总线和高速总线彼此相连。桥实质上是一种具有缓冲、转换、控制功能的逻辑电路。

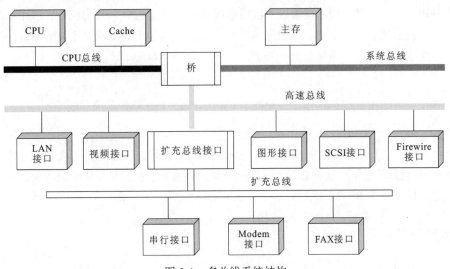

图 3.4　多总线系统结构

高速总线上可以连接高速 LAN（100 Mbit/s 局域网）、视频接口、图形接口、SCSI 接口（支持本地磁盘驱动器和其他外围设备）、Firewire 接口（支持大容量 I/O 设备）。

高速总线通过扩充总线接口与扩充总线相连，扩充总线上可以连接串行方式工作的 I/O 设备。

多总线结构实现了高速、中速、低速设备同时连接到不同的总线上进行工作，极大地提高了总线的效率和吞吐量。

3.1.3　典型微型计算机系统总线结构

CPU 是通过总线实现和其他组成部分的联系的。总线就好似整个微机系统的"中枢神经"，所有的地址、数据和控制信号都是经由这组总线传输的。微机系统内的总线可归为四级，如图 3.5 所示。

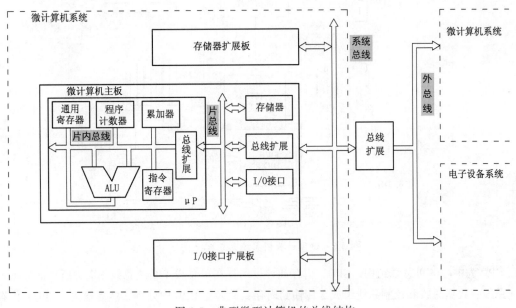

图 3.5　典型微型计算机的总线结构

1. 片内总线

片内总线又称芯片内部总线，位于 CPU 芯片内部，由它实现 CPU 内部各功能单元电路之间的相互连接。

2. 片总线

片总线又称元件级总线或局部总线，是微机主板或单板微机上，以 CPU 芯片为核心，芯片与芯片间的连接总线。片总线又称为计算机总线或板级总线，一般又称微机系统总线。它用来实现微机系统中插件板与插件板间的连接。在各种微机系统中都有自己的系统总线，如 PC 的 ISA、PCI 总线等。

3. 系统总线

系统中支持各种设备的通用总线都称作系统总线。VMR、ISA、PCI 都是系统总线。

4. 外总线

外总线又称通信总线。它用于系统之间的连接，完成系统与系统间的通信（如微机系统与微机系统之间，微机系统和仪器或其他电子设备之间）。这种总线不是微机系统所特有的。在微机系统的应用中，往往是借用电子工业其他领域已有的总线标准，如 RS-232C，IEEE-488 和 CAMAC 等。

3.1.4 层次化微型计算机系统结构总线结构实例

大多数计算机采用了分层次的多总线结构。在这种结构中，速度差异较大的设备模块使用不同速度的总线，而速度相近的设备模块使用同一类总线。显然，这种结构的优点不仅解决了总线负载过重的问题，而且使总线设计简单，并能充分发挥每类总线的效能。

层次化微型计算机系统结构如图 3.6 所示。

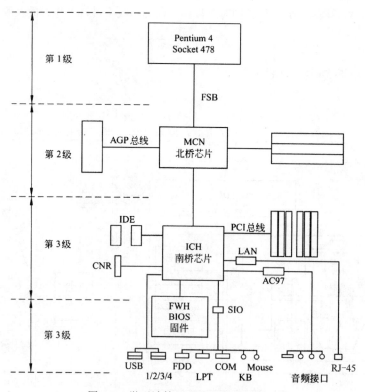

图 3.6　微型计算机系统多总线结构

早期是以 CPU 为中心的单总线结构，CPU、内存和外设均挂在单总线（系统总线）上，所有的数据通过系统总线（由地址总线、数据总线和控制总线组成）传输到内存，最终在 CPU 中处理，然后输出。CPU、内存、总线三者之间的速度基本是匹配的。目前，微型计算机系统的基本结构是以 CPU 为核心的南北桥分级结构（Intel 公司称之为 Hub 结构）。

　　层次化总线结构主要分三个层次（三级）：第一级为微处理器总线（Host Bus）或称前端总线（Front System Bus, FSB），其信号直接与 CPU 连接，前端总线是 CPU 总线接口单元与主板北桥芯片之间进行数据交换的通道；第二级为局部总线，又称 Hub 总线，多由 PCI、AGP 等总线构成；第三级为扩展总线（External Bus），又称 I/O 总线，多由 ISA 总线构成，用于主板连接各种 I/O 设备。二级和三级总线引至扩展槽为系统总线。三个层次总线的速率不同，微处理器总线速率最高，PCI 总线离 CPU 前端总线较近，连接高速的 I/O 设备，如磁盘、内存等；ISA 总线离 CPU 距离最远，连接常规低速 I/O 设备。三个层次总线不仅速率不同，通信协议也不同。在实现互连时，层和层之间必须有"桥梁"过渡。这些总线桥就是一组大规模集成专用电路，称为芯片组（Chip Set）。随着微处理器性能的迅速提高及产品种类的增多，在保持微型计算机主板组织结构不变的前提下，只改变这些芯片组的设计即可使系统适应不同微处理器的要求。芯片组对主板的功能和性能起着决定性的作用，即一块主板能支持何种处理器、内存性能、I/O 接口界面等都取决于所选的芯片组。有的厂家的主板就用芯片组来命名，所以，芯片组也称为主板的灵魂。

　　芯片组的主要功能部件包括两部分：一个是连接微处理器总线与 PCI 总线（局部总线）的控制芯片，一般称为北桥。北桥负责系统最重要的数据传送部分，包括处理器、内存与 PCI 总线的高速数据传送；另一个是连接 PCI 系统总线与 ISA 总线（扩展外部总线）的控制芯片，称为南桥。南桥负责主板上的局部器件控制，内置 IDE 界面及外围设备（如键盘、鼠标等）的数据传送，它是一片超大规模集成电路接口控制器。随着系统性能的不断提高，芯片组中不断融入更多的功能。Intel 公司在不断推出新类型处理器的同时，也不断推出相配合的芯片组器件，如配合 PentiumⅡ 的 440BX / GX / ZX 等系列。其中 440BX 性能最稳定，支持 100 MHz 外频，适合超频使用。其北桥采用 FW 82443BX 芯片，南桥采用 FW 82371AB 芯片。

　　20 世纪 90 年代，Intel 公司相继推出 800 系列的芯片组，改变了传统的"南桥 + 北桥"的结构。i810 系列是 Intel 公司推出的整合型芯片组，它主要内置了显示芯片（i752）、音效控制器和 Modem 控制器等功能部件，适合一般用户需要。为配合 Pentium Ⅲ，1999 年 9 月公布的 i820 芯片组是 440BX 的替代产品。从 Intel800 系列开始，芯片组采用了三块芯片，改变了传统的"南桥 + 北桥"结构。这三块芯片是 MCH（Memory Controller Hub，类似原来的北桥）芯片 FW82820、ICH（I/O Controller Hub，类似原来的南桥）芯片 FW82801AA、FWH（Firm Ware Hub）芯片 FW82802AB。连接 MCH 和 ICH 二者之间的总线结构采用了 Intel 公司最新的 Hub Interface 专用总线，比原来 PCI 总线速率提高了一倍，达到 266 MHz。从 2001 年 7 月至 2004 年 6 月，Intel 公司相继推出了 i845 系列、i875/i865 系列和 i925 / i915 系列芯片组。到 2005 年和 2006 年，英特尔推出了 915 芯片组的升级版 945 系列芯片组，其中 945P、945G，以及最高端的 955X 最高支持 1 066 MT/s 的前端总线，同时全系芯片组支持 PCI-E 1.0 x16 插槽，同时，如 945G 中内置的集成显卡升级到了 GMA 950。在 2006 年，英特尔推出了 Core 2 系列处理器后，与之搭配的 965 系列芯片组也正式推出，此时的芯片组以更清晰的命名方式进行命名，此后英特尔的芯片组也采用了这样的命名方式，并推出了 30 系列芯片组。2008 年，英特尔推出了 40 系列的 P45 等新系列的芯片组，这些芯片组全系支持了 DDR3 内存，而且最大频率为 DDR3 1333。2008 年底正式开启的英特尔酷睿时代，同时，50 系列 PCH 时代正式出道，之后又经历了 60、70、80、90 系列 PCH 时代。2015 年 8 月，第六代酷睿处理器推出后，在至 2021 年几年间，Intel 公司又相继推出了 PCH100、200、300、400、500、600 等系列芯片组， Intel 处理器已经发展到了第 11 代酷睿。

3.2　I/O 总线接口

3.2.1　信息传送方式

　　在计算机系统中，传输信息采用串行传送、并行传送和分时传送三种方式。

1. 串行传送

　　数字计算机使用二进制数，如用电位的高、低来表示，电位高时表示数字"1"，那么电位低时则表示数字"0"；如用脉冲的有、无来表示，则有脉冲时表示数字"1"，那么无脉冲时就表示数字"0"。

当信息以串行方式传送时，只有一条传输线，且采用脉冲传送。在串行传送过程中，按顺序来传送表示一个数码的所有二进制位（bit）的脉冲信号，每次一位，通常以第一个脉冲信号表示数码的最低有效位，最后一个脉冲信号表示数码的最高有效位。

当串行传送时，有可能按顺序连续传送若干个"0"或若干个"1"。如果编码时用有脉冲表示二进制数"1"，无脉冲表示二进制数"0"，那么当连续出现几个"0"时，则表示某段时间间隔内传输线上没有脉冲信号。为了要确定传送了多少个"0"，必须采用某种时序格式，以便使接收设备能加以识别。通常采用的方法是指定位时间，即指定一个二进制位在传输线上占用的时间长度。显然，位时间是由同步脉冲来体现的。

假定串行数据是由位时间组成的，那么传送 8 比特需要 8 个位时间。例如，如果接收设备在第一个位时间和第三个位时间接收到一个脉冲，而其余的 6 个位时间没有收到脉冲，那么就会知道所收到的二进制信息是 00000101。注意，串行传送时低位在前、高位在后。

在串行传送过程中，发送部件需要把被传送的数据由并行格式变换成串行格式，而接收部件又需要把接收到的串行数据变换成并行数据。

串行传送的主要优点是，只需要一条传输线，这一点对长距离传输显得特别重要，不管传送的数据量有多少，只需要一条传输线，成本比较低廉。

2．并行传送

用并行方式传送二进制信息时，每个数据位都需要单独一条传输线。信息有多少二进制位组成，就需要多少条传输线，从而使得二进制数"0"或"1"在不同的线上同时进行传送。

如果要传送的数据也是 00000101，那么就要使用 8 条线组成的扁平电缆。每一条线分别传送一位二进制信息。例如，最上面的线代表最高有效位 0，最下面的线代表最低有效位 1。

并行传送一般采用电位传送。由于所有的位同时被传送，所以并行数据传送比串行数据传送快得多，例如，使用 32 条单独的地址线，可以从 CPU 的地址寄存器同时传送 32 位地址信息给主存。

3．分时传送

分时传送有两种概念。一种是采用总线复用方式，某个传输线上既传送地址信息，又传送数据信息。为此必须划分时间片，以便在不同的时间间隔中完成传送地址和传送数据的任务。分时传送的另一种概念是共享总线的部件分时使用总线。

计算机中传输信息虽可采用串行传送、并行传送和分时传送三种方式，但是出于速度和效率上的考虑，系统总线上传送的信息必须采用并行传送方式。

3.2.2 总线接口的基本概念

为实现人机交互和各种形式的输入/输出，在不同的计算机系统中，人们使用了多种多样的 I/O 设备，这些设备和装置，在工作原理、驱动方式、信息格式及工作速度方面彼此差别很大，在处理数据时，其速度也比 CPU 慢很多，如键盘以秒计，而磁盘输入则以 1 Mbit/s 的速度传送。所以，它们不可能与 CPU 直接相连，必须经过中间电路再与系统相连，这部分电路被称为输入/输出接口电路，简称 I/O 接口。也就是说，I/O 接口是位于系统与外设间、用来协助完成数据传送和传送控制任务的那部分电路。

广义地讲，I/O 接口是指 CPU、主存和外围设备之间通过系统总线进行连接的标准化逻辑部件。I/O 接口在它动态连接的两个部件之间起着"转换器"的作用，以便实现彼此之间的信息传送。

外围设备本身带有自己的设备控制器，它是控制外围设备进行操作的控制部件。它通过 I/O 接口接收来自 CPU 传送的各种信息，并根据设备的不同要求把这些信息传送到设备，或者从设备中读出信息传送到 I/O 接口，然后送给 CPU。由于外围设备种类繁多且速度不同，因而每种设备都有适应它自己工作特点的设备控制器。图 3.7 中将外围设备与它自己的控制电路画在一起，统称为外围设备。

为了使所有的外围设备能在一起正确地工作，CPU 规定了不同的信息传送控制方法。不管什么样的外围设备，只要选用某种数据传送控制方法，并按它的规定通过总线和主机连接，就可进行信息交换。通常在总线和每个外围设备的设备控制器之间使用一个适配器（接口）电路来解决这个问题，以保证外围设备用计算机系统特性所要求的形式发送和接收信息。因此接口逻辑必须标准化。

一个 I/O 总线接口模块有两个接口：一个是系统总线的接口，CPU 和 I/O 接口模块的数据交换一定是并行方式进行的；另一个是和外设的接口，I/O 接口模块和外围设备的数据交换可能是并行方式进行的，也可能是串行方式。因此，根据外围设备供求串行数据或并行数据的方式不同，I/O 接口模块分为串行数据接口和并行数据接口两大类。

一个标准 I/O 接口可能连接一台设备，也可能连接多台设备。图 3.8 所示的是 I/O 接口模块的一般结构框图。

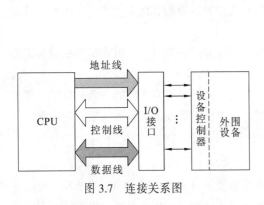

图 3.7　连接关系图

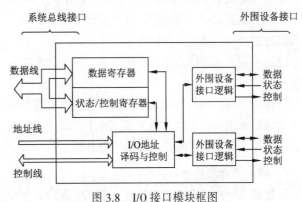

图 3.8　I/O 接口模块框图

I/O 接口通常具有如下功能：

（1）控制接口模块靠指令信息来控制外围设备的动作，如启动、关闭设备等。

（2）缓冲接口模块在外围设备和计算机系统其他部件之间用做一个缓冲器，以补偿各种设备在速度上的差异。

（3）状态接口模块监视外围设备的工作状态并保存状态信息。状态信息包括数据"准备就绪""忙""错误"等，供 CPU 询问外围设备时进行分析之用。

（4）转换接口模块可以完成任何要求的数据转换，例如并—串转换或串—并转换，因此数据能在外围设备和CPU 之间正确地进行传送。

（5）整理接口模块可以完成一些特别的功能，例如，当需要时可以修改字计数器或当前内存地址寄存器。

（6）如果外围设备与 CPU 以中断控制的方式进行通信，则当外围设备向 CPU 请求某种动作时，接口模块即发生一个中断请求信号到 CPU。例如，如果设备完成了一个操作或设备中存在着一个错误状态，接口即发出中断。

3.3　总线的仲裁

连接到总线上的功能模块有主动和被动两种形态，部分功能模块可以在不同时间段分时具有这两种形态，例如：CPU 模块在某一时间段内可以用作主模块，而在另一段时间内用作从模块；而存储器模块只能用作从模块。主模块可以启动一个总线周期，而从模块只能响应主模块的请求。每次总线操作，只能有一个主模块占用总线控制权，但同一时间里可以有一个或多个从模块。

我们知道，除 CPU 模块外，其他主模块也可提出总线请求。为了解决多个主模块同时竞争总线控制权的问题，必须具有总线仲裁部件，以某种方式选择其中一个模块作为总线的下一次主模块。

对多个主模块提出的占用总线请求，一般采用优先级或公平策略进行仲裁。例如，在多处理器系统中对各 CPU 模块的总线请求采用公平的原则来处理，而对 I/O 模块的总线请求则采用优先级策略。被授权的主模块在当前总线业务一结束，即接管总线控制权，开始新的信息传送。主模块持续控制总线的时间称为总线占用期。

按照总线仲裁电路的位置不同，仲裁分为集中式仲裁和分布式仲裁两类。

3.3.1　集中式仲裁

集中式仲裁中，每个功能模块有两条线连到总线控制器：一条是送往仲裁器的总线请求信号线 BR，另一条是仲裁器送出的总线授权信号线 BG。具体的实现方式有链式查询方式、计数器定时查询方式和独立请求方式三种。

1. 链式查询方式

为减少总线授权线数量，采用了图 3.9（a）所示的菊花链查询方式，其中 A 表示地址线，D 表示数据线。BS 线为 1，表示总线正被某外围设备使用。

链式查询方式的主要特点是，总线授权信号 BG 串行地从一个 I/O 接口传送到下一个 I/O 接口。假如 BG 到达的接口无总线请求，则继续往下传送有效信号；假如 BG 到达的接口有总线请求，BG 信号便不再往下传送有效信号。这意味着该 I/O 接口就获得了总线控制权。

显然，在查询链中离总线仲裁器最近的设备具有最高优先级，离总线仲裁器越远，优先级越低。因此，链式查询是通过接口的优先级排队电路来实现的。

链式查询方式的优点是，只用很少几根线就能按一定优先次序实现总线仲裁，并且这种链式结构很容易扩充设备。

链式查询方式的缺点是，对询问链的电路故障很敏感，如果第 i 个设备的接口中有关链的电路有故障，那么第 i 个以后的设备都不能进行工作。另外，查询链的优先级是固定的，如果优先级高的设备出现频繁的请求，那么优先级较低的设备可能长期不能使用总线。

2. 计数器定时查询方式

计数器定时查询方式原理如图 3.9（b）所示。总线上的任一设备要求使用总线时，通过 BR 线就发出总线请求。总线仲裁器接到请求信号以后，在 BS 线为"0"的情况下让计数器开始计数，计数值通过一组地址线发向各设备。每个设备接口都有一个设备地址判别电路，当地址线上的计数值与请求总线的设备地址相一致，则该设备把 BS 线置"1"，同时获得了总线使用权，此时中止计数查询。

每次计数可以从"0"开始，也可以从终止点开始。如果从"0"开始，各设备的优先次序与链式查询法相同，优先级的顺序是固定的。如果从终止点开始，则每个设备使用总线的优先级相等。计数器的初值也可用程序来设置，这就可以方便地改变优先次序，显然这种灵活性是以增加线数为代价的。

3. 独立请求方式

独立请求方式原理如图 3.9（c）所示。在独立请求方式中，每一个共享总线的设备均有一对总线请求线 BR_i 和总线授权线 BG_i。当设备要求使用总线时，便发出该设备的请求信号。总线仲裁器有一个排队电路，它根据一定的优先次序决定首先响应哪个设备的请求，给设备以授权信号。

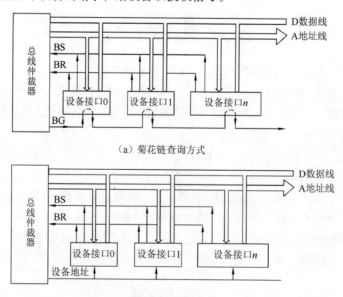

（a）菊花链查询方式

（b）计数器定时查询方式

图 3.9 集中式总线仲裁方式

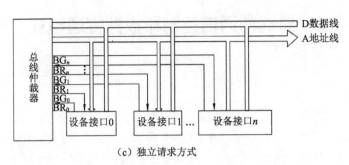

（c）独立请求方式

图 3.9 集中式总线仲裁方式（续）

独立请求方式的优点是响应速度快，即确定优先响应的设备所花费的时间短，用不着一个设备一个设备地查询。其次，对优先次序的控制相当灵活。它可以预先固定，例如 BR_0 优先级最高，BR_1 次之，…，BR_n 最低；也可以通过程序来改变优先次序；还可以用屏蔽（禁止）某个请求的办法，不响应来自无效设备的请求。因此，当代总线标准普遍采用独立请求方式。

对于单处理器系统总线而言，总线仲裁器又称为总线控制器，它可以是 CPU 的一部分。一般是一个单独的功能模块。

3.3.2 分布式仲裁

分布式仲裁不需要集中的总线仲裁器，每个潜在的主功能模块都有自己的仲裁号和仲裁器。当它们有总线请求时，把它们唯一的仲裁号发送到共享的仲裁总线上，每个仲裁器将仲裁总线上得到的号与自己的号进行比较。如果仲裁总线上的号大，则它的总线请求不予响应，并撤销它的仲裁号。最后，获胜者的仲裁号保留在仲裁总线上。显然，分布式仲裁是以优先级仲裁策略为基础的，如图 3.10 所示。

（1）所有参与本次竞争的各主设备（此处共 8 台）将设备竞争号 CN 取反后打到仲裁总线 AB 上，以实现"线或"逻辑。AB 线低电平时表示至少有一个主设备的 CN_i 为 1，AB 线高电平时表示所有主设备的 CN_i 为 0。

（2）竞争时 CN 与 AB 逐位比较，从最高位（b_7）至最低位（b_0）以一维菊花链方式进行，只有上一位竞争得胜者 W_{i+1} 位为 1。当 $CN_i=1$，或 $CN_i=0$ 且 AB_i 为高电平时，W_i 位才为 1。若 $W_i=0$，则将一直向下传递，使其竞争号后面的低位不能送上 AB 线。

（3）竞争不到的设备自动撤除其竞争号。在竞争期间，由于 W 位输入的作用，各设备在其内部的 CN 线上保留其竞争号并不破坏 AB 线上的信息。

（4）由于参加竞争的各设备速度不一致，这个比较过程反复（自动）进行，才有最后稳定的结果。竞争期的时间要足够，保证最慢的设备也能参与竞争。

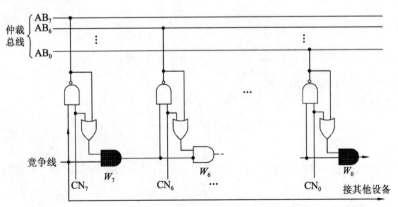

图 3.10 分布式仲裁方式示意图

3.4　总线的通信控制和数据传送模式

3.4.1　总线通信控制

众多部件共享总线，争夺总线使用权时，使用权应按各部件的优先等级来解决。在通信时间上，则应按分时方式来处理，即以获得总线使用权的先后顺序分时占用总线，即哪一个部件获得使用权，此刻就由它传送，下一部件获得使用权，接着下一时刻传送。这样一个接一个地轮流交替传送。

通常完成一次总线操作的时间称为总线周期，可分为四个阶段。

（1）申请分配阶段，由需要使用总线的主模块（或主设备）提出申请，经总线仲裁机构决定下一传输周期的总线使用权授予某一申请者。

（2）寻址阶段，取得了总线使用权的主模块通过总线发出本次要访问的从模块（或从设备）的地址及有关命令，启动参与本次传输的从模块。

（3）传输阶段，主模块和从模块进行数据交换，数据由源模块发出，经数据总线流入目的模块。

（4）结束阶段，主模块的有关信息均从系统总线上撤除，让出总线使用权。

对于仅有一个主模块的简单系统，无须申请、分配和撤除，总线使用权始终归它占有。对于包含中断、DMA控制器或多处理器的系统，还需要有其他管理机构来参与。

总线的通信控制主要解决通信双方如何获知传输开始和传输结束，以及通信双方如何协调、如何配合，通常用同步通信、异步通信、半同步通信和分离式通信四种方式。

1. 同步通信

通信双方由统一时标控制数据的传送称为同步通信。时标通常由 CPU 的总线控制部件发出，送到总线上的所有部件；也可以由每个部件各自的时序发生器发出，但必须由总线控制部件发出的时钟信号对它们进行同步。图 3.11 所示为某个输入设备向 CPU 传输数据的同步通信过程。

图 3.11 中总线传输周期是连接在总线上的两个部件完成一次完整且可靠的信息传输的时间，它包含四个时钟周期 T_1、T_2、T_3、T_4。

CPU 在 T_1 上升沿发出地址信息；在 T_2 的上升沿发出读命令；与地址信号相符合的输入设备按命令进行一系列内部操作，并且必须在 T_3 的上升沿到来之前将 CPU 所需的数据送到数据总线上；CPU 在 T_3 时钟周期内，将数据线上的信息传送到内部寄存器中；CPU 在 T_4 的上升沿撤销读命令，输入设备不再向数据总线上传送数据，撤销它对数据总线的驱动。如果总线采用三态驱动电路，则从 T_4 起，数据总线呈浮空状态。

同步通信在系统总线设计时，对 T_1、T_2、T_3、T_4 都有明确、唯一的规定。

对于读命令，其传输周期如下：

- T_1 主模块发地址。
- T_2 主模块发读命令。
- T_3 从模块提供数据。
- T_4 主模块撤销读命令，从模块撤销数据。

对于写命令，其传输周期如下：

- T_1 主模块发地址。
- $T_{1.5}$ 主模块提供数据。
- T_2 主模块发写命令，从模块接收到命令后，必须在规定的时间内将数据总线上的数据写到地址总线所指明的单元中。
- T_4 主模块撤销写命令和数据等信号。

写命令传输周期的时序如图 3.12 所示。

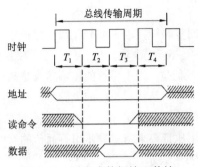

图 3.11 同步式数据输入传输

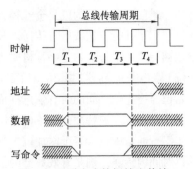

图 3.12 同步式数据输出传输

这种通信的优点是规定明确、统一，模块间的配合简单一致。其缺点是主、从模块时间配合属于强制性"同步"，必须在限定时间内完成规定的要求，并且对所有从模块都用同一时限，这就势必导致不同速度的部件必须按照最慢速度的部件来设计公共时钟，从而会严重影响总线的工作效率，也给设计带来了局限性，缺乏灵活性。

同步通信一般用于总线长度较短、各部件存取时间比较一致的场合。

在同步通信的总线系统中，总线传输周期越短，数据线的位数越多，总线的数据传输速率就会越高。

【例 3.1】假设总线的时钟频率为 100 MHz，总线的传输周期为四个时钟周期，总线的宽度为 32 位，试求总线的数据传输速率。若想提高一倍数据传输速率，则可采取什么措施？

【解】根据总线时钟频率为 $f=100$ MHz，得：

一个时钟周期 t 为： $t=1/f$

总线传输周期： $T=4t=4/f$

由于总线的宽度： $D=32$ 位 $=4$ B

故总线的数据传输速率 D_r 为：$D_r=D/T=4$ B$/(4/f)=100$ MB/s

若想提高一倍数据传输速率，可以在不改变总线时钟频率的前提下，将数据线的宽度改为 64 位；也可以保持数据宽度为 32 位，但总线的时钟频率须增加到 200 MHz。

2. 异步通信

异步通信克服了同步通信的缺点，允许各模块速度的不一致性，给设计者充分的灵活性和选择余地。它没有公共的时钟标准，不必要求所有部件具备统一严格的操作时间，是采用应答方式（又称握手方式），即当主模块发出"请求"信号时，一直等待到从模块反馈回来"响应"信号，才开始通信。当然，这就要求主、从模块之间增加两条应答线（握手交互信号线）。

异步通信的应答方式又可以分为不互锁、半互锁和全互锁三种方式。

1）不互锁方式

主模块发出请求信号后，不必等待接到从模块的回答信号，而是经过一段时间，确认从模块已收到请求信号，便撤销其请求信号；从模块接到请求信号后，在条件允许时发出应答信号，并且经过一段时间（这段时间的设置对不同设备来说是不同的）确认主模块已收到回答信号，自动撤销回答信号。可见通信双方并无互锁关系。例如，CPU 向主存写信息，CPU 要先后给出地址信号、写命令以及写入数据，即采用此方式。

2）半互锁方式

主模块发出请求信号后，必须等接收到从模块发来的应答信号，才能撤销其请求信号，有互锁关系；而从模块在接收到请求信号后会发出回答信号，但不必等待获知主模块的请求信号已经撤销，而是隔一段时间后自动撤销其回答信号，而无互锁关系。由于一方存在互锁关系，一方不存在互锁关系，故称半互锁方式。例如，在多机系统中，某个 CPU 需访问共享存储器（供所有 CPU 访问的存储器）时，该 CPU 发出访存命令后，必须收到存储器未被占用的回答信号，才能真正进行访存操作。

3）全互锁方式

主模块发出请求信号后，必须等接收到从模块发来的回答信号后才能撤销其请求信号；从模块发出回答信号后，也必须等获知主模块请求信号已撤销后，再撤销其回答信号。双方存在互锁关系，故称为全互锁方式。例如，在网络通信中，通信双方采用的就是全互锁方式。

异步通信可用于并行传送或串行传送。异步串行通信时，没有同步时钟，也不需要在数据传送中传送同步信号。为了确认被传送的字符，约定字符格式为 1 个起始位（低电平）、5~8 个数据位、1 个奇偶校验位、1、1.5 或 2 个终止位（高电平）。传送时起始位后面紧跟的是要传送字符的最低位，每个字符的传输结束是高电平的终止位。包括起始位至终止位之间的所有信息构成一帧，两帧之间的间隔可以是任意长度的。异步串行通信的数据传输速率用波特率来衡量。波特率是指单位时间内传送二进制数据的位数，单位用 bit/s（位/秒）表示，记作波特。

由于异步串行通信中包含若干附加位，如起始位、终止位，可用比特率来衡量异步串行通信的有效数据传输速率，即单位时间内传送二进制有效数据的位数，单位用 bit/s（位/秒）表示。

3. 半同步通信

半同步通信既保留了同步通信的基本特点，如所有的地址、命令、数据信号的发出时间，都严格参照系统时钟的某个前沿开始，而接收方都采用系统时钟后沿时刻来进行识别判断；同时又像异步通信那样，允许不同速度的模块和谐地工作。为此增设了一条"等待"（WAIT）响应信号线，采用插入时钟（等待）周期的措施来协调通信双方的配合问题。

仍以输入为例，在同步通信中，主模块在 T_1 发出地址，在 T_2 发出命令，在 T_3 传输数据，在 T_4 结束传输。倘若从模块工作速度较慢，无法在 T_3 时刻提供数据，则必须在 T_3 到来之前通知主模块，给出 WAIT（低电平）信号。若主模块在 T_3 到来时刻测得 WAIT 为低电平，就插入一个等待周期 T_W（其宽度和时钟周期一致），不立即从数据线上取数。若主模块在下一个时钟周期到来时刻又测得 WAIT 为低，就再插入一个 T_W 等待，这样一个时钟周期、一个时钟周期地等待，直到主模块测得 WAIT 为高电平时，主模块即把此刻的下一个时钟周期 T_3 当作正常周期，即时获得数据，T_4 结束传输。

插入等待周期的半同步通信数据输入过程如图 3.13 所示。

由图 3.13 可见，半同步通信时序可为以下形式：

T_1 主模块发出地址信息。

T_2 主模块发出命令。

T_W 当 WAIT 为低电平时，进入等待。

⋮

T_3 从模块提供数据。

T_4 主模块撤销读命令，从模块撤销数据。

半同步通信适用于系统工作速度不快但又包含了许多工作速

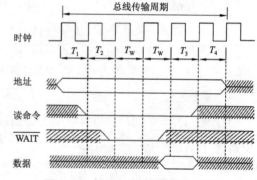

图 3.13　半同步通信数据输入过程

度差异较大的各类设备组成的简单系统。半同步通信控制方式比异步通信简单，在全系统内各模块又在统一的系统时钟控制下同步工作，可靠性较高，同步结构较方便。其缺点是，对系统时钟频率不能要求太高，故从整体上来看，系统的工作速度还不是很快。

4. 分离式通信

以上三种方式都是从主模块发出地址和读命令开始，直到数据传输结束为止。在整个传输周期中，系统总线的使用权完全由占用使用权的主模块和由它选中的从模块占据。进一步分析读命令传输周期，发现除了申请总线这一阶段外，其余时间主要花费在如下三个方面：①主模块通过传输总线向从模块发送地址和命令；②从模块按照命令进行读数据的必要准备；③从模块经数据总线向主模块提供数据。

由②可见，对系统总线而言，从模块内部读数据过程并无实质性的信息传输，总线纯属空闲等待。尤其在大型计算机系统中，总线的负载已处于饱和状态，为了克服这种消极等待，充分挖掘出系统总线瞬间的潜力，对提高系统性能将起到极大作用。为此，人们又提出了分离式的通信方式，其基本思想是将一个传输周期（或总线周期）分解为两个子周期。在第一个子周期中，主模块 A 在获得总线使用权后将命令、地址以及其他有关信息，包括该主模块编号（当有多个主模块时，此编号尤为重要）发到系统总线上，经总线传输后，由有关的从模块 B 接收下来，主模块 A 向系统总线发布这些信息只占用总线很短的时间，一旦发送完，立即放弃总线使用权，以便其他模块使用。在第二个子周期中，当 B 模块收到 A 模块发来的有关命令信息后，经选择、译码、读取等一系列内部操作，将 A 模块所需的数据准备好，便由 B 模块申请总线使用权，一旦获准，B 模块便将 A 模块的编号、B 模块的地址、A 模块所需的数据等一系列信息送到总线上，供 A 模块接收。很明显，上述两个传输子周期都只有单方向的信息流，每个模块都变成了主模块。

这种通信方式的特点如下：

（1）各模块欲占用总线使用权都必须提出申请。

（2）在得到总线使用权后，主模块在限定的时间内向对方传送信息，采用同步方式传送，不再等待对方的回答信号。

（3）各模块在准备数据的过程中都不占用总线，使总线可接受其他模块的请求。

（4）总线被占用时都在做有效工作，或者通过它发送命令，或者通过它传送数据，不存在空闲等待时间，充分利用了总线的有效占用，从而实现了总线在多个主、从模块间进行信息交叉重叠并行式传送，这对大型计算机系统是极为重要的。

当然，这种方式控制比较复杂，一般在普通的微型计算机系统中很少采用。

3.4.2　总线的数据传送模式

当代的总线标准大都能支持以下四种模式的数据传送：读/写操作，块传送操作，写后读/读后写操作，广播/广集操作。

1．读/写操作

读操作是由从模块到主模块的数据传送，写操作是由主模块到从模块的数据传送。一般主模块先以一个总线周期发出命令和从模块地址，经过一定的延时再开始数据传送总线周期。为了提高总线利用率，减少延时损失，主模块完成寻址操作后可让出总线控制权，以便其他主模块完成更紧迫的操作。然后再重新竞争总线，完成数据传送总线周期。

2．块传送操作

块传送操作只需给出块的起始地址，然后对固定块长度的数据一个接一个地读出或写入。对于 CPU（主模块）和存储器（从模块）而言的块传送，常称为猝发式传送，其块长一般固定为数据线宽度（存储器字长）的 4 倍。

3．写后读/读后写操作

这是两种操作的组合操作。只给出地址一次（表示同一地址），或进行先写后读操作，或进行先读后写操作。前者用于校验目的，后者用于多道程序系统中对共享存储资源的保护。这两种操作和猝发式操作一样，主模块掌控总线直至整个操作完成。

4．广播/广集操作

一般而言，数据传送只在一个主模块和一个从模块之间进行。但有的总线允许一个主模块对多个从模块进行写操作，这种操作称为广播。与广播相反的操作称为广集。

3.5　总　线　标　准

总线是在计算机系统模块化的发展过程中产生的，随着计算机应用领域的不断扩大，计算机系统中各类模块（特别是 I/O 设备所带的各类接口模块）品种极其复杂，往往一种模块要配一种总线，很难在总线上更换、组合各类模块或设备。20 世纪 70 年代末，为了使系统设计简化，模块生产批量化，确保其性能稳定、质量可靠、实现可移化、便于维护等，人们开始研究如何使总线建立标准，在总线的统一标准下，完成系统设计、模块制作。这样，系统、模块、设备与总线之间不适应、不通用及不匹配的问题就迎刃而解了。

所谓总线标准，可视为系统与各模块、模块与模块之间的一个互连的标准界面。这个界面对它两端的模块都是透明的，即界面的任一方只需根据总线标准的要求完成自身一方接口的功能要求，而无须了解对方接口与总线的连接要求。因此，按总线标准设计的接口可视为通用接口。采用总线标准可以为计算机接口的软硬件设计提供方便。对硬件设计而言，各个模块的接口芯片设计相对独立；对软件设计而言，更有利于接口软件的模块化设计。

3.5.1 PC 的局部总线

1. 局部总线 ISA

ISA 总线是在早期 IBM PC/XT 总线基础上发展起来的，IBM PC/XT 总线具有 62 条引线，分为 A、B 两面，其中包括 20 位地址总线、8 位数据总线、4 个 DMA 通道的联络信号线和 6 个中断请求输入端，还有存储器读/写信号线、I/O 读/写信号线、时钟信号线、地址锁存信号线、电源线和地线等众多信号线。

ISA 总线也称为 AT 总线，产生于 20 世纪 80 年代初，最初是为 16 位的 AT 系统设计的。当前，微机系统中已经不再采用单一的 ISA 总线，但是，为了和大量的 ISA 适配卡兼容，当代的微机系统是通过"桥"电路来扩展出 ISA 总线的。

ISA 由主槽和附加槽两部分组成，每个槽都有正反两面插脚。主槽有 A1 至 A31、B1 至 B31 共 62 脚，这就是 IBM PC/XT 系统的 62 芯总线槽；附加槽有 C1 至 C18、D1 至 D18 共 36 脚。两个槽一共 98 脚。A 面和 C 面主要连接数据线和地址线，B 面和 D 面则主要连接包括+12V、+5V 电源、地、中断输入线和 DMA 信号线等。这种设计使数据线和地址线尽量和其他线分开，以减少干扰。

ISA 总线在 62 芯主槽基础上增加了 36 芯附加槽，使得数据宽度扩展为 16 位，地址线扩展为 24 位，寻址能力达 16 MB，工作频率为 8.33 MHz，数据传输速率高达 16 MB/s，而且具有 11 个外部中断输入端和 7 个 DMA 通道。62 芯的主槽仍然能够独立使用，但只能限于 8 位数据宽度和 20 位地址。

2. 局部总线 EISA

EISA 总线是在 ISA 基础上于 1989 年由 Compaq 等 9 家计算机著名公司推出的，对 ISA 改进的同时，保持了和 ISA 完全兼容，从而得到迅速推广，即使在目前的最高档微机中，为了容纳 ISA 和 EISA 标准的各种适配卡，仍保持了多个 EISA 总线槽。

EISA 是基于 ISA 的扩展，主要是从提高寻址能力、增加总线宽度和增加控制信号三方面扩展。EISA 的数据宽度为 32 位，能够根据需要自动进行 8 位、16 位、32 位数据转换，这种机制使主机能够访问不同总线宽度的存储器和外围设备。时钟频率为 8.3 MHz，所以，传输速率为 8.3 MHz × 32 bit/8 bit=33.2 M bit/s。地址线为 32 条，直接寻址范围可达 4 GB。

为了和 ISA 总线兼容，EISA 总线在物理结构上进行了很精巧的设计。它将信号引脚分为上下两层，上面一层即 A1 至 A31、B1 至 B31、C1 至 C18、D1 至 D18，这些引脚和 ISA 总线的信号名称、排列次序和距离完全对应，下面一层即 E1 至 E31、F1 至 F31、G1 至 G19、H1 至 H19，这些引脚就是在 ISA 基础上扩展的 EISA 信号引脚，两层信号互相错开。此外，在扩展槽下层的位置上加了几个卡键，这样，ISA 适配器往下插入时，会被卡键卡住，不会与下面的 EISA 引线相连。而 EISA 适配卡上有凹槽和扩展槽中的卡键相对应，可以一直插到下层，从而可同时和上下两层信号线相连。这样，使得 ISA 板只能和 ISA 的 98 条信号线相连接，而 EISA 板则和所有 198 条信号线相连接。

3. 局部总线 VESA

80486 和 Pentium 的推出使 CPU 的性能有很大加强，尤其是这两个 CPU 芯片内部集成了高速缓存和浮点运算处理器 FPU，使得微处理器的速度大大增快；另一方面，多媒体技术的迅速发展对大信息量高速传输提出越来越高的要求，这样，对于总线的传输速率自然又提出新的期望。为此，一些厂商设法在保留 EISA 总线基础上增添了一种特殊的高速插槽，通过这种插槽，高速外围设备的适配器，如图像卡、网卡等可直接和 CPU 总线相连，使其与高速 CPU 总线匹配，从而支持高速外围设备的运行。这种局部总线一方面保持 ISA 和 EISA 总线标准，另一方面又支持一些外围设备的高速性能，1992 年，视频电子标准协会 VESA（Video Electronics Standard Association）推出的 VESA 总线正是适应了这种需求。

VESA 总线也称为 VL 总线。其主要特点如下：

（1）数据宽度为 32 位，但也支持 16 位传输，并可扩展为 64 位，频率为 33 MHz，传输速率可达 132 MB/s。

（2）允许外围设备适配器直接连到 CPU 总线上，以 CPU 的速度运行，这是其最大的特点。

（3）支持回写式 Cache，由此，可在 VL 总线上连接外部二级 Cache。

VESA 总线也有不足之处，最重要是它没有设置缓冲器，一旦 CPU 速度高于 33 MHz，就会导致延迟。此外，它只能连接三个扩展卡。

随着图形用户接口和多媒体技术在 PC 系统中的广泛应用，对总线提出了更高的要求，于是出现了功能更强、传输速度更快的 PCI 总线。

4. 局部总线 PCI

PCI（Peripheral Component Interconnect）总线是 Intel 公司 1991 年提出并联合 IBM、Compaq、HP 等 100 多家公司成立 PCI 集团以后确立的总线，这是当前高档微机系统中广泛采用的局部总线。PCI 总线的特点如下：

（1）高传输速率。PCI 用 32 位数据传输，也可扩展为 64 位。用 32 位数据宽度时，以 33 MHz 的频率运行，传输速率达 132 MB/s；用 64 位数据宽度时，以 66 MHz 的频率运行，传输速率达 528 MB/s。PCI 的高传输速率为多媒体传输和高速网络传输提供了良好支持。

（2）高效率。PCI 总线控制器中集成了高速缓冲器，当 CPU 要访问 PCI 总线上的设备时，可把一批数据快速写入 PCI 缓冲器，此后，PCI 缓冲器中的数据写入外围设备时，CPU 可执行其他操作，从而使外围设备和 CPU 并发运行，所以效率得到很大提高。此外，PCI 总线控制器支持突发数据传输模式，用这种模式，可以实现从一个地址开始，通过地址加 1 连续快速传输大量数据，减少了地址译码环节，从而有效利用总线的传输速率，这个功能特别有利于高分辨率彩色图像的快速显示以及多媒体传输。

（3）即插即用功能。即插即用功能是由系统和适配器两方面配合实现的。在适配器角度，为了实现即插即用功能，制造商都要在适配器中增加一个小型存储器存放按照 PCI 规范建立的配置信息。配置信息中包括制造商标识码、设备标识码以及适配器的分类码等，还含有向 PCI 总线控制器申请建立配置表所需要的各种参数，比如，存储空间的大小、I/O 地址、中断源等。在系统角度，PCI 总线控制器能够自动测试和调用配置信息中的各种参数，并为每个 PCI 设备配置 256 B 的空间来存放配置信息，支持其即插即用功能。当系统加电时，PCI 总线控制器通过读取适配器中的配置信息，为每个卡建立配置表，并对系统中的多个适配器进行资源分配和调度，实现即插即用功能。当添加新的扩展卡时，PCI 控制器能够通过配置软件自动选用空闲的中断号，确保 PCI 总线上的各扩展卡不会冲突，从而为新的扩展卡提供即插即用环境。

（4）独立于 CPU。PCI 控制器用独特的与 CPU 结构无关的中间连接件机制设计，这一方面使 CPU 不再需要对外围设备直接控制，另一方面，由于 PCI 总线机制完全独立于 CPU，从而支持当前的和未来的各种 CPU，使其能够在未来有长久的生命期。

（5）负载能力强、易于扩展。PCI 的负载能力比较强，而且 PCI 总线上还可以连接 PCI 控制器，从而形成多级 PCI 总线，每级 PCI 总线可以连接多个设备。

（6）兼容各类总线。PCI 总线设计中考虑了和其他总线的配合使用，能够通过各种"桥"兼容，连接以往的多种总线。所以，在 PCI 总线系统中，往往还有其他总线共存。

3.5.2　外部总线

外部总线用于计算机之间、计算机和一部分外围设备之间的通信，也称为通信总线。

常用的通信方式有两种，即并行方式和串行方式。对应这两种通信方式，通信总线也有两类，即并行通信总线和串行通信总线。它们不仅用于微机系统中，还广泛用于计算机网络、远程检测系统、远程控制系统及各种电子设备。在微机系统中，外部总线主要用于主机和打印机、硬盘、光驱以及扫描仪等外围设备的连接。

对于微机系统来说，外部总线中除了最简单的 RS-232-C 和打印机专用的 Centronics 总线外，最常用的外部总线是 IDE（EIDE）总线、SCSI 总线、IEEE 1394 总线和 USB 总线。

IDE（EIDE）和 SCSI 都是并行外部总线，IDE（EIDE）总线价格低廉，但速度较慢，SCSI 速度快，但价格高。二者均用于主机和硬盘子系统的连接，前者普遍用于微机系统中，后者主要用于小型机、服务器和工作站中。IEEE 1394 总线和 USB 总线是当前通用的串行总线，广泛用于微机系统中。

1. 外部总线 IDE 和 EIDE

IDE 总线是 Compaq 公司联合 Western Digital 公司专门为主机和硬盘子系统连接而设计的外部总线，也适用于和光驱的连接，IDE 也称为 ATA（AT Attachable）接口。当前，在微机系统中，主机和硬盘系统之间都采用 IDE 或 EIDE 总线连接。

在早期的微机系统中，硬盘子系统中的控制器是以插在总线扩展槽上的适配卡形式提供的，适配卡再通过扁平电缆连接硬盘驱动器。采用 IDE 接口以后，硬盘控制器和驱动器组合在一起，主机和硬盘子系统之间用扁平电缆连接。这样，不但省下了一个插槽，而且使驱动器和控制器之间传输距离大大缩短，从而提高了可靠性，并有利于速度的提高。

IDE 通过 40 芯扁平电缆将主机和磁盘子系统或光盘子系统相连，采用 16 位并行传输方式，其中，除了数据线外，还有一组 DMA 请求和应答信号、一个中断请求信号、I/O 读信号、I/O 写信号，以及复位信号和地信号等。同时，IDE 另用一个 4 芯电缆将主机的电源送往外围设备子系统。

在通常情况下，IDE 的传输速率为 8.33 MB/s，每个硬盘的最高容量为 528 MB。

一个 IDE 接口可以连接两个硬盘，这样，一个硬盘在这种连接方式中有三种模式。当只接一个硬盘时为 Spare，即单盘模式，当接两个硬盘时，其中一个为 Master，即主盘模式，另一个为 Slave，即从盘模式。硬盘出厂时已设置为默认方式 Spare 或 Master 模式。具体使用时，模式可以随需要而改变，这只要按盘面上的指示图改变跨接线就可实现。主机和硬盘之间的数据传输可用 PIO（Programming Input and Output）方式，也可用 DMA 方式。

由于一个 IDE 接口最多连接两台设备（硬盘、光驱或软驱），为此，当前大多数微机系统中设置了两个 IDE 接口，可连接四台设备。

多媒体技术的发展使 IDE 不能适应信息量大、传输速率快的要求，于是，出现了 EIDE（Enhanced IDE），EIDE 在 IDE 的基础上通过多方面的技术改进，尤其是双沿触发（Double Transition，DT）技术的采用，使性能得到很大提高。DT 技术的思路和要点是在时钟信号的上升沿和下降沿都触发数据传输，从而获得 DDR（Double Data Rate）效率。EIDE 各方面性能均比 IDE 有了加强。EIDE 的传输速率达 18 MB/s，传输带宽为 16 位，并可扩展到 32 位，支持最大盘容量为 8.4 GB。

EIDE 后来称为 ATA-2，此后又在此基础上改进为 ATA-3，采用 SMART（Self Monitoring Analysis and Reporting Technology）技术，能够对硬盘可能发生的故障向用户预先发警告。

在 ATA-3 的基础上，不久又推出了传输速率更高的 ATA-33 和 ATA-66。前者传输速率为 33 MB/s；后者传输速率为 66 MB/s，而且硬盘容量允许达到 40 GB 甚至 70 GB。

2. 外部总线 SCSI

1）SCSI 的概况

IDE 即 ATA 硬盘接口。随着 EIDE（即 ATA-2/ATA-3/ATA-33/ATA-66）的推出而不断改进性能，但是，在服务器和高性能并行计算机系统中，由于数据传输量增加，速度要求提高，ATA 的最新版本仍然不能满足要求，而 SCSI（Small Computer System Interface）由于其高速度和可连接众多外围设备而高出一筹。

SCSI 是一种并行通信总线，也是当今最流行的用于小型机、工作站和服务器中的外部设备接口，在微机系统中应用也越来越多。它不仅用来连接硬盘，还用来连接其他设备，SCSI 需要软件支持，所以，必须安装专用驱动程序。其特点是传输速度快，可靠性好，并且可以连接众多外围设备。这些设备可以是硬盘阵列、光盘、激光打印机、扫描仪等。

SCSI 已有 SCSI-1、SCSI-2、Ultra3 SCSI 等多个版本，当主机和外围设备之间通信时，可用 8 位或 16 位传输。SCSI-1 采用 8 位传输，用 50 芯电缆和设备连接，可连接 7 台外围设备。从 SCSI-2 开始采用 16 位传输，除了 50 芯电缆外，还有一个 68 芯的附加电缆。信号线中，除了数据线以外，其余为奇偶校验信号线、总线联络应答信号线、设备选择信号线、复位信号线、电源线和地线。

进行数据传输时，SCSI 可采用单极和双极两种连接方式。单极方式就是普通的信号传输方式，最大传输距离可达 6 m。双极方式则通过两条信号线传送一个差分信号，有较高的抗干扰能力，最大传输距离可达 25 m，适用于较远距离的传输，比如，用于远距离终端和工业控制。

SCSI 在信号组织机制上，既可用异步方式，也可用同步方式。异步方式下，传输 8 位数据时，传输速率为 3 MB/s；同步方式下，传输 8 位数据时，传输速率为 5 MB/s。后来推出的 SCSI-2 采用 16 位数据传输，传输速率达 20 MB/s，而 Ultra3 SCSI 也用 16 位传输，并采用光纤连接，最高传输速率可达 40 MB/s，并使所连外围设备达 15 台之多。

SCSI 总线上的双方采用高层公共命令通信，最基本的命令有 18 条，共同构成 SCSI 规范。一小部分程序员编写设备驱动程序时，只要查阅 ECMA（European Computer Manufacturers Association）公布的 SCSI 标准手册，即可方便地调用这些命令。

所有命令都不涉及设备的物理参数，这使 SCSI 成为一种连接方便并且有一定智能特性的总线，在数据传输过程中，只需 CPU 作很少的参与。

2）SCSI 和 ATA 的比较

SCSI 和 ATA 都是用于主机和硬盘子系统相接的总线技术，在发展过程中，二者一直并存互补。前者以高性能为主要目标，后者则以降低成本为主要目标。

SCSI 完全采用总线规范来设计，需要驱动程序支持。例如 Ultra3 SCSI 总线宽度为 16 位，可连接 15 台设备。而 ATA 严格说来只是一种通道，不太像总线，其使用简单，不用软件支持。ATA 的数据宽度也是 16 位，但是，一个 ATA 通道只能连接两台设备，一台为主设备，一台为从设备，即常说的主盘和从盘。

SCSI 的适配器有相当强的总线控制能力，所以，对 CPU 的占用率很小，但是 ATA 的每一个 I/O 操作几乎都是在 CPU 控制下进行的，所以对 CPU 的占用率非常高，当硬盘读/写数据时，整个系统几乎停止对其他操作的响应。当前的 ATA 技术多采用 DMA 方式传输数据，从而大幅度降低了对 CPU 的占用率。

ATA 最重要的一点是在 ATA2 中率先采用了在时钟信号上升沿和下降沿都触发数据传输的双沿触发技术 DT，从而在频率不变的情况下使传输速率提高 1 倍。但是 1 年以后，SCSI 也采用了双沿触发技术。

ATA 对通道采用了独占使用方式，连接在通道上的主设备具有优先使用权，而且不管哪台设备占用通道，在它完成操作并释放通道控制权之前，另一台设备都不能使用，即使是通道上的主设备也不具备随时使用通道的特权。当然，如果通道上只连接一台设备，那是例外。

在多操作情况下，可以很明显地看到 SCSI 的优点。比如，SCSI 总线和 ATA 通道均连接两个硬盘，现在从 A 盘读大量数据写入 B 盘。这个过程执行时，就是数据从 A 盘的盘片读到 A 盘的缓存，然后，通过 SCSI 总线或 ATA 通道传输到主机内存，再通过总线或通道传输到 B 盘缓存，并写入 B 盘盘片。实际运行时，盘片到盘片缓存的速度明显低于盘片缓存通过总线到主机内存的速度，所以，不管是 SCSI 系统还是 ATA 系统，在总线上都不会形成持续的数据流。

对 SCSI 总线来说，A 盘缓存中的数据通过总线一次性传输到主机内存以后，总线就被释放。当 A 盘继续将数据从盘片传输到缓存时，已被读入主机内存的数据便可以通过总线进入 B 盘缓存，而 B 盘将数据从缓存写入盘片时，总线又被释放，从而此时 A 盘又可以使用总线。这种调度功能基本上避免了总线空闲又不能被其他设备使用的情况，所以效率相当高。

对 ATA 通道来说，A 盘一接到传输一批数据的指令，就会完全占用通道，直到这批数据全部传输到主机内存为止，所以，当盘片往硬盘缓存传输数据时，通道是空闲的，但也不会释放出来供 B 盘使用，而当主机内存经过通道往 B 盘写入数据时，通道也被独占，这样，一方面延长了传输时间，另一方面，由于操作系统与硬盘有非常密切的关联性，所以，会使整个主机系统的运行显得迟缓。

ATA 和 SCSI 都凭借 DT 技术得以在时钟频率不变的情况下将传输速率提高一倍，但是，如果想再提高传输率，那就只有提高时钟频率了，而这样必然出现高频干扰问题。于是，ATA 又采用了在 40 芯扁平电缆基础上增加了 40 根地线将信号线一一隔开的措施。

2000 年 2 月，Intel 公布了串行 ATA（Serial ATA，SATA）开发计划，其众多特性中，最重要的是架构上的革新，SATA 只用两对数据线进行串行通信，一对用于发送，一对用于接收，再加上 3 根地线，所以总共只有 7 根连线，大大节省了开销。

2001 年 11 月，Compaq、IBM 等公司成立 Serial Attached SCSI 工作组即 SAS，目标是将并行 SCSI 和串行 SATA 的优点相结合，建立串行的 SCSI 接口。

3．外部总线 RS-232-C

RS-232-C 是一种使用已久，但一直保持生命力的串行总线标准。早在 1969 年，美国工业电子学会（Electronic Industries Association，EIA）和国际电报电话咨询委员会（Consultative Committee on International Telegraph and Telephone，CCITT）共同制定了 RS-232-C 标准，其传输距离可达 15 m。

当前微机系统中，RS-232-C 接口用来连接调制解调器、串行打印机等设备。

RS-232-C 标准对下述两方面作了规定：

（1）信号电平标准。

（2）控制信号的定义。

RS-232-C 采用负逻辑规定逻辑电平，信号电平与通常的 TTL 电平也不兼容，RS-232-C 将电平范围-15~-5 V 规定为逻辑"1"，将+5~+15 V 规定为逻辑"0"。

4．串行总线 IEEE 1394

IEEE 1394 总线最初是由美国的苹果（Apple）公司在 20 世纪的 80 年代中期开始研发，当初苹果公司称它为火线（Firewire）。1994 年 9 月，由 IEEE 成立了 IEEE 1394 行业协会，由 AMD、Apple、IBM、Microsoft、Philips、Sony 等公司组成执法委员会，制订了总线接口标准，即 IEEE 1394:1995 技术规范。

IEEE 1394 是一个高速串行的总线接口标准，既可作为总线标准应用于主板，也可作为外部接口标准应用于计算机和各种外设的连接，尤其是与现代一些数码产品的连接，实现与数码照相机、数码摄像机及各种数字音频/视频设备之间的高速数据传输等。它的主要特点如下：

（1）速度快。IEEE 1394:1995 规定标准的数据传输速率为 100～400 Mbit/s，新的 IEEE 1394b 中具有更快的传输速率 800 Mbit/s～3.2 Gbit/s。

（2）传输距离长。虽然 IEEE 1394:1995 标准允许总线长度只有 4.5 m，但新的 IEEE 1394b 标准可以实现 100 m 范围内的设备互连。

（3）支持热插拔和即插即用。

（4）接口简单。IEEE 1394:1995 标准规定包含 4 根信号线和 2 根电源线，使用细线连接，这使得连接和安装都十分简单。

（5）支持对等传输。两台 IEEE 1394 设备无须通过计算机即可实现点到点的直接相连和数据传输。这意味着只要设备支持，我们就能方便地将如数码照相机等与具有 IEEE 1394 接口的硬盘连接起来，并直接将数码照相机中的数据存储到硬盘中。

（6）灵活的传输模式。IEEE 1394 的传输模式主要有 Backplane 和 Cable 两种。Backplane 模式是一种基于主板的总线模式，其所实现的数据传输速率分别为 12.5 Mbit/s、25 Mbit/s、50 Mbit/s，可以应用于多数带宽要求不是很高的环境，如 Modem（包括 ADSL、Cable Modem）、打印机、扫描仪等。Cable 模式是一种快速的接口模式，其所能达到的数据传输速率分别为 100 Mbit/s、200 Mbit/s、400 Mbit/s 几种，主要应用于一些数码设备的数据传输。

5．通用串行总线 USB

USB（Universal Serial Bus，通用串行总线）是 Compaq、DEC、IBM、Intel、Microsoft、NEC（日本）和 Northern Telecom（加拿大）等七大公司于 1994 年 11 月联合开发的计算机串行接口总线标准，1996 年 1 月颁布了 USB 1.0 版本，之后又推出了 USB 2.0、USB 3.0 等版本，USB 4.0 版本标准也于 2020 年公布。它基于通用连接技术，实现外围设备的简单快速连接，达到方便用户、降低成本、扩展 PC 接连外围设备范围的目的。用户可以将几乎所有的外围设备，包括显示器、键盘、鼠标、打印机、扫描仪、数码照相机、U 盘、调制解调器等直接插入 USB 插口。还可以将一些 USB 外围设备进行串接，使多个外围设备共用 PC 上的端口。它的主要特点如下：

（1）具有真正的即插即用特征。用户可以在不关机的情况下很方便地对外围设备进行安装和拆卸，主机可按外围设备的增删情况自动配置系统资源，外围设备装置驱动程序的安装、删除均自动实现。

（2）具有很强的连接能力。使用 USB HUB（USB 集线器）实现系统扩展，最多可连接 127 个外围设备到同一系统。标准 USB 电缆长度为 3 m，低速传输方式时可为 5 m，通过 HUB 或中继器可使传输距离达 30 m。

（3）数据传输速率（USB 1.0 版）有两种，即采用普通无屏蔽双绞线，传输速率可达 1.5 Mbit/s，若用带屏蔽的双绞线，传输速率可达 12 Mbit/s。USB 2.0 版的数据传输率最高可达 480 Mbit/s；USB 3.0 传输速率达 USB 2.0 十倍，传输率最高可达到 4.8 Gbit/s；传输效率更高的 USB 4.0 接口也将逐渐普及。

（4）标准统一。USB 的引入减轻了对目前 PC 中所有标准接口的需求，如串口的鼠标、键盘，并口的打印机、扫描仪，IDE 接口的硬盘，都可以改成以统一的 USB 标准接入系统，从而减少了对 PC 插槽的需求，节省空间。

（5）连接电缆轻巧，电源体积缩小。USB 使用的 4 芯电缆，2 条用于信号连接，2 条用于电源/地，可为外围设备提供+5 V 的直流电源，方便用户。

（6）生命力强。USB 是一种开放性的不具有专利版权的工业标准，它是由一个标准化组织"USB 实施者论坛"（该组织由 150 多家企业组成）制定出来的，因此不存在专利版权问题，USB 规范具有强大的生命力。

习 题 3

1. 选择题

（1）同步通信之所以比异步通信具有较高的传输频率，是因为同步通信（　　）。

　　A. 不需要应答信号　　　　　　　　B. 总线长度较短

　　C. 用一个公共时钟信号进行同步　　D. 各部件存取时间比较接近

（2）在集中式总线仲裁中，（　　）方式响应时间最短。

　　A. 菊花链方式　　　　　　　　　　B. 独立请求方式

　　C. 电路故障　　　　　　　　　　　D. 计数器定时查询方式

（3）采用串行接口进行 7 位 ASCII 码传送，带有 1 位奇校验位、1 位起始位和 1 位停止位，当波特率为 9 600 时，字符传输速率为（　　）Mbit/s。

　　A. 960　　　　　B. 873　　　　　C. 1371　　　　　D. 480

（4）系统总线中地址线的功能是（　　）。

　　A. 选择主存单元地址　　　　　　　B. 选择进行信息传输的设备

　　C. 选择外存地址　　　　　　　　　D. 指定主存和 I/O 设备接口电路的地址

（5）系统总线中控制线的功能是（　　）。

　　A. 提供主存、I/O 接口设备的控制信号和响应信号

　　B. 提供数据信息

　　C. 提供时序信号

　　D. 提供主存、I/O 接口设备的响应信号

（6）PCI 与处理器无关，它采用时序协议和式仲裁策略，并具有（　　）能力。

　　A. 集中　　　　B. 自动配置　　　　C. 同步　　　　D. 高速外围总线

（7）PCI 总线的基本传输机制是猝发式传送。利用（　　）可以实现总线间的传送，使所有的存取都按 CPU 的需要出现在总线上。PCI 允许总线（　　）工作。

　　A. 桥　　　　　B. 猝发式　　　　C. 并行　　　　D. 多条

2. 简答题

（1）比较单总线、多总线机构的性能特点。

（2）说明总线结构对计算机系统性能的影响。

（3）用异步通信方式传送字符"A"和"8"，数据有 7 位，偶校验 1 位，起始位 1 位，停止位 1 位，请分别画出波形图。

（4）总线上挂两台设备，每台设备能收能发，还能从电气上和总线断开，画出逻辑图，并作简要说明。

（5）画出菊花链方式的优先级判决逻辑电路图。

（6）画出独立请求方式的优先级判决逻辑电路图。

（7）画出分布式仲裁器逻辑电路图。

（8）说明存储器总线周期与 I/O 总线周期的异同点。

（9）PCI 总线中桥的名称是什么？它们的功能是什么？

（10）何谓分布式仲裁？画出逻辑结构示意图进行说明。

（11）总线的一次信息传送过程大致分哪几个阶段？若采用同步定时协议，请画出读数据的同步时序图。

（12）某总线在一个总线周期中并行传送八个字节的信息，假设一个总线周期等于一个总线时钟周期，总线时钟频率为 70 MHz，总线带宽是多少？

第4章

存 储 器

计算机系统中完成信息记忆的部件就是存储器，它是冯·诺依曼体系计算机硬件系统的五大功能部件之一。可以说存储器是计算机系统中不可缺少的部分，用于存储程序和相关数据。当用户将程序和数据输入到计算机中，所有输入的信息都存放在存储器中。程序执行的过程中，存储器还将存储程序执行时产生的中间数据和结果数据，以便用户随时使用。计算机中存储器容量的大小是衡量计算机系统的重要指标。存储器容量愈大，能存放的信息就愈多，计算机的能力就愈强。另一方面，在计算机系统中 CPU 与存储器间不断地交换信息，处理器实际运行时的大部分总线周期都是用于对存储器的读/写访问，因此存储器存取数据的速度也是影响计算机运行速度的重要因素。

现代计算机中的存储器系统通常是以多级结构方式组织的，通常采用高速缓存、主存、辅存三级结构的存储系统，其容量、读写速度和每位价格等指标，对提高整个系统的性价比至关重要。

本章针对多级存储器系统的基本组成，主要介绍主存储器、辅助存储器、高速缓冲存储器、虚拟存储器。

4.1 存储器系统分级结构

4.1.1 存储器的性能指标

存储器有容量、速度和每位价格（简称位价）三个主要性能指标。一般来说，速度越高，位价就越高；容量越大，位价就越低，而且容量越大，速度越低。

1. 存储容量

存储容量是指存储器所能容纳二进制信息的总量。容量单位用位（bit）、字节（B）、千字节（KB）、兆字节（MB）、吉字节（GB）和太字节（TB）表示。1 B=8 bit，1 KB=1 024 B，1 MB=1 024 KB，1 GB=1 024 MB，1TB=1 024 GB。

2. 存储器速度

衡量存储器速度通常有三个相关的参数，它们之间有一定的关联。

（1）存取时间。从存储器读/写一次信息（信息可能是一个字节或一个字）所需要的平均时间，称为存储器的存取时间（Memory Access Time）。

（2）存取周期。存取周期（Memory Cycle Time）是启动两次独立的存储器操作（如两个连续的读操作）之间所需要的最小时间间隔。

存取周期包括存取时间和复原时间，复原时间对于非破坏性读出方式是指存取信息所需的稳定时间，对于破坏性读出方式则是指刷新所用的又一次存取时间。

（3）存储器带宽。与存取周期密切相关的指标为存储器带宽，它表示单位时间内存储器存取的信息量，单位可用字/秒或字节/秒表示。如存取周期为 500 ns，每个存取周期可访问 16 位，则它的带宽为 32 Mbit/s。带宽是衡量数据传输速率的重要技术指标。

3. 每位价格

这是衡量存储器经济性能的重要指标。一般以每位几元表示。

衡量存储器性能还有一些其他性能指标，如可靠性、体积、功耗、质量、使用环境等。在这里不做具体介绍，感兴趣的读者可查阅相关资料。

4.1.2 存储器的分类

1. 按存储介质分

（1）磁表面存储器。磁表面存储器是在金属或塑料基体的表面涂一层磁性材料作为记录介质，工作时磁层随载磁体高速运转，用磁头在磁层上进行读/写操作，故称为磁表面存储器。按载磁体形状的不同，磁表面存储器可分为磁盘、磁带和磁鼓三类。现代计算机已很少采用磁鼓。由于用具有矩形磁滞回线特性的材料做磁表面物质，它们按其剩磁状态的不同而区分"0"或"1"，而且剩磁状态不会轻易改变，故这类存储器具有非易失性的特点。

（2）半导体存储器。存储元件由半导体器件组成的存储器称为半导体存储器。现代半导体存储器都用超大规模集成电路工艺制成芯片，其特点是体积小、功耗低、存取时间短。其缺点是当电源切断时，所存信息也随即消失，它是一种易失性存储器。近年来已研制出用非挥发性材料制成的半导体存储器，克服了信息易失的弊病。根据构成半导体材料的不同，半导体存储器分为双极型半导体存储器和 MOS 型半导体存储器两种。前者具有高速的特点，后者具有高集成度的优点，并且制造简单，成本低廉，功耗小，故 MOS 型半导体存储器被广泛应用。

（3）光盘存储器。光盘存储器是采用激光在记录介质（磁光材料）上进行读/写操作的存储器，具有非易失性的特点。由于光盘记录密度高、耐用性好、可靠性高和可互换性强等特点，其应用越来越广。如 CD-ROM、CD-RW、DVD 等光盘存储器。对 CD-ROM 只能读操作，CD-RW 则可以读也能改写；DVD 光盘也有只读和可读写之分。

2. 按所处位置分

（1）内存。内存也称为主存，用于存放正在运行的程序和数据，位于主机内或主板上。目前内存通常由半导体芯片构成。内存的特点是容量相对较小、速度较快，能向 CPU 高速提供所需信息。

（2）外存。外存也称为辅助存储器。现代计算机一般还配备磁盘、光盘和磁带等设备，由于不在计算机主板上，所以称其为外存，目的是以文件形式较长时间地保存 CPU 暂时用不到或不能直接访问的程序和数据。这些设备的存储容量大、存储成本低，特点是在断电后信息仍能脱机长期保存。

（3）缓冲存储器。缓冲存储器（Cache）位于两个速度不同的部件之间，如 CPU 与主存之间的高速缓存 Cache。目前 CPU 集成度不断提高，常将高速缓存设在 CPU 芯片内，称为片内缓存（一级缓存），一般由静态存储器来实现，速度比内存高，如果需要，还可在 CPU 和主存间再加一个片外缓存（二级缓存）。

3. 按存取方式分

（1）随机存储器。随机存储器（Random Access Memory，RAM）是一种可读/写存储器，其特点是存储器的任何一个存储单元的内容都可以随机存取，而且存取时间与存储单元的物理位置有关。计算机系统中的主存都采用这种存储器。由于存储信息的原理不同，RAM 又分为静态 RAM（以触发器的稳态特性来寄存信息）和动态 RAM（以电容保存电荷的原理寄存信息）两种。

（2）只读存储器。只读存储器（Read Only Memory，ROM）是指能对其存储的内容读出，而不能对其重新写入的存储器。这种存储器一旦存入了原始信息，在程序执行过程中，只能将信息读出，而不能随意重新写入新的信息去改变原始信息。因此，通常用它存放固定不变的程序、常数和汉字字库，甚至用于操作系统的固化。它与随机存储器可共同作为主存的一部分，统一构成主存的地址域。

（3）串行访问存储器。如果对存储单元进行读/写时，需按照其物理位置先后顺序寻找地址，则这种存储器为串行访问存储器（Sequential Access Memory），显然这种存储器由于信息所在位置不同，使得读/写时间均不同。例如磁带存储器，不论信息处在哪个位置，读/写时必须从介质的始端开始按顺序寻找，故这类串行访问的存储器又称为顺序存取存储器。

4.1.3 存储器的层次结构

存储器系统设计的首要目标是使存储器在工作速度上很好地与处理机匹配，并满足各种存取的需要。在早期的 8 位微处理机中，处理机的读/写速度不高，实现两者的速度匹配没有很大的矛盾。随着电子技术的发展，处理机的工作速度有了很大的提高。比如，Pentium 等处理机的时钟速率最高已达上千兆赫，比 8085 的时钟要快几百倍，且这种处理机的直接寻址范围非常大，达几万兆字节，比 8 位机的 64 KB 大几十万倍。如果大量使用高速存储器，使它们在速度上与处理机相吻合，固然是一种最简便的方法。但是，这种做法受到经济上的限制。随着存储器芯片速度的提高，其价格急剧上升，使系统的成本变得十分昂贵。实际计算机系统中，总是采用分级的方法来设计整个存储器系统。图 4.1 是这种分级存储器系统的组织结构示意图，它把全部存储系统从内到外分为四级，即寄存器组、高速缓冲存储器，内存储器和外存储器。它们的存取速度依次递减，存储容量依次递增，位价依次降低。

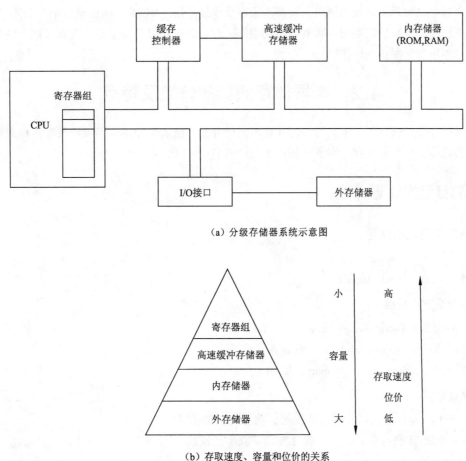

（a）分级存储器系统示意图

（b）存取速度、容量和位价的关系

图 4.1　存储器分级图示

寄存器组是最高一级的存储器。在计算机中，寄存器组一般是处理机内含的。有些待使用的数据，或者运算的中间结果可以暂存在这些寄存器中。处理机在对本芯片内的寄存器读写时，其速度很快，一般在一个时钟周期中完成。一个有众多通用寄存器的处理机，只要充分利用并恰当地安排这些寄存器，总可以在提高系统性能上获得好处。从总体上说，设置一系列寄存器是为了尽可能减少微处理机从外部取数的次数。但是，由于寄存器组是制作在微处理器内部的，受芯片面积和集成度的限制，寄存器的数量不可能做得很多。

第二级存储器是高速缓冲存储器（Cache），主要是解决 CPU 与主存速度不匹配的问题。这部分早期只有几百~几千字节，目前可达几百千字节。但是这个存储器所用的芯片都是高速的，其存取速度足以与微处理机相匹配。这一级存储器一般只装载当前用得最多的程序或数据，使微处理机能以自己最高的速度工作。设置高速缓冲存储器是高档微型计算机中很常用的一种方法，目前一般也将它们或它们的一部分制作在 CPU 芯片中（如 80486DX、80486DX2 和 Pentium 等）。

第三级是内存储器。运行的程序和数据都放在其中。由于处理机的寻址大部分落在高速缓冲存储器上，内存就可以采用速度上稍慢的存储器芯片，对系统性能的影响不会太大。由于降低了对存储器芯片的速度要求，就有可能以较低价格实现大容量。

第四级存储器是大容量的外存，如硬盘、光盘等。这种外存容量可达几百兆至成千上万兆字节，在存取速度上比内存要慢得多，如果加上寻找数据位置所需的时间，速度更慢。由于它平均存储费用很低，所以，大量用作后备存储器，存储各种程序和数据。在一些微处理机中，已经具有虚拟存储的管理能力，这时硬盘的存储空间可以直接用作内存空间的延伸。如 80386/80486/80586 微处理机，虚存空间可达太字节以上。

上述四级存储器系统并不是每个系统所必须具备的，应当根据系统的性能要求和处理机的功能来确定。比如，在 8 位微处理机流行的时期，主要考虑内存的设计，在一些要求较大存储空间的场合，千方百计地将存储空间扩大到 64 KB 以上；后期也注意了硬盘的使用，而高速缓存极少被采用。MC6800 微处理机中甚至连寄存器也很少。对于 16 位和 32 位微处理机组成的系统，随着性能的提高，存储系统变得更为复杂。现在市面上的高档微机系统一般都包含了全部四级存储器。

4.2　半导体存储器的分类及特点

半导体存储器的分类方法很多，本节将列出几种常见的分类方法。半导体存储器的性能指标主要有：存储容量、存取时间、功耗和工作电源 4 项。本节还将简要介绍 RAM 和 ROM 的一些特点。

4.2.1　半导体存储器的分类

1．按存储器的读/写功能分类

（1）读写存储器（Read/Write Memory，RWM）。

（2）只读存储器（Read Only Memory，ROM）。

2．按照数据存取方式分类

（1）直接存取存储器（Direct Access Memory，DAM）。

（2）顺序存取存储器（Sequential Access Memory，SAM）。

（3）随机存储器（Random Access Memory，RAM）。

3．按器件原理分类

（1）双极型——TTL 器件存储器：相对速度快，功耗大，集成度低。

（2）单极型——MOS 器件存储器：相对速度慢，功耗小，集成度高。

4．按存储原理分类

（1）随机存储器（Random Access Memory，RAM）：是一种易失性存储器，掉电时丢失数据。

（2）只读存储器（Read Only Memory，ROM）：是一种非易失性存储器，掉电后将保持数据。

5．按数据传送方式分类

（1）并行存储器：存取时为多位同时传送，相对速度快。

（2）串行存储器：存取时，一位一位地串行传送，相对速度慢。

半导体存储器的分类如图 4.2 所示。

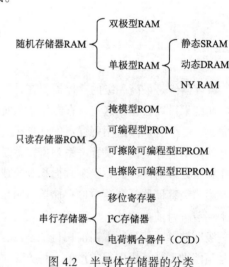

图 4.2　半导体存储器的分类

4.2.2 半导体存储器的性能指标

1. 存储容量

半导体存储器芯片的存储容量表示一个存储器芯片上能存储多少个用二进制表示的信息位数。如果一个存储器芯片上有 N 个存储单元，每个单元可存放 M 位二进制数，则该芯片的存储容量用 $N \times M$ 表示。

存储容量的表示方法有两种：根据存储的二进制位（bit）确定和根据存储的二进制字节（Byte）确定。若用存储位表示，则在存储容量数据后跟后缀 bit。若用存储字节表示则在存储容量数据后跟后缀 B。例如：某半导体存储器芯片的容量定义为 $N \times M = 256 \times 8$，即该芯片中有 256 个存储单元，每个单元中可存 8 个二进制位，即用存储位表示的存储容量为 2 048 bit；用存储字节表示的存储容量为 256 B。

存储容量的计量单位（一般用字节表示）有：字节（Byte，B），千字节（Kilo Byte，KB），兆字节（Mega Byte，MB），吉字节（Giga Byte，GB）等。各计量单位间的换算公式为：1 KB = 1 024 B，1 MB=1 024 KB，1 GB=1 024 MB，1 TB=1 024 GB。

2. 存取时间

存取时间是指向存储器单元写入数据及从存储器单元读出数据所需的时间。其单位通常用 μs 表示。存取时间越短说明存储器与 CPU 交换信息的速度越快。在组建计算机系统时一定要注意 CPU 主频和存储器芯片存取时间的配合，以充分发挥系统的性能。当 CPU 读写快而存储器存取慢时，为了保证数据的正确读写，常在读周期或写周期中加入等待周期 T_w，故增加了读写周期数，加入等待周期 T_w 的数量由控制线 READY 确定。

存储器芯片手册中一般会给出典型存取时间或最大存取时间。一般在存储器芯片型号后给出时间参数。例如：2732A – 20 和 2732A – 25 表示同一芯片型号 2732A 有两种不同的存取时间。其中 2732A – 20 的存取时间是 200 μs，而 2732A – 25 的存取时间是 250 μs。

3. 功耗

功耗一般有两种定义方法：存储器单元的功耗，单位为 μW/单元；存储器芯片的功耗，单位为 mW/芯片。功耗是存储器的重要指标，不仅表示存储器芯片的功耗，还确定了计算机系统中的散热问题。一般应选用低功耗的存储器芯片。

存储器芯片手册中一般给出了芯片的工作功耗和维持功耗。

4. 工作电源

存储器芯片的供电电压根据芯片的类型选择，芯片手册中将给出供电电压。一般 TTL 型存储器芯片的供电电压标准为+5 V，而 MOS 型存储器芯片的供电电压为+3 ~ + 18 V。

存取时间和功耗两项指标的乘积称为速度—功率乘积，是一项重要的综合指标。

4.2.3 半导体存储器的特点

下面简要介绍半导体存储器 RAM 和 ROM 的特点。

1. RAM 的特点

RAM（随机存储器）存储单元中的信息可根据需要随时写入或者读出，但当 RAM 存储器芯片掉电时，存储单元中的信息将会消失。因此又称 RAM 为易失性存储器。在计算机系统中常用 RAM 存放暂时性的输入和输出数据、中间运算结果、用户程序等，也常用来和外存储器交换信息并作为堆栈存储器用。RAM 存储器按器件原理可分为双极型和 MOS 型（单极型）两类。

1）双极型 RAM

双极型 RAM 的数据存取速度快，计算机中多用于高速缓存（Cache）。但由于它的功耗较大，集成度较低，相对成本较高，主存储器一般不用它。双极型 RAM 的类型主要有：

① TTL（晶体管—晶体管逻辑）型存储器。

② ECL（射极耦合逻辑）型存储器。

③ I²L（集成注入逻辑）型存储器。

2）MOS 型 RAM

MOS 型 RAM 的制造工艺较简单，集成度高，功耗低，相对价格便宜，计算机中多用于内存。但由于它的数据存取速度相对较慢，不宜用于高速缓存。MOS 型 RAM 的类型主要有：

① 静态 MOS 型 RAM。

② 动态 MOS 型 RAM。

③ 不挥发型 RAM（Non Volatile RAM）。不挥发型 RAM 同 ROM 一样，掉电后信息不会丢失。而又同 RAM 一样，可随机地写入或者读出数据。在手持式计算机（PDA）中应用广泛，如 Flash 存储器，也称为闪速存储器。

2. ROM 的特点

ROM 只读存储器的存储单元中的信息可一次写入多次读出。当 ROM 存储器芯片掉电时，存储单元中的信息不会消失，因此又称其为固定存储器。在计算机系统中常用 ROM 存放固定的程序和数据，如系统监控程序。在单片微机系统中还用于存放用户程序和固定数据。

ROM 存储器按写入信息的方式有如下几种：

1）掩模型 ROM

掩模型 ROM 在芯片制造时用固定的掩模进行编程。芯片单元中的信息已固定，用户不能修改。多用于大批量定型产品的生产，成本较低。

2）可编程型 ROM: PROM

可编程型 ROM 在芯片制造时并未写入信息。用户可根据需要向芯片单元写入信息。但仅允许写入一次，不能改写。多用于小批量产品的生产，成本也较低。

3）光擦除型 ROM: EPROM

光擦除型 ROM 在芯片制造时也并未写入信息。用户也可根据需要向芯片单元写入信息。若用户需要改写存储单元中的数据，需先用紫外光照射即擦除原有信息，然后再重新向芯片写入新数据。

4）电擦除型 ROM: EEPROM

电擦除型 ROM 的根本原理与光擦除型 ROM 类似。所不同的是用电擦除而不是用光擦除，并且擦除时间短。

5）闪速存储器

闪速存储器属于 EEPROM 类型，性能又优于普通的 EEPROM。这是 Intel 率先研制、近年推出的一种新型存储器，存取速度相当快，而且容量相当大。市场上最典型的产品有 28F020、28F004、28F256A 和 28F016SA，其中，28F020 的片容量为 256 KB，而 28F016SA 的片容量高达 2 MB。

闪速存储器最大的特点是一方面可以使内部信息在不加电的情况下保持 10 年之久，另一方面，又能以比较快的速度将信息擦除以后重写，可反复擦写几十万次之多，而且，可以实现分块擦除和重写、按字节擦除和重写，所以，有很大的灵活性。

兼备非易失性、可靠性、高速度、大容量和擦写灵活性使得闪速存储器得到很大欢迎。

目前，Pentium 主机板上均用 128 KB 或 256 KB 的闪速存储器存放 BIOS，因此 BIOS 被称为 Flash BIOS。BIOS 是设备驱动程序的汇总，随着外设的快速更新，BIOS 也不断升级，利用具有上述多个特性的闪速存储器存放 BIOS，正好适应这种需求。每当公司推出新的 BIOS 版本时，只需将闪速存储器中旧的 BIOS 擦除，再写入新版本的 BIOS 即可，非常方便。

按擦除和使用的方式，闪速存储器有三种类型：

- 整体型：擦除和重写操作时都按整体来实现。
- 块结构型：将存储器划分为大小相等的存储块，每块可独立进行擦除和重写。
- 带自举块型：在块结构基础上，用自举块增加自举功能，自举块受信号控制，只有在自举块开放时，才能进行擦除和重写，自举块被锁定时，只能读出而不能擦除或重写。

闪速存储器除了要配置一般只读存储器必备的片选电路、地址锁存器、译码器和读出控制电路外，还要另加为擦除和重写而配置的电路。在使用时，只要往闪速存储器的命令寄存器写入相应命令，就可实现其各方面的功能。

4.3 随机存储器（RAM）

RAM（Random Access Memory）意指随机存储器，其工作特点是：在微机系统的工作过程中，可以随机地对其中的各个存储单元进行读/写操作。随机存储器分为静态 RAM（SRAM）与动态 RAM（DRAM）两种。

4.3.1 静态存储器（SRAM）

1. 基本存储单元

静态 RAM 的基本存储单元是由两个增强型的 NMOS 反相器交叉耦合而成的触发器，每个基本的存储单元由六个 MOS 管构成，所以，静态存储电路又称为六管静态存储电路。

图 4.3（a）为六管静态存储单元的原理示意图。其中，T_1、T_2 为控制管，T_3、T_4 为负载管。这个电路具有两个相对的稳态状态，若 T_1 管截止则 A = "l"（高电平），它使 T_2 管开启，于是 B = "0"（低电平），而 B = "0" 又进一步保证了 T_1 管的截止。所以，这种状态在没有外触发的条件下是稳定不变的。同样，T_1 管导通即 A = "0"（低电平），T_2 管截止即 B = "1"（高电平）的状态也是稳定的。因此，可以用这个电路的两个相对稳定的状态来分别表示逻辑 "1" 和逻辑 "0"。

当把触发器作为存储电路时，就要使其能够接收外界来的触发控制信号，用以读出或改变该存储单元的状态，这样就形成了如图 4.3（b）所示的六管基本存储电路。其中 T_5、T_6 为门控管。

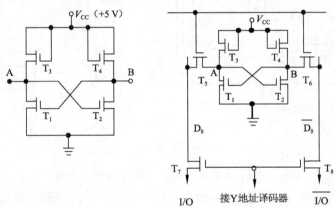

（a）六管静态存储单元的原理示意图　　　（b）六管基本存储电路

图 4.3　六管静态存储单元

当 X 译码输出线为高电平时，T_5、T_6 管导通，A、B 端就分别与位线 D_0 及 $\overline{D_0}$ 相连；若相应的 Y 译码输出也是高电平，则 T_7、T_8 管（它们是一列公用的，不属于某一个存储单元）也是导通的，于是 D_0 及 $\overline{D_0}$（这是存储单元内部的位线）就与输入/输出电路的 I/O 线及 $\overline{\text{I/O}}$ 线相通。

写入操作：写入信号自 I/O 线及 $\overline{\text{I/O}}$ 线输入，如要写入 "1"，则 I/O 线为高电平而 $\overline{\text{I/O}}$ 线为低电平，它们通过 T_7、T_8 管和 T_5、T_6 管分别与 A 端和 B 端相连，使 A= "1"，B= "0"，即强迫 T_2 管导通，T_1 管截止，相当于把输入电荷存储于 T_1 和 T_2 管的栅极。当输入信号及地址选择信号消失之后，T_5、T_6、T_7、T_8 管都截止。由于存储单元有电源及负载管，可以不断地向栅极补充电荷，依靠两个反相器的交叉控制，只要不掉电，就能保持写入的信息 "1"，而不用再生（刷新）。若要写入 "0"，则 $\overline{\text{I/O}}$ 线为低电平而 I/O 线为高电平，使 T_1 管导通，T_2 管截止，即 A= "0"，B= "1"。

读操作：只要某一单元被选中，相应的 T_5、T_6、T_7、T_8 管均导通，A 端与 B 端分别通过 T_5、T_6 管与 D_0 及 $\overline{D_0}$ 相通，D_0 及 $\overline{D_0}$ 又进一步通过 T_7、T_8 管与 I/O 及 $\overline{I/O}$ 线相通，即将单元的状态传送到 I/O 及 $\overline{I/O}$ 线上。

由此可见，这种存储电路的读出过程是非破坏性的，即信息在读出之后，原存储电路的状态不变。

2．静态 RAM 存储器芯片 Intel 2114

Intel 2114 是一种 1 K × 4 的静态 RAM 存储器芯片，其最基本的存储单元就是如上所述的六管存储电路，其他的典型芯片有 Intel 6116/6264/62256 等。

1）芯片的内部结构

如图 4.4 所示，它包括下列几个主要组成部分：

- 存储矩阵：Intel 2114 内部共有 4 096 个存储电路，排成 64 × 64 的短阵形式。
- 地址译码器：输入为 10 根线，采用两级译码方式，其中 6 根用于行译码，4 根用于列译码。
- I/O 控制电路：分为输入数据控制电路和列 I/O 电路，用于对信息的输入/输出进行缓冲和控制。
- 片选及读/写控制电路：用于实现对芯片的选择及读/写控制。

2）Intel 2114 的外部结构

Intel 2114 RAM 存储器芯片为双列直插式集成电路芯片，共有 18 个引脚，引脚图如图 4.5 所示。

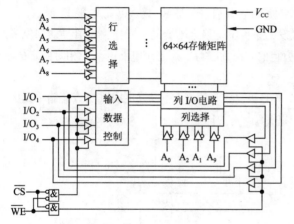

图 4.4　Intel 2114 静态存储器芯片的内部结构框图

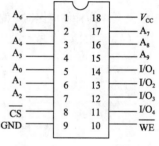

图 4.5　Intel 2114 引脚图

各引脚的功能如下：

- $A_0 \sim A_9$：10 根地址信号输入引脚。
- $\overline{WE}$：读/写控制信号输入引脚，当 $\overline{WE}$ 为低电平时，使输入三态门导通，信息由数据总线通过输入数据控制电路写入被选中的存储单元；反之，从所选中的存储单元读出信息送到数据总线。
- $I/O_1 \sim I/O_4$：4 根数据输入/输出信号引脚。
- $\overline{CS}$：低电平有效，通常接地址译码器的输出端。
- V_{cc}：电源。
- GND：地。

4.3.2　动态存储器（DRAM）

1．基本存储单元

1）动态 RAM 的基本原理

静态 RAM 的基本存储单元是一个 RS 触发器，因此，其状态是稳定的，但由于每个基本存储单元需由 6 个 MOS 管构成，就大大地限制了 RAM 芯片的集成度。

如图 4.6 所示，就是一个动态 RAM 的基本存储单元，它由一个 MOS 管 T_1 和位于

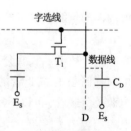

图 4.6　单管动态存储单元

其栅极上的分布电容 C_D 构成。当栅极电容 C_D 上充有电荷时，表示该存储单元保存信息"1"；反之，当栅极电容上没有电荷时，表示该单元保存信息"0"。

由于栅极电容上的充电与放电是两个对立的状态，因此，它可以作为一种基本的存储单元。

写操作：字选择线为高电平，T_1 管导通，写信号通过位线存入电容 C 中。

读操作：字选择线仍为高电平，存储在电容 C 上的电荷，通过 T_1 输出到数据线上，通过读出放大器，即可得到所保存的信息。

刷新：动态 RAM 存储单元实质上是依靠 T_1 管栅极电容的充放电原理来保存信息的。时间一长，电容上所保存的电荷就会泄漏，造成信息的丢失。因此，在动态 RAM 的使用过程中，必须及时地向保存"1"的那些存储单元补充电荷，以维持信息的存在。这一过程，就称为动态存储器的刷新操作。

2）动态 RAM 的刷新

刷新的过程实质上是先将原存信息读出，再由刷新放大器形成原信息并重新写入的再生过程。

由于存储单元被访问是随机的，有可能某些存储单元长期得不到访问，不进行存储器的读/写操作，其存储单元内的原信息将会慢慢消失。为此，必须采用定时刷新的方法，它规定在一定的时间内，对动态 RAM 的全部基本单元电路必做一次刷新，一般取 2 ms，这个时间称为刷新周期，又称再生周期。刷新是一行行进行的，必须在刷新周期内，由专用的刷新电路来完成对基本单元电路的逐行刷新，才能保证动态 RAM 内的信息不丢失。通常有三种方式刷新，即集中刷新、分散刷新和异步刷新。

（1）集中刷新是在规定的一个刷新周期内，对全部存储单元集中一段时间逐行进行刷新，此刻必须停止读/写操作。比如对 128×128 矩阵的存储芯片进行刷新时，若存取周期为 0.5 μs，刷新周期为 2 ms（占 4 000 个存取周期），则对 128 行集中刷新共需 64 μs（占 128 个存取周期），其余的 1 936 μs（共 3 872 个存取周期）用来读/写或维持信息，如图 4.7（a）所示。由于在这 64 μs 时间内不能进行读/写操作，故称为"死时间"，又称访存"死区"，所占比率为 128/4 000×100%=3.2%，称为死时间率。

（2）分散刷新是指对每行存储单元的刷新分散到每个存取周期内完成。其中，把机器的存取周期 t_C 分成两段，前半段 t_M 用来读/写或维持信息，后半段 t_R 用来刷新，即 $t_C=t_M+t_R$。若读/写周期为 0.5 μs，则存取周期为 1 μs。仍以 128×128 矩阵的存储芯片为例，刷新按行进行，每隔 128 μs 就可将存储芯片全部刷新一遍，如图 4.7（b）所示。这比允许的间隔 2 ms 要短得多，而且也不存在停止读/写操作的死时间，但存取周期长了，整个系统速度降低了。

（3）异步刷新是前两种方式的结合，它既可缩短"死时间"，又充分利用最大刷新间隔为 2 ms 的特点。例如，对于存取周期为 0.5 μs，排列成 128×128 的存储芯片，可采取在 2 ms 内对 128 行各刷新一遍，即每隔 15.6 μs（2 000 μs÷128≈15.6 μs）刷新一行，而每行刷新的时间仍为 0.5 μs，如图 4.7（c）所示。这样，刷新一行只停止一个存取周期，但对每行来说刷新间隔时间仍 2 ms，而"死时间"缩短为 0.5 μs。

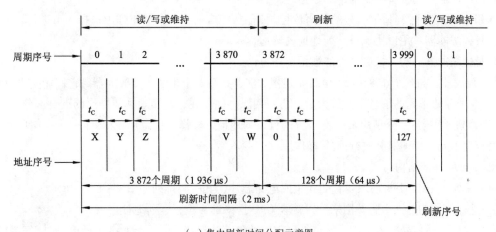

（a）集中刷新时间分配示意图

图 4.7　时间分配示意图

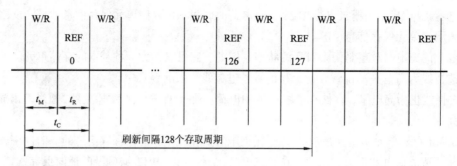

（b）分散刷新时间分配示意图

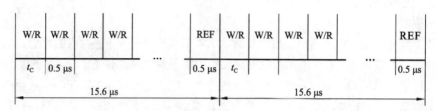

（c）异步刷新时间分配示意图

图 4.7　时间分配示意图（续）

　　如果将动态 RAM 的刷新安排在 CPU 对指令的译码阶段，由于这个阶段 CPU 不访问存储器，所以这种方案既克服了分散刷新需独占 0.5 μs 而使存取周期加长且降低系统速度的缺点，又不会出现集中刷新的访存"死区"问题，从根本上提高了整机的工作效率。

　　2．动态 RAM 存储器芯片 Intel 2164A

　　Intel 2164A 是一种 64 K×1 的动态 RAM 存储器芯片，它的基本存储单元就是采用单管存储电路，其他的典型芯片有 Intel 21256/21464 等。

　　1）Intel 2164A 的内部结构

　　如图 4.8（a）所示，其主要组成部分如下：

- 存储体：64K×1 的存储体由 4 个 128×128 的存储阵列构成。
- 地址锁存器：由于 Intel 2164A 采用双译码方式，故其 16 位地址信息要分两次送入芯片内部。但由于封装的限制，这 16 位地址信息必须通过同一组引脚分两次接收，因此，在芯片内部有一个能保存 8 位地址信息的地址锁存器。
- 数据输入缓冲器：用以暂存输入的数据。
- 数据输出缓冲器：用以暂存要输出的数据。
- 1/4 I/O 门电路：由行、列地址信号的最高位控制，能从相应的 4 个存储矩阵中选择一个进行输入/输出操作。
- 行、列时钟缓冲器：用以协调行、列地址的选通信号。
- 写允许时钟缓冲器：用以控制芯片的数据传送方向。
- 128 读出放大器：与 4 个 128×128 存储阵列相对应，共有 4 个 128 读出放大器，它们能接收由行地址选通的 4×128 个存储单元的信息，经放大后，再写回原存储单元，是实现刷新操作的重要部分。
- 1/128 行、列译码器：　分别用来接收 7 位的行、列地址，经译码后，从 128×128 个存储单元中选择一个确定的存储单元，以便对其进行读/写操作。

　　2）Intel 2164A 的外部结构

　　Intel 2164A 是具有 16 个引脚的双列直插式集成电路芯片，其引脚排列如图 4.8（b）所示。

- $A_0 \sim A_7$：地址信号的输入引脚，用来分时接收 CPU 送来的 8 位行、列地址。
- $\overline{RAS}$：行地址选通信号输入引脚，低电平有效，兼作芯片选择信号。当 $\overline{RAS}$ 为低电平时，表明芯片当前接收的是行地址。

- $\overline{\text{CAS}}$：列地址选通信号输入引脚，低电平有效，表明当前正在接收的是列地址（此时$\overline{\text{RAS}}$应保持为低电平）。
- $\overline{\text{WE}}$：写允许控制信号输入引脚，当其为低电平时，执行写操作；否则，执行读操作。
- D_{IN}：数据输入引脚。
- D_{OUT}：数据输出引脚。
- V_{DD}：+5 V 电源引脚。
- V_{SS}：地。
- N/C：未用引脚。

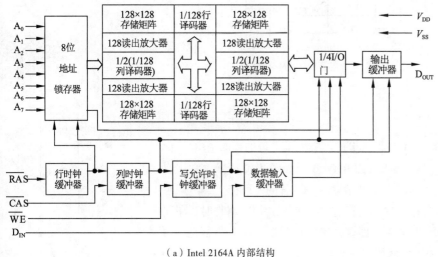
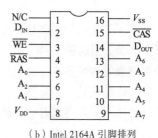

（a）Intel 2164A 内部结构　　　　　　　　　　　（b）Intel 2164A 引脚排列

图 4.8　Intel 2164A 的内部结构和引脚排列

3．动态 RAM 与静态 RAM 的比较

目前，动态 RAM 的应用比静态 RAM 要广泛得多，其原因如下：

（1）同样大小的芯片中，动态 RAM 的集成度高于静态 RAM，如动态 RAM 的基本单元电路可为一个 MOS 管，静态 RAM 的基本单元电路为 4~6 个 MOS 管。

（2）动态 RAM 行、列地址按先后顺序输送，减少了芯片引脚，封装尺寸也减小。

（3）动态 RAM 的功耗比静态 RAM 的功耗小。

（4）动态 RAM 的价格比静态 RAM 的价格便宜。当采用同一档次的实现技术时，动态 RAM 的容量是静态 RAM 容量的 4~8 倍，静态 RAM 的存取周期比动态 RAM 的存取周期快 8~16 倍，但价格也贵 8~16 倍。

4.4　只读存储器（ROM）

只读存储器（ROM）是指在计算机系统运行过程中，只能对其进行读操作，而不能进行写操作的一类存储器。早期只读存储器的存储内容根据用户要求，厂家采用掩模工艺，把原始信息记录在芯片中，一旦制成后无法更改，称为掩模型只读存储器（Masked ROM，MROM），也称固定掩模编程 ROM。随着半导体技术的发展和用户需求的变化，只读存储器先后派生出可编程只读存储器（Programmable ROM，PROM）、可擦除可编程只读存储器（Erasable Programmable ROM，EPROM）、用电可擦除可编程只读存储器（Electrically Erasable Programmable ROM，EEPROM），以及闪速存储器 Flash Memory，它具有 EEPROM 的特点，而速度比 EEPROM 快得多。

4.4.1　固定掩模编程 ROM

固定掩模编程 ROM 的基本存储单元用单管构成，因此集成度较高。存储单元的编程在生产芯片过程中完成。生产厂家用掩模确定是否将单管电极金属化接入电路，未金属化的单管存"1"信息，已金属化的单管存"0"信息。这种 ROM 是由制造厂家利用一种掩模技术写入程序的，掩模 ROM 制成后，用户不能修改。固定掩模 ROM 如图 4.9 所示。

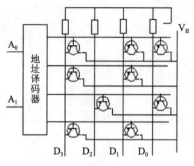

图 4.9　固定掩模 ROM 单元

4.4.2　可编程 PROM

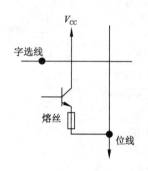

为了方便用户根据自己的需要对 ROM 编程，生产厂家提供了可编程的 ROM，称为 PROM。但这种 ROM 仅允许编程一次。熔断式 PROM 单元如图 4.10 所示。它用双极型三极管构成基本存储单元，采用可熔断金属丝串联在三极管的发射极上，出厂时所有三极管的熔丝是完整的，表示所有存储单元均存有"0"信息。用户编程时，在编程脉冲作用下可将需要的存储单元的熔丝熔断，即该存储单元变为存有"1"信息。由于熔丝熔断后不能恢复，所以此种 ROM 仅能编程一次。

图 4.10　熔断式 PROM 单元

4.4.3　可擦除可编程 EPROM

在产品开发过程中需要经常修改程序，选用可多次编程的 ROM 是必需的。根据对已编程芯片内容的擦除方式不同，多次可编程 ROM 又分为光擦型（Erasable Programmable ROM，EPROM）和电擦型（Electrically Erasable Programmable ROM，EEPROM）两种。

1. 紫外光擦除可编程 EPROM

1）基本存储电路

EPROM 的基本存储单元的结构和工作原理如图 4.11 所示。与普通的 P 沟道增强型 MOS 电路相似，这种 EPROM 电路在 N 型的基片上扩展了两个高浓度的 P 型区，分别引出源极（S）和漏极（D），在源极与漏极之间有一个由多晶硅做成的栅极，但它是浮空的，被绝缘物 SiO_2 所包围。在芯片制作完成时，每个单元的浮动栅极上都没有电荷，所以管子内没有导电沟道，源极与漏极之间不导电，其相应的等效电路如图 4.11（b）所示，此时表示该存储单元保存的信息为"1"。

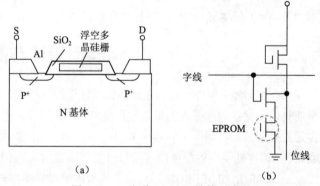

图 4.11　P 沟道 EPROM 结构示意图

向该单元写入信息"0"：在漏极和源极（即 S）之间加上+25 V 的电压，同时加上编程脉冲信号（宽度约为 50 ns），所选中的单元在这个电压的作用下，漏极与源极之间被瞬时击穿，就会有电子通过 SiO_2 绝缘层注入到浮动栅。在高压电源去除之后，因为浮动栅被 SiO_2 绝缘层包围，所以注入的电子无泄漏通道浮动栅为负，就形成了导电沟道，从而使相应单元导通，此时说明将 0 写入该单元。

清除存储单元中所保存的信息：必须用一定波长的紫外光照射浮动栅，使负电荷获取足够的能量，摆脱 SiO_2 的包围，以光电流的形式释放掉，这时，原来存储的信息也就不存在了。

由这种存储单元所构成的 ROM 存储器芯片,在其上方有一个石英玻璃的窗口,紫外线正是通过这个窗口来照射其内部电路而擦除信息的,一般擦除信息需用紫外线照射 15~20 min。

2)EPROM 芯片 Intel 2716

Intel 2716 是一种 2 K × 8 的 EPROM 存储器芯片,双列直插式封装,24 个引脚,其最基本的存储单元,就是采用如上所述的带有浮动栅的 MOS 管,其他的典型芯片有 Intel 2732/27128/27512 等。

Intel 2716 存储器芯片的内部结构框图如图 4.12(a)所示,芯片的引脚排列如图 4.12(b)所示,各引脚的功能如下:

- $A_{10} \sim A_0$:地址信号输入引脚,可寻址芯片的 2 K 个存储单元。
- $O_7 \sim O_0$:双向数据信号输入/输出引脚。
- $\overline{CE}$:片选信号输入引脚,低电平有效,只有当该引脚转入低电平时,才能对相应的芯片进行操作。
- $\overline{OE}$:数据输出允许控制信号引脚,输入低电平有效,用以允许数据输出。
- V_{CC}:+5 V 电源,用于在线的读操作。
- V_{PP}:+25 V 电源,用于在专用装置上进行写操作。
- GND:地。

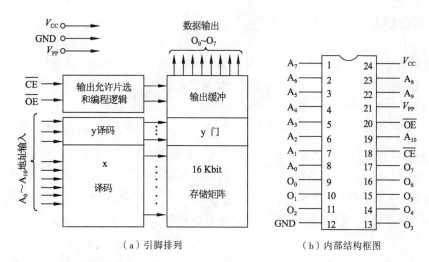

(a)引脚排列   (b)内部结构框图

图 4.12　Intel 2716 的内部结构及引脚分配

2. 电可擦除可编程的 ROM（Electronic Erasable Programmable ROM）

电可擦除可编程的 ROM 也称为 EEPROM 即 E^2PROM。E^2PROM 结构示意图如图 4.13 所示。它的工作原理与 EPROM 类似,当浮动栅上没有电荷时,管子的漏极和源极之间不导电,若设法使浮动栅带上电荷,则管子就导通。在 E^2PROM 中,使浮动栅带上电荷和消去电荷的方法与 EPROM 中是不同的。在 E^2PROM 中,漏极上面增加了一个隧道二极管,它在第二栅与漏极之间的电压 V_G 的作用下(在电场的作用下),可以使电荷通过它流向浮动栅(即起编程作用);若 V_G 的极性相反,也可以使电荷从浮动栅流向漏极(起擦除作用),而编程与擦除所用的电流是极小的,可用极普通的电源就可供给 V_G。

E^2PROM 的另一个优点是:擦除可以按字节分别进行(不像 EPROM,擦除时把整个芯片的内容全变成"1")。由于字节的编程和擦除都只需要 10 ms,并且不需要特殊装置,因此可以进行在线的编程写入。常用的典型芯片有 Intel 2816/2817/2864 等。

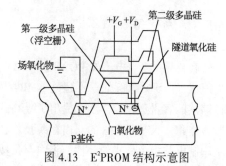

图 4.13　E^2PROM 结构示意图

4.5 新型存储器

半导体存储器随着微处理器的发展而发展。但存储器的发展速度远不能满足微处理器发展的需要。为了适应微处理器的需要，世界各大半导体厂商，一方面使成熟的存储器类型更大容量化、高速化、低电压低功耗化；另一方面根据需要，在原有成熟存储器的基础上，开发出多种特殊的存储器。目前各种新型的半导体存储器类型大量出现，各种不同型号的存储器芯片大量使用。下面将介绍当前常用的一些新型存储器。

4.5.1 快擦写 Flash 存储器

快擦写 Flash 存储器无须存储电容，集成度高，而且制造成本又低于 DRAM。Flash 存储器使用方便，既有 SRAM 读写的灵活性和较快的访问速度，又有 ROM 在断电后不丢失信息的特点。快擦写 Flash 存储器技术发展迅速，应用广泛。由于它在数据存取时无机械运动部件，存取速度大大高于磁盘系统。随着技术的进一步发展和完善，它的容量将更大，价格将更低。

4.5.2 多端口读写存储器

为了适应更复杂的信息处理需要，特别是在多处理机应用系统中，有些信息由不止一组总线控制，在相互通信时需要寻找新的数据存储方式来满足系统的需要和简化系统的设计，以便提高数据通信的速率。多端口 RAM 就是根据上述需求而设计的。根据不同的用途，多端口 RAM 可分为如下几种：

1. 双端口 RAM

双端口 RAM 有两个数据端口，可以分别进行数据的输入和输出。其中一个端口可直接由 CPU 存取，而另一个端口可独立地被其他部件经 DMA 通道存取。双端口的数据存取可同时进行，给数据的访问带来方便，多用于需要有高速共享数据缓冲器的系统。两个端口都具有可独立存取的 RAM 功能，在系统中作为双 CPU 的公共全局存储器、多机系统的通信缓冲器、DSP 系统、高速磁盘控制器等。

2. FIFO 存储器

先进先出（FIFO）存储器，具有输入和输出两个相对独立的端口。当存储器为非存储器满载状态时，输入端允许高速突发数据从输入端口存入，直至满载。只要存储器中有数据，就允许将最先写入的内容依次经输出端口输出。常用于高速通信系统、图像处理系统、数据采集系统等。

3. MPRAM 存储器

在特殊应用系统中，还需应用三端口 RAM、四端口 RAM，统称为 MPRAM。多用于多处理机系统的共享存储器。

4.5.3 内存条

在早期的 PC 中（如 PC/XT、PC/AT 及最早的 PC286），内存储器采用多片 DIP（双列直插式）封装的存储芯片组成。由于最大存储量不超过 1 MB，用多片存储芯片就能满足系统需求。随着微处理器的飞速发展，CPU 对内存储器的容量和存取速度都提出了更高的要求。用无数多片 DIP 封装的存储芯片从理论上讲能满足系统需要，但所占体积太大是不容许的。内存条技术在实际应用中得到快速发展。所谓内存条就是将多片存储器芯片焊在一小条印制电路板上做成的部件，将内存条按规定的接口插槽规格（可称为封装形式）插入计算机主板上，构成内存储器系统。

1. 内存条的几种封装形式

从采用 80286 微处理器芯片到采用酷睿微处理器芯片的 PC，由于存储容量增大及处理数据位数的增加，使内存条的封装形式为适应需要也得到了迅速的发展。其主要封装形式及应用场合如下：

（1）SIP（Single In-line Package，单排直插式）内存条：该内存条的封装形式为 30 线单排插针，早期用在 PC286 机中，但很快就被 SIMM 内存条取代。

（2）SIMM（Single In-line Memory Module，单排直插式内存模块）内存条：该内存条的封装形式有 30 线和 72 线两种方式。不采用插针方式，而是在印制电路板上做成双面引脚。由于不用插针，成本降低，很快取代了 SIP 内存条。在主板的双面插槽中，对应引脚是连通的，实际为单排引线。

30 线 SIMM 内存条的数据线宽度为 8 位，即每次可读/写 8 位数据。主要用于早期的 286/386/486 主板中。由于 80286 微处理器的数据线为 16 位，要一次读/写 16 位数据就需用 2 条内存条。由于 80386、80486 微处理器的数据线为 32 位，要一次读/写 32 位数据就需用 4 条内存条。若将该种内存条用于 64 位数据线的 Pentium 微处理器主板上，要一次读/写 64 位数据就需用 8 条内存条。

72 线 SIMM 内存条的数据线宽度为 32 位，即每次可读/写 32 位数据。主要用于后期的 486 主板及早期的 Pentium 主板中。由于 80486 微处理器的数据线为 32 位，故可用一条 72 线 SIMM 内存条组成内存储器系统。而 Pentium 微处理器的数据线为 64 位，需用两条 72 线 SIMM 内存条组成内存储器系统。

（3）DIMM（Double In-line Memory Modules，双列插式内存模块）内存条：DIMM 内存条是较新型的内存组织方式。因其引脚分布在印制电路板的两面，所以印制电路板的两面引脚均可传送信号，称为双列直插式内存条。该内存条每面有 84 条引脚，双面共计有 168 条引脚，被称为 168 线内存条。DIMM 内存条的数据宽度为 64 位，用于 Pentium 主板中。

2．内存条中所用的存储器芯片类型

内存条中所用的存储器芯片均为动态 DRAM，表 4.1 列举了几款早期内存条所用的存储芯片及其与主板等的参数对应关系。可以看出，存储器速度一般与主板速度相匹配。

（1）FPMDRAM（Fast Page Mode DRAM，快速页模式 DRAM）：PC 最早所用的 DRAM 为页模式动态随机存储器，即 PMDRAM（Page Mode DRAM），然后使用 FPMDRAM。计算机中大量的数据是连续存放的，若相邻数据的行地址相同，则存储器的控制器就不需要传行地址，而仅传列地址。这样就提高了寻址效率，CPU 能用较少的时钟周期读出较多的数据。

表 4.1　主板速度与存储器芯片类型间的关系

主板速度	微处理器速度	DRAM 类型	DRAM 速度
5 MHz ~ 66 MHz	5 MHz ~ 200 MHz	FPM DRAM EDO DRAM	5 MHz ~ 16 MHz
66 MHz	200 MHz ~ 600 MHz	PC66 SDRAM	66 MHz
100 MHz	500 MHz 以上	PC100 SDRAM	100 MHz
133 MHz	600 MHz 以上	PC133 SDRAM	133 MHz

（2）EDODRAM（Extended Data Output DPAM，扩展数据输出 DRAM）：EDODRAM 是在 FPMDRAM 基础上加以改进的存储器控制技术。它可以在输出一个数据的过程中就准备下一个数据的输出。它在读/写一个地址单元的同时启动下一个连续地址单元的读/写周期。节省了重选地址时间，提高了存储总线的速率。由 FPMDRAM 芯片和 EDODRAM 芯片组装的内存条多为 72 线 SIMM 封装，工作电压为 5 V。

（3）SDRAM（Synchronous DRAM，同步 DRAM）：FPMDRAM 和 EDODRAM 均属于非同步存取的存储器，即它们的工作速度未和系统时钟同步，速度不会超过 66 MHz。随着微处理器主频的不断提高，其外频已远远超过 66 MHz。对存储器芯片的要求是能处理 66 MHz 以上的总线速度。SDRAM 和 CPU 共享一个时钟周期，用相同的速度同步工作，支持 66 MHz 以上总线速度而不必插入等待周期。随着 Pentium 芯片组的速度提高，对 SDRAM 的速度要求更高。Intel 公司于 1998 年制定了 PC100 规范，严格定义了 PC100SDRAM 的技术要求及兼容性标准，同时对主板的设计制造进行了严格的规定。不久又制定了 PC133 规范，要求 SDRAM 工作在 133 MHz。SDRAM 是最有前途的存储器芯片，由于其性价比高，由它组装的内存条被广泛使用，并受到普遍欢迎。目前 SDRAM 普遍采

用 168 线的 DIMM 封装，工作电压为 3.3V。

（4）高速存储器新技术　在 PC 历史的前 15 年，存储器芯片的发展缓慢。从 1981 年至 1996 年，微处理器主频从 47 MHz 增加到 200 MHz，而存储器芯片的速度仅从 5 MHz 增加到 16 MHz。1998 年开发出 SDRAM，2000 年速度更快的 SDRAM 芯片陆续问世，其中最为大家熟悉的 DDR 作为一种在性能与成本之间折中的解决方案，从发布到现在一直占据着市场，并在频率上一直高歌猛进，由此 DDR2、DDR3、DDR4、DDR5 应势而生。

DDR 内存全称是 DDR SDRAM（ Double Data Rate SDRAM，双倍速率 SDRAM ）。DDR 运行频率主要有 100 MHz、133 MHz、166 MHz 三种，由于 DDR 内存具有双倍速率传输数据的特性，因此在 DDR 内存的标识上采用了工作频率×2 的方法，也就是 DDR200、DDR266、DDR333 等。但 DDR 一代是紧密依靠高频率提升带宽的，DDR2 相比于第一代 DDR，优势在于频率和功耗有一定的提升，可以提供相当于 DDR 内存两倍的带宽。然而，尽管 DDR2 内存采用的 DRAM 核心速度和 DDR 的一样，但是我们仍然要使用新主板才能搭配 DDR2 内存，因为 DDR2 的物理规格和 DDR 是不兼容的。在实际的应用方面，因为 DDR2 自身的不足，所以在历史的舞台上它也只是一个过客。它的下一代产品 DDR3 横空出世，又再次成为了人们关注的对象。DDR3 集成了高密度的显存颗粒，这对于降低高容量内存成本及减少生产支出都是有极大帮助的，可谓是推广大容量内存的源动力。由此，内存规格不断升级，运行频率越来越高，如 DDR3 1600、DDR3 2400 最后的 1600 和 2400 数字就代表了内存的运行频率是 1 600 MHz 或 2 400 MHz，频率越高，内存单位时间内可以处理的数据越多，因此执行效率更高，计算机整体速度更快。DDR4 是 DDR3 的下一代版本，具备更快的速度以及更低的功耗，也是目前的主流。

4.6　主存储器系统设计

设计一个计算机系统，除微处理器芯片的选择外，存储器系统的设计非常重要。如何选用半导体存储器芯片构成主（内）存储器系统，如何接入计算机系统，是系统硬件设计的重要环节。

4.6.1　存储器芯片的选择

主存储器包括 RAM 和 ROM，设计时首先根据需要、用途和性价比选用合适的存储器芯片类型和容量。然后还应根据 CPU 读写周期对速度的要求，确定所选存储器芯片类型是否满足速度要求。

在一些专用领域，例如在检测、控制、仪器仪表、家用电器、智能终端等设备中，计算机系统程序往往是固定不变的，故程序应固化在 ROM 中。当设备加电启用时，就可在 ROM 中固化的程序控制下完成所具有的功能。在专用设备的计算机系统程序的研制阶段应选择可多次擦除的 ROM 类型，例如常用的 EPROM 和 E²PROM。当程序设计满足需要，产品定型后，为降低成本，可将定型后的程序送往存储器芯片生产厂制成 ROM。为了满足定型产品的功能提升，往往需要对原有程序进行必要的修改。若从电路板替换 ROM 芯片将很不方便并且成本高。目前，广泛采用在线升级程序的方法，常选用 E²PROM 或者 Flash 芯片完成这一升级任务。

在专用设备中，计算机系统在控制运行中会产生一些数据，这些数据应存放在 RAM 中。计算机系统需要多少容量的 ROM 和 RAM 可根据不同设备的需要而定，这取决于程序的复杂程度和数据的多少。存储容量的选择在存储器系统设计中很重要，少了达不到系统要求，多了将增加产品成本。

1．存储器芯片类型的选择

在对存储器容量需要较小的专用设备中，应选用静态 RAM 芯片。这样可节省刷新电路，使专用设备中的计算机系统硬件设计更简单。而在对存储器容量需要较大的系统中，应选用集成度较高的动态 RAM 芯片，虽然需要刷新电路并且硬件设计较复杂，但可减少芯片数量和体积，并且降低成本。例如 PC 就使用动态 RAM 构成主存储器系统。

2．存储器芯片容量的选择

不同型号的存储器芯片容量不同，价格不同，应根据计算机系统对存储容量的需要合理地选择存储器芯片。

其原则是应用较少数量的芯片构成存储器系统，并考虑总成本和硬件设计的简单性。

3．存储器芯片速度的选择

一般来说，存储器芯片存取速度愈快价格愈高。应根据 CPU 读写速度选择合理的存储芯片的存取速度。既保证系统的可靠运行，又提高了系统的性价比。

4．存储器芯片功耗的选择

由于存储器芯片制造的材料和工艺不同，芯片的功耗也不同。一般来说，相同指标的芯片，功耗愈小价格愈高。所以功耗的选择应根据计算机系统的应用条件、设备的散热环境等因素来决定。例如，较大型的设备散热环境好，使用交流电供电，对芯片功耗无严格要求，可选用成本较低、功耗较高的芯片。而对一些特殊的设备，由于用电池供电，体积较小，为保证使用时间长和发热较少，应选用功耗较小的芯片。例如手持式设备、笔记本计算机、机载通信设备等。

4.6.2　计算机系统中存储器的地址分配

当选择好计算机系统的主存储器容量和 RAM、ROM 芯片数量后，就应该为各个存储器芯片分配存储地址空间。使用不同处理器的计算机系统，对 RAM、ROM 的存储地址空间的分配有不同的要求。如使用 8088 CPU 的 PC/XT 机的存储器地址分配如图 4.14 所示。

8088 CPU 有 20 条地址线，可寻址最大存储地址空间为 1 MB。由于上电复位时代码段寄存器 CS 的初值为 FFFFH，指令指针寄存器 IP 的初值为 0000H。程序的第 1 条指令应从地址 FFFF0H 处开始执行。第 1 条指令为无条件转移指令，将指令指针 IP 转换到系统 BIOS 开始处。存放系统 BIOS 的存储器为 ROM，其分配的存储器地址应在高地址端。地址分配范围为 FE000H ~ FFFFFH，有 8 KB 的存储量；存放中断服务程序入口地址的 RAM 地址分配范围为 00000H ~ 003FFH，有 1 KB 的存储量，必须在最低端的存储器地址区。

用户程序使用的 RAM 地址分配范围为 04000H ~ 9FFFFH，约有 640 KB 的存储量；显示缓存的 RAM 地址分配范围为 A0000H ~ BFFFFH，有 128 KB 的存储量。

从图 4.14 中可知，主存储器的总容量小于 CPU 可最大的寻址空间。系统的主存储器容量已使用较多，仅可少量的扩展。

图 4.14　PC/XT 微机存储器地址分配

4.6.3　存储器芯片与 CPU 的连接

在计算机系统中，CPU 对主存储器进行读/写操作是由执行访问主存储器的一条指令来实现的。存储器芯片与 CPU 的连接应注意下面几点：

1．地址线、数据线、控制线的连接

存储器芯片与 CPU 的连接就是与地址线、数据线、控制线（三总线）的连接。当 CPU 执行一条访问主存储器的指令时，首先 CPU 经地址总线向存储器发出要访问存储器单元的地址信息，确定某地址单元有效。接着根据 CPU 是对地址单元进行读操作还是写操作的指令功能，CPU 经控制总线向存储器发出控制信息。最后 CPU 与存储器某地址单元间经数据总线交换数据信息。

2．总线的负载能力

由于主存储器系统由多片 ROM 和 RAM 芯片组成。每片芯片均接在总线上，若芯片数量较多，必然会增大总线的负担，所以要求总线应具有较大的负载能力。硬件系统中一般应在 CPU 与总线间接入总线驱动器，来提高总

线的负载能力。常用的总线驱动器有单向 8 位缓冲器 74LS244、双向 8 位缓冲器 74LS245、8 位锁存器 74LS373 等。

3. 存储器芯片与 CPU 的速度匹配

CPU 的取指令周期和存储器的读/写周期都有固定的时序。CPU 根据固定时序所需时间对存储器芯片提出速度要求。若存储器芯片的速度不能满足 CPU 的读/写时间要求，则将在时序的 T_3 和 T_4 间插入多个等待状态 T_w。存储器芯片的速度影响了 CPU 的运行效率。

从存储器芯片上的标记可以识别芯片的速度。例如 2732A–30，其存取速度为 300 μs；2732A – 25，其存取速度为 250 μs；2732A – 20，其存取速度为 200 μs。

4.6.4 存储器的寻址方法

存储器芯片与 CPU 经地址总线连接时，要根据主存储器系统对每个存储器芯片的地址范围进行分配，实现在某一时刻仅能唯一地选中某一片存储器芯片及唯一地选中该芯片中的某一存储单元。我们称选中存储器芯片为"片选"，选中存储器芯片片内存储单元为"字选"。"字选"由存储器芯片内部的译码电路来完成，"片选"应根据主存储器系统对每个存储器芯片的地址范围的分配，由硬件设计人员来确定。CPU 的地址线可分为两部分，即片内地址线和片选地址线。片内地址线根据存储器芯片的存储单元数量确定。例如静态 RAM 芯片 6116 有 2 048 个存储单元，需要 11 条地址线（2^{11}=2 048）完成芯片内所有单元的寻址。若 CPU 的地址线为 $A_0 \sim A_{15}$，共 16 条，则片内地址线为 $A_0 \sim A_{10}$。

片选地址线是除片内地址线外的其余地址线。例如上面的 $A_{11} \sim A_{15}$，可用作片选地址线。

用片选地址线完成存储器芯片片选的设计方法有以下几种：

（1）线选法。线选法除将低位地址线直接接片内地址线外，将余下的高位地址线分别作为各个存储器芯片的片选控制信号，如图 4.15 所示。要注意的是，这些片选地址线每次寻址时只能有一位有效（图中为低电平），不允许同时有多位有效，否则不能保证每次只选中一个芯片。

线选法的优点是连接简单，选择芯片无须专门译码电路，缺点是地址不连续，存在重叠区，使寻址空间的利用率降低。

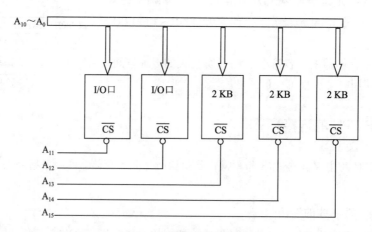

图 4.15　线选法片选控制

（2）全译码法。这种方法除了将低位地址总线直接连至各芯片的地址线外，将余下的高位地址总线全部译码，译码输出作为各芯片的片选信号，如图 4.16 所示。

显然，这种选址方法可以提供对全部存储空间的寻址能力。即使不需要全部存储空间，也可采用全译码法，多余的译码输出让它空着，便于需要时扩充。

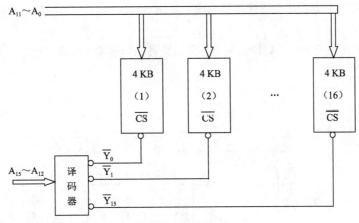

图 4.16　全译码片选法

（3）局部译码法。局部译码法是对高位地址总线中的一部分（而不是全部）进行译码，以产生各个存储器芯片的片选控制信号。它是介于全译码法和线选法之间的一种片选方法。比如只需 16 KB 存储容量，用 2 KB 存储芯片组成，需要 8 片，这时用线选法选片地址线不够用，固然可用全译码法，但为了简化地址译码逻辑，可以采用局部译码法，如图 4.17 所示。

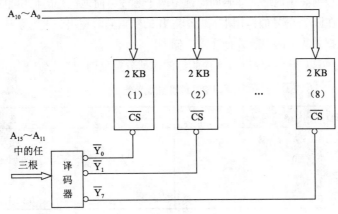

图 4.17　局部译码片选法

4.6.5　存储器芯片的扩展

在微型机系统中，需要的存储器容量常常比单个芯片的容量大，所以需要扩充，这体现在两方面：

（1）数据宽度的扩充，即位扩充。

（2）字节数的扩充，即字扩充。

在扩充时，要涉及地址线、数据线和控制线的连接。

1. 存储器芯片的位扩充

适用场合：存储器芯片的容量满足存储器系统的要求，但其字长小于存储器系统的要求。

【例 4.1】用 1K×4 的 2114 芯片构成 1K×8 的存储器系统。

分析：由于每个芯片的容量为 1 KB，故满足存储器系统的容量要求。但由于每个芯片只能提供 4 位数据，故需用 2 片这样的芯片，它们分别提供 4 位数据至系统的数据总线，以满足存储器系统的字长要求。

设计要点：

- 将每个芯片的 10 位地址线按引脚一一并联，按次序逐根接至地址总线的低 10 位。
- 数据线则按芯片编号连接，1 号芯片的 4 位数据线依次接至系统数据总线的 $D_0 \sim D_3$，2 号芯片的 4 位数据线依次接至系统数据总线的 $D_4 \sim D_7$。

- 两个芯片的 $\overline{\text{WE}}$ 端并在一起后接至系统控制总线的存储器写信号（如 CPU 为 8086/8088，也可由 $\overline{\text{WR}}$ 和 $\overline{\text{IO}}/\text{M}$ 或 $\text{IO}/\overline{\text{M}}$ 的组合来承担）。

- $\overline{\text{CS}}$ 引脚也分别并联后接至地址译码器的输出，而地址译码器的输入则由系统地址总线的高位来承担。

具体连线见图 4.18。

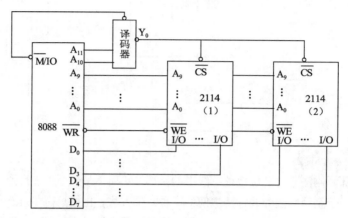

图 4.18　用 2114 组成 1K×8 的存储器连线

当存储器工作时，系统根据高位地址的译码同时选中两个芯片，而地址码的低位也同时到达每一个芯片，从而选中它们的同一个单元。在读/写信号的作用下，两个芯片的数据同时读出，送上系统数据总线，产生一个字节的输出，或者同时将来自数据总线上的字节数据写入存储器。

根据硬件连线图，我们还可以进一步分析出该存储器的地址分配范围，如表 4.2 所示（假设只考虑 16 位地址）。

表 4.2　地址分配范围

地　　址　　码							芯 片 的 地 址 范 围
A_{15}	$\cdots$	A_{12}	A_{11}	A_{10}	$A_9 \cdots$	A_0	
×		×	0	0	0	0	0000H
			$\vdots$				$\vdots$
×		×	0	0	1	1	03FFH

×表示可以任选值，在这里均选 0。

2. 存储器芯片的字扩充

适用场合：存储器芯片的字长符合存储器系统的要求，但其容量太小。

【例 4.2】用 2K×8 的 2716A 存储器芯片组成 8K×8 的存储器系统。

分析：由于每个芯片的字长为 8 位，故满足存储器系统的字长要求。但由于每个芯片只能提供 2K 个存储单元，故需用 4 片这样的芯片，以满足存储器系统的容量要求。

设计要点：同位扩充方式相似。

- 先将每个芯片的 11 位地址线按引脚一一并联，然后按次序逐根接至地址总线低 11 位。
- 将每个芯片的 8 位数据线依次接至系统数据总线的 $D_0 \sim D_7$。
- 两个芯片的 $\overline{\text{OE}}$ 端并在一起后接至系统控制总线的存储器读信号（这样连接的原因同位扩充方式）。
- 它们的 $\overline{\text{CE}}$ 引脚分别接至地址译码器的不同输出，地址译码器的输入则由系统地址总线的高位来承担。连线见图 4.19。

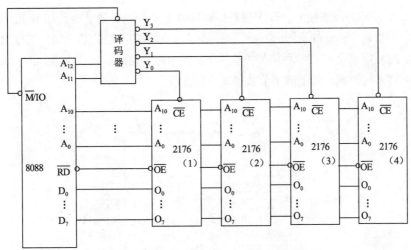

图 4.19　用 2716A 组成 8K × 8 的存储器连线

　　当存储器工作时，根据高位地址的不同，系统通过译码器分别选中不同的芯片，低位地址码则同时到达每一个芯片，选中它们的相应单元。在读信号的作用下，选中芯片的数据被读出，送上系统数据总线，产生一个字节的输出。

　　同样，根据硬件连线图，也可以进一步分析出该存储器的地址分配范围，如表 4.3 所示（假设只考虑 16 位地址）。

表 4.3　地址分配范围

地　址　码							芯片的地址范围	对应芯片编号
A_{15} ...	A_{13}	A_{12}	A_{11}	A_{10}	A_9 ...	A_0		
×	×	0	0	0	0	0	0000H ⋮	2716−1
×	×	0	0	1	1	1	07FFH	
×	×	0	1	0	0	0	0800H ⋮	2716−2
×	×	0	1	1	1	1	0FFFH	
×	×	1	0	0	0	0	1000H ⋮	2716−3
×	×	1	0	1	1	1	17FFH	
×	×	1	1	0	0	0	1800H ⋮	2716−4
×	×	1	1	1	1	1	1FFFH	

　　×表示可以任选值，在这里均选 0。

　　这种扩展存储器的方法就称为字扩展，它同样可以适用于多种芯片，如可以用 8 片 27128（16K × 8）组成一个 128K × 8 的存储器等。

3. 同时进行位扩充与字扩充

　　适用场合：存储器芯片的字长和容量均不符合存储器系统的要求，这时就需要用多片这样的芯片同时进行位扩充和字扩充，以满足系统的要求。

　　【例 4.3】用 1K × 4 的 2114 芯片组成 2K × 8 的存储器系统。

　　分析：由于芯片的字长为 4 位，因此首先需采用位扩充的方法，用两片芯片组成 1K × 8 的存储器。再采用字扩充的方法来扩充容量，使用两组经过上述位扩充的芯片组来完成。

　　设计要点：每个芯片的 10 根地址信号引脚宜接至系统地址总线的低 10 位，每组两个芯片的 4 位数据线分别接至系统数据总线的高/低四位。地址码的 A_{10}、A_{11} 经译码后的输出，分别作为两组芯片的片选信号，每个芯片的

$\overline{\text{WE}}$控制端直接接到 CPU 的读/写控制端上,以实现对存储器的读/写控制。硬件连线如图 4.20 所示。

当存储器工作时,根据高位地址的不同,系统通过译码器分别选中不同的芯片组,低位地址码则同时到达每一个芯片组,选中它们的相应单元。在读/写信号的作用下,选中芯片组的数据被读出,送上系统数据总线,产生一个字节的输出,或者将来自数据总线上的字节数据写入芯片组。

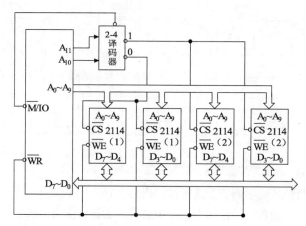

图 4.20 用 2114 组成 2K×8 的存储器连线

同样,根据硬件连线图,也可以进一步分析出该存储器的地址分配范围,如 4.4 所示(假设只考虑 16 位地址)。

表 4.4 地址分配范围

地 址 码							芯片的地址范围	对应芯片编号
A_{15} ···	A_{13}	A_{12}	A_{11}	A_{10}	A_9 ···	A_0	0000H	
×	×	×	0	0	0	0	⋮	2114–1
			⋮				03FFH	
×	×	×	0	0	1	1		
×	×	×	0	1	0	0	0400H	
			⋮				⋮	2114–2
×	×	×	0	1	1	1	07FFH	

×表示可以任选值,在这里均选 0。

思考:从地址分析可知,此存储器的地址范围是 0000H～07FFH。如果系统规定存储器的地址范围从 0800H 开始,并要连续存放,对以上硬件连线图该如何改动呢?

由于低位地址仍从 0 开始,因此低位地址仍直接接至芯片组。于是,要改动的是译码器和高位地址线的连接。可以将两个芯片组的片选输入端分别接至译码器的 Y_2 和 Y_3 输出端,即当 A_{11}、A_{10} 为 10 时,选中 2114–1,则该芯片组的地址范围为 0800H～0BFFH,而当 A_{11}、A_{10} 为 11 时,选中 2114–2,则该芯片组的地址范围为 0C00H～0FFFH。同时,保证高位地址为 0(即 A_{15}～A_{12} 为 0)。这样,此存储器的地址范围就是 0800H～0FFFH 了。

以上例子所采用的片选控制的译码方式称为全译码方式,这种译码电路较复杂,但是,由此选中的每一组的地址是确定且唯一的。有时,为方便起见,也可以直接用高位地址(如 A_{10}～A_{15} 中的任一位)来控制片选端,即线选法。例如用 A_{10} 来控制,如图 4.21 所示。

乍看起来,这两组的地址分配与全译码时相同,但是当用 A_{10} 这一个信号作为片选控制时,只要 A_{10} = 0,A_{11}～A_{15} 可为任意值都选中第一组;而只要 A_{10} = 1,A_{11}～A_{15} 可为任意值都选中第二组。

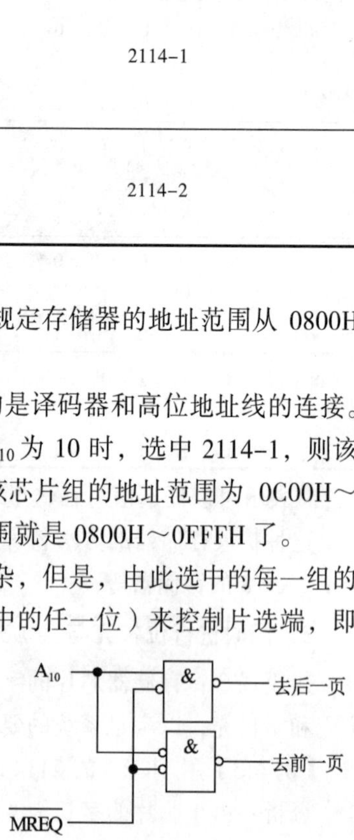

线选法节省译码电路,设计简单,但必须注意此时芯片的地址分布以及各自的地址重叠区,以免出现错误。

图 4.21 线选法示例

【例 4.4】一个存储器系统包括 2K RAM 和 8K ROM,分别用 1K×4 的 2114 芯片和 2K×8 的 2716 芯片组成。要求 ROM 的地址从 1000H 开始,RAM 的地址从 3000H 开始。完成硬件连线及相应的地址分配表。

分析：该存储器的设计可以参考例 4.2 和例 4.3。所不同的是，要根据题目的要求，按规定的地址范围，设计各芯片或芯片组片选信号的连接方式。整个存储器的硬件连线如图 4.22 所示。

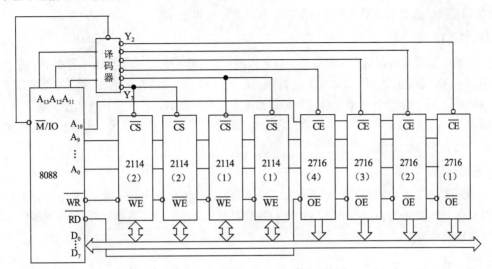

图 4.22　2K RAM 和 8K ROM 存储器系统连线图

根据硬件连线图，可以分析出该存储器的地址分配范围，如表 4.5 所示（假设只考虑 16 位地址）。

表 4.5　地址分配范围

地 址 码	芯片的地址范围	对应芯片编号
$A_{15} A_{14} A_{13} A_{12} A_{11} A_{10} A_9 \cdots A_0$		
0 0 0 1 0 0 0 $\cdots$0 $\vdots$ 0 0 0 1 0 1 1 $\cdots$1	1000H $\vdots$ 17FFH	2716-1
0 0 0 1 1 0 0 $\cdots$0 $\vdots$ 0 0 0 1 1 1 1 $\cdots$1	1800H $\vdots$ 1FFFH	2716-2
0 0 1 0 0 0 0 $\cdots$0 $\vdots$ 0 0 1 0 0 1 1 $\cdots$1	2000H $\vdots$ 27FFH	2716-3
0 0 1 0 1 0 0 $\cdots$0 $\vdots$ 0 0 1 0 1 1 1 $\cdots$1	2800H $\vdots$ 2FFFH	2716-4
0 0 1 1 0 0 0 $\cdots$0 $\vdots$ 0 0 1 1 0 0 1 $\cdots$1	3000H $\vdots$ 33FFH	2114-1
0 0 1 1 1 0 0 $\cdots$0 $\vdots$ 0 0 1 1 1 0 1 $\cdots$1	3800H $\vdots$ 3BFFH	2114-2

4.6.6　小结

综上所述，存储器芯片与 CPU 的连接需从 DB、AB、CB 三方面进行考虑。

1. 数据总线的连接

根据 CPU 数据总线宽度和存储器芯片 M 数考虑。若芯片 M 数等于 CPU 数据总线宽度时，数据线应一一对应地连接。若 M 数小于 CPU 数据总线宽度，应根据情况完成 CPU 数据总线与多片存储器芯片的数据线相连接。例如，某存储器芯片的存储单元中数据位为 4 位，而 CPU 的数据总线宽度为 8 位，连接时应使用两片存储器芯片，将 CPU 的低 4 位和高 4 位数据线分别与两片存储器芯片的数据线相连。

2．地址总线的连接

CPU 的地址总线宽度确定内存储器系统的最大寻址范围。设计中的内存储器系统一般都小于这个寻址范围。内存储器系统由多片存储器芯片组成，CPU 在某一时刻仅能访问其中一片的存储单位。当存储器芯片型号选定后，它的地址线数量就确定了。应将 CPU 地址总线中的低位地址线与存储器芯片的地址线相连，余下的 CPU 高位地址线完成存储器芯片片选的选择。一般用于存储器芯片片选的方法有 3 种：线选法、全译码法和局部译码法。可根据不同应用系统的需要进行选择。

3．控制总线的连接

应根据 CPU 和存储器芯片对控制线的要求来确定存储器芯片与控制总线的连接。一般有存储器或 I/O 选择的请求控制信号及存储器数据读/写控制信号。CPU 执行访问存储器的指令时，将经 CPU 的控制线向存储器芯片的相应控制端传送正确时序并完成读/写操作。

4.7　高速缓冲存储器与虚拟存储器

4.7.1　高速缓存技术

Cache 技术的采用是和处理器速度不断提高而 DRAM 速度不能与之匹配有关的。SRAM 的速度尽管相当快，但 SRAM 很贵。Cache 技术的出发点就是用 SRAM 和 DRAM 构成一个组合的存储系统，使它兼有 SRAM 和 DRAM 的优点。采用这样的技术，具体就是在主存和高速 CPU 之间设置一个小容量的 SRAM 作为高速存储器（通常为 32 KB），存放 CPU 常用的指令和数据，于是，CPU 对存储器的访问主要体现在对 SRAM 的存取，因此可以不必加等待状态而保持高速操作。可见，在 Cache 系统中，小容量的高速的 SRAM 作为面向 CPU 的即时存储部件，而大容量的较慢速的 DRAM 用作背景存储部件，因此，这样的系统以接近 DRAM 的价格提供了 SRAM 的性能。

一个 Cache 系统包含三个部分：
- Cache 模块，即 CPU 和较慢速主存之间的 SRAM。
- 主存，即较慢速 DRAM。
- Cache 控制器，用来对 Cache 系统进行控制。

图 4.23 所示为 Cache 系统框图。

在 Cache 系统中，主存保存所有的数据，Cache 中保存主存的部分副本。当 CPU 访问存储器时，首先检查 Cache。如果要存取的数据已经在 Cache 中，CPU 就能很快完成访问，这种情况为命中 Cache；如果数据不在 Cache 中，那么，CPU 必须从主存中提取数据。Cache 控制器决定哪一部分存储块移入 Cache，哪一部分移出 Cache，移入和移出都在 SRAM 和 DRAM 之间进行。

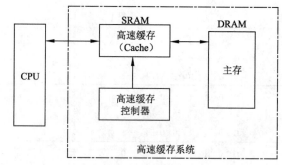

图 4.23　Cache 系统框图

按照良好的组织方式，通常程序所用的大多数的数据都可在 Cache 中找到，即大多数情况下能命中 Cache。Cache 的命中率取决于 Cache 的容量、Cache 的控制算法和 Cache 的组织方式，当然还和所运行的程序有关。使用组织较好的 Cache 系统，命中率可达 95%。这样的系统，从速度上已经很接近全部由 SRAM 组成的存储系统了。Cache 的读数操作流程如图 4.24 所示。

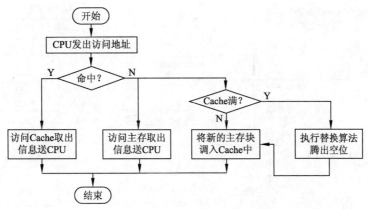

图 4.24　Cache 的读数操作流程

实际上，大部分软件对存储器的访问并不是任意的、随机的，而是有着明显的区域性。也就是说，存在着一个区域性定律，这表现在两方面：

时间区域性，即存储体中某一个数据被存取后，可能很快又被存取。

空间区域性。存储体中某个数据被存取了，附近的数据也很快被存取。

正是这个区域性定律导致了存储体设计的层次结构，即把存储体分为几层。我们将最接近 CPU 的层次称为最上层，当然最上层是最小且最快的，Cache 就是最上层的存储器部分。通常可以把正在执行的指令附近的一部分指令或数据从主存调入 Cache，供 CPU 在一段时间内使用。这样做，大大减少了 CPU 访问容量较大、速度较慢的主存的次数，对提高存储器存取速度、从而提高程序运行速度非常有效。

在 Cache 系统中，主存总是以区块为单位映像到 Cache。在 32 位微机系统中，通常用的区块长度为 4 字节，即一个双字。CPU 访问 Cache 时，如果所需要的字节不在 Cache 内，则 Cache 控制器会把此字节所在的整个区块从主存复制到 Cache，如图 4.25 所示。

按照主存和 Cache 之间的映像关系，Cache 有三种组织方式。即：

（1）全相联映像方式（Fully Associative）。按这种方式，主存的一个区块可能映像到 Cache 的任何一个地方。全相联映像方式如图 4.26 所示。

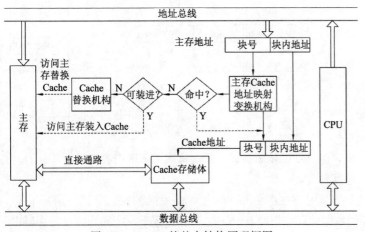

图 4.25　Cache 的基本结构原理框图

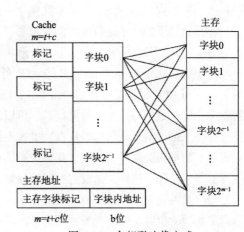

图 4.26　全相联映像方式

（2）直接映像方式（Direct Mapped）。在这种方式下，主存的一个区块可能映像到 Cache 的一个对应的地方。直接映像方式如图 4.27 所示。

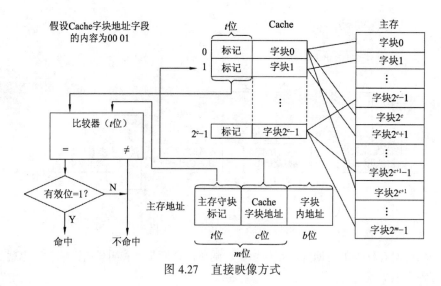

图 4.27　直接映像方式

（3）组相联映像方式（Set Associative）。即主存的一个区块可以映像到 Cache 的有限的地方。具体说，在这种方式下，一个 Cache 分为许多组，在一个组里有两个或多个区块，主存的区块映像到某个对应的组中，但是这个区块可能出现在这个组内的任何地方。

组相联映像方式如图 4.28 所示。

在 Cache 系统中，同样一个数据可能既存在于 Cache 中，也存在于主存中。这样，当数据更新时，可能前者已更新，而后者未更新，这种情况会造成数据丢失。另外，在有 DMA 控制器的系统和多处理器系统中，有多个部件可访问主存，这时，可能每个 DMA 部件和处理器配一个 Cache，这样，主存的一个区块可能对应于多个 Cache 中的各一个区块，于是，就会产生主存中的数据被某个总线主部件更新过，而某个 Cache 中的内容未更新，这种情况造成 Cache 中数据过时。不管是数据丢失还是数据过时，都导致主存和 Cache 的数据不一致。如果不能保证数据一致性，那么，往下的程序运行就要出现问题。

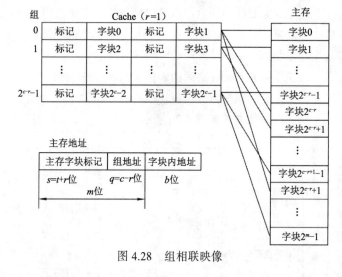

图 4.28　组相联映像

对前一种一致性问题，有如下三种解决方法：

（1）通写式（Write Through）。如用这种方法，那么，每当 CPU 把数据写到 Cache 中时，Cache 控制器会立即把数据写入主存对应位置。所以，主存随时跟踪 Cache 的最新版本，从而，也就不会有主存将新的数据丢失这样的问题。此方法的优点是简单，但缺点也显而易见，就是每次 Cache 内容有更新，就有对主存的写入操作，这样，造成总线活动频繁，系统速度较慢。

（2）缓冲通写式（Buffered Write Through）。这种方式是在主存和 Cache 之间加一个缓冲器，每当 Cache 中作数据更新时，也对主存作更新，但是，要写入主存的数据先存在缓冲器中，在 CPU 进入下一个操作时，缓冲器中的数据写入主存，这样，避免了通写式速度较低的缺点。不过用此方式，缓冲器只能保持一次写入数据，如果有两次连续的写操作，CPU 还是要等待。

（3）回写式（Write Back）。用这种方式时，Cache 每一个区块的标记中都要设置一个更新位，CPU 对 Cache 中的一个区块写入后，如未更新相应的主存区块，则更新位置 1。在每次对 Cache 写入时，Cache 控制器须先检查更新位，如为 0，则可直接写入；反之，则 Cache 控制器先把 Cache 现有内容写入主存相应位置，再对 Cache 进行写入。

用回写式时，如果 Cache 中更新一个数据，此后又不是立即被再次更新，那么就不会写入主存，这样，真正写入主存的次数可能少于程序的写入次数，从而，可以提高效率。但是，用这种方式，Cache 控制器比较复杂。

对后一种一致性问题，即出现主存区块更新而 Cache 未更新的情况，一般有如下四种防止方法：

（1）总线监视法。在这种方法中，由 Cache 控制器随时监视系统的地址总线，如其他部件将数据写到主存，并且写入的主存区块正好是 Cache 中的区块对应的位置，那么，Cache 控制器会自动将 Cache 中的区块标为"无效"。Cache 控制器 82385 就是用这种方式来保护 Cache 内容的一致性。

（2）硬件监视法。把主存中映像到 Cache 的区块称为已映像区块，硬件监视法就是通过外加硬件电路，使 Cache 本身能观察到主存中已映像区块的所有存取操作。要达到这个目的，最简单的办法是所有部件对主存的存取都通过同一个 Cache 完成。另一个办法是每个部件配备各自的 Cache，当一个 Cache 有写操作时，新数据既复制到主存，也复制到其他 Cache，从而防止数据过时，这种方法也称为广播式。

（3）划出不可高速缓存存储区法。按这种方式，要在主存中划出一个区域作为各部件共享区，这个区域中的内容永远不能取到 Cache，因此，CPU 对此区域的访问也必须是直接的，而不是通过 Cache 来进行的。用这种方法，便可避免主存中一个区块映像到多个 Cache 的情况，于是也避免了数据过时问题。

（4）Cache 清除法。这种方法是将 Cache 中所有已更新的数据写回到主存，同时清除 Cache 中的所有数据。如果在进行一次这样的主存写入时，系统中所有的 Cache 作一次大清除，那么，Cache 中自然不会有过时的数据。

衡量 Cache 最主要的指标就是命中率，这除了和 Cache 的组织方式、Cache 的容量有关外，还有一个重要因素，就是 Cache 和主存之间的数据一致性，当然，另外也和当前运行的程序本身有关。

对 Cache 分级设计是目前 CPU 设计的主流思想。在 80486 CPU 中，指令与数据统一存放在一个 Cache 中，这样会导致数据、指令的冲突。从 Pentium 开始，采用指令 Cache、数据 Cache 分开设计，这样有利于指令流水线的执行。而且，从 Pentium 开始，采用两级 Cache：内置于 CPU 的 Cache 称为 Ll Cache（与 CPU 同频执行），以及片外 L2 Cache。从 Pentium II 开始，将 L2 Cache 集成在片内。安腾（Itanium）CPU 继而采用了片内 L3 Cache。

微型计算机的存储器的分层结构如图 4.29 所示。

其中，Cache 三个分级的功能如下：

（1）L1 Cache：Intel、AMD 公司采用指令与数据分离的双路 Cache 结构，减少了对 Cache 争用的冲突。L1 Cache 一般采用写回式静态随机存储器，位于 CPU 内部，可与 CPU 同频率运行。虽然 L1 Cache 的容量愈高，命中率愈高，但由于生产工艺和成本的限制，L1 Cache 的容量一般在 8~16 KB。

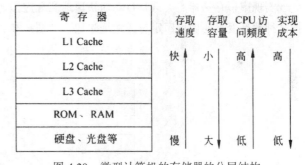

图 4.29　微型计算机的存储器的分层结构

（2）L2 Cache：L2 Cache 可采用外置和内置两种方案。片外 L2 Cachc 运行速度一般为 CPU 速度的一半。Pentium 4 已经将 L2 Cache 集成在 CPU 核心之内，L2 Cache 可与 CPU 同频工作。L2 Cache 容量一般在 128 KB 到几兆字节不等。

（3）L3 Cache：为扩充 Cache 容量而引入，安腾（Itanium）CPU 将 L3 Cache 设计在 CPU 内部。

引入 Cache 技术可以以低成本解决 CPU 与内存速度上的矛盾，因此，Cache 是提高 CPU 效率的有效方法。

英特尔智能高速缓存技术（Intel Advanced Smart Cache）是英特尔酷睿微架构中所包含的五大革新技术之一，它专为多核心处理器设计，能够让每一个内核动态地利用高达 100% 的可用二级缓存资源，当某一个内核当前对缓存的利用较低时，另一个内核就可以动态增加占用二级缓存（L2 高速缓存）的比例，甚至当其中的一个内核关闭时，仍可以保持全部缓存在工作状态，并同时以更高的吞吐率从高速缓存中获取数据，从而有效加强了多核心架构的执行效率，增加绝对性能和每瓦特性能。

4.7.2　虚拟存储器技术

虚拟存储器（Virtual Memory）是为满足用户对存储空间不断增大的需求而提出来的一种新的计算机存储技术。

实际中，往往存在一个程序及数据比内存储器 RAM 的容量还大，使程序无法运行的情况，即使在内存容量高达数吉字节的高档微机中，这种情况也时有发生。如果完全靠增加实际可寻址的内存空间的方法来解决这一矛盾，则不仅造价高，存储器利用率低，而且还会给计算机设计的其他方面带来许多难以克服的困难（如地址线位数太多等）。而采用虚拟存储器，则圆满地解决了这一矛盾。

虚拟存储器是一种通过硬件和软件的综合来扩大用户可用存储空间的技术。它提供比物理存储器大得多的存储空间，使编程人员在写程序时，不用考虑计算机的实际容量，可以写出比任何实际配置的物理存储器都大很多的程序。

虚拟存储器由存储器管理机制以及一个大容量的快速硬盘或光盘存储器支持。虚拟存储器地址是一种概念性的逻辑地址，并非实际物理地址。虚拟存储系统是在存储体系层次结构（高速缓存—内存—外存）基础上，通过存储器管理部件 MMU，进行虚拟地址和实地址间自动变换而实现的，对每个编程者是透明的。通常，用户编写的程序放在磁盘／光盘存储器上，在程序运行时，只把虚拟地址空间的一小部分映射到内存储器，其余部分则仍存储在磁盘或光盘上；当访问存储器的范围发生变化时，再把虚拟存储器的对应部分从磁盘或光盘调入内存，覆盖原先存在的部分后继续运行。程序所执行的指令地址是否在内存中，操作系统能察觉出来，如要找的地址不在内存中，而在某个磁盘或光盘中，操作系统将自动启动该盘，把包含所需地址的存储区域调入内存储器。可见，所谓"虚拟"有两层含义：一是在物理上是不存在的；二是用户看不见切换过程。当用户所要访问的那部分内存地址不在实空间，而由操作系统经由 MMU 将它从磁盘／光盘调入实空间时，用户对这种存储交换是觉察不到的。于是，用户可放心地在虚拟空间中随意安排自己的程序，仿佛它真有这么大的内存空间一样。

目前各种微机系统中，大多采用了虚拟存储器技术。其存储器管理部件有的集成在 CPU 芯片中，有的则是在 CPU 之外用辅助芯片来实现。

实现虚拟存储器的关键是自动而快速地实现虚拟地址（即程序中的逻辑地址）向内存物理地址的变换。通常把这种地址变换叫做程序定位或地址映像，如图 4.30 所示。

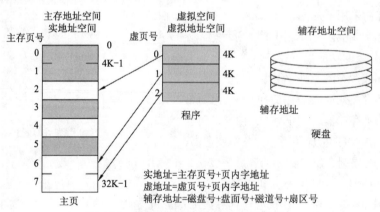

图 4.30　虚拟存储系统的三个存储空间

普遍采用的地址映像方式有三种：页式、段式和段页式。它们都是使用在存储器中的各种表格，规定各自的转换函数，在程序执行过程中动态地完成地址变换。这些表格只允许操作系统进行访问，而不允许应用程序对其修改。一般操作系统为每个用户或每个任务、进程提供一套各自不同的转换表格，其结果是每个用户或每个任务、进程有不同的虚拟地址空间，并彼此隔离、分时操作和受到保护。

页式映像的虚拟存储器将虚拟存储空间、内存空间和辅存（外存）空间划分成固定大小的块——页，然后以页为单位来分配、管理和保护内存。每个任务或进程对应一个页表（Page Table），页表由若干页表项（PTE）组成，每个页表项对应一个虚页，内含有关地址映像的信息和一些控制信息。页表在内存的位置由页表基址寄存器定位。

段式映像的虚拟存储器是以各级存储器的分段来作为内存分配、管理和保护的基础。段的大小取决于程序的逻辑结构，可长可短，一般将一个具有共同属性的程序代码和数据定义在一个段中。每个任务和进程对应一个段表（Segment Table），段表由若干段表项（STE）组成，每个段表项对应一个逻辑段，内含地址映像信息（段基址和段长度）等内容。段表在内存的位置由段表基址寄存器指明。

段页式映像的虚拟存储器在分段的基础上再分页，即每段分成若干个固定大小的页。每个任务或进程对应有一个段表，每段对应有自己的页表。在访问存储器时，由 CPU 经页表对段内存储单元进行寻址。在段页式虚拟存储器中，从虚地址变换为实地址要经过两级表的转换，使访问效率降低，速度变慢。为此，常为每个进程引入一个由相联存储器构成的转换后援缓冲器 TLB，它相当于 Cache 中的地址索引机构，里面存放着最近访问的内存单元所在的段、页地址信息。

4.7.3　高速缓存器与虚拟存储器的比较

将这两种存储器概念及原理作一比较是很有意义的。高速缓存中的 Cache—内存关系与虚拟存储中的内存—外存关系相对应，且有很大的相似性，它们都是基于程序局部性原理，工作时遵循的原则及可达到的效果都具有下列几个共同的特点：

（1）把程序中最近最常使用的部分驻留在高速的存储器中。

（2）把高速存储器中变得不常用的部分送回到低速的存储器中。

（3）这种调入调出是由硬件或操作系统自动完成的，对用户是透明的。

（4）力图使存储系统的速度接近高速的存储器，而价格却接近低速的存储器。

4.8　辅助存储器

4.8.1　概述

1．辅助存储器的特点

辅助存储器作为主存的后援设备又称为外部存储器，简称外存，它与主存一起组成了存储器系统的主存—辅存层次。与主存相比，辅存具有容量大、速度慢、价格低、可脱机保存信息等特点，属"非易失性"存储器。而主存具有速度快、成本高、容量小等特点，而且大多数由半导体芯片构成，所存信息无法永久保存，属"易失性"存储器。

目前，广泛用于计算机系统的辅助存储器有硬磁盘、U 盘等。硬磁盘属于磁表面存储器。

磁表面存储器是在不同形状（如盘状、带状等）的载体上涂有磁性材料层，工作时，靠载磁体高速运动，由磁头在磁层上进行读 / 写操作，信息被记录在磁层上，这些信息的轨迹就是磁道。磁盘的磁道是一个个同心圆，磁带的磁道是沿磁带长度方向的直线。

2．磁表面存储器的主要技术指标

1）记录密度

记录密度通常是指单位长度内所存储的二进制信息量。磁盘存储器用道密度和位密度表示；磁带存储器则用位密度表示。磁盘沿半径方向单位长度的磁道数为道密度，单位符号是 tpi（track per inch，道每英寸）或 tpm（道每毫米）。为了避免干扰，磁道与磁道之间需保持一定距离，相邻两条磁道中心线之间的距离称为道距，因此道密度 D_t 等于道距 p 的倒数。

单位长度磁道能记录二进制信息的位数，称为位密度或线密度，单位符号是 bpi（bits per inch，位每英寸）或 bpm（位每毫米）。磁带存储器主要用位密度来衡量，常用的磁带有 800 bpi、1 600 bpi、6 250 bpi 等。在磁盘各磁道上所记录的信息量是相同的，而位密度不同，一般泛指磁盘位密度时，是指最内圈磁道上的位密度（最大位密度）。

2）存储容量

存储容量是指外存所能存储的二进制信息总数量，一般以位或字节为单位。以磁盘存储器为例，存储容量可按下式计算：

$$C=n \times k \times s$$

式中，C 为存储总容量；n 为存放信息的盘面数；k 为每个盘面的磁道数；s 为每条磁道上记录的二进制代码数。

磁盘有格式化容量和非格式化容量两个指标。非格式化容量是磁表面可以利用的磁化单元的数。格式化容量是指按某种特定的记录格式所能存储信息的总量，即用户可以使用的容量，它一般为非格式化容量的 60%~70%。

3）平均寻址时间

由存取方式分类可知，磁盘采取直接存取方式，寻址时间分为两个部分：其一是磁头寻找目标磁道的找道时间 t_s；其二是找到磁道后，磁头等待欲读/写的磁道区段旋转到磁头下方所需要的等待时间 t_w。由于从最外圈磁道找到最里圈磁道和寻找相邻磁道所需时间是不等的，而且磁头等待不同区段所花的时间也不等，因此，取其平均值，称为平均寻址时间 t_a，它是平均找道时间 t_{sa} 和平均等待时间 t_{wa} 之和。平均寻址时间是磁盘存储器的一个重要指标。硬磁盘的平均寻址时间比软磁盘的平均寻址时间短，所以硬磁盘存储器比软磁盘存储器速度快。

磁带存储器采取顺序存取方式，磁头不动，磁带移动，不需要寻找磁道，但要考虑磁头寻找记录区段的等待时间，所以磁带寻址时间是指磁带空转到磁头应访问的记录区段所在位置的时间。

4）数据传输速率

数据传输率 D_r 是指单位时间内磁表面存储器向主机传送数据的位数或字节数，它与记录密度 D_b 和记录介质的运动速度 v 有关：

$$D_r = D_b \times v$$

此外，辅存和主机的接口逻辑应有足够快的传送速度，用来完成接收/发送信息，以便主机与辅存之间正确无误地传送信息。

5）误码率

误码率是衡量磁表面存储器出错概率的参数，它等于从辅存读出信息时，出错信息位数和读出信息的总位数之比。为了降低出错率，磁表面存储器通常采用循环冗余码来发现并纠正错误。

4.8.2 硬磁盘存储器

1. 磁记录原理

磁表面存储器通过磁头和记录介质的相对运动完成读/写操作。写入过程如图 4.31 所示。写入时，记录介质在磁头下方匀速通过，根据写入代码的要求，对写入线圈输入一定方向和大小的电流，使磁头导磁体磁化，产生一定方向和强度的磁场。由于磁头与磁层表面间距非常小，磁力线直接穿透磁层表面，将对应磁头下方的微小区域磁化（称为磁化单元）。可以根据写入驱动电流的不同方向，使磁层表面被磁化的极性方向不同，以区别记录"0"或"1"。

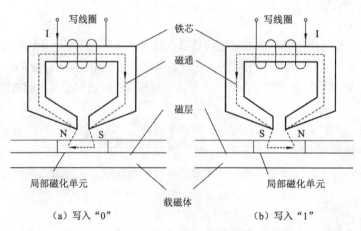

（a）写入"0"　　　　　　　　（b）写入"1"

图 4.31　磁表面存储器写入过程

磁记录方式又称为编码方式，它是按某种规律将一串二进制数字信息变换成磁表面相应的磁化状态。磁记录方式对记录密度和可靠性都有很大影响，评价一种记录方式的优劣标准主要反映在编码效率和自同步能力等方面。

硬磁盘存储器是计算机系统中最主要的外存设备。第一个商品化的硬磁盘是由美国 IBM 公司于 1956 年研制而成的。近 70 年来，无论在结构还是在性能方面，磁盘存储器有了很大的发展和改进。

2. 硬磁盘存储器类型

硬磁盘存储器的盘片是由硬质铝合金材料制成的，其表面涂有一层可被磁化的硬磁特性材料。按磁头的工作方式可分为固定磁头磁盘存储器和移动磁头磁盘存储器两类；按磁盘是否具有可换性又可分为可换盘磁盘存储器和固定盘磁盘存储器两类。

固定磁头磁盘存储器，其磁头位置固定不动，磁盘上的每一个磁道都对应一个磁头，如图 4.32（a）所示，盘片也不可更换。其特点是省去了磁头沿盘片径向运动所需寻找磁道的时间，存取速度快，只要磁头进入工作状态即可进行读/写操作。

移动磁头磁盘存储器存取数据时，磁头在盘面上做径向运动，这类存储器可以由一个盘片组成，如图 4.32（b）所示。也可由多个盘片装在一个同心主轴上，每个记录面各有一个磁头，如图 4.32（c）所示，含有六个盘片，除上下两外侧为保护面外，共有 10 个盘面可作为记录面，并对应 10 个磁头（有的磁盘组最外两侧盘面也可作为记录面，并分别与一个磁头对应）。所有这些磁头连成一体，固定在一个支架上可以移动，任何时刻各磁头都位于距圆心相等距离的磁道上，这组磁道称为一个柱面。目前，这类结构的硬磁盘存储器应用最广泛。最典型的就是温彻斯特磁盘。

可换盘磁盘存储器是指盘片可以脱机保存。这种磁盘可以在互为兼容的磁盘存储器之间交换数据，便于扩大存储容量。盘片可以只换单片，如在 4 片盒式磁盘存储器中，3 片磁盘固定，只有 1 片可换。也可以将整个磁盘组（如 6 片、11 片、12 片等）换下。

固定盘磁盘存储器是指磁盘不能从驱动器中取下，更换时要把整个头盘组合体一起更换。但温切斯特磁盘是一种可移动磁头固定盘片的磁盘存储器，它于 1973 年首先应用在 IBM 3340 硬磁盘存储器中，它是目前用得最广、最有代表性的硬磁盘存储器。其特点是采用密封组合方式，将磁头、盘片、驱动部件以及读/写电路等制成一个不能随意拆卸的整体，称为头盘组合体。因此，它的防尘性能好，可靠性高，对环境要求不高。过去有些普通的硬磁盘存储器要求在超净环境中应用，往往只能用在特殊条件的大中型计算机系统中。

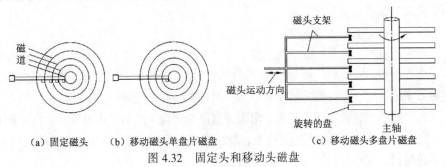

图 4.32　固定头和移动头磁盘

3. 硬磁盘存储器的结构

硬磁盘存储器由磁盘驱动器、磁盘控制器和盘片三大部分组成，如图 4.33 所示。

图 4.33　磁盘存储器基本结构示意图

1）磁盘驱动器

磁盘驱动器如图 4.34 所示，是主机外的一个独立装置，又称磁盘机。大型磁盘驱动器要占用一个或几个机柜，温盘只是一个比砖还小的小匣子。驱动器主要包括主轴、定位驱动及数据控制等三部分。主轴上装有多片磁盘，主轴受传动机构控制，可使磁盘组做高速旋转运动。磁盘组共有多个有效记录面，每一面对应一个磁头，磁头分装在读/写臂上，在音圈电机带动下，小车可以平行移动，带着磁头做盘的径向运动，以便找到目标磁道。当盘面做高速旋转时，依靠盘面形成的高速气流将磁头微微"托"起，使磁头与盘面不直接接触形成微小的气隙。整个驱动定位系统是一个带有速度和位置反馈的闭环调节自控系统，由位置检测电路测得磁头的即时位置，并与磁盘控制器送来的目标磁道位置进行比较，找出位差；再根据磁头即时平移的速度求出磁头正确运动的方向和速度，经放大送回给线性音圈电机,以改变小车的移动方向和速度,由此直到找到目标磁道为止。

数据控制部分主要完成数据转换及读/写控制操作。写操作时,首先接收选头选址信号,用以确定道地址和扇段地址。再根据写命令和写数据选定磁记录方式,并将其转化为按一定变化规律的驱动电流注入磁头的写线圈中,便可将数据写入到指定磁道上。读操作时,首先也要接收选头选址信号,然后通过读放大器及译码电路将数据脉冲分离出来。

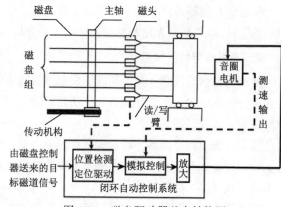

图 4.34　磁盘驱动器基本结构图

2）磁盘控制器

磁盘控制器通常制作成一块电路板,插在主机总线插槽中。其作用是接收由主机发来的命令,将它转换成磁盘驱动器的控制命令,实现主机和驱动器之间的数据格式转换和数据传送,并控制驱动器的读/写。可见,磁盘控制器是主机与磁盘驱动器之间的接口。其内部又包含两个接口:一个是对主机的接口,称为系统级接口,它通过系统总线与主机交换信息;另一个是对硬盘(设备)的接口,称为设备级接口,又称为设备控制器,它接收主机的命令以控制设备的各种操作。一个磁盘控制器可以控制一台或几台驱动器。

磁盘控制器与主机之间的界面比较清晰,只与主机的系统总线打交道,即数据的发送或接收都是通过总线完成的。磁盘存储器属快速外围设备,它与主机交换信息通常采用直接存储器访问(DMA)的控制方式。

3）盘片

盘片是存储信息的载体,随着计算机系统的不断小型化,硬盘也在朝着小体积和大容量的方向发展。十几年来,商品化的硬盘盘面的记录密度已增长了 10 倍以上。

4．硬磁盘的磁道记录格式

盘面的信息串行排列在磁道上,以字节为单位,若干相关的字节组成记录块,一系列的记录块又构成一个"记录",一批相关的"记录"组成了文件。为了便于寻址,数据块在盘面上的分布遵循一定规律,称为磁道记录格式。常见的有定长记录格式和不定长记录格式两种。

1）定长记录格式

一个具有 n 个盘片的磁盘组,可将其 n 个面上同一半径的磁道看成一个圆柱面,这些磁道存储的信息称为柱面信息。在移动磁头组合盘中,磁头定位机构一次定位的磁道集合正好是一个柱面。信息的交换通常在圆柱面上进行,柱面个数正好等于磁道数,故柱面号就是磁道号,而磁头号则是盘面号。

盘面又分若干扇区,每条磁道被分割成若干个扇段,扇段是磁盘寻址的最小单位。在定长记录格式中,在台号决定后,磁盘寻址定位首先确定柱面,再选定磁头,最后找到扇段。因此寻址用的磁盘地址应由台号、磁道号、盘面号、扇段号等字段组成,也可将扇段号用扇区号代替。

【例 4.5】假设磁盘存储器共有 6 个盘片,最外两侧盘面不能记录,每面有 204 条磁道,每条磁道有 12 个扇段,每个扇段有 512 B,磁盘机以 7 200 r/min 速度旋转,平均定位时间为 8 ms。

(1)计算该磁盘存储器的存储容量。

(2)计算该磁盘存储器的平均寻址时间。

【解】(1)6 个盘片共有 10 个记录面,磁盘存储器的总容量为:

$$512\,B \times 12 \times 204 \times 10 = 12\,533\,760\,B \approx 12\,MB$$

(2)磁盘存储器的平均寻址时间包括平均寻道时间和平均等待时间。其中,平均寻道时间即平均定位时间为 8 ms,平均等待时间与磁盘转速有关。根据磁盘转速为 7 200 r/min,得磁盘每转一周的平均时间为:

$$60\,s/7\,200\,r/min \times 1/2 \approx 4.165\,ms$$

故平均寻址时间为:

$$8\,ms + 4.165\,ms = 12.165\,ms$$

2）不定长记录格式

在实际应用中，信息常以文件形式存入磁盘。若文件长度不是定长记录块的整数倍时，往往造成记录块的浪费。不定长记录格式可根据需要来决定记录块的长度。例如，IBM 2311、IBM 2314 等磁盘驱动器采用不定长记录格式。

4.8.3　光盘存储器

1. 概述

光盘（Optical Disk）是利用光学方式进行读/写信息的圆盘。光盘存储器是在激光视频唱片和数字音频唱片基础上发展起来的。应用激光在某种介质上写入信息，然后再利用激光读出信息，这种技术称为光存储技术。如果光存储使用的介质是磁性材料，即利用激光在磁记录介质上存储信息，就称为磁光存储。通常把采用非磁性介质进行光存储的技术称为第一代光存储技术，它不能把内容抹掉重写新内容。磁光存储技术是在光存储技术基础上发展起来的，称为第二代光存储技术，主要特点是可擦除重写。根据光存储性能和用途的不同，光盘存储器可分为三类。

（1）只读型光盘（CD-ROM）。这种光盘内的数据和程序是由厂家事先写入的，使用时用户只能读出，不能修改或写入新的内容。它主要用于电视唱片和数字音频唱片，可以获得高质量的图像和高保真的音乐。在计算机领域里，主要用于检索文献数据库或其他数据库，也可用于计算机的辅助教学等。因它具有 ROM 特性，故称为 CD-ROM（Compact Disk-ROM）。

（2）只写一次型光盘（WORM）。这种光盘允许用户写入信息，写入后可多次读出，但只能写入一次，而且不能修改，故称其为"写一次型"（Write Once Read Many，WORM），主要用于计算机系统中的文件存档，或写入的信息不再需要修改的场合。

（3）可擦写型光盘。这种光盘类似磁盘，可以重复读/写。从原理上来看，目前仅有光磁记录（热磁反转）和变相记录（晶态—非晶态转变）两种。

蓝光光盘（Blu-ray Disc，BD）是 DVD 之后的下一代光盘格式之一，用以存储高品质的影音文件以及高容量的数据存储。蓝光光盘的命名是由于其采用波长为 405 nm 的蓝紫色激光来进行读写操作（DVD 光盘采用波长为 650 nm 的红色激光进行读写操作，CD 光盘则是采用波长为 780 nm 的近红外不可见激光进行读写数据）。一个单层的蓝光光盘的容量为 25 GB 或 27 GB，足够录制一个长达 4 小时的高清影片。以 6x 倍速刻录单层 25 GB 的蓝光光盘只需大约 50 分钟。而双层的蓝光光盘容量可达到 50 GB 或 54 GB，足够刻录一个长达 8 小时的高清影片。而容量为 100 GB、200 GB 和 400 GB 的蓝光光盘，分别是 4 层、8 层与 16 层光盘。

2. 光盘的存取原理

光盘存储器利用激光束在记录表面上存储信息，根据激光束和反射光的强弱，可以实现信息的读/写。由于光学读/写头和介质保持较大的距离，因此，它是非接触型读/写的存储器。

对于只读型和只写一次型光盘而言，写入时，将激光束聚焦成直径为小于 1 μm 的微小光点，使其能量高度集中，在记录的介质上发生物理或化学变化，从而存储信息。例如，激光束以其热作用熔化盘表面的光存储介质薄膜，在薄膜上形成小凹坑，有坑的位置表示记录"1"，没坑的位置表示记录"0"。又比如，有些光存储介质在激光照射下，使照射点温度升高，冷却后晶体结构或晶粒大小会发生变化，从而导致介质膜光学性质发生变化（如折射率和反射率），利用这一现象便可记录信息。

读出时，在读出光束的照射下，在有凹处和无凹处反射的光强是不同的，利用这种差别，可以读出二进制信息。由于读出光束的功率只有写入光束的 1/10，因此不会使盘面熔出新的凹坑。

可擦写光盘利用激光在磁性薄膜上产生热磁效应来记录信息（称为磁光存储）。其原理是：在一定温度下，对磁介质表面加一个强度高于该介质矫顽力的磁场，就会发生磁通翻转，便可用于记录信息。矫顽力的大小是随温度而变的。倘若设法控制温度，降低介质的矫顽力，那么外加磁场强度便很容易高于此矫顽力，使介质表面磁通发生翻转。磁光存储就是根据这一原理来存储信息的。它利用激光照射磁性薄膜，使其被照处温度升高，矫顽力下降，在外磁场力作用下，该处发生磁通翻转，并使其磁化方向与外磁场力一致，就可视为寄存"1"。不被照射处或外磁场力小于矫顽力处可视为寄存"0"。通常把这种磁记录材料因受热而发生磁性变化的现象称为热磁效应。

3．光盘存储器的组成

光盘存储器与磁盘存储器很相似，它也由盘片、驱动器和控制器组成。驱动器同样有读／写头、寻道定位机构、主轴驱动机构等。除了机械电子机构外，还有光学机构。

光盘盘片的形状与磁盘盘片类似，但记录材料不同。只读型光盘与只写一次型光盘都是三层式结构。第一层为基板，第二层为涂覆在基板上的一层铝质反射层，最上面一层为很薄的金属膜。反射层和金属薄膜的厚度取决于激光源的波长 λ，两者厚度之和为 $\lambda/4$。金属膜的材料一般是碲（Te）的合金组成，这种材料在激光源的照射下会熔成一个小凹坑，用以表示"1"或"0"。

4．光盘存储器与硬盘存储器的比较

光盘和硬盘在记录原理上很相似，都属于表面介质存储器。它们都包括读/写头、精密机械、电动机及电子线路等。在技术上都可采用自同步技术、定位和校正技术。它们都包含盘片、控制器、驱动器等。但由于它们各自的特点和功能不同，使其在计算机系统中的应用各不相同。

光盘是非接触式读/写信息，光学头与盘面的距离几乎比磁盘的磁头与盘面的间隙大1万倍，互不摩擦，介质不会被破坏，大大提高了光盘的耐用性，其使用寿命可长达数十年以上。

光盘可靠性高，对使用环境要求不高，机械振动的问题甚少，不需要采取特殊的防震和防尘措施。

由于光盘是靠直径小于 $1\,\mu m$ 的激光束写入每位信息，因此记录密度高，可达 $10^8\,bit/cm^2$，为磁盘的 10~100 倍。

光盘记录头质量大、体积大，使寻道时间长（30～100 ms）。写入速度低，约为 0.2 s，平均存取时间为 100～500 ms，与主机交换信息速度不匹配，因此，它不能代替硬盘。

光盘的介质互换性好，存储容量大，可用于文献档案、图书管理等方面的应用。

硬磁盘存储器容量大，数据传输速率比光盘高（采用磁盘阵列，数据传输速率可达 100 Mbit/s），等待时间短。它作为主存的后备存储器，用以存放程序的中间和最后结果。

4.8.4　其他辅助存储器

除前述的磁介质和光存储器，近年来又出现了许多新型的辅助存储器，这些存储器的共同特点是容量大、可更换、使用方便。

1．大容量可移动存储器

随着操作系统和应用软件的逐渐增大，需要更多的空间来存储它们及其创建的数据。可移动的存储器有很多种，最常用的是磁介质，也有几种是结合使用磁和光介质。

当前流行的可移动驱动器的存储容量已达 TB 级以上。除了备份，它们还可以非常容易地将庞大的数据文件从一台计算机传递到另一台计算机中。

可移动介质有磁盘和磁带两种基本类型。磁盘介质的价格相对较贵，其容量一般来说也相对较小，在基于文件的系统中更容易使用，当复制少量文件时比较快，但当复制大量文件或者整个驱动器时则比较慢。磁带介质的价格总的来说比较便宜，其总容量也比较大，在图像或多文件系统中使用比较方便，用它来备份整个硬盘上的所有应用程序和数据非常合适，即适合于巨量备份，但复制单个文件时就比较费事了。

有两种常用的可更换磁盘驱动器，即磁介质和磁光介质驱动器。磁介质驱动器采用与软盘或硬盘驱动器非常相似的技术，对数据进行编码和存储。磁光介质驱动器在盘上对信息进行编码时，使用了磁和激光相结合的新技术。

1）磁盘

磁介质存储器通常以软、硬盘为基础。例如，Zip 驱动器是 Iomega 公司早期伯努利（Bernoulli）软盘驱动器的 3.5 英寸版本。3M 公司的新型 LS-120 驱动器也是一种基于软盘的驱动器，在一张盘上可以存储 120 MB，而看

上去非常像一个 1.44 MB 的软盘。先前的 SyQuest 驱动器和现在的 Iomega Jaz 驱动器都是基于硬盘设计的。Iomega 和 SyQquest 设计都采用了专用的标准,而 LS 120 是一个许多公司都支持的真正的工业标准。可是在工业界,Iomega 公司的 Zip 驱动器已成为一个事实上的标准。

对于主要的可更换驱动器,有几种连接方式可供选择。虽然 SCSI 一直是而且以后仍将是一种常用的方式,然而目前大多数可更换驱动器通过 IDE 接口、并行口或者 USB 口连接。并行口和 USB 口是外接的,这样就允许在多台不同的计算机之间共享一个驱动器。遗憾的是,并行口驱动器提供的性能相对较差,尽管 USB 口要稍好一些,但其仍然不能和 IDE 或 SCSI 的性能相比。若要求有高性能的连接,SCSI 仍是外置式大容量驱动器的一个最佳选择。虽然 SCSI 用作内置方式工作也很好,但由于 IDE 的价格便宜,大多数内置式驱动器采用 IDE 接口。

2)磁光盘

读写型光盘称为 MO(Magnet Optical)。它是光学与电磁学相结合实现的一种存储技术,所以 MO 光盘常常称为磁光盘。MO 盘的记录层很薄,采用对温度极为敏感的磁性材料制成,这些磁性材料在高温下可以被磁化。

磁光盘有 3.5 英寸和 5.25 英寸两种规格。

磁光盘所用的磁层中存在着许多已磁化的磁畴,磁畴的磁化方向与介质表面垂直。初始时,在外界磁场的作用下,全部磁畴转向同一方向。当数据写入时,利用凸透镜进行聚焦,将高功率激光照射在 MO 盘记录层上形成极小的光点,当光点的温度上升到约 300 ℃(居里点)时,磁畴随外磁场的作用而改变其磁化方向。激光迅速移去后,磁畴温度恢复正常,数据被保存在 MO 盘上。

所谓居里温度是指材料可以在铁磁体和顺磁体之间改变的温度。低于居里温度时该物质称为铁磁体,此时材料的磁场很难改变;当温度高于居里温度时,该物质称为顺磁体,这时材料的磁场很容易随周围磁场的改变而改变。

数据的读取是利用低功率的激光探测盘片表面,通过分析反射回来的偏振光的偏振面方向是顺时针还是逆时针,来决定读取的数据是"1"还是"0"。

要进行数据重写时,需经过"擦"和"写"两步,先利用中功率激光照射拟擦除的位置,使磁畴翻转恢复到原来的方向,即通过写入"0"来抹去原存数据;然后再根据要求用高功率激光在需要的位置写入数据"1",这样就完成了数据的重写。

3)磁带

磁带的价格要比磁盘便宜很多,整体容量也大一些。磁带是顺序访问的,用户要找一个文件,必须从磁带头开始,而且不能单独修改或移动磁带上的单个文件,必须将整盒磁带的内容删除,然后再全部重写。因此,磁带比较适合做整个磁盘程序或数据的备份存储,即大容量的备份存储。

计算机上要备份的数据、要存储的档案可能需要大量的空间,一些用户每星期,甚至每天都需要备份他们的数据,即将这些数据转移到别的存储介质上,以便为机器留出更多的磁盘空间。

价格便宜的磁带使用 QIC、QIC-wide、Travan 技术,它们可按 2∶1 的压缩率来存储数据,但随着磁盘容量的逐渐增大,它们渐渐显示出容量太小的问题,而高性能的 DAT 或 AIT 磁带机则仍在备份存储器的市场上处于重要的位置。

数字式音频磁带(DAT)采用数字存储技术(DDS)技术,DAT 驱动器因此也称为 DDS 驱动器。多数的 DDS 驱动器和 DDS 盘中引入了自动清洗磁头的特性。

高级智能磁带(AIT)是 DAT/DDS 的后继版本,它比 DAT 能处理更大容量的数据。提高备份和修改记录的速度和可靠性。盒内有个可选存储器,它可以记住磁带上用户需要还原的 256 个部分,所以在几秒内磁头就可以正确地定位到开始点。AIT 还有一个自动磁道跟踪的服务磁道系统,用于精确地把数据写到磁道上和高级无数据丢失压缩。这种磁带驱动器还有一个特点,它的读写头是内部清洗的,当软故障达到一定界限时开始清洗磁头。

2. 闪存卡和 USB 电子盘

作为移动存储介质,闪存卡和 USB 电子盘与磁盘、光盘等传统存储产品相比表现出更为旺盛的生命力。这种高速发展的半导体存储器属于非易失性存储器,保存数据时不需要消耗能量,在一定的电压下可以改写内部数据。它与普通以字节存储的 RAM 不一样,是分块存储的。

1）闪存卡

闪存卡是数码照相机的最好搭档，所以也被称为数字"胶卷"，和普通的胶卷不同，它可以被擦除，然后可重新使用。对于闪存卡来说，最重要的指标是容量，其次是读写速度。写入速度高意味着数码照相机可以迅速地把拍摄的数据传送到闪存卡中，准备好进行下一次拍摄。读出速度高的闪存卡可以缩短图像数据上传到计算机所需的时间。

闪存卡是相当特殊的存储介质，从接口规范和使用来看，它就像一块外置硬盘，但在内部，半导体存储器的特性相当突出。目前的闪存卡主要有六大类，即 CF 卡、SmartMedia 卡、记忆棒、XD 卡、SD 卡和 MMC 卡。

（1）CF 卡（Compact Flash）内置了 ATA/IDE 控制器，具备即插即用功能，可以兼容绝大部分操作系统。通过 PC 卡适配器，CF 卡可以在任何 PC 卡驱动器里进行读写操作，与笔记本计算机配合使用非常方便。

（2）SmartMedia 卡又称为固态软盘卡（SSFDC），大小与 CF 卡相似，与 CF 卡不同之处在于没有内置控制器，控制器集成在数码产品中，目前新推出的数码产品已很少采用 SmartMedia 卡。

（3）记忆棒从外形上看，标准的记忆棒比一块口香糖略小，它与驱动器的连接采用排列在单侧的 10 针接口。

（4）SD 卡和 MMC 卡，SD 卡在推出时是体积最小的存储媒体，它与许多便携式设备沿用的多媒体卡（MMC）具有一定的兼容性，但 SD 卡的容量大得多，且读写速度也比 MMC 卡快四倍。

（5）XD 卡不仅满足了现有数码照相机用户对大存储容量及良好兼容性的需求，而且其袖珍的体积也为生产设计更精致小巧的数码照相机打下了基础。在读写兼容性上，XD 卡不仅拥有 PC 卡适配器和 USB 读卡器，非常容易与个人计算机连接，而且小巧的体积还让它可以插入 CF 适配器，在使用 CF 卡的数码照相机中使用。

2）USB 电子盘

USB 电子盘简称 U 盘，这是一种基于闪速存储介质和 USB 接口的移动存储设备，被称为移动存储的新一代产品。U 盘可长期保存数据，并具有写保护功能，擦写次数可达百万次以上。

U 盘采用 USB 接口，无须外接电源，可以实现即插即用。

3. 固态硬盘

固态硬盘（Solid State Drives），简称固盘，是用固态电子存储芯片阵列制成的硬盘，由控制单元和存储单元（Flash 芯片、DRAM 芯片）组成。固态硬盘在接口的规范和定义、功能及使用方法上与传统硬盘完全相同，在产品外形和尺寸上也完全与传统硬盘一致，但 I/O 性能相对于传统硬盘大大提升。被广泛应用于军事、车载、工控、视频监控、网络监控、网络终端、电力、医疗、航空、导航设备等领域。

基于闪存的固态硬盘是固态硬盘的主要类别，其内部构造十分简单，固态硬盘内，主体其实就是一块 PCB，而这块 PCB 上最基本的配件就是控制芯片、缓存芯片（部分低端硬盘无缓存芯片）和用于存储数据的闪存芯片。

固态硬盘的芯片工作温度范围很大，商规产品 0～70 ℃，工规产品-40～85 ℃。虽然成本较高，但也正在逐渐普及到 DIY 市场。由于固态硬盘技术与传统硬盘技术不同，所以产生了不少新兴的存储器厂商。厂商只需购买 NAND 存储器，再配合适当的控制芯片，就可以制造固态硬盘了。新一代的固态硬盘普遍采用 SATA-3 接口、M.2 接口、MSATA 接口、PCI-E 接口、SAS 接口、CFast 接口和 SFF-8639 接口。

市面上比较常见的固态硬盘有 LSISandForce、Indilinx、JMicron、Marvell、Goldendisk、Samsung 以及 Intel 等多种主控芯片。主控芯片的作用一是合理调配数据在各个闪存芯片上的负荷，二则是承担了整个数据中转，连接闪存芯片和外部 SATA 接口。

随着互联网的飞速发展，人们对数据信息的存储需求也在不断提升，现在多家存储厂商推出了自己的便携式固态硬盘，更有支持 Type-C 接口的移动固态硬盘和支持指纹识别的固态硬盘推出。

习 题 4

1. 解释概念：主存、辅存、Cache、RAM、SRAM、DRAM、ROM、PROM、EPROM、EEPROM、CD-ROM、Flash Memory。
2. 计算机中哪些部件可用于存储信息？按其速度、容量和位价排序说明。

3. 存储器的层次结构主要体现在什么地方？为什么要分这些层次？计算机如何管理这些层次？

4. 说明存取周期和存取时间的区别。

5. 什么是存储器的带宽？若存储器的数据总线宽度为 32 位，存取周期为 200 ns，则存储器的带宽是多少？

6. 某机字长为 32 位，其存储容量是 64 KB，按字编址，其寻址范围是多少？若主存以字节编址，试画出主存字地址和字节地址的分配情况。

7. 一个 16 K×32 位的存储器，其地址线和数据线的总和是多少？当选用下列不同规格的存储芯片时，各需要多少片？

   1 K×4 位，2 K×4 位，4 K×4 位，16 K×1 位，4 K×8 位，8 K×8 位。

8. 试比较静态 RAM 和动态 RAM。

9. 半导体存储器芯片的译码驱动方式有几种？

10. 画出用 1 K×4 位的存储芯片组成一个容量为 64 K×8 位的存储器逻辑框图：要求将 64 K 分成四个页面（将存储器分成若干个容量相等的区域，每一个区域可看作一个页面），每个页面分 16 组，共需多少片存储芯片？

11. 设有一个 64 K×8 位的 RAM 芯片，试问该芯片共有多少个基本单元电路（简称存储基元）？欲设计一种具有上述同样多存储基元的芯片，要求对芯片字长的选择应满足地址线和数据线的总和为最小，试确定这种芯片的地址线和数据线，并说明有几种解答。

12. 某 8 位微型计算机地址码为 18 位，若使用 4 K×4 位的 RAM 芯片组成模块板结构的存储器，试问：

   （1）该机所允许的最大主存空间是多少？

   （2）若每个模块板为 32 K×8 位，共需几个模块板？

   （3）每个模块板内共有几片 RAM 芯片？

   （4）共有多少片 RAM？

   （5）CPU 如何选择各模块板？

13. 设 CPU 共有 16 根地址线、8 根数据线，并用 MREQ（低电平有效）作访存控制信号，R/$\overline{\text{W}}$ 作读/写命令信号（高电平为读，低电平为写）。现有如下存储芯片：ROM（2 K×8 位、4 K×4 位、8 K×8 位），RAM（1 K×4、2 K×8 位、4 K×8 位）及 74138 译码器和其他门电路（门电路自定）。

   试从上述规格中选用合适的芯片，画出 CPU 和存储芯片的连接图。要求如下：

   （1）最小 4 K 地址为系统程序区，4096~16383 地址范围为用户程序区。

   （2）指出选用的存储芯片类型及数量。

   （3）详细画出片选逻辑。

第 ⑤ 章

输入/输出系统

计算机与外界要进行数据传送必须通过外围设备进行，而外围设备与计算机之间连接要通过输入/输出（I/O）接口电路（简称"I/O"接口）来完成。在计算机系统中，各种 I/O 设备通过输入/输出接口与系统相连，在接口的支持下实现各种方式的数据传送，并与 CPU 达到最佳匹配，实现高效可靠的信息交换。

随着计算机系统的不断发展，应用范围的不断扩大，I/O 设备的数量和种类也越来越多，它们与主机的联络方式及信息的交换方式也各不相同。因此，输入/输出系统涉及的内容极其复杂，既包括具体的各类 I/O 设备，又包括各种不同的 I/O 设备如何与主机交换信息。本章就硬件接口电路和对接口电路进行控制的软件程序以及作为主板与外围设备进行高速、有效连接的系统总线等输入/输出技术进行详细介绍，使读者能对外围设备和主机间的信息交换有一个清晰的认识。

5.1 主机和外设间的输入/输出接口

5.1.1 接口电路的作用

为实现人机交互和各种形式的输入/输出，在不同的计算机系统中，人们使用了多种多样的 I/O 设备，常见的有键盘、显示器、磁盘存储器（驱动器）、鼠标、打印机、绘图仪、调制解调器（MODEM）等；在一些控制场合，还会用到模/数转换器、数/模转换器、BCD 码拨盘、发光二极管（LED）、数码管、按钮、开关等。近年来，多媒体技术的应用与发展使声、像的输入/输出设备也成为微机的重要 I/O 设备。这些设备和装置，在工作原理、驱动方式、信息格式及工作速度方面彼此差别很大；在处理数据时，其速度也比 CPU 慢很多，如键盘以秒计，而磁盘输入则以 1 Mbit/s 的速度传送。所以，它们不可能与 CPU 直接相连，必须经过中间电路再与系统相连，这部分电路被称为输入/输出接口电路，简称 I/O 接口。也就是说，I/O 接口是位于系统与外设间、用来协助完成数据传送和传送控制任务的那部分电路。

在 PC 中，包括系统板上的可编程接口芯片和插在 I/O 总线槽中的用来连接 I/O 设备的电路板都属于接口电路。接口电路属于计算机的硬件系统，但其工作一般离不开软件的驱动和配合，所以在学习这部分知识时，要注意其软硬结合的特点。

5.1.2 输入/输出系统发展概况

输入/输出系统的发展大致可分为四个阶段。

1. 早期阶段

早期的 I/O 设备种类较少，I/O 设备与主存交换信息都必须通过 CPU，如图 5.1 所示。

这种方式沿用了相当长的时间。当时的 I/O 设备具有以下几个特点：

（1）每台 I/O 设备都必须配有一套独立的逻辑电路与 CPU 相连，用来实现 I/O 设备与主机之间的信息交换，因此线路十分散乱、庞杂。

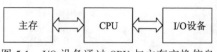

图 5.1 I/O 设备通过 CPU 与主存交换信息

（2）输入/输出过程是穿插在 CPU 执行程序过程中进行的，当 I/O 设备与主机交换信息时，CPU 不得不停止各种运算，I/O 设备与 CPU 是按串行方式工作的，极浪费时间。

（3）每个 I/O 设备的逻辑控制电路与 CPU 的控制器紧密构成一个不可分割的整体，它们彼此依赖、相互牵连，因此，欲增添、删减或更换 I/O 设备是非常困难的。

在这个阶段中，计算机系统硬件价格十分昂贵，机器运行速度不高，配置的 I/O 设备不多，主机与 I/O 设备之间交换的信息量也不大，计算机应用尚未普及。

2．接口模块和 DMA 阶段

这个阶段 I/O 设备通过接口与主机相连，计算机系统采用了总线结构，如图 5.2 所示。

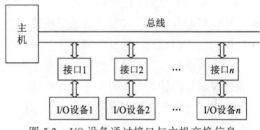
图 5.2　I/O 设备通过接口与主机交换信息

通常，在接口中都设有数据通路和控制通路。数据经过接口既起到缓冲作用，又可完成串—并变换。控制通路用以传送 CPU 向 I/O 设备发出的各种控制命令，或使 CPU 接收来自 I/O 设备的反馈信号。有的接口还能满足中断请求处理的要求，使 I/O 设备与 CPU 可按并行方式工作，大大提高了 CPU 的工作效率。采用接口技术还可以使多台 I/O 设备分时占用总线，使多台 I/O 设备互相之间也可实现并行工作方式，有利于整机效率的提高。

虽然这个阶段实现了 CPU 与 I/O 设备的并行工作，但是主机与 I/O 设备交换信息时，CPU 要中断现行程序，即 CPU 与 I/O 设备还不能做到绝对地并行工作。

为了进一步提高 CPU 的工作效率，又出现了直接存储器访问（Direct Memory Access，DMA）技术，其特点是 I/O 设备与主机之间有一条直接数据通路，I/O 设备可以与主存直接交换信息，使 CPU 在 I/O 设备与主存交换信息过程中能继续完成自身的工作，故资源利用率得到了进一步提高。

3．具有通道结构阶段

在小型和微型计算机中，采用 DMA 方式可实现高速 I/O 设备与主机之间成组数据的交换，但在大中型计算机中，I/O 设备配置繁多，数据传送频繁，若仍采用 DMA 方式会出现一系列问题。

（1）如果每台 I/O 设备都配置专用的 DMA 接口，不仅增加了硬件成本，而且为了解决众多 DMA 接口同时访问主存的冲突问题，会使控制变得十分复杂。

（2）CPU 需要对众多的 DMA 接口进行管理，同样会占用 CPU 的工作时间，而且因频繁进入周期挪用阶段，也会直接影响 CPU 的整体工作效率（详见后面关于 DMA 的介绍）。

因此在大中型计算机系统中，采用 I/O 通道的方式来进行数据交换。图 5.3 所示为具有通道结构的计算机系统。

图 5.3　I/O 设备通过通道与主机交换信息

通道是用来负责管理 I/O 设备以及实现主存与 I/O 设备之间交换信息的部件，可以视为一种具有特殊功能的处理器。通道有专用的通道指令，能独立地执行用通道指令所编写的输入/输出程序，但不是一个完全独立的处理器。它依据 CPU 的 I/O 指令进行启动、停止或改变工作状态，是从属于 CPU 的一个专用处理器。依赖通道管理的 I/O 设备与主机交换信息时，CPU 不直接参与管理，故提高了 CPU 的资源利用率。

4．具有 I/O 处理机的阶段

输入/输出系统发展到第四阶段，出现了 I/O 处理机。I/O 处理机又称为外围处理机，它基本独立于主机工作，既可完成 I/O 通道要完成的 I/O 控制，又可完成码制转换、格式处理、数据块检错等处理。具有 I/O 处理机的输入/输出系统与 CPU 工作的并行性更高，这说明 I/O 系统对主机来说具有更大的独立性。

5.1.3　接口电路中的信息

为了实现 CPU 与外设间的数据交换，在输入/输出接口电路中，通常传递的信息有以下三类：

1．数据信息

在输入过程中，数据信息由外设经过接口电路的数据端口，到达系统的数据总线，送给 CPU。在输出过程中，数据信息从 CPU 经过数据总线进入接口电路中的数据端口，再通过接口和外设间的数据线送到外设。这类信息是 CPU 与外设间交换的数据本身（通常为 8 位或 16 位）。数据信息有以下 3 种形式：

（1）数字量。数字量是一种用 8 位或 16 位的二进制或 ASCII 代码表示的数和字符。这些数或字符通过键盘、磁带机、磁盘、光盘等读入计算机；用打印机、显示器、绘图仪等输出。

（2）模拟量。模拟量是一种连续变化的物理量。当微机用于控制时，大量的现场信息，如温度、湿度、压力、位移、流量、话音等非电量通过传感器变成微弱的电压或电流，再经过放大。这些都是模拟量。计算机无法接收和处理模拟量，必须经过 A/D 转换变成数字量送入计算机，由计算机进行数据处理，再通过 D/A 转换器把数字量变成模拟量，再对现场进行控制。

（3）开关量。开关量具有两种状态，如开关闭合和断开、阀门打开与关闭、电机的转与停等。用 1 位二进制数就能表示这两种状态，对于 8 位计算机，一次输入/输出可控制 8 个这样的开关量。

数据信息存放在数据寄存器中。

2．状态信息

接口电路中设有一些状态信息来表示外设所处的状态，CPU 可读取这些信息，查询外设当前的工作情况，从而保证外设与主机（CPU）在工作速度上相匹配。

对于输入设备，常用"Ready"信号（高电平有效）表示准备就绪；反之，若"Ready"信号为低，表示外设未把输入数据准备好，CPU 就等待；对于输出设备，常用"$\overline{\text{Busy}}$"信号（高电平）表示外设"忙"，不能接收 CPU 输出的数据；反之，若"$\overline{\text{Busy}}$"为低电平，则表示输出设备准备好接收输出的数据。

状态信息存放在状态寄存器中，其长度不定，可以是一个或多个二进制位。

3．控制信息

控制信息是 CPU 通过接口发送给外设，以控制外设工作，如控制输入/输出装置启动或停止等。对于可编程接口电路，控制信息还负责选择可编程接口芯片的工作方式等。接口初始化时，以命令字的形式输出给可编程接口的命令寄存器，用来设定接口的功能和工作方式，再由接口发给外设，直接控制外设工作，如启动和停止等。

控制信息存放在控制寄存器中。

5.1.4 接口电路的组成

由于接口电路是 CPU 与外设间的一个界面，因此，接口电路应能接收并执行 CPU 发来的控制命令，传递外设的状态及实现 CPU 和外设之间的数据传输等工作。接口电路的典型结构如图 5.4 所示。接口电路（图中虚线框部分）左侧与 CPU 相接，右侧与外设相接。

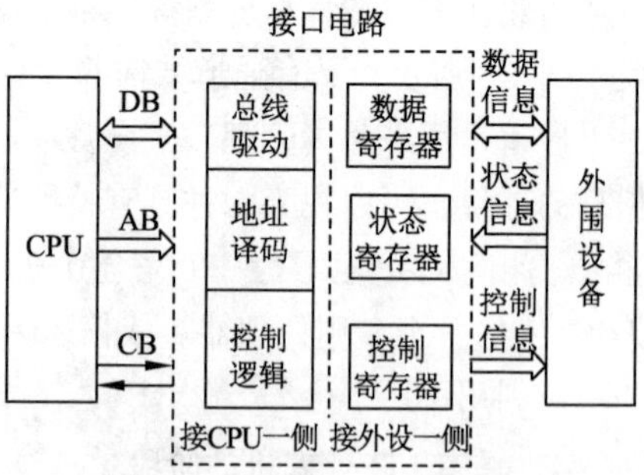

1．接向 CPU 部分的功能

（1）总线驱动器：用来实现对 CPU 数据总线速度和驱动能力的匹配。

（2）地址译码器：接收 CPU 地址总线信号，进行译码，实现对各寄存器（端口）的寻址。

（3）控制逻辑：接收 CPU 控制总线的读/写等控制信号，以实现对各寄存器（端口）的读/写操作和时序控制。

2．接向外设部分的功能

（1）数据寄存器（缓冲器）：包括数据输入寄存器和输出寄存器。前者用来暂时存放从外设送来的数据，以便 CPU 将它取走；后者用来存放 CPU 送往外设的数据，以便外设取走。

图 5.4　接口电路的典型结构

（2）控制寄存器：其作用是接收并存放 CPU 发来的各种控制命令（或控制字）及其他信息。这些控制命令的作用包括设置接口的工作方式、工作速度、指定某些参数及功能等。控制寄存器一般只能写入。

（3）状态寄存器：其作用是保存外设的当前状态信息。例如，忙/闲、准备就绪状态等，以供 CPU 查询、判断。

以上 3 个寄存器均可由程序进行读或写，类似于存储器单元，所以又称它们为可编程序的 I/O 端口，统称为端口（Port）。通常由系统给它们各分配一个地址码，被称为端口地址。CPU 访问外设就是通过寻址端口来实现的。

5.1.5　I/O 端口的编址方式

计算机给接口电路中的每个寄存器分配一个端口地址。因此，CPU 在访问这些寄存器时，只需指明端口地址，而不需指明是哪个寄存器。这样，在输入/输出程序中只看到访问端口，而看不到寄存器。这也说明 CPU 的 I/O 操作就是对 I/O 端口的操作，而不是对 I/O 设备的直接操作。下面介绍 I/O 端口的两种编址方法。

1．I/O 端口单独编址

由于 I/O 端口和存储器单元各自独立编址，所以，处理器需要提供两类访问指令（及相应的引脚信号）：一类用于存储器访问，这类指令数量多、具有多种寻址方式；另一类用于 I/O 端口的访问，即输入和输出，这类指令比较简单。对于 I/O 端口，CPU 的指令系统中设置了专用的访问 I/O 端口的指令 IN 和 OUT。Intel 公司的 80x86 系列 CPU 都采用这种编址方式和访问方式。其特点是：

（1）对于 I/O 端口，CPU 需有专门的指令去访问。

（2）端口地址不占用内存空间。

2．统一编址

这种编址方式又叫存储器映像方式，把 I/O 端口作为存储空间的一个地址单元来对待，即从存储器空间划出一部分地址给 I/O 端口。此时，I/O 地址和存储单元的地址是混编在一起的，不再加以区别。采用 I/O 和存储器统一编址的 CPU，所有访问存储器单元的指令都可用来访问端口，而无须设置专门的输入/输出类指令。例如，Motorola 公司的 68 系列、Apple 系列微机就采用这种编址方式和访问方式。其特点是：

（1）CPU 对外设的操作可使用全部的存储器操作指令，不需要专门的输入/输出指令。

（2）端口地址占用内存空间，使内存容量减少。

（3）存储器指令执行往往比那些为独立的 I/O 而专门设计的指令慢。

【例 5.1】以 8088 为 CPU 的一微处理器系统中，有一个 I/O 接口电路用到 4 个 I/O 端口地址。系统为其分配的地址为 300H ～ 303H。试采用组合逻辑门构成译码电路，产生接口电路的片选信号。

【解】根据题意，该译码电路应由地址总线的 A_9 ～ A_2 驱动，$\overline{AEN}$ 的反相信号作为控制信号，低位地址线 A_0 和 A_1 直接接到接口芯片的地址端，可选择 00H ～ 03H 4 个端口地址。由此得出输入地址总线与端口地址的关系如表 5.1 所示。接口芯片接入系统的译码电路如图 5.5 所示。

表 5.1　地址总线与端口地址的关系表

地址总线										端口地址 （十六进制）
片　选　用								端口选择用		
A_9	A_8	A_7	A_6	A_5	A_4	A_3	A_2	A_1	A_0	
1	1	0	0	0	0	0	0	0　　0		300H
								0　　1		301H
								1　　0		302H
								1　　1		303H

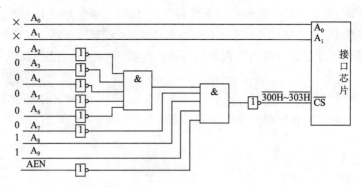

图 5.5　可选择 4 个 I/O 端口的译码电路

【例 5.2】图 5.6 示出 IBM PC 微机系统板上为多个接口芯片 DMA 控制器 8237A、中断控制器 8259A、定时器/计数器 8253A、并行接口 8255A-5、DMA 页面寄存器和 NMI 屏蔽寄存器等提供片选信号，以产生表 5.2 所示的实用端口地址的译码电路。试写出该译码器各输出端为各接口芯片提供的实用地址范围。

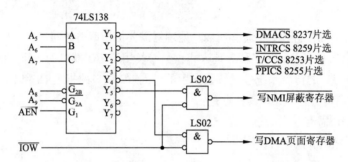

图 5.6　系统板上为各接口提供片选的译码电路

表 5.2　IBM PC 微机系统 I/O 端口地址分配表

分类	实用地址（十六进制）	I/O 设备接口	映像地址（$A_4=1$）
系统板	000 ~ 00F	DMA 控制器 8237A-5	010 ~ 01F
	020 ~ 021	中断控制器 8259A	022 ~ 03F
	040 ~ 043	定时器/计数器 8253A-5	044 ~ 05F
	060 ~ 063	并行外围接口 8255A-5	064 ~ 07F
	080 ~ 083	DMA 页面寄存器	084 ~ 09F
	0A×	NMI 屏蔽寄存器	0A1 ~ 0AF
	0C × ~ 1FF	保留	
	0E0 ~ 0EF	保留	
I/O 通道（扩展槽）	200 ~ 20F	游戏接口	
	210 ~ 21F	扩展部件	
	220 ~ 24F	保留	
	270 ~ 27F	保留	
	2F0 ~ 2F7	保留	
	2F8 ~ 2FF	异步通信（COM2）	
	300 ~ 31F	试验板	
	320 ~ 32F	硬磁盘适配器	
	378 ~ 37F	并行打印机	
	380 ~ 38F	SDLC 同步通信	
	3A0 ~ 3AF	保留	
	3B0 ~ 3BF	单色显示/打印机适配器	
	3C0 ~ 3CF	保留	
	3D0 ~ 3DF	彩色/图形显示适配器	
	3E0 ~ 3EF	保留	
	3F0 ~ 3F7	软磁盘适配器	
	3F8 ~ 3FF	异步通信(COMl)	

【解】根据图中 74LS138 译码器工作状态的需要，当控制信号 $G_1=1$、$\overline{G_{2A}}=0$、$\overline{G_{2B}}=0$ 时，被启动进行译码。当这些控制信号及输入端 C、B、A 分别接入表 5.3 所示的地址信号时，其输出端 $\overline{Y_0} \sim \overline{Y_7}$，所提供的实用地址范围示于表 5.3 中。

还需说明：地址总线的低 5 位 $A_4 \sim A_0$ 应根据各接口芯片的需要，选择其中的 1~5 条接入，则得到表 5.2 所示的实用（端口）地址。

表 5.3 74LS138 各输出端提供的实用地址范围

输入						输出
G_1	$\overline{G_{2A}}$	$\overline{G_{2B}}$	C	B	A	（提供的片选信号）
$\overline{AEN}$	A_9	A_8	A_7	A_6	A_5	（十六进制）
1	0	0	0	0	0	$\overline{Y_0}=000H \sim 01FH$
			0	0	1	$\overline{Y_1}=020H \sim 03FH$
			0	1	0	$\overline{Y_2}=040H \sim 05FH$
			0	1	1	$\overline{Y_3}=060H \sim 07FH$
			1	0	0	$\overline{Y_4}=080H \sim 09FH$
			1	0	1	$\overline{Y_5}=0A0H \sim 0BFH$
			1	1	0	$\overline{Y_6}=0C0H \sim 0DFH$
			1	1	1	$\overline{Y_7}=0E0H \sim 0FFH$

5.1.6 I/O 端口的信息传送方式

在同一瞬间，n 位信息同时从 CPU 输出至 I/O 设备，或由 I/O 设备输入到 CPU，这种传送方式称为并行传送。其特点是传送速度快，但要求数据线多。

若在同一瞬间只传送一位信息，在不同时刻连续逐位传送一串信息，这种传送方式称为串行传送。其特点是传送速度较慢，但它只需一根数据线和一根地址线。当 I/O 设备与主机距离很远时，采用串行传送较为合理，例如远距离数据通信。

不同的传送方式需配置不同的接口电路，如并行传送接口、串行传送接口或串并联用的传送接口等。用户可按需要选择合适的接口电路。

5.1.7 I/O 设备与主机之间联络方式

不论是串行传送还是并行传送，I/O 设备与主机之间必须互相了解彼此当时所处的状态，如是否可以传送、传送是否已结束等。这就是 I/O 设备与主机之间的联络问题。按 I/O 设备工作速度的不同，可分为三种联络方式：

（1）立即响应方式。对于一些工作速度十分缓慢的 I/O 设备，如指示灯的亮与灭、开关的通与断，当它们与 CPU 发生联系时，通常都已使其处于某种等待状态，因此，只要 CPU 的 I/O 指令一到，它们便立即响应，故这种设备无须特殊联络信号，称为立即响应方式。

（2）异步工作采用应答信号联络。当 I/O 设备与主机工作速度不匹配时，通常采用异步工作方式。这种方式在交换信息前，I/O 设备与 CPU 各自完成自身的任务，一旦出现联络信号，彼此才准备交换信息。例如，当 CPU 将数据输出到 I/O 接口后，接口立即向 I/O 设备发出一个 "Ready"（准备就绪）信号，高速 I/O 设备可以从接口内取数据。I/O 设备收到 "Ready" 信号后，通常便立即从接口取出数据，接着便向接口回发一个 "Strobe" 信号，并让接口转告 CPU，接口中的数据已被取走，CPU 还可继续向此接口送数据。同理，倘若 I/O 设备需向 CPU 传送数据，则先由 I/O 设备向接口送数据，并向接口发 "Strobe" 信号，表明数据已送出。接口接到联络信号后便通知 CPU 可以取数，一旦数据被取走，接口便向 I/O 设备发 "Ready" 信号，通知 I/O 设备，数据已被取走，尚可继续传送数据。这种一应一答的联络方式称为异步联络方式。

（3）同步工作采用同步时标联络。同步工作要求 I/O 设备与 CPU 的工作速度完全同步。例如，在数据采集过程中，若外部数据以 2 400 bit/s 的速率传送至接口，则 CPU 也必须以（1/2 400 s）的速率接收每一位数。这种联络互相之间还得配专有电路，用以产生同步时标控制同步工作。

5.2　输入/输出的控制方式

I/O 设备与主机交换信息时，共有五种控制方式：程序控制方式、程序中断控制方式、直接存储器访问（DMA）控制方式、I/O 通道方式、I/O 处理机方式。本节重点介绍前三种方式。

5.2.1　程序控制方式

程序控制方式就是通过 CPU 执行程序中的 I/O 指令来完成传送。程序控制方式又可分为无条件传送方式和程序查询传送方式。

1．无条件传送方式

有些简单设备，如发光二极管（LED）、按键或按钮等，它们的工作十分简单，相对 CPU 而言，其状态很少发生变化。比如 LED，只要 CPU 将数据传给它，就可立即获得显示，同时，该显示状态通过数据锁存保持一段时间；又如按键，其状态对 CPU 来说并不经常变化，人们的每次按键会持续几十毫秒以上，只要 CPU 需要，可随时读取其状态。所以，在 CPU 与这些设备交换数据时，可以认为它们总是处于"就绪"状态，随时可以进行数据传送，这就是无条件传送，或称同步传送。在一些可编程接口芯片所支持的工作方式中，这种传送方式也称为基本输入或基本输出方式。无条件传送方式的特点是靠程序控制 CPU 与外设之间实现同步而实现数据交换。其做法是在程序的恰当位置直接插入 I/O 指令，当程序执行到这些指令时，外设已做好进行数据交换的准备，并保证在当前指令执行时间内完成接收或发送数据的全过程。

（1）无条件输入。对于无条件传送的输入方式，在输入时，由于输入数据保持时间相对 CPU 处理数据的所用的时间要长得多，可以采用三态缓冲器直接与数据总线相连。

（2）无条件输出。在输出时，由于外设速度比较慢，要求 CPU 输出的数据在接口电路的输出端维持一段时间，因此，必须加锁存器。

【例 5.3】用无条件传送方式将 8 位二进制开关设置的状态输入后，由 8 个发光二极管 LED 显示。其电路如图 5.7 所示，其中输入缓冲器（74LS244）和输出锁存器（74LS273）均为三态、8 位，它们分别接 8 位的二进制开关和 8 个发光二极管。

两个端口均用 $A_{15}=1$ 选中（线选法），由于有读、写信号参与寻址，所以输入口和输出口的 I/O 地址可以相同，这里取 8000H 为其地址。以下程序不断扫描 8 个开关，当开关闭合时，点亮相应的 LED。

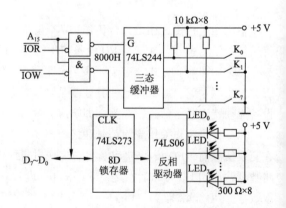

图 5.7　8 位二进制开关控制 LED 显示的接口电路

无条件传送工作方式下的程序段如下：
```
MOV DX,8000H
CALL DELAY
IN AL,DX          ;读入 8 位开关的状态
NOT AL
CALL DELAY1
OUT DX,AL         ;送输出口显示其状态
```
程序中的 DELAY 和 DELAY1 是用来实现同步的两个延时子程序。

2．程序查询传送方式

当 CPU 与外部过程同步工作时，采用无条件的数据传送方式是很方便的，但如果遇到不同步的情况，则往往容易出错。而条件传送方式可以有效地解决这一问题。查询传送方式又称异步传送方式，是由 CPU 通过程序不断查询 I/O 设备是否已做好准备，从而控制 I/O 设备与主机交换信息。采用这种方式实现主机和 I/O 设备交换信息，要求 I/O 接口内设置一个能反映 I/O 设备是否准备就绪的状态标记，CPU 通过对此标记的检测，可得知 I/O 设备的准备情况。

1）查询传送方式

查询传送方式的输入接口电路如图 5.8 所示。当输入设备数据准备好，外设向接口电路发出选通信号，该信号一方面将数据送到锁存器锁存，同时使触发器的 Q 端置 "1"。Q 端与三态缓冲器的某一位相连。当 CPU 执行 IN AL,STAT_PORT（状态口地址）时，选通三态缓冲器，使 READY=1，而 READY 与某一条数据总线相连，反映了数据是否准备好状态。CPU 再执行指令检查该条数据线是否为 "1"，若不为 "1"，再读状态口；否则表示输入数据已经准备好，执行 IN AL,DATA_PORT（数据口地址），选通数据缓冲器，将锁存器中的数据传送到数据缓冲器，通过数据总线送到（AL），同时将触发器的 Q 端置 "0"，一个数据传送过程结束。

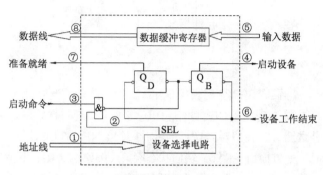

图 5.8　查询传送方式的输入接口电路

图 5.8 中设备选择电路用以识别本设备地址，当地址线上的设备号与本设备号相符时，SEL 有效，可以接收命令；数据缓冲器用于存放欲传送的数据；D 是完成触发器，B 是工作触发器。该输入接口的工作如下：

（1）当 CPU 通过 I/O 指令启动输入设备时，指令的设备码字段通过地址线送至设备选择电路。

（2）若该接口的设备码与地址线上的代码吻合，其输出 SEL 有效。

（3）I/O 指令的启动命令经过 "与非" 门将工作触发器 B 置 "1"，将完成触发器 D 置 "0"。

（4）由 B 触发器启动设备工作。

（5）输入设备将数据送至数据缓冲寄存器。

（6）由输入设备发设备工作结束信号，将 D 置 "1"，B 置 "0"，表示外围设备准备就绪。

（7）D 触发器以 "准备就绪" 状态通知 CPU，表示 "数据缓冲器满"。

（8）CPU 执行输入指令，将数据缓冲寄存器中的数据送至 CPU 的通用寄存器，再存入主存相关单元。

2）查询输出方式

在输出数据时，CPU 必须了解外设是否空（即外设接口电路中数据锁存器是否空），若空，CPU 输出数据；否则等待，直到空为止。当输出设备把接口中（来自 CPU 的）数据输出以后，该设备向接口发出回答信号 ACK，ACK 使 D 触发器的 Q 端置 "0"。CPU 执行一条 IN AL,STAT_PORT 指令（读状态寄存器中的内容），选通状态寄存器，使 $\overline{\text{BUSY}}=0$，并送上数据总线某一位。CPU 执行指令检查该位，若不等于 0 则继续读状态，否则表示接口数据锁存器空，执行一条 OUT DATA_PORT,AL 指令，选通数据寄存器（AL）中的数据锁存到数据锁存器，同时将 D 触发器的 Q 端置 "1"，通知输出设备。外设将数据取走，一次输出数据过程完成。

用查询传送方式进行数据交换的工作流程如图 5.9 所示。

下面分别用实例说明查询传递方式输入、输出及多个外设的查询传送。

【例 5.4】试用查询传送方式对 A/D 转换器的数据进行采集，其接口电路如图 5.10 所示。

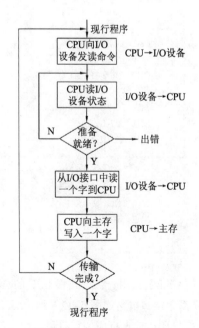

图 5.9　查询传送方式进行数据交换的工作流程

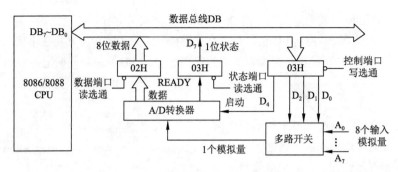

图 5.10 条件传送方式数据采集系统

【解】图中有 8 路模拟量输入，经多路开关选通后送入 A/D 转换器。多路开关受控制端口（04H）输出的 3 位二进制数 $D_2D_1D_0$ 的控制。$D_2D_1D_0$ 的 8 个二进制数分别对应选通 A_0 路 ~ A_7 路中模拟量输入（每次只能选通一路），并送至 A/D 转换器。A/D 转换器同时受 04H 端口的控制位 D_4 的控制（启动或停止转换）。当 A/D 转换器完成转换时，一方面由 READY 端向状态端口（03H）的 D_7 位送有效状态信息；另一方面，将数据信息送数据端口的数据采集入 CPU，并存入微计算机的内存储器中。本数据采集接口电路需用 3 个端口，其端口分配如图 5.11 所示。

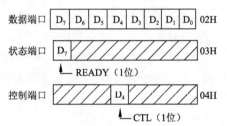

图 5.11 条件传送方式输入接口

实现查询传递方式数据采集的程序段如下：

```
START: MOV DL,0F8H          ;设置启动 A/D 转换的信号
       MOV DI,OFFSET DSTOR  ;输入数据缓冲区的地址偏移量→DI
;..................................................................
AGAIN: MOV  AL,DL
       ADN  AL,0EFH         ;使 D4=0
       OUT  04H,AL          ;停止 A/D 转换
;..................................................................
       CALL  DELAY          ;等待 A/D 操作的完成
       MOV  AL,DL
       OUT  04H,AL          ;启动 A/D,且选择模拟量 A0
;..................................................................
POLL:  IN  AL,03H           ;输入状态信息
       SHL  AL,1
       JNC POLL             ;若未准备就绪,程序循环等待
;..................................................................
       IN  AL,02H           ;否则,输入数据
       STOSB                ;存至数据区
       INC  DL              ;修改多路开关控制信号指向下一路模拟量
       JNE  AGAIN           ;如 8 个模拟量未输入完,循环
        ⋮                   ;已完,执行其他程序段
;..................................................................
DSTOR DB 8 DUP(?)           ;数据区
```

【例 5.5】试用查询方式将 CPU 的 AL 寄存器中的字符输出到并行打印机打印。

【解】接口电路如图 5-12（a）所示，图中包含 3 个端口，其地址及位分配如图 5.12（b）所示。图中，当 CPU 向并行打印机输出打印的字符后，由并行打印机发回一个 ACK（Acknowledge）信号，使 D 触发器置 0，$\overline{\text{Busy}}$ 线变为 0。当 CPU 输入此状态信息后，知道外设"空闲"，于是执行输出指令 OUT。输出指令执行后，一方面发出

"写选通"信号，将输出数据锁存到 8 位锁存器中；另一方面，由"写选通"信号将 D 触发器置 1，由它通知外设输出数据已经准备好，可以执行输出操作，并且在数据由打印机输出之前，一直保持为"1"，使 $\overline{Busy}$ 为"1"（无效，"忙"），以告知 CPU（通过读状态端口）外设"忙"，阻止 CPU 输出新的数据。

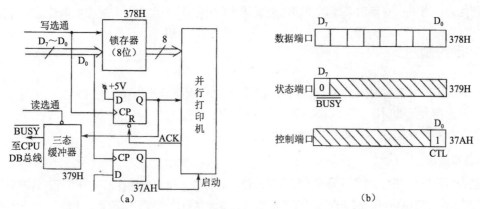

图 5.12　查询输出接口电路及端口分配图

查询输出 AL 寄存器中字符的程序段为：

```
PRINT   PROC  NEAR
        PUSH  AX
        PUSH  DX          ;保护所用寄存器的内容
;···································································
        ;输出数据
        MOV DX,378H       ;从数据端口 378H 输出要打印的字符
        OUT DX,AL
;···································································
        ;查询打印机状态
        MOV DX,379H       ;从状态端口 379H 读打印机状态
WAT:    IN  AL,DX
        TEST AL,80H       ;检查"忙"位
        JE WAT            ;"忙"，等待
;···································································
        ;选通打印机打印
        MOV DX,37AH       ;从控制端口 37AH 输出控制信号 D0=1
        MOV AL,01H
        OUT DX,AL         ;启动打印机
;···································································
        MOV AL, 00H       ;使控制位 D0=0
        OUT DX, AL        ;关打印机选通
;···································································
        POP DX            ;恢复寄存器内容
        POP AX
        RET
PRINT   ENDP
```

程序查询传送方式的主要优点是能较好地协调外设与 CPU 之间的定时差异，传送可靠，且用于接口的硬件较省。主要缺点是 CPU 必须循环查询等待，不断检测外设的状态，直至外设为传送数据准备就绪为止。如图 5.13 所示，进行多外设的程序查询控制时，如此循环等待，CPU 不能做其他事情，这不但浪费 CPU 的时间，降低了 CPU 的工作效率，而且在许多控制过程中是根本不允许的。

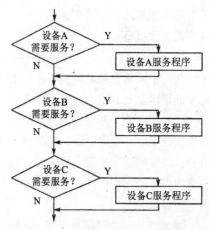

图 5.13　具有 3 个外设时 CPU 轮询流程图

例如，用键盘进行输入，按每秒打入 10 个字符计算，那么计算机平均用 100 000 μs 时间完成一个输入过程，而计算机真正用来从键盘输入一个字符的时间却只有 10 μs，这样用于测试状态和等待的时间为：100 000−10=

99 990 μs，换句话说，99.99%的时间被浪费掉了。

另外，如果一个系统有多个外设，使用查询方式工作时，由于 CPU 只能轮流对每个外设进行查询，而这些外设的速度往往并不相同，这时 CPU 显然不能很好满足各个外设随机地对 CPU 提出的输入/输出的服务要求，因而，不具备实时处理能力。可见，在实时系统以及多个外设的系统中，采用查询方式进行数据传送往往是不适宜的。

5.2.2 程序中断控制方式

无条件传送方式需已知定时时间，在 CPU 与外设不同步的情况下容易出错，可靠性差，但硬件、软件简单。而查询方式，CPU 要花大量的时间去读取状态字，并进行检测，真正用在传送数据上的时间很少。为了提高 CPU 的效率，使系统具有实时性能，可以采用中断控制方式。

1．中断的基本概念

计算机在执行程序的过程中，当出现异常情况或特殊请求时，计算机停止现行程序的运行，转向对这些异常情况或特殊请求的处理，处理结束后再返回到现行程序的间断处，继续执行原程序，这就是"中断"。中断是现代计算机能有效合理地发挥效能和提高效率的一个十分重要的功能。通常又把实现这种功能所需的软硬件技术统称为中断技术。

中断概念的出现，是计算机系统结构设计中的一个重大变革。在程序中断方式中，某一外围设备的数据准备就绪后，它"主动"向 CPU 发出请求中断的信号，请求 CPU 暂时中断目前正在执行的程序而进行数据交换。当 CPU 响应这个中断时，便暂停运行主程序，并自动转移到该设备的中断服务程序。中断服务程序结束以后，CPU 又回到原来的主程序。这种原理和调用子程序相仿，不过，这里要求转移到中断服务程序的请求是由外围设备发出的。中断方式特别适合于随机出现的服务。

2．程序中断方式工作的原理

I/O 设备与主机交换信息时，由于设备本身机电特性的影响，其工作速度较低，与 CPU 无法匹配，因此，CPU 启动设备后，往往需要等待一段时间才能实现主机与 I/O 设备之间的信息交换。如果在设备准备的同时，CPU 不做无谓的等待，而继续执行现行程序，只当 I/O 设备准备就绪向 CPU 提出请求时，再暂时中断 CPU 现行程序转入 I/O 服务程序，这便产生了 I/O 中断。

中断控制方式的特点是，外设具有申请 CPU 服务的主动权。采用中断方式传送信息时，在外设没有做好数据传送准备时，CPU 可执行与传送数据无关的其他指令。当外设做好传送准备后，主动向 CPU 请求中断，若 CPU 响应这一请求，则暂停正在运行的程序，转入中断服务程序，完成数据传送。待输入操作或输出操作完成后，CPU 再恢复执行原来的程序。与查询工作方式不同的是，CPU 不是放弃工作主动去查询等待，而是被动响应，CPU 在两个输入或输出操作过程之间，可以去做别的处理。因此，采用中断传送，CPU 和外设是处在并行工作的状况，这样就大大提高了 CPU 的效率。图 5.14 给出了利用中断控制方式进行数据输入时所用接口电路的工作原理。

由图 5.14 可见，当外设准备好一个数据供输入时，便发一个选通信号 STB，从而将数据输入到接口的锁存器中，并使中断请求触发器置"1"。此时若中断屏蔽触发器的值为 0（表示不屏蔽），则由控制电路产生一个送 CPU 的中断请求信号 $\overline{INT}$。中断屏蔽触发器的状态为 1 还是为 0，决定了系统是否允许本接口发出中断请求 $\overline{INT}$。

CPU 接收到中断请求后，如果 CPU 内部的中断允许触发器（8086 CPU 中为 IF 标志）状态为 1，则在当前指令被执行完后，响应中断，并由 CPU 发回中断响应信号 $\overline{INTA}$，将中断请求触发器复位，准备接收下一次的选通信号。CPU 响应中断后，立即停止执行当前的程序，转去执行一个为外围设备的数据输入或输出服务程序，此程序称为中断处理子程序或中断服务程序。中断服务程序执行完后，CPU 又返回到刚才被中断的断点处，继续执行原来的程序。

图 5.15 所示为打印机引起 I/O 中断时，CPU 与打印机并行工作的时间示意图。

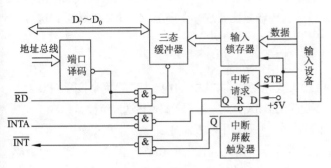

图 5.14　中断控制方式输入的接口电路

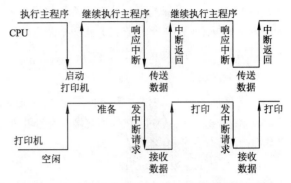

图 5.15　CPU 与打印机并行工作的时间示意图

对于一些慢速而且是随机地与计算机进行数据交换的外设,采用中断控制方式可以大大提高系统的工作效率。

实际的中断过程还要复杂一些,图 5.16 所示为中断处理过程流程图。当 CPU 执行完一条现行指令时,如果外围设备向 CPU 发出中断请求,那么 CPU 在满足响应条件的情况下将发出中断响应信号,与此同时关闭中断("中断屏蔽"触发器置"1"),表示 CPU 将不再受理另外一台设备的中断。这时,CPU 将寻找中断请求源是哪一台设备,保留 CPU 当前程序计数器(PC)的内容。然后,它将转移到处理该中断源的中断服务程序。进入中断服务程序后首先需要 CPU 保存原程序的现场信息,然后进入设备服务子程序。

以上是中断处理的大致过程,但是有一些问题需要进一步加以说明。

(1)尽管外界中断请求是随机的,但 CPU 只有在当前一条指令执行完毕后,即转入公共操作时才受理设备的中断请求,这样才不至于使当前指令的执行受到干扰。所谓公共操作,是指一条指令执行结束后 CPU 所进行的操作,如中断处理、直接内存传送、取下一条指令等。

(2)为了在中断服务程序执行完毕后能返回到原来主程序继续执行,必须把程序计数器 PC 的内容及当前指令执行结束后 CPU 的状态(包括寄存器的内容和一些状态标志位)都保存起来。

(3)当 CPU 响应中断后,还未执行中断服务程序时,可能有另一个新的中断源向它发出中断请求。为了不致造成混乱,在 CPU 的中断管理部件中必须有一个"中断屏蔽"触发器,它可以在程序的控制下置"1"(设置屏蔽),或置"0"(去掉屏蔽)。只有在"中断屏蔽"标志为"0"时,CPU 才可以受理中断。当一条指令执行完毕 CPU 接受中断请求并作出响应时,它一方面发出中断响应信号,另一方面把"中断屏蔽"标志置"1",即关闭中断。这样,CPU 不能再受理其他中断源发来的中断请求。只有在 CPU 把中断服务程序执行完毕以后,它才重新使"中断屏蔽"标志置"0",即开放中断,并返回主程序。因此,用户如果想实现中断嵌套,必须在进入中断服务程序后,用开中断指令将"中断屏蔽"置"0"。

(4)中断处理过程是由硬件和软件结合来完成的。如在图 5.16 中,"中断周期"由硬件实现,而中断服务程序由软件实现。

作为 CPU 的一个很重要的功能,中断控制方式的应用非常普遍,将在第 9 章中断系统中详细讲述。

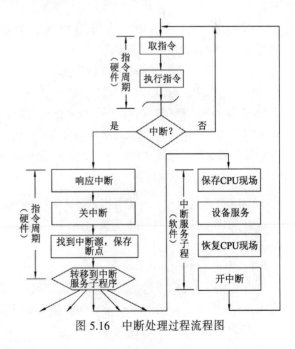

图 5.16　中断处理过程流程图

5.2.3　直接存储器访问(DMA)控制方式

利用中断方式进行数据传送,可以提高 CPU 效率。但中断传送是由 CPU 通过程序来实现的,每次执行中断服务程序,CPU 都要保护断点。在中断服务程序中,需要保护现场,为中断源服务,中断服务结束又需要恢复现场，这需要执行十几条指令。这对于传送数据量很大的高速外设，如磁盘控制器或高速数据采集器，就满足不了速度方面的要求。另外，在查询方式和中断方式下，每进行一次传输只能完成一个字节或一个字的传送，这对于传送数据量大的高速外设是不适用的。

1. DMA 简介

直接存储器访问（DMA）是一种完全由硬件执行交换的工作方式。在这种方式中，DMA 控制器完全接管 CPU 对总线的控制，数据交换不经过 CPU，而直接在内存和 I/O 设备之间进行。DMA 方式一般用于高速传送成组数据。DMA 控制器将向内存发出地址和控制信号，修改地址。对传送的字的个数计数，并且以中断方式向 CPU 报告传送操作的结束。

DMA 方式的主要优点是速度快。由于 CPU 根本不参加传送操作，因此就省去了 CPU 取指令、取数、送数等操作。在数据传送过程中，没有保护现场、恢复现场之类的工作。内存地址修改、传送字个数的计数等，也不是由软件实现的，而是用硬件线路直接实现的。所以 DMA 方式能满足高速 I/O 设备的要求，也有利于 CPU 效率的发挥。正因为如此，包括微型机在内，DMA 方式在计算机中被广泛采用。

目前由于大规模集成电路工艺的发展，很多厂家直接生产大规模集成电路的 DMA 控制器。虽然 DMA 控制器复杂度差不多接近于 CPU，但使用起来非常方便。

实现 DMA 传送的基本操作如下：

（1）外设通过 DMA 控制器向 CPU 发出 DMA 请求。

（2）CPU 响应 DMA 请求，系统转变为 DMA 工作方式，CPU 被挂起，并把总线控制权交给 DMA 控制器。

（3）由 DMA 控制器发送存储器地址，并决定传送数据块的长度。

（4）执行 DMA 传送。

（5）DMA 操作结束，把总线控制权交还 CPU。

典型的 DMA 传送数据工作流程如图 5.17 所示。

从图 5.17 中可以看出，DMA 之所以适用于大批量数据的快速传送，是因为：一方面，传送数据内存地址的修改、计数等均由 DMA 控制器完成（而不是 CPU 指令）；另一方面，CPU 放弃对总线的控制权，其现场不受影响，无须进行保护和恢复。

DMA 传送方式的优点是以增加系统硬件的复杂性和成本为代价的，因为 DMA 方式和程序控制方式相比，是用硬件控制代替了软件控制。另外，DMA 传送期间 CPU 被挂起，部分或完全失去对系统总线的控制，这可能会影响 CPU 对中断请求的及时响应与处理。因此，一些小系统或对速度要求不高、数据传输量不大的系统，一般并不用 DMA 方式。

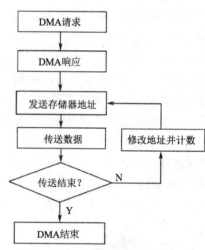

图 5.17 DMA 传送数据工作流程图

2. DMA 传送方式

DMA 技术的出现，使得外围设备可以通过 DMA 控制器直接访问内存，与此同时，CPU 可以继续执行程序。实际上，DMA 控制器与 CPU 通常采用以下三种方法分时访问内存：停止 CPU 访问内存；周期挪用；DMA 与 CPU 交替访问内存。

1）停止 CPU 访问内存

当外围设备要求传送一批数据时，由 DMA 控制器发一个请求信号给 CPU，要求 CPU 放弃对地址总线、数据总线和有关控制总线的使用权，DMA 控制器获得总线控制权以后，开始进行数据传送。在一批数据传送完毕后，DMA 控制器通知 CPU 可以使用内存，并把总线控制权交还给 CPU。图 5.18（a）是这种传送方式的时间图。很显然，在这种 DMA 传送过程中，CPU 基本处于不工作状态或者说保持状态。

这种传送方式的优点是控制简单，它适用于数据传输率很高的设备进行成组传送。缺点是在 DMA 控制器访问内存阶段，内存的效能没有充分发挥，相当一部分内存周期是空闲的。这是因为，外围设备传送两个数据之间的间隔一般总是大于内存存储周期，即使高速 I/O 设备也是如此。

2）周期挪用

在这种 DMA 传送方式中，当 I/O 设备没有 DMA 请求时，CPU 按程序要求访问内存；一旦 I/O 设备有 DMA 请求，则由 I/O 设备挪用一个或几个内存周期。I/O 设备要求 DMA 传送时可能遇到两种情况：一种是此时 CPU 不需要访问内存，如 CPU 正在执行乘法指令，由于乘法指令执行时间较长，此时 I/O 访问内存与 CPU 访问内存没有冲突，即 I/O 设备挪用一两个内存周期，对 CPU 执行程序没有任何影响；另一种情况是，I/O 设备要求访问内存的时候，CPU 也要求访问内存，这就产生了访问内存冲突，在这种情况下 I/O 设备访问内存优先，因为 I/O 访问内存有时间限制，前一个 I/O 数据必须在下一个访问内存请求到来之前存取完毕。显然，在这种情况下 I/O 设备挪用一两个内存周期，意味着 CPU 延缓了对指令的执行，或者更明确地说，在 CPU 执行访问内存指令的过程中插入 DMA 请求，用了一两个内存周期。图 5.18（b）是周期挪用的 DMA 方式示意图。

与停止 CPU 访问内存的 DMA 方法比较，周期挪用的方法既实现了 I/O 传送，又较好地发挥了内存和 CPU 的效率，是一种广泛采用的方法。但是 I/O 设备每一次周期挪用都要经过申请总线控制权、建立总线控制权和归还总线控制权的过程，所以传送一个字对内存来说要占用一个周期，但对 DMA 控制器来说一般需要若干个内存周期。因此，周期挪用的方法适用于 I/O 设备读写周期大于内存存储周期的情况。

3）DMA 与 CPU 交替访问内存

如果 CPU 的工作周期比内存存取周期长很多，此时采用交替访问内存的方法可以使 DMA 传送和 CPU 同时发挥最高的效率，其原理示意图如图 5.18（c）所示。一个 CPU 周期可分为 C_1 和 C_2 两个分周期，其中 C_1 专供 CPU 访问内存，C_2 供 DMA 控制器访问内存。

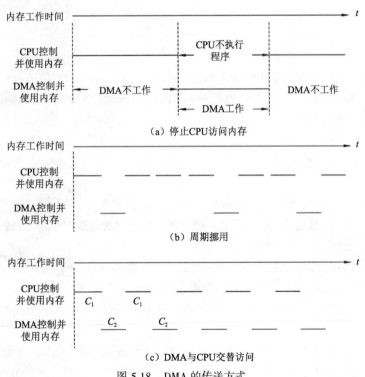

图 5.18　DMA 的传送方式

这种方式不需要总线使用权的申请、建立和归还过程，总线使用权是通过 C_1 和 C_2 分的。CPU 和 DMA 控制器各自有自己的访问内存地址寄存器、数据寄存器和读／写信号等控制寄存器。在 C_2 周期中，如果 DMA 控制器有访问内存请求，可将地址、数据等信号送到总线上。在 C_1 周期中，如 CPU 有访问内存请求，同样传送地址、数据等信号。事实上，对于总线，是通过用 C_1、C_2 来完成控制的一个多路转换器，这种总线控制权的转移几乎不需要什么时间，所以对 DMA 传送来讲效率是很高的。

这种传送方式又称为"透明的 DMA"方式，其来由是这种 DMA 传送对 CPU 来说，如同透明的玻璃一般，没有任何感觉或影响。在透明的 DMA 方式下工作，CPU 既不停止主程序的运行，也不进入等待状态，是一种高效率的工作方式。当然，相应的硬件逻辑也就更加复杂。

3．基本的 DMA 控制器

1）DMA 控制器的基本组成

一个 DMA 控制器，实际上采用了 DMA 方式的外围设备与系统总线之间的接口电路。这个接口电路是在中断接口的基础上再加上 DMA 机构组成的。

图 5.19 所示为一个最简单的 DMA 控制器组成示意图，它由以下逻辑部件组成。

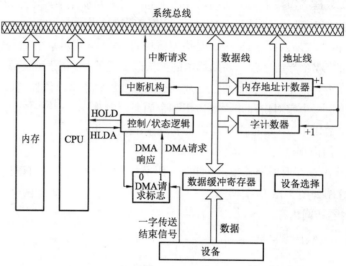

图 5.19　最简单的 DMA 控制器组成示意图

（1）内存地址计数器，用于存放内存中要访问的内存单元的地址。在 DMA 传送前，CPU 需通过程序将数据在内存中的起始位置（首地址）送到内存地址计数器。而当 DMA 传送时，每交换一次数据，将地址计数器加"1"，从而以增量方式给出内存中要交换的一批数据的地址。

（2）字计数器，用于记录传送数据块的长度（多少字数）。其内容也是在数据传送之前由 CPU 通过程序预置。当 DMA 传送时，每传送一个字，字计数器就减"1"，当计数器减至 0 时，表示这批数据传送完毕，于是引起 DMA 控制器向 CPU 发中断信号。

（3）数据缓冲寄存器，用于暂存每次传送的数据（一个字）。当输入时，由设备（如磁盘）送往数据缓冲寄存器，再由缓冲寄存器通过数据总线送到内存。反之，输出时，由内存通过数据总线送到数据缓冲寄存器，然后再送到设备。

（4）DMA 请求标志。每当设备准备好一个数据字后给出一个控制信号，使"DMA 请求"标志置"1"。该标志置位后向"控制/状态"逻辑发出 DMA 请求，后者又向 CPU 发出总线使用权的请求（HOLD），CPU 响应此请求后发回响应信号 HLDA，"控制/状态"逻辑接收此信号后发出 DMA 响应信号，使"DMA 请求"标志复位，为交换下一个字做好准备。

（5）控制/状态逻辑，控制/状态逻辑由控制和时序电路以及状态标志等组成，用于修改内存地址计数器和字计数器，指定传送类型（输入或输出），并对"DMA 请求"信号和 CPU 响应信号进行协调和同步。

（6）中断机构。当字计数器减为 0 时，意味着一组数据交换完毕，由计数结束信号触发中断机构，向 CPU 提出中断请求。这里的中断与前面介绍的 I/O 中断所采用的技术相同，但中断的目的不同，前面是为了数据的输入或输出，而这里是为了报告一组数据传送结束。因此它们是 I/O 系统中不同的中断事件。

2）DMA 数据块传送过程

DMA 的数据块传送过程可分为传送前预处理、正式传送和传送后处理三个阶段。预处理阶段由 CPU 执行几条输入/输出指令，测试设备状态，向 DMA 控制器的设备地址寄存器送入设备号并启动设备，向内存地址计数器送入起始地址，向字计数器送入交换的数据字个数。在这些工作完成后，CPU 继续执行原来的主程序。

当外围设备准备好发送数据（输入）或接受数据（输出）时，它发出 DMA 请求，由 DMA 控制器向 CPU 发出总线使用权的请求（HOLD）。

图 5.20 所示为停止 CPU 访问内存方式的 DMA 传送数据的流程图。

当外围设备发出 DMA 请求时，CPU 在指令周期执行结束后响应该请求，并使 CPU 的总线驱动器处于高阻状态。之后，CPU 与系统总线相脱离，而 DMA 控制器接管数据总线与地址总线的控制，并向内存提供地址；于是，在内存和外围设备之间进行数据交换，每交换一个字后，便完成对地址计数器和字计数器的修改，当计数值到达零时，DMA 操作结束，接着 DMA 控制器向 CPU 发送中断报告。

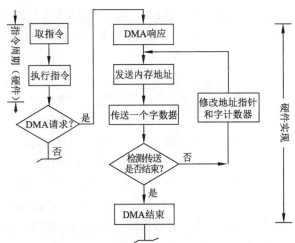

图 5.20　停止 CPU 访问内存方式的 DMA 传送数据的流程图

DMA 的数据传送是以数据块为基本单位进行的，因此，每次 DMA 控制器占用总线后，无论是数据输入操作，还是输出操作，都是通过循环来实现的。当进行输入操作时，外围设备的数据（一次一个字或一个字节）传向内存；当进行输出操作时，内存的数据传向外围设备。

DMA 的后处理进行的工作是，一旦 DMA 的中断请求得到响应，CPU 停止主程序的执行，转去执行中断服务程序，做一些 DMA 的结束处理工作。这些工作包括校验送入内存的数据是否正确；决定继续用 DMA 方式传送下去，还是结束传送；测试在传送过程中是否发生了错误等。

3）DMA 方式与程序中断方式的比较

与程序中断方式相比，DMA 方式有如下特点：

（1）从数据传送看，程序中断方式靠程序传送，DMA 方式靠硬件传送。

（2）在指令周期内的任一存取周期结束时响应。

（3）程序中断方式有处理异常事件的能力，DMA 方式没有这种能力，主要用于大批数据的传送，如硬盘存取、图像处理、高速数据采集系统等，可提高数据吞吐量。

（4）程序中断方式需要中断现行程序，故需保护现场；DMA 方式不中断现行程序，无须保护现场。

（5）DMA 方式的优先级比程序中断方式的优先级高。

*5.2.4　DMA 控制器 8237A 及其应用

直接存储器访问（Direct Memory Access，DMA）方式，是用硬件实现存储器与存储器之间或存储器与 I/O 设备之间直接进行高速数据传送。DMA 方式下，由 DMA 控制器替代处理器控制系统总线，由于 DMA 控制外围设备与主存储器之间传送数据不需要执行程序，也不需要用到 CPU 的数据寄存器和指令寄存器，不需通过累加器，因此，也就不需要做现场的保存与恢复工作。DMA 方式控制存储器数据的直接存取并和外设进行交互，同时由硬件完成计数器减量和地址增量，从而使得 DMA 方式的速度比中断等其他方式的工作速度大大提高。在 DMA 方式中，整个数据的传送过程不需要 CPU 的干预。DMA 方式下，数据在存储器与 I/O 设备之间或存储器与存储器之间的传输速率仅仅受到存储器件或 DMA 控制器的速度限制。

实现 DMA 传送的关键器件是 DMA 控制器，又称 DMAC。8237A 是微机系统中实现 DMA 功能的大规模集成电路控制器。PC/XT 使用一片 8237A，PC/AT 使用两片 8237A，在高档微机中常使用多功能芯片取代 8237A，但多功能芯片 DMA 控制器与 8237A 的功能基本相同。

1．8237A 的内部结构及其与外部的连接

8237A 是一个高性能的通用可编程控制器。它使用的是单一的 + 5 V 电源，单相时钟，40 引脚双列直插式封

装。8237A 具有四个独立 DMA 通道，每个通道都有独立的与相应外设接口相联系的信号，四个通道共享与 CPU 相连的控制信号、地址信号、数据信号，并且还可以用级联的方来扩充更多的信道。8237A 经初始化后，可以控制每一个通道在存储器和 I/O 端口之间以及存储器与存储器之间以最高每秒 1.6 MB 的速率传送最多达 64 KB 的数据块，而不需要 CPU 的介入。它提供了多种控制方式和操作类型，大大增强了系统的性能。

1）8237A 的基本功能

8237A 的基本功能如下：

（1）在一个芯片中有 4 个独立的 DMA 通道，最多可连接 4 个 I/O 设备；可把多个芯片进行级连，实现 DMA 通道的扩展，其中一个芯片作为主芯片，其余芯片作为从芯片。

（2）每一个通道的 DMA 请求均可能被允许或禁止。

（3）每一个通道的 DMA 请求有不同的优先级，既可以是固定优先级，也可以是循环优先级。

（4）可在存储器与 I/O 设备、存储器与存储器之间传送数据。每一个通道一次可传送的最大字节数为 64 KB。

（5）8237A 提供 4 种传送方式：单字节传送方式、块传送方式、请求传送方式和级联传送方式。

（6）8237A 有 3 种通道操作类型：校验操作、从外围设备取数据写入存储器的写操作、从存储器取数据写到外围设备的读操作。

（7）8237A 有 2 种工作状态：主动态和被动态。8237A 获得总线控制权后，是主动态，这时，它取代 CPU 成为系统总线的主控者，并向总线发送地址和读/写控制信号，控制存储器与外设间的数据传送；8237A 获得总线控制权前，是被动态，这时它只是系统中的一个外设，受到 CPU 控制，CPU 可以访问它，包括对它进行初始化等。

（8）8237A 有两种工作时序：正常时序和压缩时序。

2）8237A 的内部结构

8237A 的内部结构如图 5.21 所示。

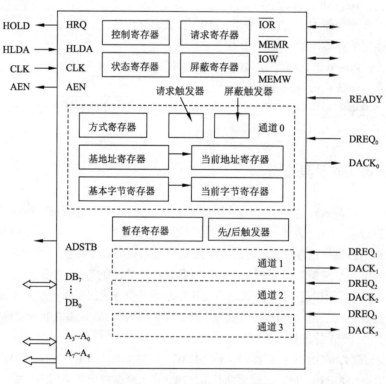

图 5.21　8237A 的内部结构框图

（1）DMA 通道。8237A 内部有 4 个独立通道，每个通道都包含：一个 16 位的基地址寄存器、一个 16 位的当前地址寄存器、一个 16 位的基本字节寄存器、一个 16 位的当前字节寄存器、一个 6 位的方式寄存器、一个 DMA 请求触发器和一个 DMA 屏蔽触发器。另外，还有各个通道公用的寄存器：一个 8 位的控制寄存器、一个 8 位的状态寄存器、一个 8 位的屏蔽寄存器、一个 8 位的请求寄存器以及一个 8 位的暂存寄存器。通过对这些寄存器的编程，可实现 8237A 的三种 DMA 操作类型和四种传送方式、两种工作时序、两种优先级排队、自动预置传送等一系列操作功能。

（2）读/写逻辑。当 CPU 对 8237A 初始化或对 8237A 寄存器进行读操作时，8237A 工作在被动态，它就像是一个 I/O 端口，此时 $\overline{IOR}$ 或 $\overline{IOW}$ 为输入信号。当 $\overline{IOR}$ 为低电平时，CPU 可以读取 8237A 的内部寄存器值；当 $\overline{IOW}$ 为低电平时，CPU 可以将数据写入 8237A 的内部寄存器。

在 DMA 传送期间，系统总线由 8237A 控制。此时，8237A 工作在主动态，分两次向地址总线送出要访问的内存单元 20 位物理地址中的低 16 位，8237A 输出必要的读或写信号，这些信号分别为 I/O 读信号 $\overline{IOR}$、I/O 写信号 $\overline{IOW}$、存储器读信号 $\overline{MEMR}$ 和存储器写信号 $\overline{MEMW}$。

（3）定时与控制逻辑。定时与控制逻辑用于接收外部时钟及片选信号，产生芯片内部时序控制与读写控制信号和地址输出信号。在 DMA 初始化时，通过对方式寄存器进行编程，使控制逻辑可以对各个通道的操作方式的设置进行控制。在 DMA 传送周期内，控制逻辑通过产生相应的控制信号和低 16 位的内存单元地址来控制 DMA 的各个操作步骤。

（4）优先级判定逻辑。8237A 具有两种优先级编码，即固定优先级编码和循环优先级编码，可通过软件编程选择。固定优先级顺序以通道 0 最高，通道 1、2 次之，通道 3 最低。在循环优先级编码中，本次循环中最近一次服务的通道在下次循环中变为优先级最低，依次轮流循环。不论在哪种优先级编码中，经判断某个通道被响应后，其他通道无论优先级高低，均被禁止，直至已响应的通道结束服务为止。

3）8237A 与外部的连接

8237A 与外部的连接如图 5.22 所示。

一片 8237A 可以控制四个外设接口电路与内存的 DMA 传送，每个通道都有独立的与相应外设接口相联系的信号。DMA 一般是由外设激活的。外围设备发出 DMA 传送请求，DMA 检测到外设的请求以后，通过总线请求信号向 CPU 发出总线请求。和对中断请求信号的检测不同，CPU 在总线周期的每个 T 状态都要检测总线请求信号。在检测到总线请求以后，微处理器执行完当前指令，便将正在执行的程序挂起，并将它的地址、数据以及控制总线设置为高阻状态。与此同时，CPU 发出总线响应信号给 DMA，通知 DMA，CPU 交出总线控制权。DMA 控制总线后，立即通知外设，发出 DMA 应答信号，并完成对驱动存储器读和 I/O 写信号或存储器写和 I/O 读信号，开始控制数据的传送。在 DMA 控制总线进行数据传输的周期中，DMA 为系统总线主控设备。

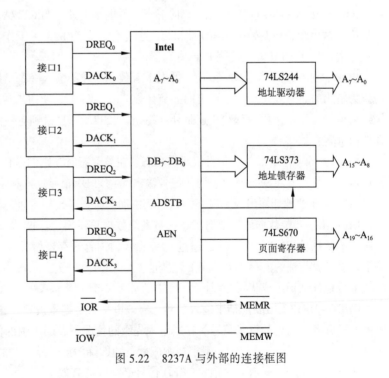

图 5.22　8237A 与外部的连接框图

2. 8237A 的引脚特性

8237A 的引脚特性如图 5.23 所示。

CLK：时钟输入端，通常接到 8284 时钟发生器的输出引脚，用来控制 8237A 的内部操作定时和 DMA 传送时的数据传输速率。8237A 的时钟频率为 3 MHz。

$\overline{CS}$：片选输入端，低电平有效。在芯片处于被动态时，由 $\overline{CS}$ 选中作为 CPU 的外围 I/O 接口部件。

RESET：复位输入端，高电平有效。当 RESET 有效时，除屏蔽寄存器被置 1 外，其余各寄存器均被清 0，此时 8237A 处于被动状态。复位后必须重新初始化，否则 8237A 不能进入 DMA 操作。

READY：就绪信号输入端，高电平有效。它的作用和 x86CPU 的同名信号作用相似，也用于扩展读写控制信号的宽度，延长总线传输周期。当所选择的存储器或 I/O 设备的速度比较慢，需要延长传输时间时，使 READY 端处于低电平，8237A 就会自动地在存储器读和存储器写周期中插入等待周期，当传输完成后，READY 端变为高电平，以表示存储器或 I/O 设备准备就绪。

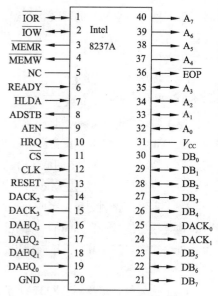

图 5.23　8237A 的引脚特性

ADSTB：地址选通信号输出端，高电平有效。当 ADSTB 有效时，8237A 将当前地址寄存器的高 8 位地址经内部数据总线 $DB_7 \sim DB_0$ 锁存到外部地址锁存器中。

AEN：地址允许信号输出端，高电平有效。当 AEN 有效时，8237A 将外部地址锁存器中锁存的高 8 位地址 $A_{15} \sim A_8$ 送到系统地址总线上，与芯片输出的低 8 位地址 $A_7 \sim A_0$ 共同组成单元的低 16 位地址。

$\overline{MEMR}$ 和 $\overline{MEMW}$：存储器读/写控制信号输出端，三态，低电平有效，只用于 DMA 传送。在存储器读或存储器—存储器传送期间，由 $\overline{MEMR}$ 信号从所寻址的存储器单元中读取数据；在存储器写或存储器到存储器传送期间，由 $\overline{MEMW}$ 信号将数据写入所寻址的存储单元中。

$\overline{IOR}$ 和 $\overline{IOW}$：I/O 读/写信号，双向三态，低电平有效。当 8237A 工作于主动态时，8237A 控制系统总线，它们是信号输出端，控制数据由 I/O 端口传送至存储器；当 8237A 工作于被动态时，CPU 控制系统总线，它们是信号输入端，用于 CPU 读/写芯片内部寄存器。

$\overline{EOP}$：过程结束信号线，双向，低电平有效。当外部输入一个负脉冲信号到该端时，将迫使 DMA 操作终止；当作为输出时，只要任意一个通道的字节计数"减 1 归 0"，便向外送出一个有效的 $\overline{EOP}$ 输出信号，作为 DMA 操作结束信号。不论采用内部终止还是外部终止，8237A 一旦收到有效的 $\overline{EOP}$ 信号，便立即终止 DMA 操作并自动复位内部寄存器。

$A_3 \sim A_0$：低 4 位地址总线信号，双向三态。在被动态时，它们是信号输入端，作为 $\overline{CS}$ 有效时 CPU 对芯片内部寄存器的寻址；在主动态时，它们是信号输出端，为 DMA 寻址内存空间提供最低 4 位地址。

$A_7 \sim A_4$：4 位地址输出线，三态。只用于主动态时，输出要寻址的内存单元低 8 位地址中的高 4 位。

$DB_7 \sim DB_0$：8 位数据线，双向三态，与系统数据总线相连。被动态下，CPU 对 8237A 进行读/写操作时，它们是芯片的数据输出/输入线，CPU 通过 $\overline{IOW}$ 命令对内部寄存器编程，而通过 $\overline{IOR}$ 命令从内部寄存器中读值。主动态下，输出要寻址的内存单元的高 8 位地址（$A_{15} \sim A_8$），并通过 ADSTB 锁存到外部地址锁存器中，并和 $A_7 \sim A_0$ 输出的低 8 位地址共同组成 16 位地址。

$DREQ_0 \sim DREQ_3$：DMA 请求输入信号，有效电平可由编程设定。这 4 条 DMA 请求线是外围设备为取得 DMA 服务而送到各个通道的请求信号。在固定优先级的情况下，$DREQ_0$ 的优先级最高，$DREQ_3$ 的优先级最低。在优先级循环方式下，某通道的 DMA 请求被响应后，随即降为最低级。8237A 用 DACK 信号作为对 DREQ 的响应，因此在相应的 DACK 信号有效之前，DREQ 信号必须维持有效。

$DACK_0 \sim DACK_3$：DMA 对各个通道请求的响应信号，输出的有效电平可由编程设定。8237A 接收到来自外设的通道请求后，向 CPU 发出 DMA 请求信号 HRQ，当 8237A 获得 CPU 的总线允许信号 HLDA 后，便产生 DACK 信号，送到相应的 I/O 端口，表示 DMAC 响应外围设备的 DMA 请求，从而进入 DMA 服务过程。

HRQ：总线保持请求输出信号，高电平有效。当任一通道的 DREQ 被置为有效电平，且相应通道的屏蔽位被清除时，均使 HRQ 信号有效，8237A 输出此信号给 CPU。

HLDA：总线保持响应输入信号，高电平有效，是 CPU 对 HRQ 信号的应答。芯片一旦接收到来自 CPU 的 HLDA 有效信号，便表示芯片已取得系统总线控制权，于是，使具有最高优先级的请求服务通道产生相应的 DMA 响应信号，以通知外围设备。

3．8237A 的内部寄存器

8237A 的内部寄存器分为两类：一类是 4 个通道共用的寄存器，另一类是各个通道专用的寄存器。具体介绍如下：

1）基本字节寄存器

16 位，共有 4 个，每个通道一个。该寄存器保存相应通道的传送字节数的初始值，它的初始值比实际传送字节数少 1，该值是在 CPU 初始化编程时与当前字节寄存器同时被写入的，即它和当前字节寄存器有相同的写入端口地址，但它不能被 CPU 读出。该寄存器的作用是在自动预置期间使当前字节寄存器恢复到初始值。

2）当前字节寄存器

16 位，共有 4 个，每个通道一个。寄存器寄存当前字节数，它的初始值比实际传送字节数少 1，每次传送一个字节后自动减 1，当该寄存器值由 0 减到 FFFFH 时表示传送完毕，产生计数结束信号，$\overline{EOP}$ 端子输出有效电平。CPU 可随时读取该寄存器的内容。若选择自动预置操作，则在 $\overline{EOP}$ 信号有效时，寄存器返回到由基本字节寄存器所指定的初始值。

3）基地址寄存器

16 位，共有 4 个，每个通道一个。该寄存器保存当前地址寄存器的初始值，该值是在 CPU 编程时与当前地址寄存器同时被写入的，即它和当前地址寄存器有相同的写入端口地址，但它不能被 CPU 读出。该寄存器的作用是在自动预置期间使当前地址寄存器恢复到初始值。

4）当前地址寄存器

16 位，共有 4 个，每个通道一个。该寄存器保存 DMA 传输期间的当前内存地址的低 16 位地址值，在每次传送后，地址自动增 1 或减 1，为传送下一个字节做准备。CPU 可随时读取该寄存器的内容。若选择自动预置操作，则在 $\overline{EOP}$ 信号有效时，寄存器返回到由基地址寄存器指定的初始值。

5）控制寄存器

8237A 的 4 个通道共用一个 8 位的控制寄存器。编程时，由 CPU 向它写入控制字，而由复位信号（RESET）或软件清除命令清除它。控制寄存器格式如图 5.24 所示。

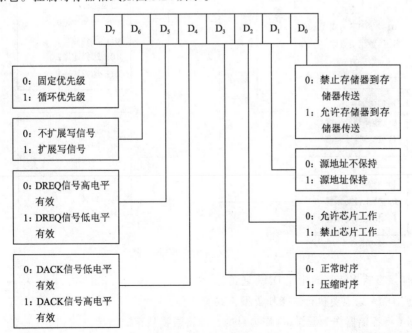

图 5.24　8237A 控制寄存器格式

D_0：允许或禁止存储器到存储器的传输功能。当这个功能被允许时，通道 0 和通道 1 指定两个不同的存储器块（通道 0 指定源地址，通道 1 指定目的地址），可以在这两个存储块间传送数据。每传送一个字节需要两个总线周期，第 1 个总线周期先将源地址单元的数据读入 8237A 的暂存器，第 2 个总线周期再将暂存器的内容放到数据总线上，然后在写信号的控制下，写入目的地址单元。

D_1：该位仅当选择了存储器到存储器传送功能时才有效。当 $D_0 = 0$ 时，该位可为任意值。

D_2：用来禁止或允许 8237A 芯片工作。

D_3：用于选择工作时序方式。8237A 可以有两种工作时序，一种是正常时序，一种是压缩时序。如果系统各部分速度均比较高，便可以用压缩时序，这样可以提高 DMA 传输的数据吞吐量。当 $D_0 = 1$ 时，该位可为任意值。

D_4：用于选择优先级方式。当 $D_4 = 0$ 时为固定优先级，即通道 0 的优先级最高，通道 3 的优先级最低；当 $D_4 = 1$ 时为循环优先级，即在每次 DMA 服务之后，各个通道的优先级都发生变化，某通道的 DMA 请求被响应后，随即降为最低级。

D_5：该位用于选择和总线写周期的同步。若 $D_5 = 1$，选择扩展写信号，此时 $\overline{IOW}$ 或 $\overline{MEMW}$ 比正常时序提前一个状态周期。当 $D_0 = 1$ 时，该位可为任意值。

D_6：选择 DREQ 信号有效的电平极性。

D_7：选择 DACK 信号有效的电平极性。

6）方式寄存器

8237A 的每个通道都有一个 6 位的方式寄存器，CPU 不可寻址。4 个通道的方式寄存器共用一个端口地址，方式选择命令字的格式，如图 5.25 所示。方式字的最低两位进行通道的选择，写入命令字之后，8237A 将根据 D_1 和 D_0 的编码方式把方式寄存器的 $D_7 \sim D_2$ 位送到相应通道的方式寄存器中，从而确定该通道的传送方式和数据传送类型。各位作用如下：

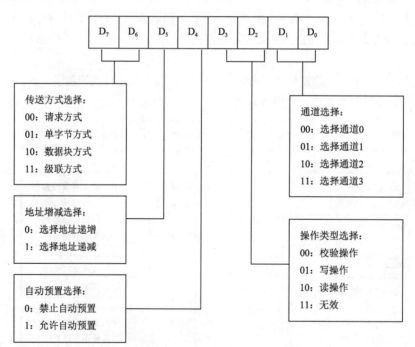

图 5.25 8237A 方式寄存器格式

D_1、D_0：用于选择该方式控制字的相应 DMA 通道。

D_3、D_2：指定相应 DMA 通道要执行的操作类型，共有 3 种：

（1）读操作：DMA 将存储器作为源，I/O 作为目的，即将数据从存储器读出送到 I/O 端口的数据传送。

（2）写操作：DMA 将 I/O 作为源，存储器作为目的，即将数据从 I/O 端口读出送到存储器的数据传送。

（3）校验操作：不进行实际的数据传送，仅仅对 DMA 控制器的功能进行校验。在校验传送中，DMA 只产生存储器地址，但对存储器和 I/O 的控制信号均无效。

D_4：可用于设置一个通道为自动预置通道，即当该通道完成一个 DMA 操作出现 $\overline{EOP}$ 时，当前地址寄存器和当前字节寄存器被分别装入基地址寄存器和基本字节寄存器的初始值，使它们重新初始化。当自动预置以后该通道准备好执行下一次的 DMA 服务，而无须 CPU 的介入。当某个通道为自动预置时，其相应的屏蔽位不能置位。

D_5：用于选择当前地址寄存器的地址变化方向是递增还是递减。

D_7、D_6：用于选择 DMA 四种数据传送方式。

（1）单字节传送：每次请求进入 DMA，只传送 1 个字节数据。当外围设备发出 DMA 请求，8237A 向 CPU 请求总线。8237A 获得总线控制权以后，开始字节的传送，每次传送完一个字节，DMA 控制器自动进行存储器地址增量和计数器减量，并释放总线至少一个总线周期。然后，继续测试外围设备的 DMA 请求，如果外设发出的 DREQ 有效，8237A 循环上述过程，控制下一个字节的传送，直至传送字节计数器减为零。虽然，单字节传送降低了 DMA 的效率，但是 CPU 至少可得到一个周期的总线控制权，保证了对中断请求的及时响应。

（2）块传送：每次请求进入 DMA，传送指定字节数的数据块。实际传送的数据块大小是由事先编程指定的字节数和外部的结束信号共同决定。块传送是 DMA 的一种典型传送方式，在 8237A 控制器获得总线权以后，控制数据一个字节、一个字节地传送，每传送一个字节，进行一次地址增量和计数器减量，直至数据块传送完毕。对于 DMA 控制器来说，块传送是效率最高的一种方式。由于 DMA 在进行块传送过程中一直占有总线，它的优先权又大于中断的优先权，因此这一期间的中断请求得不到 CPU 的响应。

（3）请求传送：每次请求进入 DMA，传送指定字节数的数据块。实际传送的数据块大小由事先编程指定的字节数和请求信号维持的时间及外部的结束信号共同决定。随机请求传送综合了块传送和单字节传送的特点。每传送完一个字节，8237A 自动进行地址增量和计数器减量，然后测试 DREQ 的状态。如果 DREQ 为有效状态，则继续进行 DMA 传送，直至字节计数器为 0。如果 DREO 为无效状态，8237A 便释放总线，并继续测试 DREQ 的状态，只有 DREQ 回到有效状态以后，8237A 才继续控制数据传送。要想在请求传送方式下连续传送，必须保持 DREQ 一直有效。

（4）级联传送：为了实现 DMA 系统扩展，几个 8237A 可以进行级联。在级联方式下，主 8237A 的通道优先级要高于附加的 8237A 通道。当主 8237A 某个级联通道得到响应后，它不能输出本身的地址或控制信号，否则，与附加的 8237A 芯片某个被响应的通道所输出的信号相冲突，因为后者才是真正控制外围设备与存储器传送数据的。主芯片仅对附加芯片的 HRQ 请求作出 HLDA 响应，其他输出均被禁止。利用这种两级级联方式，可以使系统最多具有 16 个 DMA 通道。

7）状态寄存器

状态寄存器的格式如图 5.26 所示。状态寄存器的高 4 位表示 4 个通道是否有 DMA 请求，低 4 位指出 4 个通道的 DMA 传送是否结束，供 CPU 查询，状态位在复位或被读出后，均被清除。它与控制寄存器共用一个端口地址。

8）请求寄存器

请求寄存器的格式如图 5.27 所示。请求寄存器是 4 个通道的公用寄存器，8 位。它可用于在软件控制下产生一个 DMA 请求，和外围设备产生的 DREQ 请求效果一样。D_1、D_0 位选择通道，D_2 位决定该通道是否有请求，$D_7 \sim D_3$ 位不用。8237A 根据请求寄存器的 $D_2 \sim D_0$ 位，将相应通道的请求触发器置 1，使通道提出"软件 DMA 请求"。

图 5.26　8237A 状态寄存器格式

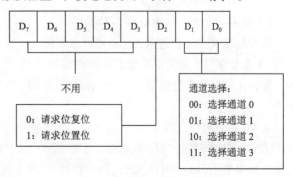

图 5.27　8237A 请求寄存器格式

9）屏蔽寄存器

屏蔽寄存器用于选择允许或禁止各通道接受 DMA 请求信号 DREQ。当屏蔽位置位时被禁止，复位时被允许。芯片内有两个不同端口的屏蔽寄存器。

（1）写单个屏蔽位寄存器，8 位，格式如图 5.28 所示。D_1、D_0 位选择通道，D_2 位决定该通道是否置屏蔽，$D_7 \sim D_3$ 位不用。这种格式一次仅选择一个通道。当一个通道的屏蔽触发器置 1 时，来自引脚 DREQ 的硬件请求被禁止，同样，来自请求寄存器的软件 DMA 请求也被要禁止，复位时被允许。

（2）写全部屏蔽位寄存器，8 位，格式如图 5.29 所示。$D_7 \sim D_4$ 位不用，$D_3 \sim D_0$ 位分别对应通道 3~通道 0 的屏蔽触发器，当某一位置 1 时，对应通道的屏蔽触发器置 1。利用它可同时实现对 4 个通道的屏蔽控制。该屏蔽字又称主屏蔽字。

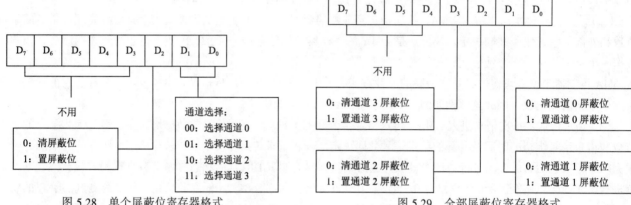

图 5.28 单个屏蔽位寄存器格式   图 5.29 全部屏蔽位寄存器格式

当某个通道产生一个 $\overline{\text{EOP}}$ 信号，且该通道未被初始化为自动预置时，相应的屏蔽位被置位；当 RESET 复位或用软件复位命令时，整个屏蔽寄存器被置位，即禁止所有通道接收 DMA 请求，直至一条清除屏蔽寄存器的软件命令使之复位为止，才允许接收 DMA 请求。

10）暂存寄存器

暂存寄存器为 4 个通道共用的 8 位寄存器，它仅用于在存储器到存储器间的传输操作时暂存中间数据。当传输完成后，最后一个传输的数据字节可由 CPU 从该寄存器中读出，在芯片复位时被清除。

11）先/后触发器

8237A 只有 8 根数据线，而基地址寄存器和基本字节寄存器都是 16 位，预置初值时需要分两次进行，每次写入一个字节。先/后触发器是为初值的写入顺序而设置的。在使用先/后触发器时，先将其清 0，然后先写低位字节，后写高位字节。

通过上面对 8237A 各寄存器的描述，可清楚地看出 8237A 的工作特性。利用 CPU 对 8237A 所占用的 16 个端口地址的读写，可对每个通道的工作方式和操作功能进行设置，也可及时了解各通道的工作状态和有关参数。

4．8237A 的初始化编程

1）发主清命令（对 0DH 端口写）

目的是使 8237A 在进入工作前能可靠复位，先进入空闲周期。

2）命令字写入控制寄存器（对 08H 端口写）

初始化时必须设置控制寄存器，以确定其工作时序、优先级方式、DREQ 和 DACK 的有效电平及是否允许工作等。

在 PC 系列机中，当 BIOS 初始化时，已将通道的控制寄存器设定为 00H，禁止存储器到存储器的传送，允许读/写传送，正常时序，固定优先级，不扩展写信号，DREQ 高电平有效，DACK 低电平有效。因此在 PC 微机系统中，如果借用 DMA CH1（CH1 是预留给用户使用的）进行 DMA 传送，则初始化编程时，不应再向控制寄存器写入新的命令字。

3）屏蔽字写入屏蔽寄存器（对 0AH 端口写）

当某通道正在进行初始化编程时，接收到 DMA 请求，可能未初始化结束，8237A 就开始进行 DMA 传送，从而导致出错。因此初始化编程时，必须先屏蔽要初始化的通道，在初始化结束后再解除该通道的屏蔽。

4）方式字写入方式寄存器（对 0BH 端口写）

为通道规定传送方式和操作类型。

5）清除先/后触发器（对 0CH 端口写）

对 16 位的基地址寄存器和当前地址寄存器以及基本字节寄存器和当前字节寄存器进行写入和读取必须分两次进行，先低字节，后高字节。先/后触发器是一个指针，当它为 0 时，对低字节进行操作；它为 1 时，对高字节进行操作。因此在初始化上述的 16 位寄存器时，应首先对先/后触发器清零，然后再低字节写入，接着先/后触发器自动置 1，高字节写入。由于对该触发器清零只需发一条写命令即可，并不进行数据总线的操作，故写任何数均可。

6）设置基地址/当前地址和基本字节/当前字节寄存器（对 00H~07H 端口写）

把 DMA 操作所涉及的存储区的首地址或末地址写入基地址和当前地址寄存器，把要传送的字节数减 1，写入基本字节和当前字节寄存器。这几个寄存器都是 16 位的，因此写入要分两次进行，先写低字节，后写高字节。对这些寄存器在初始化时，要首先使指示对低、高字节顺序进行读写操作的一个先/后触发器置 0，然后再先后对上述寄存器的低字节和高字节进行写操作（此时该触发器自动置 1）。

在初始化时，基地址和当前地址寄存器是同时写入的，且是同一个起始地址，在传送过程中，当前地址在不断变化，而基地址则一直保持不变。基本字节寄存器和当前字节寄存器也是被同时写入的，在传送过程中，当前字节数在不断变化，而基本字节数则一直保持不变。由于基地址和基本字节寄存器不能被 CPU 读出，所以它们分别和当前地址与当前字节寄存器共用一个端口地址。

7）清除屏蔽寄存器（对 0EH 或 0AH 端口写）

目的是将 4 个通道的屏蔽位复位（在系统 RESET 时它们已经被置位），以开放它们的 DMA 操作。方法有三种：

（1）使用软命令操作，对 0EH 端口发一条写任何数的写命令即可。

（2）对 0AH 端口写屏蔽字。一个屏蔽字只能清一个屏蔽位，4 个通道要写 4 次。

（3）对 0FH 端口写屏蔽字。写一次即可对 4 个通道起作用。

8）写请求寄存器（对 09H 端口写）

如果采用软件 DMA 请求，在完成通道初始化之后，在程序的适当位置向请求寄存器写入请求位置位命令字，即可使相应通道进行 DMA 传送。

【例 5.6】设在计算机系统中，DMA 的端口地址为 00H~0FH，要求对 8237A 的 0 通道编程，使其工作于单字节传送方式，地址增 1，自动预置，读出操作。满足上述要求的初始化程序如下：

```
MOV   AL,04H              ;命令字禁止 8237 操作
OUT   DMA+8,AL           ;命令字送命令寄存器
OUT   DMA+0DH,AL         ;发主清命令
MOV   AL,0FFH            ;传送字节数送 AL
OUT   DMA+1,AL           ;写 0 通道字节计数器和当前字节计数器低 8 位
OUT   DMA+1,AL           ;写 0 通道字节计数器和当前字节计数器高 8 位
MOV   AL,58H             ;工作方式字,单字节传送,地址加 1,自动预置
                        ;读出,0 通道
OUT   DMA+0BH,AL
MOV   AL,0               ;置命令寄存器
OUT   DMA+08H,AL         ;命令字送命令寄存器
OUT   DMA+10             ;写屏蔽寄存器,允许通道 0 请求
```

【例 5.7】现假设在级联的 8237A 的主片通道 1，将内存起始地址为 80000H 的 280H 字节的内容直接输出到外围设备上。满足上述要求的程序如下：

```
MOV   AL,4               ;命令字,禁止 82C37 工作
OUT   08,AL             ;写命令寄存器
```

```
        MOV   AL,0
        OUT   0CH,AL              ;清除先/后触发器
        OUT   02,AL               ;写低 8 位地址
        OUT   02,AL               ;写高 8 位地址
        MOV   AL,8                ;页面地址为 8
        OUT   83H,AL              ;写页面寄存器
        MOV   AX,280H             ;传输字节数
        DEC   AX
        OUT   03,AL               ;写字节数低 8 位
        MOV   AL,AH
        OUT   03,AL               ;写字节数高 8 位
        MOV   AL,49H              ;模式字:单字节读,地址加 1
        OUT   0BH,AL
        MOV   AL,40H              ;命令字:DACK 和 DREQ 低电平有效
        OUT   08H,AL              ;正常时序,固定优先权
        MOV   AL,01               ;清除通道 1 屏蔽
        OUT   0AH,AL
WAITF:  IN    AL,08               ;读通道 1 状态
        AND   AL,02               ;传送是否完成
        JZ    WAITF               ;没完成则等待
        MOV   AL,05               ;完成则屏蔽通道 1
        OUT   0AH,AL
......
```

5.3 外围设备概述

中央处理器（CPU）和主存储器（MM）构成计算机的主机。除主机以外，那些围绕着主机设置的各种硬件装置称为外围设备或外部设备。外围设备是计算机系统中不可缺少的重要组成部分，它们主要用来完成数据的输入、输出、存储以及对数据的加工处理。

5.3.1 外围设备的分类

外围设备的种类很多，从它们的功能及其在计算机系统中的作用来看，可以分为以下五类：

1. 人机交互设备

从计算机的角度出发，向计算机输入信息的外围设备称为输入设备；接收计算机输出信息的外围设备称为输出设备。

输入设备有键盘、鼠标、扫描仪、数字化仪、磁卡输入设备、语音输入设备等。输出设备有显示设备、绘图仪、打印输出设备等。

另外，还有一些兼有输入和输出功能的复合型输入/输出设备。

2. 信息存储设备

计算机中有大量的有用信息需要保留，通常用辅助存储器作为计算机的信息存储设备。辅助存储器是指主机以外的存储装置，又称为后援存储器。辅助存储器的读/写，就其本质来说也是输入或输出，所以可以认为辅助存储器也是一种复合型的输入/输出设备。目前，常见的辅助存储器有磁盘存储器、光盘存储器等。

3. 终端设备

终端设备由输入设备、输出设备和终端控制器组成，通常通过通信线路与主机相连。终端设备具有向计算机输入信息和接收计算机输出信息的能力，具有与通信线路连接的通信控制能力，有些还具有一定的数据处理能力。

终端设备一般分为通用终端设备和专用终端设备两类。专用终端设备是指专门用于某一领域的终端设备；而通用终端设备则适用于各个领域，它又可分为会话型终端、远地批处理终端和智能终端三类。

4．过程控制设备

当计算机进行实时控制时，需要从控制对象取得参数，而这些原始参数大多数是模拟量，需要先用模/数转换器将模拟量转换为数字量，然后再输入计算机进行处理。而经计算机处理后的控制信息，需先经数/模转换器把数字量转换成模拟量，再送到执行部件对控制对象进行自动调节。模/数、数/模转换设备均是过程控制设备，有关的检测设备也属于过程控制设备。

5．脱机设备

脱机设备是指在脱离主计算机的情况下，可由设备本身初步完成数据加工的设备。

5.3.2　外围设备的地位和作用

外围设备是计算机和外界联系的接口和界面，如果没有外围设备，计算机将无法工作。随着超大规模集成电路技术的发展，主机的造价越来越低，而外围设备的价格在计算机系统中所占的比例却越来越高。随着计算机系统的发展和应用范围的不断扩大，外围设备的种类和数量越来越多，外围设备在计算机系统中的地位变得越来越重要。

外围设备在计算机系统中的作用可以分为四个方面：

1．外围设备是人机对话的通道

无论是微型计算机系统，还是小、中、大型计算机系统，要把数据、程序送入计算机或要把计算机的计算结果及各种信息送出来，都要通过外围设备来实现。因此，外围设备成为人机对话的通道。

2．外围设备是完成信息变换的设备

人们习惯用字符、汉字、图形、图像等来表达信息的含义，而计算机内部却是以电信号表示的二进制代码。因此，人机对话交换信息时，首先需要将各种信息变成计算机能识别的二进制代码形式，然后再输入计算机；同样，计算机处理的结果也必须变换成人们所熟悉的表示方式，这两种变换只能通过外围设备来实现。

3．外围设备是计算机系统软件和信息的驻在地

随着计算机技术的发展，系统软件、数据库和待处理的信息量越来越大，不可能全部存放在主存中，因此，以磁盘存储器或光盘存储器为代表的辅助存储器已成为系统软件、数据库及各种信息的驻在地。

4．外围设备是计算机在各领域应用的桥梁

随着计算机应用范围的扩大，已从早期的数值计算扩展到文字、表格、图形、图像和语音等非数值信息的处理。为了适应这些处理，各种新型的外围设备陆续被制造出来。无论哪个领域、哪个部门，只有配置了相应的外围设备，才能使计算机在这些方面获得广泛的应用。

5.3.3　输入设备

计算机可以利用输入设备完成程序、数据和操作命令的输入。常用的输入设备包括键盘、鼠标、触摸屏、扫描仪、摄像机等。本节主要介绍键盘、鼠标、扫描仪。

1．键盘

键盘是计算机系统不可缺少的输入设备，人们通过键盘上的按键直接向计算机输入各种数据、命令及指令，从而使计算机完成不同的运算及控制任务。

1）键盘类型

键盘上的每个按键起一个开关的作用，故又称为键开关：键开关分为接触式和非接触式两大类。

（1）接触式键开关中有一对触点，最常见的接触式键开关是机械式键，它是靠按键的机械动作来控制开关开启的。当键帽被按下时，两个触点被接通；当释放时，弹簧恢复原来触点断开的状态。这种键开关结构简单、成

本低，但开关通、断会产生触点抖动，而且使用寿命较短。

（2）非接触式键开关的特点是：开关内部没有机械接触，只是利用按键动作改变某些参数或利用某些效应来实现电路的通、断转换。非接触式键开关主要有电容式键和霍尔键两种，其中电容式键是比较常用的，这种键开关无机械磨损，不存在触点抖动现象，性能稳定，使用寿命长，已成为当前键盘的主流。

按照键码的识别方法，键盘可分为编码键盘和非编码键盘两大类。

（1）编码键盘是用硬件电路来识别按键代码的键盘，某键按下后，相应电路即给出一组编码信息（如 ASCII 码）送主机去进行识别及处理。编码键盘的响应速度快，但它以复杂的硬件结构为代价，并且其硬件的复杂程度随着键数的增加而增加。

（2）非编码键盘是用较为简单的硬件和专门的键盘扫描程序来识别按键的位置，即在按下某键以后并不给出相应的 ASCII 码，而提供与按下键相对应的中间代码，然后再把中间代码转换成对应的 ASCII 码。非编码键盘的响应速度不如编码键盘的快，但是它通过软件编程可为键盘中某些键的重新定义提供更大的灵活性，因此得到广泛使用。

2）键盘扫描

在大多数键盘中，键开关被排列成 M 行 × N 列的矩阵结构，每个键开关位于行和列的交叉处。非编码键盘常用的键盘扫描方法有逐行扫描法和行列扫描法。

（1）逐行扫描法。

图 5.30 是采用逐行扫描识别键码的 8 × 8 键盘矩阵，8 位输出端口和 8 位输入端口都在键盘接口电路中，其中输出端口的 8 条输出线接键盘矩阵的行线（X_0~X_7），输入端口的 8 条输入线接键盘矩阵的列线（Y_0~Y_7）。通过执行键盘扫描程序对键盘矩阵进行扫描，以识别被按键的行、列位置。

键盘扫描程序处理的步骤如下：

步骤 1：查询是否有键按下。

首先由 CPU 对输出端口的各位置"0"。即使各行全部接地，然后 CPU 再从输入端口读入数据。若读入的数据全为"1"，表示无键按下，只要读入的数据中有一个不为"1"，表示有键按下，接着要查出按键的位置。

步骤 2：查询按下的是哪个键。

CPU 首先使 X_0 为 0，X_1~X_7 全为"1"，读入 Y_0~Y_7，若全为"1"，表示按键不在这一行；接着使 X_1 为 0，其余各位全为"1"，读入 Y_0~Y_7 直至 Y_0~Y_7 不全为"1"为止，从而确定了当前按下的键在键盘矩阵中的位置。

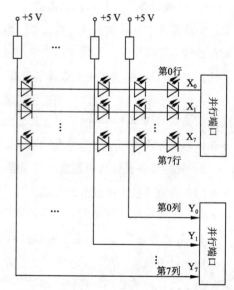

图 5.30　采用逐行扫描法的 8×8 键盘矩阵

步骤 3：按行号和列号求键的位置码。将此翻译成 ASCII 码，由计算机接收。

得到的行号和列号表示按下键的位置码。对于接触式键开关，为避免触点抖动造成干扰，通常采用软件延时的方法来等候信号稳定。具体的做法是：在检查到有键按下以后延时一段时间（约 20 ms），再检查一次是否有键按下。若这一次检查不到，则说明前一次检查结果为干扰或者抖动；若这一次检查到有键按下，则可确认这是一次有效的按键。

（2）行列扫描法。

当扫描每一行时，读列线，若读得的结果为全"1"，说明没有键按下，即尚未扫描到闭合键；若某一列为低电平，说明有键按下，而且行号和列号已经确定。然后用同样的方法，依次向列线扫描输出，读行线。如果两次所得到的行号和列号分别相同，则键码确定无疑，即得到闭合键的行列扫描码。

3）键盘接口电路

通常，键盘需要键盘接口电路连接到计算机中。键盘接口电路一般在计算机主板上，通过电缆与键盘连接，键盘接口串行接收键盘送来的扫描码，或者向键盘发送诸如键盘自检等命令。

键盘接口的主要功能如下：

（1）串行接收键盘送来的接通扫描码和断开扫描码，转换成并行数据并暂存。

（2）收到一个完整的扫描码后，立即向主机发送中断请求。

（3）主机中断响应后读取扫描码，并转换成相应的 ASCII 码存入键盘缓冲区。对于控制键，设置相应的状态。

（4）接收主机发来的命令，传送给键盘，并等候键盘的响应，自检时用以判断键盘的正确性。

2. 鼠标

鼠标（Mouse）是控制显示器指针移动的输入设备，由于它能在屏幕上实现快速精确的指针定位，可用于屏幕编辑、选择菜单和屏幕作图。鼠标已成为计算机系统中必不可少的输入设备。

鼠标按其内部结构的不同可分为机械式、光机式和光电式三大类。尽管结构不同，但从控制指针移动的原理上讲三者基本相同，都是把鼠标的移动距离和方向变为脉冲信号送给计算机，计算机再把脉冲信号转换成显示器指针的坐标数据，从而达到指示位置的目的。

（1）机械式鼠标。机械式鼠标的结构最为简单，由鼠标底部的胶质小球带动 X 方向滚轴和 Y 方向滚轴，在滚轴的末端有译码轮，译码轮附有金属导电片与电刷直接接触。鼠标的移动带动小球的滚动，再通过摩擦作用使两个滚轴带动译码轮旋转，接触译码轮的电刷随即产生与二维空间位移相关的脉冲信号。

（2）光机式鼠标。光机式鼠标顾名思义就是一种光电和机械相结合的鼠标，在机械式鼠标的基础上，将磨损最厉害的接触式电刷和译码轮改为非接触式的 LED 对射光路元件。当小球滚动时，X、Y 方向的滚轴带动码盘旋转。安装在码盘两侧有两组发光二极管和光敏三极管，LED 发出的光束有时照射到光敏三极管上，有时则被阻断，从而产生了两组相位相差 90° 的脉冲序列。脉冲的个数代表鼠标的位移量，而相位表示鼠标运动的方向。由于采用的是非接触部件，使磨损率下降，从而提高了鼠标的寿命，也能在一定范围内提高鼠标的精度。

（3）光电式鼠标。光电式鼠标内部有一个发光二极管，通过其发出的光线，照亮光电式鼠标底部表面，然后将反射回来的一部分光线，经过一组光学透镜，传输到一个光感应器件内成像。这样，当光电鼠标移动时，其移动轨迹便会被记录为一组高速拍摄的连贯图像。最后利用光电式鼠标内部的一块专用图像分析芯片对移动轨迹上摄取的一系列图像进行分析处理，通过对这些图像上特征点位置的变化进行分析，来判断鼠标的移动方向和移动距离，从而完成光标的定位。

鼠标按键数可以分为双键、三键和多键鼠标。

3. 扫描仪

扫描仪（Scanner）是利用光电技术和数字处理技术，以扫描方式将图形或图像信息转换为数字信号的装置。

扫描仪通常被用于计算机外围仪器设备，通过捕获图像并将之转换成计算机可以显示、编辑、存储和输出的数字化输入设备。照片、文本页面、图纸、美术图画、照相底片、菲林软片，甚至纺织品、标牌面板、印制板样品等三维对象都可作为扫描仪的扫描对象，将原始的线条、图形、文字、照片、平面实物转换成可以编辑及加入文件中的装置。扫描仪属于计算机辅助设计（CAD）中的输入系统，通过计算机软件和计算机、输出设备（激光打印机、激光绘图机）接口，组成印前计算机处理系统，适用于办公自动化（OA），广泛应用在标牌面板、印制板、印刷行业等。

扫描仪大致可分为滚筒式扫描仪、平面扫描仪、笔式扫描仪、便携式扫描仪、馈纸式扫描仪、胶片扫描仪、底片扫描仪和名片扫描仪等。

1）扫描仪的工作原理

自然界每一种物体都会吸收特定的光波，而没有被吸收的光波就会被反射出去。扫描仪就是利用上述原理来完成对稿件的读取的。扫描仪工作时发出的强光照射在稿件上，没有被吸收的光线将被反射到光学感应器上。光感应器接收到这些信号后，将这些信号传送到模/数（A/D）转换器，模/数转换器再将其转换成计算机能读取的信号，然后通过驱动程序转换成显示器上能看到的正确图像。待扫描的稿件通常可分为反射稿和透射稿，前者泛指一般的不透明文件，如报纸、杂志等，后者包括幻灯片（正片）或底片（负片）。如果经常需要扫描透射稿，就必须选择具有光罩（光板）功能的扫描仪。

2）扫描仪的核心部件

扫描仪的核心部件是光学读取装置和模/数（A/D）转换器。常用的光学读取装置有两种：CCD 和 CIS。

（1）CCD（Charge Coupled Device，电荷耦合器件），与一般的半导体集成电路相似，它在一块硅单晶上集成了成千上万个光敏三极管，这些光电三极管分成三列，分别被红、绿、蓝色的滤色镜罩住，从而实现彩色扫描。光敏三极管在受到光线照射时可产生电流，经放大后输出。采用 CCD 的扫描仪技术经多年的发展已相当成熟，是市场上主流扫描仪主要采用的感光元件。

CCD 的优势在于，经它扫描的图像质量较高，具有一定的景深，能扫描凹凸不平的物体；温度系数较低，对于一般的工作，周围环境温度的变化可以忽略不计。CCD 的缺点有：由于组成 CCD 的数千个光电三极管的距离很近（微米级），在各光电三极管之间存在着明显的漏电现象，各感光单元的信号产生的干扰降低了扫描仪的实际清晰度；由于采用了反射镜、透镜，会产生图像色彩偏差和像差，需要用软件校正；由于 CCD 需要一套精密的光学系统，故扫描仪体积难以做得很小。

（2）CIS（Contact Image Sensor，接触式图像感应装置）采用触点式感光元件（光敏传感器）进行感光，在扫描平台下 1~2 mm 处，300~600 个红、绿、蓝三色 LED（发光二极管）传感器紧紧排列在一起，产生白色光源，取代了 CCD 扫描仪中的 CCD 阵列、透镜、荧光管和冷阴极射线管等复杂机构，把 CCD 扫描仪的光、机、电一体变成 CIS 扫描仪的机、电一体。用 CIS 技术制作的扫描仪具有体积小、质量小、生产成本低等优点，但 CIS 技术也有不足之处，主要是用 CIS 不能做成高分辨率的扫描仪，扫描速度也比较慢。

3）扫描仪的主要性能指标

（1）分辨率。分辨率通常是指图像每英寸有多少个像素（Pixel）。分辨率对图像的质量有很大的影响，通常分辨率越高，扫描输入的时间就越长。扫描仪的分辨率又可细分为光学分辨率和最大分辨率两种。

光学分辨率是扫描仪最重要的性能指标之一。它直接决定了扫描仪扫描图像的清晰程度。扫描仪的光学分辨率用每英寸长度上的点数，即 DPI 来表示。通常，低档扫描仪的光学分辨率为 300×600 DPI，中高档扫描仪的光学分辨率为 600×1 200 DPI。

光学分辨率指的是扫描仪实际工作时的分辨能力，也就是在每英寸上它所能扫描的光学点数。通常这个数值是不变的，因为它由光学感应元件的性能决定。

最大分辨率又叫做软件分辨率，通常是指利用软件插值补点的技术模拟出来的分辨率。光学分辨率为 300×600 DPI 的扫描仪一般最大分辨率可达 4 800 DPI，而 600×1 200 DPI 的扫描仪则更高达 9 600 DPI。这实际上是通过软件在真实的像素点之间插入经过计算得出的额外像素，从而获得的插值分辨率。插值分辨率对于图像精度的提高并无好处，事实上只要软件支持，而用户的机器配置又够高的话，这种分辨率完全可以做到无限大。

（2）色彩深度值。色彩深度值（或称为色阶，也叫作色彩位数）指的是扫描仪色彩识别能力的大小。扫描仪是利用 R（红）、G（绿）、B（蓝）三原色来读取数据的，如果每个原色以 8 位数据来表示，总共就有 24 位，即扫描仪有 24 位色阶；如果每个原色以 12 位数据来表示，总共就有 36 位，即扫描仪有 36 位色阶，它所能表现出的色彩将会有 680 亿（2^{36}）色以上。较高的色彩深度位数可以保证扫描仪反映的图像色彩与实物的真实色彩尽可能一致，而且图像色彩会更加丰富。一般光学分辨率为 300×600 DPI 的扫描仪其色彩深度为 24 位、30 位，而 600×1 200 DPI 的为 36 位，最高的为 48 位。

（3）灰度值。灰度值是指进行灰度扫描时对图像由纯黑到纯白整个色彩区域进行划分的级数，又称为灰度动态范围。灰度值越高，扫描仪能够表现的暗部层次就越细。灰度值的大小对于扫描仪正负片通常会有较大的影响。编辑图像时一般都使用到 8 位，即 256 级，而主流扫描仪通常为 10 位，最高可达 12 位。

（4）扫描速度。扫描速度有多种表示方法，因为扫描速度与分辨率、内存容量、存取速度及显示时间、图像大小有关，通常用指定的分辨率和图像尺寸下的扫描时间来表示。

（5）扫描幅面。表示扫描图稿尺寸的大小，常见的有 A4、A3、A0 幅面等。

5.3.4　输出设备

输出设备（Output Device）是计算机硬件系统的终端设备，用于接收计算机数据的输出显示、打印、声音、控制外围设备操作等，也是把各种计算结果数据或信息以数字、字符、图像、声音等形式表现出来。常见的输出设备有显示器、打印机、绘图仪、影像输出系统、语音输出系统、磁记录设备等。

输出设备是对将外部世界信息发送给计算机的设备和将处理结果返回给外部世界的设备的总称。这些返回结果可能是作为使用者能够视觉上体验的，或是作为该计算机所控制的其他设备的输入。

输出设备的功能是将内存中计算机处理后的信息以能为人或其他设备所接受的形式输出。

输出设备种类也很多。计算机常用的输出设备有各种打印机、显示设备和绘图机等。打印机和显示设备已成为每台计算机和大多数终端所必需的设备。

1．打印机

打印机（Printer）是将计算机的处理结果打印在纸张上的输出设备。人们常把显示器的输出称为软拷贝，把打印机的输出称为硬拷贝。

打印机有联机和脱机两种工作方式。所谓联机，就是与主机接通，能够接收及打印主机传送的信息。所谓脱机，就是切断与主机的联系。在脱机状态下，可以进行自检或自动进/退纸。这两种状态由打印机面板上的联机键控制。

按传输方式，可以分为一次打印一个字符的字符打印机、一次打印一行的行式打印机和一次打印一页的页式打印机。

按工作机构，可以分为击打式打印机和非击打式打印机。其中击打式又分为字模式打印机和点阵式打印机。非击打式又分为喷墨打印机、激光打印机、热转印打印机和静电打印机。

点阵针式打印机特点：结构简单，体积小，价格低，字符种类不受限制，对打印介质要求不高，可以打印多层介质。结构：打印头与字车；输纸机构；色带机构；控制器与显示控制器类似。它的打印头上安装有若干个针，打印时控制不同的针头通过色带打印纸面即可得到相应的字符和图形。因此，又常称为针式打印机。有 9 针或 24 针两种。

喷墨打印机是类似于用墨水写字一样的打印机，可直接将墨水喷射到普通纸上实现印刷，如喷射多种颜色墨水则可实现彩色硬拷贝输出。

喷墨打印机的喷墨技术有连续式和随机式两种，目前市场上流行的各种型号打印机，大多采用随机式喷墨技术。

激光打印机是一种光、机、电一体，高度自动化的计算机输出设备，其成像原理与静电复印机相似，结构比针式打印机和喷墨打印机都复杂得多。其组成如图 5.31 所示。

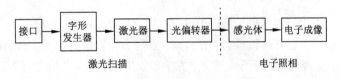

图 5.31　激光打印机的组成

感光鼓是激光打印机的核心，这是一个用铝合金制成的圆筒，其表面镀有一层半导体感光材料，通常是硒，所以又常将它称为硒鼓。激光打印机的打印过程中包括充电、扫描曝光、显影、转印、定影和清除残像六步，上述步骤都是围绕感光鼓进行的。

普通激光印字机的印字分辨率都能达到 300 DPI（每英寸 300 个点）或 400 DPI，甚至 600 DPI。特别是对汉字或图形/图像输出，是理想的输出设备。

激光打印机称为“页式输出设备”，用每分钟输出的页数（Pages Per Minute，PPM）来表示。高速的在 100 PPM以上，中速为 30~60 PPM，它们主要用于大型计算机系统。低速为 10~20 PPM，甚至 10 PPM 以下，主要用于办公自动化系统和文字编辑系统。

热转印打印机的印字质量优于点阵针式打印机，与喷墨打印机相当，印字速度比较快，串式一般可超过 6 PPM，分辨率达到 360 DPI。

热转印打印机中的印字头是用半导体集成电路技术制成的薄膜头，头中有发热电阻，它由一种能耐高功率密度和耐高温的薄膜材料组成。将具有热敏性能的油墨涂在涤纶基膜上便构成热转印色带，色带位于热印字头与记录纸之间。印字时，脉冲信号将印字头中的发热电阻加热到几百摄氏度（如 300 ℃），而印字头又压在涤纶膜上，使膜基上的油墨熔化而转移到记录纸上留下色点，由色点组成字符、图形或图像。

若打印汉字，对于装有汉字库的打印机，可直接打印，打印速度快。如无汉字库，在微机中则需安装该种打印机的汉字驱动程序，使用微机的汉字库，打印速度较慢。

打印机控制器亦称打印机适配器，是打印机的控制机构，也是打印机与主机的接口部件，以硬件插卡的形式插在主板上。标准接口是并行接口，它可以同时传送多个数据，比串行接口传输速度快。

2．绘图机

自动绘图机是直接由电子计算机或数字信号控制，用以自动输出各种图形、图像和字符的绘图设备。可采用联机或脱机的工作方式，是计算机辅助制图和计算机辅助设计中广泛使用的一种外围设备。按绘图方式，可分为跟踪式绘图机（如笔式绘图机）和扫描式绘图机（如静电扫描绘图机、激光扫描绘图机、喷墨式扫描绘图机）等。按机械结构，可分为滚筒式（鼓式）绘图机和平台式绘图机两大类。数控绘图机的传动方式有钢丝或钢带传动，有滚珠丝杠或齿轮齿条传动，有电机传动，如采用开环控制方式的直线步进电机和采用闭环控制的伺服电机等。绘图机是能按照人们要求自动绘制图形的设备。它可将计算机的输出信息以图形的形式输出，主要可绘制各种管理图表和统计图、大地测量图、建筑设计图、电路布线图、各种机械图与计算机辅助设计图等，最常用的是 X-Y 绘图机。现代的绘图机已具有智能化的功能，它自身带有微处理器，可以使用绘图命令，具有直线和字符演算处理以及自检测等功能。这种绘图机一般还可选配多种与计算机连接的标准接口。

绘图机是一种输出图形的硬拷贝设备。绘图机在绘图软件的支持下可绘制出复杂、精确的图形，是各种计算机辅助设计不可缺少的工具。绘图机的性能指标主要有绘图笔数、图纸尺寸、分辨率、接口形式及绘图语言等。

绘图机一般由驱动电机、插补器、控制电路、绘图台、笔架、机械传动等部分组成。绘图机除了必要的硬设备之外，还必须配备丰富的绘图软件。只有软件与硬件结合起来，才能实现自动绘图。

3．显示器

显示器（Display）又称监视器，是实现人机对话的主要工具。它既可以显示键盘输入的命令或数据，也可以显示计算机数据处理的结果。

常用的显示器主要有三种类型。一种 CRT（Cathode Ray Tube，阴极射线管）显示器，另一种是液晶（Liquid Crystal Display，LCD）显示器，第三种是 LED 显示器，除此之外，OLED 屏幕也得到迅猛发展。

1）CRT 显示器

CRT 显示器按颜色区分，可以分为单色（黑白）显示器和彩色显示器。

彩色显示器又称图形显示器。它有两种基本工作方式：字符方式和图形方式。在字符方式下，显示内容以标准字符为单位，字符的字形由点阵构成，字符点阵存放在字形发生器中。在图形方式下，显示内容以像素为单位，屏幕上的每个点（像素）均可由程序控制其亮度和颜色，因此能显示出较高质量的图形或图像。

显示器的分辨率分为高、中、低三种。分辨率的指标是用屏幕上每行的像素数与每帧（每个屏幕画面）行数的乘积表示的。乘积越大，也就是像素点越小，数量越多，分辨率就越高，图形就越清晰美观。

2）显示器适配器

显示器适配器又称显示器控制器，是显示器与主机的接口部件，以硬件插卡的形式插在主板上。PC 系列微机的显示系统由显示器和显示适配器（显卡）构成，显示器和显卡必须配套使用，是个人计算机基础的组成部分之一，将计算机系统需要的显示信息进行转换，驱动显示器，并向显示器提供逐行或隔行扫描信号，控制显示器的正确显示，是连接显示器和个人计算机主板的重要组件。显卡是插在主板上的扩展槽里的（一般是 PCI-E 插槽，此前还有 AGP、PCI、ISA 等插槽）。它主要负责把主机向显示器发出的显示信号转化为一般电气信号，使得显示器能明白个人计算机在让它做什么。显卡主要由显卡主板、显示芯片、显示存储器、散热器（散热片、风扇）等部分组成。显卡的主要芯片叫"显示芯片"（Video Chipset，也叫 GPU 或 VPU，即图形处理器或视觉处理器），是显卡的主要处理单元。显卡上也有和计算机存储器相似的存储器，称为"显示存储器"，简称显存。显卡又可分为独立显卡和集成显卡两类。下面介绍 PC 系列微机的几种显示适配器显示标准。

（1）MDA。单色显示适配器（Monochrome Display Adapter，MDA）是 IBM 最早研制的视频显示适配器。MDA 支持 80 列、25 行字符显示，采用 9×14 点阵的字符窗口，对应的分辨率为 720×350。MDA 的字符显示质量高，但是不支持图形功能，也无彩色显示能力。

（2）CGA。在 MDA 推出的同时，IBM 也推出了彩色图形适配器（Color Graphics Adapter，CGA）。CGA 支持字符、图形两种方式，在字符方式下又有 80 列 $\times$ 25 行和 40 列 $\times$ 25 行两种分辨率，但字符窗口只有 8×8 点阵，故字符质量较差。在图形方式下，有 640×200 和 320×200 两种分辨率，在最高分辨率的图形显示方式下的颜色数可达四种。

（3）EGA。增强的图形适配器（Enhanced Graphics Adapter，EGA）是 IBM 公司推出的第二代图形显示适配器，它兼容了 MDA 和 CGA 全部功能。EGA 的显示分辨率达到 640×350，字符显示窗口为 8×14 点阵，使字符显示质量大大优于 CGA 而接近于 MDA。在最高分辨率的图形显示方式下的颜色数可达 16 种。

（4）VGA。视频图形阵列（Video Graphics Array，VGA）是 IBM 公司推出的第三代图形显示适配器，它兼容了 MDA、CGA 和 EGA 的全部功能。VGA 的显示分辨率为 640×480，可显示 256 种颜色。近年来又出现了超级 VGA（SVGA）。在 VGA 中，显示颜色由 D/A 转换的输出位数和调色板的位数决定。其标准是：红绿蓝每一路视频信号均采用 6 位 D/A 转换，并使用 18 位的彩色调色板，因此最多可以组合出 $2^{18} = 256$ K 种颜色。但每次可以同时显示的颜色数还取决于每个像素在 VRAM 中的位数。当分辨率为 640×480 时，每个像素对应 4 位信息，因此可以从 256 K 种颜色中选择 16 种颜色；当分辨率为 320×200 时，每个像素对应 8 位信息，可以从 256 K 种颜色中选择 256 种颜色。VGA 的字符显示功能也比 EGA 有所改进，字符窗口为 9×16 点阵。

（5）TVGA。TVGA 是美国 Trident Microsys tems 公司开发的超级 VGA 标准，与 VGA 完全兼容。分辨率有 640×480、800×600、$1\,024 \times 768$、$1\,280 \times 1\,024$ 等，可显示的颜色数有 16 色、256 色、64 K 色和 16 M 色等。

（6）XGA。XGA（eXtended Graphics Array）是 IBM 公司继 VGA 之后推出的扩展图形阵列显示标准。其配置有协处理器，属于智能型适配器。XGA 可实现 VGA 的全部功能，但运行速度比 VGA 快。

SXGA 高级扩展图形阵列（Super XGA 或 SXGA），一个分辨率为 $1\,280 \times 1\,024$ 的既成事实显示标准，每个像素用 32 比特表示（本色）。这种被广泛采用的显示标准的纵横比是 5：4 而不是常见的 4：3。

UXGA 超级扩展图形阵列（Ultra XGA 或 UXGA），是一种既成事实的标准。分辨率为 $1\,600 \times 1\,200$（每像素 32 比特，或称本色）。

WXGA 宽屏扩展图形阵列（WXGA），是一种分辨率为 $1\,280 \times 720$、纵横比为 16：9 的 XGA 格式。

WSXGA / WXGA+宽屏扩展图形阵列+（WXGA+），是一种分辨率为 $1\,440 \times 900$、纵横比为 16：10 的 WXGA 格式。

WUXGA 宽屏超级扩展图形阵列（WUXGA），是一种分辨率为 $1\,920 \times 1\,200$、纵横比为 16：10 的 UXGA 格式。这种纵横比在高档 15 和 17 英寸笔记本计算机上越来越流行。

此外，还有更高的显示标准，例如 QXGA 和 HXGA。按这种定义方式，分辨率最高的既成事实标准是分辨率为 $7\,680 \times 4\,800$ 的 WHUXGA。

SSWUXGA 超高级宽屏超级扩展图形阵列（SSWUXGA）是一种分辨率为 $19\,200 \times 12\,000$、纵横比为 16：10 的 UXGA 格式。

3）当前主流显示器

LED 显示器是一种通过控制半导体发光二极管的显示方式，由很多个通常是红色的发光二极管组成，靠灯的亮灭来显示字符，用来显示文字、图形、图像、动画、行情、视频、录像信号等各种信息的显示屏幕。LED 显示器集微电子技术、计算机技术、信息处理于一体，以其色彩鲜艳、动态范围广、亮度高、清晰度高、工作电压低、功耗小、寿命长、耐冲击、色彩艳丽和工作稳定可靠等优点，成为最具优势的新一代显示媒体，LED 显示器已广泛应用于大型广场、商业广告、体育场馆、信息传播、新闻发布、证券交易等，可以满足不同环境的需要。

LCD 是由液态晶体组成的显示屏，LCD 的构造是在两片平行的玻璃基板当中放置液晶盒，下基板玻璃上设置 TFT（薄膜晶体管），上基板玻璃上设置彩色滤光片，通过 TFT 上的信号与电压改变来控制液晶分子的转动方向，控制每个像素点偏振光出射与否而达到显示目的。而 LED 则是由发光二极管组成的显示屏。LED 显示器与 LCD 显示器相比，LED 在亮度、功耗、可视角度和刷新速率等方面都更具优势。

相对于传统 LCD，OLED 屏幕提供更为鲜艳的色彩、更低的功耗及更薄的屏幕厚度，提供更加优质的视觉体验，现在几乎所有的旗舰手机都集体转向 OLED 屏。然而，在一些较为极端的使用情况下，例如长时间以高亮度持续显示同一个高对比色彩的画面，OLED 屏有可能会出现屏幕"烙印"现象（屏幕出现影像的残影，一段时间后可能会自动消退）。如果静止画面过长导致了像素点老化，则会对屏幕造成无法挽回的"烧屏"现象。此为 OLED 材质的特性和限制，请避免长时间以最大亮度显示静态影像。

习　题　5

1. I/O 设备有哪些编址方式？各有何特点？

2. 简要说明 CPU 与 I/O 设备之间传递信息可采用哪几种联络方式？它们分别用于什么场合？

3. I/O 设备与主机交换信息时，共有哪几种控制方式？简述它们的特点。

4. 试比较程序查询方式、程序中断方式和 DMA 方式对 CPU 工作效率的影响。

5. 在什么条件下，I/O 设备可以向 CPU 提出中断请求？

6. 什么是中断允许触发器？它有何作用？

7. 在什么条件和什么时间，CPU 可以响应 I/O 的请求？

8. 某系统对输入数据进行采样处理，每抽取一个输入数据，CPU 就要中断处理一次，将采样的数据存至存储器的缓冲器中，该中断处理需 P 秒。此外，缓冲区内每存储 N 个数据，主程序就要将其取出进行处理，这个处理需 Q 秒。该系统每秒可以跟踪到多少次中断请求？

9. 中断向量通过什么总线送至什么地方？为什么？

10. 程序查询方式和程序中断方式都是通过"程序"传送数据，两者的区别是什么？

11. 调用中断服务程序和调用子程序有何区别？

第 6 章

指 令 系 统

指令和指令系统是计算机中最基本的概念。指令是指示计算机执行某些操作的命令，一台计算机的所有指令的集合构成该机的指令系统，也称指令集。指令系统是计算机的重要组成部分，位于硬件和软件的交界面上。本章将讨论一般计算机的指令系统所涉及的基本问题。

6.1 指 令 格 式

一台计算机指令格式的选择和确定要涉及多方面的因素，如指令长度、地址码结构以及操作码结构等，是一个很复杂的问题，它与计算机系统结构、数据表示方法、指令功能设计等都密切相关。

6.1.1 机器指令的基本格式

一条指令就是机器语言的一个语句，它是一组有意义的二进制代码，指令的基本格式如下：

Op-Code	Oprand
操作码	地址码或操作数地址

其中：操作码指明了指令的操作性质及功能，在汇编语言中又用助记符（Mnemonic）代表；地址码字段（或称操作数地址）则给出了操作数的地址或操作数本身。由该字段指出指令执行操作所需的操作数。在此字段中可以给出操作数本身，或给出存放操作数的地址，或者给出操作数地址的计算方法。此字段通常可有一个或两个操作数。只有一个操作数的指令称为单操作数指令，有两个操作数的指令称为双操作数指令。双操作数分别称为源操作数 src（source）和目的操作数 dst（destination）。在指令执行之前，src 和 dst 均为参加运算处理的两个操作数；指令执行之后，在 dst 中则存放运算处理的结果。

指令的长度是指一条指令中所包含的二进制代码的位数，它取决于操作码字段的长度、操作数地址的个数及长度。指令长度与机器字长没有固定的关系，它可以等于机器字长，也可以大于或小于机器字长。在字长较短的小型、微型计算机中，大多数指令的长度可能大于机器的字长；而在字长较长的大、中型机中，大多数指令的长度则往往小于或等于机器的字长。通常，把指令长度等于机器字长的指令称为单字长指令；指令长度等于半个机器字长的指令称为半字长指令；指令长度等于两个机器字长的指令称为双字长指令。

在一个指令系统中，若所有指令的长度都是相等的，称之为定长指令字结构。定长结构指令系统控制简单，但不够灵活。若各种指令的长度随指令功能而异，就称之为变长指令字结构。现代计算机广泛采用变长指令字结构，指令的长度能短则短，需长则长，如 80x86 的指令长度从一个字节到十几个字节不等。变长结构指令系统灵活，能充分利用指令长度，但指令的控制较复杂。

例如，8086 指令格式图下所示。其中，操作码字段为 1～2 个字节，操作数字段为 0～4 个字节。指令中的立即操作数 DATA 位于位移量 DISP 之后，均可为 8 位或 16 位。为 16 位时，低位在前，高位在后。若指令中只有 8 位位移量 $DISP_8$，8086 在计算有效地址 EA 时，则自动用符号将其扩展成一个 16 位的双字节数，以保证计算不产生错误。

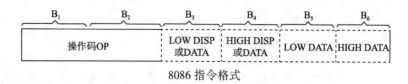

8086 指令格式

若 B_3、B_4 有位移量，立即操作数就位于 B_5、B_6；否则就位于 B_3、B_4。总之，指令中缺少的项将由后面存在的项向前顶替，以减少指令长度。8086 指令长度范围为 1 ~ 6 个字节。

6.1.2 地址码结构

计算机执行一条指令所需的全部信息都必须包含在指令中。对于一般的双操作数运算类指令来说，除去操作码（Operation Code）之外，指令还应包含以下信息：① 第一操作数地址，用 A1 表示；② 第二操作数地址，用 A2 表示；③ 操作结果存放地址，用 A3 表示；④ 下一条将要执行指令的地址，用 A4 表示。

这些信息可以在指令中明显地给出，称为显地址。这些信息也可以依照某种事先的约定，用隐含的方式给出，称为隐地址。下面从地址结构的角度来介绍几种指令格式。

1．四地址指令

前述的四个地址信息都在地址字段中明显地给出，指令格式如下：

OP	A1	A2	A3	A4

指令的含义：

$$（A1）OP（A2）\rightarrow A3$$
$$A4 = 下条将要执行指令的地址$$

其中：OP 表示具体的操作，Ai 表示地址，（Ai）表示存放于该地址中的内容。

这种格式的主要优点是直观，下条指令的地址明显。但最大的缺点是指令的长度太长，如果每个地址为 16 位，整个地址码字段就要长达 64 位，所以这种格式不实用。

2．三地址指令

正常情况下，大多数指令按顺序依次从主存中取出来执行，只有遇到转移指令，程序的执行顺序才会改变。因此，可以用一个程序计数器（Program Counter，PC）来存放指令地址。每当 CPU 从内存取完一条指令，PC 就自动增值（增值量是所取指令在内存存放时所占的字节数），直接得到将要执行的下一条指令的地址。这样，指令中就不必再明显地给出下一条指令的地址了。三地址指令格式如下：

OP	A1	A2	A3

指令的含义：

$$（A1）OP（A2）\rightarrow A3$$
$$PC 完成修改（隐含）$$

执行一条三地址的双操作数运算指令，至少需要访问四次主存：第一次取指令本身，第二次取第一操作数，第三次取第二操作数，第四次保存运算结果。

这种格式省去了一个地址，但指令长度仍然比较长，所以只在字长较长的大、中型计算机中使用，在小型、微型计算机中很少使用。

3．二地址指令

三地址指令执行完后，主存中的两个操作数均不会被破坏。然而，通常并不需要完整地保留两个操作数。比如，可让第一操作数地址同时兼作存放结果的地址（目的地址），这样即得到了二地址指令，指令格式如下：

OP	A1	A2

指令的含义：

$$(A1) OP (A2) \rightarrow A1$$

PC 完成修改（隐含）

其中：A1 为目的操作数地址，A2 为源操作数地址。

注意：指令执行之后，目的操作数地址中原存的内容已被破坏了。

执行一条二地址的双操作数运算指令，同样至少需要访问四次主存。

4．一地址指令

一地址指令顾名思义只有一个显地址，指令格式如下：

OP	A1

一地址指令只有一个地址，那么另一个操作数来自何方呢？指令中虽未明显给出，但按事先约定，这个隐含的操作数就放在一个专门的寄存器中。因为这个寄存器连续运算时，保存着多条指令连续操作的累计结果，故称为累加寄存器（Accumulator，Acc）。

指令的含义：

$$(Acc) OP (A1) \rightarrow Acc$$

PC 完成修改（隐含）

执行一条一地址的双操作数运算指令，只需要访问两次主存。第一次取指令本身，第二次取第二操作数。第一操作数和运算结果都放在累加寄存器中，所以读取和存入都不需要访问主存。

5．零地址指令

零地址指令格式中只有操作码字段，没有地址码字段，指令格式如下：

OP

零地址的算术逻辑类指令是用在堆栈计算机中的，堆栈计算机没有一般计算机中必备的通用寄存器，因此堆栈就成为提供操作数和保存运算结果的唯一场所。通常，参加算术逻辑运算的两个操作数隐含地从堆栈顶部弹出，送到运算器中进行运算，运算的结果再隐含地压入堆栈。

指令中地址个数的选取要考虑诸多的因素。从缩短程序长度、用户使用方便、增加操作并行度等方面来看，选用三地址指令格式较好；从缩短指令长度、减少访存次数、简化硬件设计等方面来看，一地址指令格式较好。对于同一个问题，用三地址指令编写的程序最短，但指令长度（程序存储量）最长；而用二、一、零地址指令来编写程序，程序的长度一个比一个长，但指令的长度一个比一个短。表 6.1 给出了三、二、一、零各不同地址数指令的特点及适用场合。

表 6.1 不同地址数指令的特点及适用场合

地址数量	程序长度	程序存储量	执行速度	适用场合
三地址	短	最大	一般	向量、矩阵运算为主
二地址	一般	很大	很慢	一般不宜采用
一地址	较长	较大	较快	连续运算，硬件结构简单
零地址	最长	最小	最慢	嵌套、递归问题

前面介绍的操作数地址都是指主存单元的地址，实际上许多操作数可能是存放在通用寄存器里的。计算机在 CPU 中设置了相当数量的通用寄存器，用它们来暂存运算数据或中间结果，这样可以大大减少访存次数、提高计算机的处理速度。实际使用的二地址指令多为二地址 R（通用寄存器）型，一般通用寄存器数量有 8~32 个，其地址（或称寄存器编号）有 3~5 位就可以了。由于二地址 R 型指令的地址码字段很短，且操作数就在寄存器中，所以这类指令的程序存储量最小，程序执行速度最快，在小型、微型计算机中被大量使用。

6.1.3 指令的操作码

指令系统中的每一条指令都有一个唯一确定的操作码，指令不同，其操作码的编码也不同。通常，希望用尽可能短的操作码字段来表达全部的指令。指令操作码的编程可以分为规整型和非规整型两类。

1. 规整型（定长编码）

这是一种最简单的编码方法，操作码字段的位数和位置是固定的。为了能表示整个指令系统中的全部指令，指令的操作码字段应当具有足够的位数。

假定指令系统只有 m 条指令，指令中操作码字段的位数为 N 位，则有如下关系式：

$$m \leqslant 2^N$$

所以

$$N \geqslant \log_2 m$$

定长编码对于简化硬件设计、缩短指令译码的时间是非常有利的，在字长较长的大、中型计算机及超级小型计算机中广泛采用。如 IBM370 机（字长 32 位）中采用的就是这种方式。IBM370 机的指令可分为三种不同的长度形式：半字长指令（16 位）、单字长指令（32 位）和一个半字长指令（48 位），共有五种格式，如图 6.1 所示。

从图 6.1 中可以看出，在 IBM370 机中不论指令的长度为多少位，其操作码字段一律都是 8 位。8 位操作码允许容纳 256 条指令。而实际上在 IBM370 机中仅有 183 条指令，存在着极大的信息冗余，这种信息冗余的编码也称为非法操作码。

2. 非规整型（变长编码）

变长编码的操作码字段的位数不固定，且分散地放在指令字的不同位置上。这种方式能够有效地压缩指令中操作码字段的平均长度，在字长较小的小、微型计算机中广泛采用。如 PDP-11 机（字长 16 位）中采用的就是这种方式。PDP-11 机的指令分为单字长、双字长、三字长三种，操作码字段占 4~16 位不等，可遍及整个指令长度，其指令格式如图 6.2 所示。

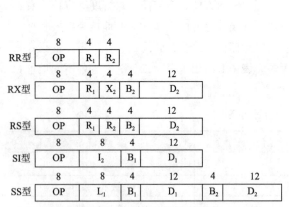

图 6.1 IBM370 机的指令格式

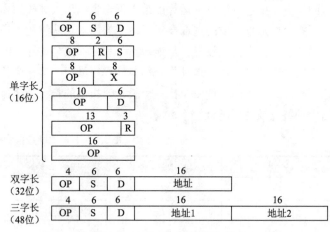

图 6.2 PDP-11 机的指令格式

显然，操作码字段的位数和位置不固定将增加指令译码和分析的难度，使控制器的设计复杂化。

最常用的非规整型编码方式是扩展操作码法。因为如果指令长度一定，则地址码与操作码字段的长度是相互制约的。为了解决这一矛盾，让操作数地址个数多的指令（三地址指令）的操作码字段短些，操作数地址个数少的指令（一地址或零地址指令）的操作码字段长些，这样既能充分地利用指令的各个字段，又能在不增加指令长度的情况下扩展操作码的位数，使它能表示更多的指令。例如：设某计算机的指令长度为 16 位，操作码字段为 4 位，有三个 4 位的地址码字段，其格式如下：

如果按照定长编码的方法，4 位操作码最多只能表示 16 条不同的三地址指令。假设指令系统中不仅有三地址指令，还有二地址指令、一地址指令和零地址指令，利用扩展操作码法可以使在指令长度不变的情况下，指令的总数远远多于 16 条。例如，指令系统中要求有 15 条三地址指令、15 条二地址指令、15 条一地址指令和 16 条零地址指令，共 61 条指令。显然，只有 4 位操作码是不够的，解决的方法就是向地址码字段扩展操作码的位数。扩展的方法如下：

（1）4 位操作码的编码 0000~1110 定义了 15 条三地址指令，留下 1111 作为扩展窗口，与下一个 4 位（A1）组成一个 8 位的操作码字段。

（2）8 位操作码的编码 11110000~11111110 定义了 15 条二地址指令，留下 11111111 作为扩展窗口，与下一个 4 位（A2）组成一个 12 位的操作码字段。

（3）12 位操作码的编码 111111110000~111111111110 定义了 15 条一地址指令，扩展窗口为 111111111111，与 A3 组成 16 位的操作码字段。

（4）16 条零地址指令由 16 位操作码的编码 1111111111110000 至 1111111111111111 给出。

根据指令系统的要求，扩展操作码的组合方案可以有很多种，但有以下两点要注意：①不允许短码是长码的前缀，即短码不能与长码的开始部分相同，否则将无法保证解码的唯一性和实时性；②各条指令的操作码一定不能重复，而且各类指令的格式安排应统一规整。

指令系统集中反映了机器的性能，又是程序员编程的依据。用户编程时既希望指令系统很丰富，便于用户选择，同时还要求机器执行程序时速度快、占用主存空间小，以实现高效运行。此外，为了继承已有的软件，必须考虑新机器的指令系统与同一系列机器指令系统的兼容性，即高档机必能兼容低档机的程序运行，称之为"向下兼容"。

指令格式集中体现了指令系统的功能，为此，确定指令格式时，必须从以下几个方面综合考虑：

（1）操作类型：包括指令数及操作的难易程度。

（2）数据类型：确定哪些数据类型可以参与操作。

（3）指令格式：包括指令字长、操作码位数、地址码位数、地址个数、寻址方式类型，以及指令字长和操作码位数是否可变等。

（4）寻址方式：包括指令和操作数具体有哪些寻址方式。

（5）寄存器个数：寄存器的多少直接影响指令的执行时间。

另外，在计算机内存放的指令的长度应是字节的整数倍，所以，操作码与地址码两部分长度之和应是字节的整数倍，考虑操作码优化时还应考虑地址码的要求。故指令格式优化的最终目的是：使用最适当的位数表示指令的操作信息（操作码）和地址信息（地址码），从而取得减小程序存储容量、提高取指速度、简化指令译码网络等效果。

6.2　寻　址　方　式

寻址方式是根据指令基本格式，由 CPU 具体给出的指令表达方法寻得其操作数来源。所谓寻址，指的是寻找操作数的地址或下一条将要执行的指令地址，寻址技术是计算机设计中硬件对软件最早提供支持的技术之一。

6.2.1　指令寻址

寻址可以分为指令寻址和数据寻址两类。寻找下一条将要执行的指令地址称为指令寻址，寻找操作数的地址称为数据寻址。指令寻址比较简单，它又可以细分为顺序寻址和跳跃寻址两种。而数据寻址方式的种类较多，其最终目的都是寻找所需要的操作数。

顺序寻址可通过程序计数器的增量修改，自动形成下一条指令的地址，如使用（PC）+1→PC 等方式来指明下一条指令地址；跳跃寻址则需要通过程序转移类指令实现，如使用 JMP 等指令实现跳转。

跳跃寻址的转移地址形式方式有三种，即直接（绝对）寻址、相对寻址和间接寻址，它与下面介绍的数据寻址方式中的直接寻址、相对寻址和间接寻址是相同的，只不过寻找到的不是操作数的有效地址而是转移的有效地址。

6.2.2 数据寻址

数据寻址方式是根据指令中给出的地址码字段寻找真实操作数地址的方式。一般情况下，由于指令长度的限制，指令中的地址码不会很长，而主存的容量却可能越来越大。

以 IBM PC/XT 机为例，主存容量可达 1 MB，而指令中的地址字段最长达 16 位，仅能直接访问主存的一小部分，而无法访问整个主存空间。就是在字长很长的大型机中，即使指令中能够拿出足够的位数来作为访问整个主存空间的地址，为了灵活方便地编制程序，也需要对地址进行必要的变换。指令中地址码字段给出的地址称为形式地址（用字母 A 表示），这个地址有可能不能直接用来访问主存。形式地址经过某种运算而得到的能够直接访问主存的地址称为有效地址（用字母 EA 表示）。从形式地址生成有效地址的各种方式称为寻址方式。

80x86 的操作数可隐含在操作码中，可以是操作数字段的操作数本身，也可以存放在给出的操作数地址中，如寄存器、I/O 端口和存储器。其中，对存储器地址应根据表达方式计算出其有效地址 EA（Effect Address）。

每种计算机的指令系统都有自己的一套数据寻址方式，不同的计算机的寻址方式的名称和含义并不统一，但大多数计算机常用的几种基本寻址方式都是类似的。

下面以 80x86 为例，介绍常用的数据寻址方式。

1．固定寻址（Inherent Addressing）

单操作数指令的操作是规定在 CPU 中某个固定的寄存器中进行的，这个寄存器又被隐含在操作码中。这种寻址方式的指令大多为单字节指令。例如：加减法的十进制调整指令，其操作总是固定在 AL 寄存器中进行的；还有的双操作数指令，其中有一个操作数地址也是固定的，例如寄存器入栈和出栈指令，其中有一个操作数地址固定为堆栈的栈顶。

2．立即数寻址（Immediate Addressing）

这种方式下的操作数直接放在指令的操作数字段，作为指令的组成部分放在代码段中，随着指令一起放到指令队列。执行时直接从指令队列中取出而不必执行总线周期。在 IA-32 结构中，立即数可以是 8 位（字节数），16 位（字数）或 32 位（双字数）。例如：

```
MOV  AL,C3H            ;执行后,(AL)=C3H
MOV  AX,2025H          ;执行后,(AX)=2025H,其中:(AH)=20H,(AL)=50H
MOV  EAX,32002025H     ;执行后,(EAX)=32002025H,限用于80386以上的32位CPU
```

立即数只能作为源操作数，且因操作数是直接从指令中取得，不执行总线周期，所以这类指令执行速度快。主要用来给寄存器赋初值。

3．寄存器寻址（Register Addressing）

其操作数位于 CPU 的内部寄存器（通用寄存器、段寄存器和标志寄存器），指令中直接给出寄存器名。

（1）16 位通用寄存器：AX，BX，CX，DX，SI，DI，SP，BP。

（2）8 位通用寄存器：AL，BL，CL，DL 及 AH，BH，CH，DH。

（3）32 位通用寄存器：EAX，EBX，ECX，EDX，ESI，EDI，ESP，EBP。

（4）16 位段寄存器：CS，DS，SS，ES，FS，GS。

（5）16 位和 32 位标志寄存器：Flag 和 EFlag。

一条指令中，寄存器可作为源操作数，也可作为目的操作数，还可以两者都用寄存器寻址。

```
例如：INC  CX           ;执行后,(CX)←(CX)+1
     MOV  DS,AX        ;执行后,(DS)←(AX),并且(AX)不变
     MOV  ESI,EAX      ;执行后,(ESI)←(EAX),并且(EAX)不变
```

这类指令的执行均在 CPU 内部进行，不需要执行总线周期，因此，执行速度快。

4．存储器寻址（Memory Addressing）

用存储器寻址的指令，其操作数一般位于代码段之外的数据段、堆栈段、附加段的存储器中，指令中给出的是存储器单元的地址或产生存储器单元地址的信息。执行这类指令时，CPU 首先根据操作数字段提供的地址信息，由执行部 EU 计算出有效地址 EA（EA 是一个不带符号的 16 位数据，代表操作数离段首地址的距离，即相距的字节数目），再由总线执行部件 BIU 根据公式"PA =（16*段首址）+ EA"计算出实际地址，执行总线周期访问存储器，取得操作数，最后再执行指令规定的基本操作。

一条指令中，只能有一个存储器操作数（源操作数或目的操作数）。存储器寻址方式共有 24 种，其对应的 EA 计算方法和约定可使用的段示于表 6.2 中。表中：

（1）正常使用段首址为约定使用，可使用的段首址为可超越段；写指令时，应在超越的段寄存器名前使用前缀，称这种前缀为段超越前缀。

（2）位移量（Displacement）$DISP_8$ 和 $DISP_{16}$ 分别表示 8 位和 16 位位移量，程序中一般用已赋值的标号表示。

表 6.2　存储器寻址方式的有效地址 EA 计算方法及约定使用段

寻 址 方 式	EA	正常使用的段	可使用的段
直接寻址	nn	DS	CS,ES,SS
寄存器间接寻址	$\begin{Bmatrix}(BX)\\(SI)\\(DI)\end{Bmatrix}$	DS	CS,ES,SS
	(BP)	SS	CS,DS,SS
寄存器相对寻址	$\begin{Bmatrix}(BX)\\(SI)\\(DI)\end{Bmatrix}+\begin{Bmatrix}DISP_8\\DISP_{16}\end{Bmatrix}$	DS	CS,ES,SS
	$(BP)+\begin{Bmatrix}DISP_8\\DISP_{16}\end{Bmatrix}$	SS	CS,DS,ES
基址变址寻址	$(BX)+\begin{Bmatrix}(SI)\\(DI)\end{Bmatrix}$	DS	CS,ES,SS
	$(BP)+\begin{Bmatrix}(SI)\\(DI)\end{Bmatrix}$	SS	CS,DS,ES
相对基址变址寻址	$(BX)+\begin{Bmatrix}(SI)\\(DI)\end{Bmatrix}+\begin{Bmatrix}DISP_8\\DISP_{16}\end{Bmatrix}$	DS	CS,ES,SS
	$(BX)+\begin{Bmatrix}(SI)\\(DI)\end{Bmatrix}+\begin{Bmatrix}DISP_8\\DISP_{16}\end{Bmatrix}$	SS	CD,DS,ES

存储器寻址方式按其 EA 计算方式不同可分为以下几种寻址方式：

1）直接寻址（Direct Addressing）

该寻址方式下，操作数地址 nn 直接放在指令在 B_3、B_4 字节，作为寻址存储器的直接地址。通常以数据段寄存器 DS 的内容作为约定的段首址。直接寻址方式下存储器的实际地址为：

$$PA = 16*（DS）+ [nn]$$

这里 EA = nn。直接地址 nn 应写在方括号之中。

例如：MOV AL，[2000H]；这里 nn = 2000H，指令执行后，将 DS 段中偏移地址为 2000H 的字节单元的内容传送到 AL。

MOV AX，[2000H]；与上条指令不同的是，指令执行后将 DS 段中偏移地址为 2000H 和 2001H 的字单元内容传送到 AX。即低地址单元内容传 AL，高地址单元内容传 AH。

若已知（DS）= 3000H，则直接寻址的源操作数的实际地址为：

$$PA = (16*3000H) + 2000H = 32000H$$

若操作数地址位于数据段以外的其他段，则在操作数地址前使用前缀以表示段超越。写为：

`MOV AL,ES,[2000H]` ;表示把附加段 ES 中偏移地址为 2000H 的字节单元的内容传送到 AL 中

2）寄存器间接寻址（Register Indirect Addressing）

这种方式下，操作数的有效地址 EA 不直接放在指令中，而是通过基址寄存器 BX、BP，或变址寄存器 SI、DI 中的任一个寄存器的内容间接得到的，见表 6.2。称这 4 个寄存器为间址寄存器。由 4 个间址寄存器内容确定的操作数分别约定在两个段中：

（1）指令中指定 BX、SI、DI 为间址寄存器，则操作数约定在数据段中。这种情况下，将 DS 寄存器内容作为段首址，操作数的实际地址为：

$$PA=16*(DS)+\begin{Bmatrix}(BX)\\(SI)\\(DI)\end{Bmatrix}$$

例如：`MOV AX,[SI]`

若已知（DS）= 2000H，（SI）= 1000H，则 PA = 21000H，该指令执行后，把数据段中 21000H 和 21001H 两个相邻单元的内容传送到 AX。寄存器间接寻址的示意图如图 6.3 所示。

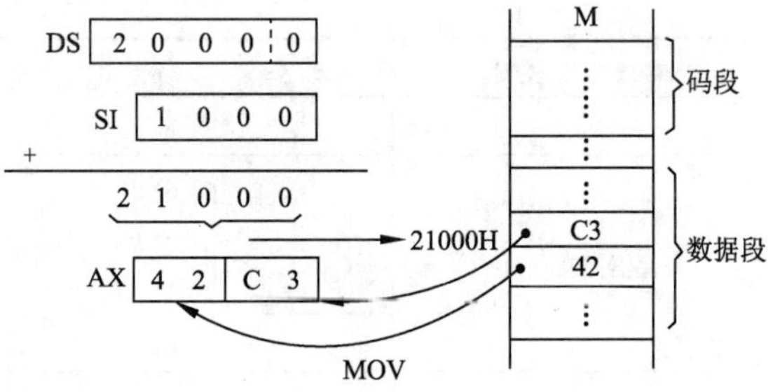

（2）指令中若指定 BP 为间址寄存器，则操作数约定在堆栈段中。这种情况下，将 SS 寄存器内容作为段首址，操作数的实际地址为：

$$PA = 16*(SS) + (BP)$$

图 6.3 寄存器间接寻址的示意图

使用寄存器间接寻址方式时应注意：

（1）在指令中，也可指定段超越前缀来取得其他段中的操作数。如：

`MOV AX,EX:[BX]`

（2）寄存器间接寻址方式通常用来对一维数组或表格进行处理，这时只要改变间址寄存器 BX、BP、SI、DI 中的内容，用一条寄存器间接寻址指令就可对连续的存储单元进行存/取操作。

3）寄存器相对寻址（Register Relative Addressing）

这种寻址方式的指令中，也要指定 BX、BP、SI、DI 的内容进行间址寻址，但和寄存器间接寻址不同的是，指令中还要指定 8 位的位移量 $DISP_8$ 或 16 位的位移量 $DISP_{16}$。

这种寻址方式下，操作数的实际地址为：

$$PA=16*(DS)+\begin{Bmatrix}(BX)\\(SI)\\(DI)\end{Bmatrix}+\begin{Bmatrix}DISP_8\\DISP_{16}\end{Bmatrix}$$

$$PA=16*(DS)+(BP)+\begin{Bmatrix}DISP_8\\DISP_{16}\end{Bmatrix}$$

寄存器相对寻址通常也用来访问数组中的元素，位移量定位于数组的起点，间址寄存器的值选择一个元素。和寄存器间接寻址一样，因数组中所有元素具有相同长度，只要改变间址寄存器内容，就可选择数组中的任何元素。

例如：`MOV AX,AREA[SI]` ;这里的位移量用符号 AREA 代表的值表示

设：（DS）= 3000H，（SI）= 2000H，AREA = 3000H，其寻址的示意图如图 6.4 所示。

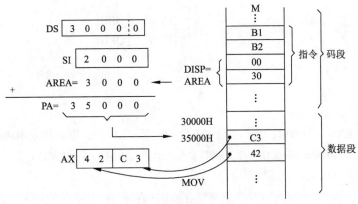

图 6.4　寄存器相对寻址示意图

采用寄存器相对寻址的指令，也可使用段超越前缀，例如：MOV DL,DS:COUNT[BP]

BX、BP 叫基址寄存器，因此用它们进行寻址又叫基址寻址。SI、DI 叫变址寄存器，用它们进行寻址又叫变址寻址。在处理数组时，SI 用于源数组的变址寻址，DI 则用于目的数组的变址寻址。

例如：MOV AX,ARRAY1〔SI〕

　　　MOV ARRAY2〔DI〕,AX

其中：ARRAY1 和 ARRAY2 为不相等的位移量。若以这两条语句，配上改变 SI 和 DI 值的指令，构成循环，便可实现将源数组搬到目的数组。

4）基址变址寻址（Based Indexed Addressing）

这种寻址方式，存储器操作数的有效地址 EA 是指令指定的一个基址寄存器和一个变址寄存器的内容之和（见表 6.2）。

这里共有 4 种组合情况，根据基址是在 BX 中还是在 BP 中，确定寻址操作是在数据段还是在堆栈段。对于前者，段寄存器使用 DS；对于后者，段寄存器使用 SS。基址变址寻址的操作数的实际地址为：

$$PA=16*(DS)+(BX)+\begin{Bmatrix}(SI)\\(DI)\end{Bmatrix}$$

和

$$PA=16*(SS)+(BP)+\begin{Bmatrix}(SI)\\(DI)\end{Bmatrix}$$

例如：MOV AX,[BX][SI]

或写为：MOV AX,[BX+SI]

设（DS）= 2000H，（BX）= 0158H，（SI）= 10A4H

则：

$$EA = 0158H + 10A4H = 11FCH$$

$$PA = 20000H + 11FCH = 211FCH$$

指令执行后，将把 211FCH 和 211FDH 两个相邻单元的内容传送到 AX，即（AL）=（211FCH），（AH）=（211FDH）。

基址变址寻址方式也可使用段超越前缀，例如：MOV CL,ES:[BX][SI]

这种寻址方式同样适合数组或表格处理，由于基址和变址寄存器中的内容都可以修改，在处理二维数组时特别方便。

5）相对的基址变址寻址（Relative Based Indexed Addressing）

在基址变址寻址的基础上，再指定 8 位位移量 $DISP_8$ 或 16 位位移量 $DISP_{16}$ 就成为相对的基址变址寻址。操作数的实际地址为：

$$PA=16*(DS)+(BX)+\begin{Bmatrix}(SI)\\(DI)\end{Bmatrix}+\begin{Bmatrix}DISP_8\\DISP_{16}\end{Bmatrix}$$

或

$$PA=16*(SS)+(BP)+\begin{Bmatrix}(SI)\\(DI)\end{Bmatrix}+\begin{Bmatrix}DISP_8\\DISP_{16}\end{Bmatrix}$$

例如：`MOV AX,MASK〔BX〕〔SI〕`

或写为：`MOV AX,MASK〔BX＋SI〕`

也可写为：`MOV AX,〔MASK＋BX＋SI〕`

设（DS）＝3000H，（BX）＝2000H，（SI）＝1000H，MASK＝1230H，则该指令中源操作数的实际地址为：

$$PA = 30000H + （2000H + 1000H + 1230H）= 34230H$$

其寻址的示意图如图 6.5 所示。

这种寻址方式为访问堆栈中的数组提供了方便，可以在基址寄存器 BP 中存放堆栈顶的地址，用位移量表示栈顶到数组第一个元素的距离，变址寄存器则用来访问数组中的每一个元素。相对基址加变址对堆栈数组的访问如图 6.6 所示。

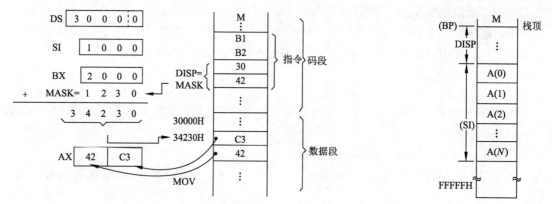

图 6.5　相对基址加变址寻址示意图　　　　　图 6.6　用相对基址加变址访问堆栈数组

6）串寻址（String Addressing）

该寻址方式只用于数据串操作指令。在数据串操作指令中，不能使用存储器寻址方式存取所使用的操作数，而是应用了一种隐含的变址寄存器寻址。当执行串操作指令时，用源变址寄存器 SI 指向源串的第一个字节或字，用目的变址寄存器 DI 指向目的串的第一个字节或字。在重复串操作中，CPU 自动地调整 SI 和 DI，以顺序地寻址字节串或字串操作数。

例如：`MOV  SB`　　　;隐含使用 SI 和 DI 分别指向源串和目的串,实现字节串的传送

　　　`MOV  SW`　　　;隐含使用 SI 和 DI 分别指向源串和目的串,实现字的传送

7）32 位操作数存储器寻址

80836 以上 CPU 除可以用上述的 8 位、16 位操作数存储器寻址方式之外，还有 32 位操作数存储器寻址方式。和 8086 存储器寻址方式不同的是：

（1）可使用的段基地址寄存器除 CS、DS、SS、ES 外还有 FS 和 GS。

（2）有效地址 EA 的计算由下列公式确定：

$$EA=［基地址寄存器］+［（变址寄存器）*（比例系数）］+［位移量］$$

$$=\begin{bmatrix}EAX\\EBX\\ECX\\EDX\\ESP\\EBP\\ESI\\EDI\end{bmatrix}+\begin{bmatrix}EAX\\EBX\\ECX\\EDX\\-\\EBP\\ESI\\EDI\end{bmatrix}*\begin{pmatrix}2\\4\\8\end{pmatrix}+\begin{bmatrix}0\\8位\\16位\\32位\end{bmatrix}$$

式中：基地址、变址和位移量都可用于任何组合的寻址方式中，且任一个都可以为空；比例系数 2、4、8 只用于变址时，位移量是一个常数，其范围为：$-2^{31} \sim +2^{31}-1$（用 2 的补码表示），直接出现在指令中称为直接寻址；ESP 不能作为变址寄存器；当 ESP 和 EBP 作为基地址寄存器时，SS 段是正常使用段（默认段），其他情况下，DS 为默认段。

5. I/O 端口寻址

采用独立编址的 I/O 端口，可有 64 K 个字节端口或 32 K 个字端口，用专门的 IN 和 OUT 指令访问。I/O 端口寻址只用于这两类指令中。寻址方式有以下两种：

1）直接端口寻址

用直接端口寻址的 IN 和 OUT 指令均为双字节指令，在第 2 字节 B_2 中存放端口的直接地址。因此，直接端口寻址的端口数为 0～255 个。

例如：IN　AL,50H　　　;将 50H 端口的字节数输入到 AL,这是字节输入指令

　　　IN　AX,60H　　　;将 60H 和 61H 两个相邻端口的 16 位数据输入到 AX,这是字输入指令

OUT 指令和 IN 指令一样，提供了字节和字两种使用方式，选用哪一种取决于端口宽度。若端口宽度只有 8 位，则只能用字节指令。

在汇编语言程序中，直接端口地址可用两位十六进制数值表示，但不能放在任何括号中，不能理解为立即数；直接端口地址也可用符号表示。

例如：OUT　PORT,AL　　　;字节输出

　　　OUT　POTR,AX　　　;字输出

直接端口寻址的 IN 和 OUT 指令为双字节，和下面的间接端口寻址的单字节 IN、OUT 指令比较，又称为长格式的 I/O 指令。

2）寄存器间接端口寻址

当端口地址数≥256 时，长格式的 I/O 指令不能满足对端口的寻址。这时，必须先把端口地址放在寄存器 DX 中，因为 DX 为 16 位寄存器，故端口地址可为 0000H～FFFFH，这类似于存储器间接寻址，但不同的是，间接寻址端口的寄存器只能使用 DX。寄存器间接寻址端口的 IN 和 OUT 指令为单字节，故又称为短格式的 I/O 指令。

例如：MOV　DX,383H　　　;将端口地址 383H 放入 DX

　　　OUT　DX,AL　　　　;将（AL）输出到（DX）所指的端口中

又如：MOV　DX,380H　　　;将端口地址 380H 放入 DX

　　　IN　AX,DX　　　　　;从（DX）和（DX）+1 所指的两个端口输入一个字,低地址端口输入到 AL,高地址端口输入到 AH

还有些个别指令（如转移类指令）用到的寻址方式将放在后面结合指令功能进行介绍。

6.2.3　指令格式的设计举例

【例 6.1】某机字长 16 位，存储器直接寻址空间为 128 字，变址时的位移量为–64～+63，16 个通用寄存器均可作为变址寄存器。设计一套指令系统格式，满足下列寻址类型的要求：

（1）直接寻址的二地址指令 3 条。

（2）变址寻址的一地址指令 6 条。

（3）寄存器寻址的二地址指令 8 条。

（4）直接寻址的一地址指令 12 条。

（5）零地址指令 32 条。

试问还有多少种代码未用？若安排寄存器寻址的一地址指令，还能容纳多少条？

【解】

（1）在直接寻址的二地址指令中，根据题目给出直接寻址空间为 128 字，则每个地址码为 7 位，其格式如

图 6.7（a）所示。3 条这种指令的操作码为 00、01 和 10，剩下的 11 可作下一种格式指令的操作码扩展用。

（2）在变址寻址的一地址指令中，根据变址时的位移量为–64~+63，形式地址 A 取 7 位。16 个通用寄存器可作为变址寄存器，取 4 位作为变址寄存器 R_x 的编号，剩下的 5 位可作操作码，其格式如图 6.7（b）所示。6 条这种指令的操作码为 11000~11101，剩下的两个编码 11110 和 11111 可作扩展用。

（3）在寄存器寻址的二地址指令中，两个寄存器地址 R_i 和 R_j 共 8 位，剩下的 8 位可作操作码，比图 6.7（b）的操作码扩展了 3 位，其格式如图 6.7（c）所示。8 条这种指令的操作码为 11110000~11110111，剩下的 11111000~11111111 共 8 个编码可作扩展用。

（4）在直接寻址的一地址指令中，除去 7 位的地址码，还有 9 位操作码，比图 6.7（c）的操作码扩展了 1 位，与图 6.7（c）剩下的 8 个编码组合，可构成 16 个 9 位编码。以 11111 作为图 6.7（d）指令的操作码特征位，12 条这种指令的操作码为 111110000~111111011，如图 6.7（d）所示，剩下的 111111100~111111111 可作扩展用。

（5）在零地址指令中，指令的 16 位都作为操作码，比图 6.7（d）的操作码扩展了 7 位，与上述剩下的四个操作码组合后，共可构成 4×2^7 条指令的操作码。32 条这种指令的操作码可取 1111111000000000~1111111000011111，如图 6.7（e）所示。

还有 $2^9-32=480$ 种代码未用，若安排寄存器寻址的一地址指令，除去末 4 位寄存器地址，还可容纳 30 条这类指令。

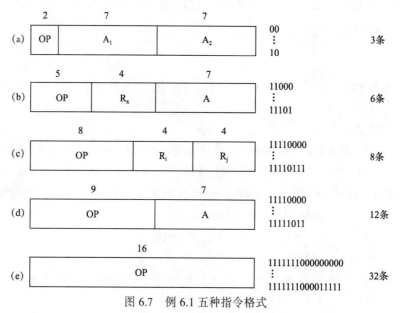

图 6.7　例 6.1 五种指令格式

6.3 指令类型

一台计算机的指令系统可以有上百条指令，通常包括数据传送类、算术逻辑类、控制类等，每种类型的计算机，与之相对应的指令类型也会有所差异，但大体相似。

现以 8086/8088 为例介绍计算机指令系统。

8086 和 8088 具有完全相同的指令系统。该指令系统包含 133 条基本指令，这些指令与寻址方式组合，再加上不同的数据形式（字节或字），可构成上千种指令，是 80x86 指令系统的基本部分。这些指令按功能可分为以下六类：

- 数据传送类　　　● 算术运算类
- 逻辑运算与移位类　　● 串操作类
- 控制转移类　　　● 处理器控制类

本节是在了解指令的基本概况的基础上，着重于对功能的理解，并开展应用。为达到应用的目的，对每条指令的助记符和操作数的正确书写法、执行后对标志的影响都应该很好的掌握。学习中，应在阅读一些程序的基础上，亲手编写练习程序并上机调试和运行。

6.3.1　数据传送（Data Transfer）类指令

这类指令用以实现 CPU 的内部寄存器之间、CPU 内部寄存器和存储器之间、CPU 累加器 AX 或 AL 和 I/O 端口之间的数据传送。这类指令又可分为 4 小类，如表 6.3 所示，其指令均含两个操作数，而且除 SAHF 和 POPF 指令外，其余指令均不影响状态标志位。

表 6.3　数据传送类指令

类	名　　称	助记符指令	操作数类型	操　作　说　明
通用传送	Move	MOV dst,src	B,W	将源 src 中的内容传送到目的 dst
		MOV dst,im	B,W	将立即数 im（n 或 nn）传送到 dst
		MOV dst,seg	W	将段寄存器 seg（CS,DS,ES,SS 之一）传送到 dst
		MOV seg,src	W	将源 src 中的内容传送到段寄存器
	Exchange	XCHG dst,reg	B,W	交换 dst 和寄存器 reg 间的内容
	Push	PUSH src	W	将 src 推入堆栈
		PUSH seg	W	将段寄存器推入堆栈
	Pop	Pop dst	W	堆栈弹出到 dst
		Pop seg	W	堆栈弹出到段寄存器
累加器专用传送（输入/输出）	In	IN AL,n	B	AL←(n)
		IN AX,n	W	AX←(n+1)(n)
		IN AL,DX	B	AL←(DX)
		IN AX,DX	W	AX←(DX+1)(DX)
	Out	OUT,AL	B	AL→(n)
		OUT n,AX	W	AX→(n+1)(n)
		OUT DX,AL	B	AL→(DX)
		OUT DX,AX	W	AX→(DX+1)(DX)
	Translate-Table	XLAT	B	AL←(BX+AL)
地址—目标传送	Load Effective Address	LEA r,src	—	r←ADR（src）
	Load Pointer into DS	LDS r,src	DW	r←（EA），DS←（EA+2）
	Load Pointer into ES	LES r,src	DW	r←（EA），ES←（EA+2）
标志传送	Load AH from Flags	LAHF	B	AH←F
	Store AH into Flags	SAHF	B	AH→F,AF,CF,PF,SF 和 ZF 均受影响
	Push Flags	PUSHF	W	（SP）←F，且 SP←SP-2
	Pop Flags	POPF	W	F←（SP），且 SP←SP+2，所有标志均受影响

1.　通用传送指令

通用传送指令包括传送指令 MOV、堆栈操作指令 PUSH 和 POP 以及数据交换指令 XCHG。

1）传送指令　MOV

指令是形式最简单，但又用得最多的指令，常用来赋初值，或将被处理数据传送到位，或对数据进行暂存等。

指令格式：MOV dst,src　　　;（dst）←（src）

其中源（source）操作数 src 和目的（destination）操作数 dst 均可采用多种寻址方式，其传送关系如图 6.8 所示。由图可见，MOV 指令有 6 种格式：

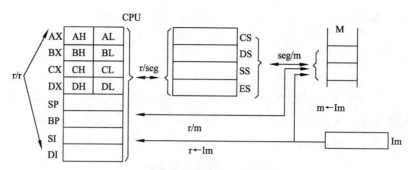

图 6.8　数据传送关系图

（1）CPU 通用寄存器之间传送（r/r），例如：

```
MOV  CL,AL                    ;将 AL 中的 8 位数据传到 CL
MOV  SI,AX                    ;将 AX 中的 16 位数据传到 SI
```

（2）通用寄存器和段寄存器之间（r/seg），例如：

```
MOV  DS,AX                    ;将 AX 中的 16 位数据传到 DS
MOV  AX,ES                    ;将 ES 中的 16 位数据传到 AX
```

（3）通用寄存器和存储单元之间（r/m），例如：

```
MOV  AL,[BX]                  ;将[BX]所指存储单元的内容传到 AL
```

（4）段寄存器和存储单元之间（seg/m），例如：

```
MOV  DS,[2000H]              ;将 2000H 和 2001H 两存储单元中的内容传到 DS
MOV  [BX][SI],CS            ;将 CS 内容传到（BX）+（SI）和（BX）+（SI）+1 所指的两个存储单元中
```

（5）立即数到通用寄存器（r←Im），例如：

```
MOV  SP, 2000H‰              ;将 2000H 送 SP，即给 SP 赋初值
```

（6）立即数到存储单元（m←Im），例如：

```
MOV  WORD PTR[SI],4501H         ;将立即数 4501H 送（SI）所指的字单元
```

对于 MOV 指令的使用，有几点必须注意：

（1）MOV 指令可以传 8 位的数据，也可以传 16 位的数据，这决定于寄存器是 8 位还是 16 位，或立即数是 8 位还是 16 位。下面的一些用法是错误的：

```
MOV  ES,AL
MOV  CL,4321H
```

（2）MOV 指令中的 dst 和 src 两操作数中必用一个寄存器，不允许用 MOV 实现两存储单元间的传送。若需要时，可借助一通用寄存器作为桥梁，即：

```
MOV  AL,[SI]        ;通过 AL 实现（SI）和（DI）所指的两存储单元间的 8 位数据传送
MOV  [DI],AL
```

（3）不能用 CS 和 IP 作为目的操作数，也就是说这两个寄存器中的内容不能随意改变。

（4）不允许在段寄存器之间直接传送数据，例如，MOV DS,ES 是错误的。

（5）不允许用立即数作目的操作数。

（6）不能向段寄存器送立即数。因此，当要对段寄存器初始化赋值时，也要通过 CPU 的通用寄存器，例如：

```
MOV  AX,DATA      ;将数据段首地址 DATA 通过 AX 填入 DS 中
MOV  DS,AX
```

2）堆栈操作指令

堆栈只有一个出入口，并用堆栈指针（SP）来指示。（SP）任何时候都指向当前的栈顶。因此，入栈指令 PUSH 和出栈指令 POP 的操作，首先是在当前栈顶进行，随后及时地修改指针，保证（SP）总是指向当前栈顶。

指令格式：PUSH src

```
            POP dst
```

入栈和出栈指令都有 3 种格式：

（1）CPU 通用寄存器入/出栈（PUSH/POP r）：

例如：PUSH　AX

　　　POP　BX

（2）段寄存器单元入/出栈（PUSH/POP seg）：

例如：PUSH　CS

　　　POP　DS

（3）存储器单元入/出栈（PUSH/POP m）：

例如：PUSH　[BX+DI]

　　　POP　[2000H]

入栈和出栈指令用于保存或恢复数据，或用于转子或中断时保护现场和恢复现场。这类指令格式简单，但使用时有几点必须注意：

（1）堆栈操作指令中，有一个操作数是隐含的。该操作数就是（SP）指示的栈顶存储单元。

（2）8086 堆栈都是字操作，而不允许对字节操作。因此 PUSH AL 是错误的。

（3）每执行一条入栈指令，（SP）自动减 2，入栈时，高位数先入栈；执行弹出时，正好相反，每弹出一个字，（SP）自动加 2。

（4）CS 寄存器的数据可以入栈，但不能随意弹出一个数据到 CS。

（5）在使用堆栈操作保存多个寄存器内容和恢复多个寄存器时，要按"先进后出"的原则来编写入栈和出栈指令顺序。

【例 6.2】有一主程序调用一子程序，子程序中将用到 AX、BX、CX 和 DX。为了使主程序中这些寄存器内容不被破坏，在进入子程序时应进行入栈保护；子程序执行完后，再出栈恢复原来的数据。保护和恢复应按"先进后出、后进先出"的原则安排指令。子程序中的保护现场和恢复现场程序段为：

```
SUBROUT    PROC NEAR        ;定义过程
           PUSHF            ;保护现场
           PUSH AX
           PUSH BX
           PUSH CX
           PUSH DX
           ⋮（子程序主体）
           POP  DX          ;恢复现场
           POP  CX
           POP  BX
           POP  AX
           POPF
           RET              ;返回
SUBROUT    ENDP             ;过程结束
```

3）交换指令（Exchange）

指令格式：XCHG OPR1,OPR2

执行操作：（OPR1）←→（OPR2）

交换指令可实现 CPU 内部寄存器之间，或内部寄存器与存储器单元之间内容（字节或字）的交换。

例如：XCHG AL,BL　　　　　;（AL）与（BL）间进行字节交换

　　　XCHG BX,CX　　　　　;（BX）与（CX）间进行字交换

　　　XCHG [2200H],DX　　 ;（DX）与（2200H），（2200H）两单元间的字交换

使用时应注意：

（1）OPR1 和 OPR2 不能同时为存储器操作数。

（2）任一个操作数都不能使用段寄存器，也不能使用立即数。

2．累加器专用传送指令

8086 和其他微处理器一样，可将累加器作为数据传输的核心。8086 指令系统中的输入/输出指令和换码指令

就是专门通过累加器来执行的。

1）输入/输出（I/O）指令

I/O 指令按长度可分为长格式和短格式。

输入指令：

长格式：IN AL,PORT ;将 PORT 端口字节数据输入到 AL

IN AX,PORT ;将 PORT 和 PORT＋1 两端口的内容输入到 AX,其中 PORT 内容输入到 AL,PORT＋1 ;内容输入到 AH

短格式：IN AL,DX ;从（DX）所指的端口中输入一字节数据到 AL

IN AX,DX ;从（DX）和（DX）＋1 所指的两个端口输入一个字到 AX（低地址端口的值输到 AL, ;高地址端口的值输到 AH）

输出指令：

长格式：OUT PORT,AL ;将 AL 中的 1 个字节数据输出到 PORT 端口

OUT PORT,AX ;将 AX 中的字数据输出到 PORT 和 PORT＋1 两端口（AL 中的输出到 PORT,AH 中的输出 ;到 PORT＋1）

短格式：OUT DX,AL ;将 AL 中的字节输出到（DX）所指的端口

OUT DX,AX ;将 AL 中的低位字输出到（DX）所指端口,同时将 AH 中的高位字节输出到（DX）＋1 所指 ;的端口

使用 I/O 指令时应注意：

（1）类指令只能用累加器做 I/O 过程机构,不能用其他寄存器。

（2）格式的 I/O 指令,端口范围为 0~FFH,这时规模较小的 8086/8088 微机（如单板机）就够用了。而在一些功能较强的微机系统,比如 IBM PC/XT, AT 机中,既用了 0~FFH 范围的端口,也用了大于 FFH 的端口。前者分配给主板的接口使用,后者则分配给槽口上扩展的接口使用。

（3）行有 I/O 指令的程序时,若无硬件端口的支持,机器将出现死锁。

（4）使用短格式 I/O 指令时,应先将端口地址赋给 DX 寄存器,而且只能赋给 DX。

【例6.3】欲将 12 位 A/D 变换器所得数字量输入。这时,A/D 变换器应使用一个字端口,设为 2F0H。输入数据的程序段为：

```
MOV DX,02F0H
IN  AX,DX
```

2）换码（Translate-Table）指令

格式：XLAT   ;(AL) ← ((BX) ＋ (AL))

或   XLAT TABLE-NAME

换码指令根据累加器 AL 中的一个值（码）,去查内存表格（Table）,将查得的值送到 AL 中。XLAT 指令一般用来实现码制间的翻译转换,故又称为查表转换指令。

使用 XLAT 指令之前,应先将表格的首地址送入 BX 寄存器,将待查的值（码）放入 AL 中,用它来表示表中某一项与表首址的距离。执行时,将（BX）和（AL）的值相加得到一个地址,最后将该地址单元中的值取到 AL 中,这就是查表转换的结果。

换码指令对一些无规律代码间的转换非常方便：如 LED 显示器所用的十六进制数（或十进制数）到七段码的转换,光码盘所用的十进制到格雷码的转换,通信系统用到的十进制数到五中取二码的转换等。

【例6.4】数字 0~9 对应的格雷码为：18H, 34H, 05H, 06H, 09H, 0AH, 0CH, 11H, 12H, 14H。依次放在内存以 TABLE 开始的区域,当＃10 端口输入一位十进制数码时,要求 CPU 将其转换为相应的格雷码再输出给该端口,源程序段如下：

```
MOV  BX,TABLE    ;BX 指向 TABLE 的首址
IN   AL,10       ;从端口 0AH 输入待查值
XLAT TABLE       ;查表转换
OUT  10,AL       ;查表结果输出到 0AH 端口
```

若＃10 端口输入值为 7,则查表转换后输出值为 11H。查表转换的示意图如图 6.9 所示。

3．地址—目标传送指令

8086 的地址—目标传送指令是用来对寻址机构进行控制的。这类指令传送到 16 位目标寄存器中的是存储器操作数的地址，而不是它的内容。

这类指令有 3 条：

1）有效地址送寄存器（Load Effective Address）指令

格式：LEA r ,src   ;（r）←src 的 LEA 指令常用来设置一个

            ;16 位的寄存器 r 作为地址指针

例如：LEA BX,[BP+SI] ;执行后，BX 中为（BP）+（SI）的值

   LEA SP,[0502H] ;执行后，使堆栈指针（SP）=0502H

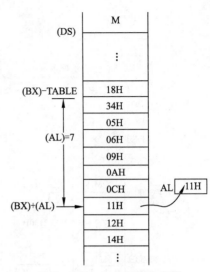

图 6.9 用 XLAT 查表示意图

【例 6.5】将数据段中从 AREA1 开始存放的 100 个字节搬到附加段以 AREA2 为首址的区域中。这里，假设用 SI 和 DI 寄存器分别作为 AREA1 区和 AREA2 区的指针，指向起始地址，程序采用重复传送一个字节数的循环结构实现。实现 100 个字节数搬家的程序如下：

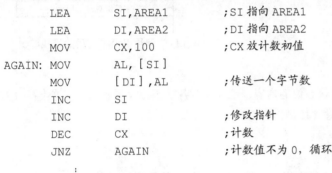

```
        LEA    SI,AREA1      ;SI 指向 AREA1
        LEA    DI,AREA2      ;DI 指向 AREA2
        MOV    CX,100        ;CX 放计数初值
AGAIN:  MOV    AL,[SI]
        MOV    [DI],AL       ;传送一个字节数
        INC    SI
        INC    DI            ;修改指针
        DEC    CX            ;计数
        JNZ    AGAIN         ;计数值不为 0，循环
            ⋮
```

2）指针送寄存器和 DS 的指令

格式：LDS r ,src   ;（r）←src 的（EA），（DS）←src 的（EA+2）

该指令完成一个 32 位地址指针的传送。地址指针包括段地址和偏移量两部分。指令把源操作数 src 指定的 4 个字节地址指针传送到两个目标寄存器。其中，地址指针的前 2 个字节传到某一寄存器 r，后 2 个字节传到 DS 中。该指令常指定 SI 作为寄存器 r。

例如：LDS SI,[2130H]

在指令执行前，设（DS）=3000H，在 DS 段中，有效地址 EA 为 2130H～2133H 的 4 个字节中存入着一个地址，如图 6.10 所示，指令执行后的结果为：

 （SI）=3C1FH   （DS）=2000H

3）指针送寄存器和 ES 的指令

格式：LES r ,src   ;（r）←src 的（EA），（ES）←src 的（EA+2）

该指令和 LDS r,src 功能类似，不同的只是 ES 代替 DS，并且通常指定 DI 作为寄存器 r。

使用 LDS 和 LES 指令时应注意：

（1）寄存器 r 不能使用段寄存器。

（2）src 一定是存储器操作数，其寻址方式可以是 24 种方式中的一种。

【例 6.6】设某程序在调用子程序 ROUT 之前，在堆栈顶部存放着一个字符串的首地址。要求在执行程序 ROUT 时，将该字符串首地址取到 ES 和 DI，然后调用字符串显示子程序 DISP 进行显示。调用子程序 ROUT 前后的堆栈状况如图 6.11 所示。

其程序段为：

```
ROUR: PUSH   BP          ;保存 BP
      MOV    BP,SP       ;保存当前栈顶到 BP 中
      PUSH   ES          ;保护现场
```

```
PUSH    DI
LES     DI,[BP＋4]          ;取堆栈中字符串首址到 ES 和 DI 中
CALL    DISP                ;调显示子程序
    :   （后续处理）
POP     DI                  ;恢复现场
POP     ES
POP     BP
RET                         ;返回
```

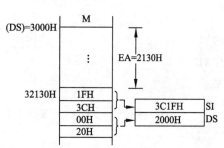

图 6.10　LDS SI,［2130H］指令操作示意图

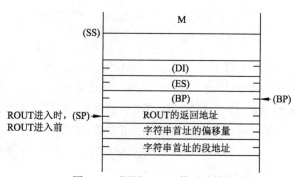

图 6.11　调用 ROUT 前后的堆栈状况

4．标志传送指令

8086 可通过这类指令读出当前标志寄存器中各状态位的内容，也可以对各状态位设置新的值。这类指令共有 4 条，均为单字节指令。源操作数和目的操作数都隐含在操作码中。

1）读取标志指令（Load AH from Flags）

格式：LAHF

指令执行后，将 8086 的 16 位标志寄存器的低 8 位取到 AH 中。LAHF 指令的操作如图 6.12 所示。

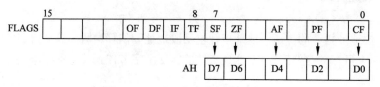

图 6.12　LAHF 指令的操作示意图

2）设置标志指令（Store AH into Flags）

格式：SAHF

SAHF 指令和 LAHF 指令的操作正好相反。它将 AH 寄存器的内容传送到标志寄存器的低 8 位，以对状态标志 SF、ZF、AF、PF 和 CF 进行设置。

3）标志寄存器的入栈和出栈指令

格式：PUSHF

　　　　POPF

PUSHF 指令将标志寄存器内容推入堆栈顶部，同时修改堆栈指针：（SP）←（SP）－2。该指令执行后，标志寄存器内容不变。POPF 指令的功能正好相反，执行时将堆栈顶部的一个字弹出到标志寄存器，同时修改堆栈指针：（SP）←（SP）＋2，该指令执行后，将改变标志寄存器内容。PUSHF 和 POPF 一般用在子程序和中断服务程序的首尾，用来保存主程序的标志和恢复主程序的标志。

以上介绍了数据传送类的全部指令。在这类指令中，除 SAHF 和 POPF 指令执行后将由装入标志寄存器的值来确定标志外，其他的各条指令执行后都不改变标志寄存器的内容。

6.3.2　算术运算（Arithmetic）类指令

8086 的算术运算包括加、减、乘、除 4 种基本运算指令，以及为适应进行 BCD 码十进制数运算而设置的各种校正指令，共 20 条，如表 6.4 所示。算术运算指令中，除 ±1 指令外，均为双操作数指令。双操作数指令的两个操作数除源操作数可为立即数的情况外，必须有一个操作数在寄存器，单操作数指令不允许使用立即数方式。

表 6.4　算术运算指令

类	名　　称	助记符指令	操作数类型	操　作　说　明
加法	Add	ADD dst,src	B,W	dst←dst+src
		ADD dst,im	B,W	dst←dst+im
	Add with carry	ADC dst,src	B,W	dst←dst+src+CF
		ADC dst im	B,W	dst←dst+im+CF
	Increment	INC r	B	r←r+1
		INC src	B,W	Src←src+1
	ASCII Adjust for Addition	AAA	B	对非组合十进制数相加结果，当（AL&0FH）>9，或者 AF=1 时，进行+6 调整
	Decimal Adjust for Addition	DAA	B	对组合十进制数相加结果；当（AL&0FH）>9，或 AF=1 时，或 AL>9FH 时，进行+6 调整
减法	Subtract	SUB dst,src	B,W	dst←dst−src
		SUB dst,im	B,W	dst←dst−im
	Subtract with Borrow	SBB dst,src	B,W	dst←dst−src−CF
		SUB dst,im	B,W	dst←dst−im−CF
	Decrement	DEC r	B,W	r←r−1
		DEC src	B,W	src←src−1
	Negate	NEG src	B,W	src←src 的 2 补码
	Compare	CMP dst,src	B,W	dst−src，只影响标志位
		CMP dst,im	B,W	dst−im，只影响标志位
	ASCII Adjust for sub	AAS	B	和 AAA 类似，只不过用于减法调整
	Decimal Adjust for subtraction	DAS	B	和 DAA 类似，只不过用于减法调整
乘法	Multiply,unsigned	MUL src	B	AX←AL*srC（无符号数）
		MUL src	W	DX，AX←AX*srC（无符号数）
	Integer Multiply,signed	IMUL src	B	AX←AL*srC（带符号数）
		IMUL src	W	DX，AX←AX*src（带符号数）
	ASCII Adjust for Multiply	AAM	B	对非组合十进制数相乘结果进行调整
除法	Division,unsigned	DIV src	B	AL←AX/src（无符号数）AH←余数
		DIV src	W	AX←DX，AX/src（无符号数）DX←余数
	Integer Division,signed	IDIV src	B	与 DIV 类似，不同的是对带符号数进行运算
		IDIV src	W	
	ASCII Adjust for Division	AAD	B	对非组合十进制数除法进行调整
	Convert Byte to word	CBW	B	将 AL 中的字节按符号扩展成 AX 中的字
	Convert Word to Double Word	CWD	B	AX 中的字按符号扩展成 DX，AX 中的双字

算术运算指令涉及的操作数从数据形式来讲有两种，即 8 位的和 16 位的操作数。这些操作数从类型来讲可分为两类，即无符号数和带符号数。

无符号数把所有的数位都当成数值位，因此 8 位无符号数表示的范围为 0～255（或 0～FFH）；16 位无符号数表示的范围为 0～65 535（或 0～FFFFH）。带符号数的最高位作为符号位："0"表示"+"，"1"表示"−"。

微计算机中的带符号数通常用补码表示，这样，8 位带符号数表示的范围为 − 128 ~ + 127（或 80H ~ 7FH），16 位带符号数表示的范围为 − 32 768 ~ + 32 767（或 8000H ~ 7FFFH）。

为了进一步弄清用 CF 和 OF 标志在采用同一套加减运算指令时，怎样分别检测无符号数和带符号数的溢出，下面先具体分析一下两个 8 位数相加的 4 种情况。

（1）无符号数和带符号数均不溢出。

二进制加法	作为无符号数	作为带符号数
0000　0011	3	+3
+　0000　1100	+　12	+　（+12）
⓪→0000　1111	15	+15
CF=0		
$C_s=0$,　$C_p=0$　OF=0⊕0=0	CF=0，无溢出	CF=0，无溢出

（2）无符号数溢出，带符号数不溢出。

二进制加法	作为无符号数	作为带符号数
0000　0110	6	+6
+　1111　1100	+　252	+　（−4）
①→0000　0010	258>255	+2
CF=1		
$C_s=1$,　$C_p=1$　OF=1⊕1=0	CF=1，溢出	OF=0，无溢出

（3）无符号数不溢出，带符号数溢出。

二进制加法	作为无符号数	作为带符号数
0000　1000	8	+8
+　0111　1011	+　123	+　（+123）
⓪→1000　0011	131	+132>+127
CF=0		
$C_s=0$,　$C_p=1$　OF=0⊕1=1	CF=1，溢出	OF=1，溢出

（4）无符号数溢出，带符号数溢出。

二进制加法	作为无符号数	作为带符号数
1000　0111	135	−121
+　1111　0101	+　245	+　（−11）
①→0111　1100	380>255	−132<−128
CF=1		
$C_s=1$,　$C_p=0$　OF=1⊕0=1	CF=1，溢出	OF=1，溢出

归纳上面 4 种情况得出：

① 用 CF 可检测无符号数是否溢出，用 OF 可检测带符号数是否溢出。

② 无符号数运算结果溢出是在其结果超出了最大表示范围的唯一原因下发生的，溢出也就是产生进位，这不叫出错。在多字节数的相加过程中，正是用溢出的 CF 来传递低位字节向高位字节的进位的。而带符号数运算产生溢出就不同了，它是由 C_s 和 C_p 两种综合因素表示的，一旦发生溢出，就表示运算结果出错。

算术运算指令涉及的操作数从表示的进制来讲，可以是二进制数、十六进制数，也可以是 BCD 码表示的十进制数。因一位 BCD 码用 4 位二进位表示。因此操作数为 BCD 码十进制数时，是不带符号的十进制数。十进制数在机器中仍以二进制规则进行运算，因此要加校正指令进行调整才能得到正确的十进制结果。8086 专门设有 BCD 码运算进行调整的各种指令。

8086 算术运算指令可用的 BCD 码有两种：一种叫组合的 BCD 码（Packed BCD），即 1 个字节表示 2 位 BCD 码；

另一种叫非组合的 BCD 码（Unpacked BCD），即 1 个字节只用低 4 位来表示 1 位 BCD 码，高 4 位为 0（无意义）。

算术运算指令的特点有：

① 在加、减、乘、除基本运算指令中，除 ±1 指令外，都具有两个操作数。

② 这类指令执行后，除 ±1 指令 INC 不影响 CF 标志外，其余指令对 CF，OF，ZF，SF，PF 和 AF 等 6 位标志均可产生影响。由这 6 位状态标志反映的操作结果性质如下：

- 当无符号数运算产生溢出时，CF = 1。
- 当带符号数运算产生溢出时，OF = 1。
- 当运算结果为零时，ZF = 1。
- 当运算结果为负时，SF = 1。
- 当运算结果中有偶数个 1 时，PF = 1。
- 当操作数为 BCD 码，半字节间出现进位时，AF = 1。

下面我们将分别介绍算术运算的 4 种基本运算指令。

1. 加法类指令（ADD）

加法类指令共有 5 条，其中 3 条为基本加法指令，2 条为加法的十进制调整指令。

1）加法指令 ADD dst,src

ADD 指令用来对源操作数 src 和目的操作数 dst 的字或字节数进行相加，结果放在目的操作数的地方。指令执行后对各状态标志 OF、SF、ZF，AF、PF 和 CF 均可产生影响。

【例 6.7】 ADD AX，0F0F0H，设指令执行前（AX）= 5463H，执行后，将得到结果（AX）= 4553H，且 CF = 1，ZF = 0，SF = 0，OF = 0。

$$
\begin{array}{r}
(AX) = 0101\quad 0100\quad 0110\quad 0011 \\
+\quad Im = 1111\quad 0000\quad 1111\quad 0000 \\
\hline
\underset{CF}{1} \leftarrow 0100,\ 0101,\ 0101,\ 0011 \rightarrow AX
\end{array}
$$

ADD 指令中的 dst 和 src 还可使用多种寻址方式，例如：

```
ADD  DI,SI              ;寄存器,寄存器寻址,结果放在寄存器中
ADD  AX,[BX+2000H]      ;寄存器,存储器寻址,结果放在寄存器中
ADD  [BX+DI],CX         ;存储器,寄存器寻址,结果放在存储器中
ADD  AL,5FH             ;寄存器,立即数寻址,结果放在寄存器中
ADD  [BP],3AH           ;存储器（堆栈段中）,立即数寻址,结果放在存储器中
```

2）带进位的加法指令 ADC dst src

ADC 指令和 ADD 指令的功能基本相似，其区别在于 ADC 在完成 2 个字或 2 个字节数相加的同时，还要将进位标志 CF 的值加入和中，因此 ACD 指令将用两个多倍精度字的非最低字或非最低字节相加，例如：ADC AX，DX 的运算为：（AX）←（AX）+（DX）+（CF）。

【例 6.8】 现有两个双倍精度字 1234FEDCH 和 11228765H，分别存于 1000H 和 2000H 开始的数据段的存储单元中，低位在前，高位在后。要求相加之后所得的和数在 1000H 开始的存储单元中。

双倍精度字相加，可分为两段进行，先对低位字相加，后对高位字相加。实现对此双倍精度字相加的程序段如下：

```
MOV  SI,1000H       ;设源指针指向 1000H
MOV  AX,[SI]        ;将第 1 个数的低位字取入 AX
MOV  DI,2000H       ;设目的指针指向 2000H
ADD  AX,[DI]        ;低位字相加
MOV  [SI],AX        ;存低位字相加之和
MOV  AX,[SI+2]      ;将第 1 个数的高位字取入 AX
ADC  AX,[DI+2]      ;两高位字连同进位相加
MOV  [SI+2],AX      ;存高位字相加之和
```

程序执行前后，数据段中的数据状况如图 6.13 所示。从 1000H 单元开始的括号中的数为相加之和，即

23578641H。

3）加 1 指令 INC src

INC 指令只有一个操作数 src。src 可为寄存器或存储器单元，但不能为立即数。指令对 src 中内容增 1，所以又叫增量指令。该指令在循环结构程序中常用来修改指针或循环计数。例如：

```
INC  CX       ;将 CX 的内容加 1 后再送回 CX 中
INC  BYTE PTR[BX+100H]  ;将（BX）+100H 所指的字节单位内容加 1 后，
                        ;送回此单元，BYTE PTR 为运算符
```

注意，INC 指令只影响 OF、SF、ZF 和 PF，而不影响 CF，因此不能用 INC 指令进行循环计数来控制循环的结束。

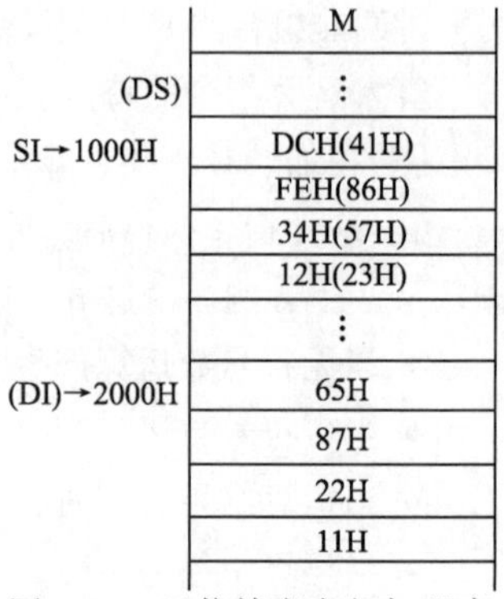

4）组合十进制加法调整指令 DAA

DAA 指令用于对组合 BCD 码相加的结果进行调整，使结果仍为组合的 BCD 码。

微处理器中，运算的核心是二进制加法器。当 BCD 码≤9 时遵循逢二进一的原则，当＞9 时，将遵循逢十进一的原则。因此，二进制数 1010、1011、1100、1101、1110 和 1111 对 BCD 码而言，若结果的低 4 位（或高 4 位）二进制大于 9（非法码）或大于 15（即产生进位 CF 或辅助进位 AF）时，DAA 自动对低 4 位（或高 4 位）的结果进行加 6 调整。调整在 AL 中进行，因此加法运算后，必须把结果放在 AL 中。DAA 指令执行后，将影响除 OF 外的其他标志。

例如：两个十进制数 89+75 的正确结果应为 164，可是，二进制相加运算后的结果为 FEH，为此应由 DAA 指令进行以下调整：

```
        89=1000  1001
    +   75=0111  0101
    ─────────────────────
           1111  1110   =FEH  ;高、低4位均为非法码，应分别进行加6调整
    +      0110  0110
    ─────────────────────
        1→0110  0100   =164
```

【例 6.9】欲对两个十进制数 2964 和 4758 相加，这两个数分别存放在数据段中以 BCD1 和 BCD2 开始的单元，低位在前，高位在后。结果放入以 BCD3 开始的单元。

这里，采用直接寻址，其程序段如下：

```
MOV  AL,BCD1
ADD  AL,BCD2        ;加低位字节
DAA                 ;十进制调整
MOV  BCD3,AL        ;存低位字节之和
ADC  AL,BCD1+1
ADC  AL,BCD2+1      ;加高位字节连同进位
DAA                 ;十进制调整
MOV  BCD3+1,AL      ;存高位字节之和
```

5）非组合十进制加法调整指令 AAA

AAA 指令用于对非组合 BCD 码相加结果进行调整，调整操作仍在 AL 中进行，调整后结果在 AX 中。AAA 指令的操作如下：

若（AL）& 0FH＞9，或 AF=1 则：

（AL）←（AL）+6

（AF）←1

（CF）←（AF）

（AH）←（AH）+1

（AL）←（AL）& 0FH   （& 为逻辑与）

指令执行后，除影响 AF 和 CF 标志外，其余标志均无定义。AAA 指令又称为 ASCⅡ加法调整指令。这是因

M	
(DS)	⋮
SI→1000H	DCH(41H)
	FEH(86H)
	34H(57H)
	12H(23H)
	⋮
(DI)→2000H	65H
	87H
	22H
	11H

图 6.13 双倍精度字相加程序执行前后的数据状况

为数 0~9 的 ASCII 码是一种非组合的 BCD 码,它们的高 4 位均为 0011,这个 BCD 码可视为无意义,而低 4 位正好是 BCD 表示的十进制数,为有效位。

现以两个非组合的十进制数 06 + 07,结果应为非组合的十进制数 0103,就其操作过程来说明 AAA 指令的作用。

```
            0000  0110=06      ; 非组合BCD
         +  0000  0111=07
            0000  1101=0DH     ; 不是非组合BCD
         +        0110         ; 调整:(AL)←(AL)+6
        (AL)←0001  0011        ; 组合BCD,再调整
            (AF)←1             ; (AL)←1
  (AH)=0000  0000
         +         1           ; (AH)←(AH)+1
  (AH)=0000  0001
         & 0000  1111          ; (AL)&0FH
  (AX)←0000  0001  0000  0011=0103  ; 结果送(AX)中
```

【例 6.10】将两个具有 16 位的 BCD 数相加,被加数和加数分别放在从 FIRST 和 SEC-OND 开始的存储单元中,结果放在 THIRD 开始的单元中。

16 位 BCD 数有 8 个字节长,因此不像前面的双倍精度数用顺序相加的办法,因为太烦琐。这里采用循环结构,每循环一遍,对一个字节的 BCD 相加,相加之后,立即进行 DAA 调整,共循环 8 次,采用 ADC 带进位加,最低字节相加时可预先设置 CF 为 0(用 CLC 指令清进位)。程序段如下:

```
        MOV   BX,OFFSET  FIRST      ;指向被加数
        MOV   SI,OFFSET  SECOND     ;指向加数
        MOV   DI,OFFSET  THIRD      ;指向和
        MOV   CX,8                  ;设置计数初值
        CLC                         ;清进位
AGN:    MOV   AL,[BX]
        ADC   AL,[SI]               ;加一字节
        DAA                         ;调整
        MOV   [DI],AL               ;存结果
        INC   BX
        INC   SI                    ;修改指针
        INC   DI
        DEC   CX                    ;计数
        JNZ   AGN                   ;未完,循环
        INT   27H                   ;完,返回
```

2. 减法在指令(Subtract)

减法类指令共 7 条,其中 5 条为基本减法指令,2 条为十进制减法调整指令。

1)减法指令 SUB dst,src

SUB 指令用来完成 2 个字或 2 个字节的相减,结果放在目的操作数中。例如:

```
SUB   AX,BX               ;AX 中的内容减去 BX 中的内容,结果放在 AX 中
SUB   SI,[DI+100H]        ;SI 的内容减去(DI)+100H 和(DI)+101H 所指的两单元中的内容,结果放在 SI 中
SUB   AL,30H             ;AL 中的内容减去立即数 30H,结果放在 AL 中
SUB   WORD PTR[DI],100H;(DI)所指的字单元中的 16 位数减去立即 1000H,结果放在字单元中
SUB   [BP+2],CL          ;将 SS 段中的(BP)+2 所指单元的内容减去 CL 的内容,结果放在堆栈的该单元中
```

2)带借位的减法指令 SBB dst,src

SBB 指令和 SUB 指令功能基本类似,其区别在于 SBB 在完成 2 个字或 2 个字节相减的同时,还要将较低位的字或较低位字节相减时借走的借位 CF 减去。例如:SBB AX,2010H 的运算为:(AX)←(AX)-2010H-(CF)。因此,SBB 指令可用在两个多倍数精度数的非最低字或非最低字节的相减。

3)减 1 指令 DEC src

减 1 指令只有 1 个操作数 src。和 INC 指令类似,src 可为寄存器或存储单元,不能为立即数。该指令用以实

现 src 中的内容减 1, 又叫减量指令。该指令在循环结构程序中常用来修改指针 (反向移动指针) 和循环计数。

例如: DEC　CX　　　　　　　　　;CX 内容减 1 后, 送回 CX

DEC　BYTE PTR [DI + 2]　　;将 (DI) + 2 所指字节单元内容减 1 后, 送回该单元, 需要注意的是, DEC 指令和 INC 指令一样, 执行后对 CF 不产生影响

4) 求补指令 NEG src

NEG 指令将 src 中的内容求 2 的补码后, 再送回 src 中。因求 2 的补码相当于 (src) ← 0 - (src), 所以 NEG 指令执行的操作也是减法操作。0 - (src) 又相当于: FFH - (src) + 1 (字节操作数) 或 FFFFH - (src) + 1 (字操作数), 即 src 内容变反加 1。例如, (AL) = 13H, 执行 NEG AL 指令后, (AL) = 0EDH; (AL) = 0AFH 执行 NEG AL 后, 则 (AL) = 51H。

在求 Im - r (或 m) 时, 用 SUB 100, AL 是错误的。

但可用: NEG　AL　　　　　　　　;0 - (AL)

ADD　AL,100　　　　　　;0 - (AL) + 100 = 100 - (AL)

实现。

使用 NEG 指令时应注意:

① NEG 指令执行后, 对 OF、SF、ZF、AF、PF 和 CF 均产生影响。但是对 CF 的影响总是使 (CF) 为 1, 这是因为 0 减某操作数, 必然产生借位, 只有当操作数为 0 时, (CF) 才为 0。

② 当操作数的值为 - 128 (即 80H) 或为 - 32768 (即 8000H) 的情况下, 执行 NEG 指令后, 结果无变化, 即送回的值仍为 80H 或 8000H。

5) 比较指令 CMP dst src

CMP 指令和 SUB 指令类似, 也执行两操作数相减, 但不送回相减结果, 其结果只影响标志位 OF、SF、ZF、PF 和 CF。换句话说, 由受影响的标志位状态便可知两操作数比较的结果。下面我们以两操作数 A 和 B 相比较来说明其结果:

(1) 若两数相等 (不管是无符号数或带符号数), 则 ZF = 1, 否则 ZF = 0。

(2) 若两数不相等, 则应区分两数是无符号数还是带符号数。

• A 和 B 均为无符号数: 两个无符号数相减, CF 就是借位标志。若 CF = 0, 表示 A - B 无借位, 则 A > B; 否则, 当 CF = 1, 有借位, 则 A < B。

• A 和 B 均为带符号数, 两个带符号数比较, 可能出现以下 4 种情况:

第 1 种情况: A > 0, B > 0, 两正数比较 (两正数相减), 结果不会溢出, 若结果的符号标志 SF = 0, 则 A > B; 反之, 结果的 SF = 1, 则 A < B。

第 2 种情况: A < 0, B < 0, 两负数比较 (两负数相减), 结果也不会溢出, 这种情况下, 仍然是 SF = 0, 则 A > B; 反之, 结果的 SF = 1, 则 A < B。

第 3 种情况: A > 0, B < 0, 两异号数比较, 结果必然是 A > B, 而且这时应该有 SF = 0。

例如: A = + 50, B = - 63, 结果, A - B = 113 = 01110001 < + 127, 不发生溢出, OF = 0。

但若 A = + 127, B = - 63, 则比较结果是:

A - B = + 127 - (- 63) = 190 > + 127, 溢出; 这时, 机器中的结果为:

$$[+ 127]_{补} = 01111111B$$
$$+　[+ 63]_{补} = 00111111B$$
$$\overline{\qquad\qquad 10111110B \qquad\qquad SF = 1, OF = 1}$$

因此, 当结果发生溢出时, OF = 1, 应当 SF = 1 才反映 A > B。

第 4 种情况: A < 0, B > 0, 两异号数比较, 若 A = - 63, B = + 50, 显然 A < B, 比较结果是:

A - B = - 113 = 10001111B, 其 SF = 1, OF = 0。

但若 A = - 63 B = + 127, 比较结果是: A - B = - 63 - (+ 127) = - 190 < - 128, 溢出。这时, 在机器中的结果为:

$$[-63]_{补} = 1100\ 0001B$$
$$+\quad [-127]_{补} = 1000\ 0001B$$
$$\overline{\qquad\qquad 10100\ 0010B \qquad\qquad SF=0,\ OF=1}$$

因此，当结果发生溢出时，OF = 1，应当 SF = 0 才反映 A < B。

综上所述，判断两个带符号数的大小，应由符号标志 SF 和溢出标志 OF 综合进行判断。

无符号数和带符号数进行比较，其状态标志反映的两数的大小关系，归纳如表 6.5 所示。

表 6.5　状态标志反映的两数关系

两数比较结果 A−B		受影响标志			
		CF	ZF	SF	OF
1.	A=B（Equal）	0	1	0	1
2. 无符号数	A < B（Below）	1	0	—	—
	A > B（Above）	0	0	—	—
3. 带符号数	A > B（Greater）	—	0	0	0
		—	0	1	1
	A < B（Less）	—	0	0	1
		—	0	1	0

CMP 比较指令对各状态标志位的影响给 8086 指令系统分别提供了判断无符号数大小的条件转移指令和判断带符号数大小的条件转移指令。这两组条件转移所判断的依据是有差别的。前者依据 CF 和 ZF 进行判断，后者则依据 ZF 和 OF、SF 的关系来判断。例如：要判断 A < B，若 A、B 为无符号数，则所用条件是 CF = 1，相应的条件转移指令为 JB Target；若 A、B 为带符号数，则所用条件是 SF XOR OF = 1，相应的条件转移指令为 JL Target。

6）组合十进制数减法调整指令 DAS

DAS 指令用于对组合 BCD 码相减的结果进行调整，紧跟在减法指令之后。调整后的结果仍为组合的 BCD 码。DAS 与 DAA 作用相似，不同的是 DAS 对结果要进行 − 6 调整。该指令执行后，对 AF、CF、PF、SF 和 ZF 均产生影响，但 OF 没有意义。

7）非组合十进制数减法调整指令 AAS

AAS 指令用于对非组合 BCD 码相减的结果进行调整，紧跟在减法指令之后，调整后的结果仍为非组合的 BCD 码。AAS 对减法结果的调整和 AAA 对加法结果的调整作用相似，但具体操作有两点不同：

（1）AAA 指令中的（AL）←（AL）+6 操作对应 AAS 中则应改为（AL）←（AL）− 6。

（2）AAA 指令中的（AH）←（AH）+1 操作对应 AAS 则应改为（AH）←（AH）− 1。

AAS 指令执行后，只影响 AF、CF 标志，而 OF、PF、SF 和 ZF 都没有意义。

读者可用 08 − 03 作为例子，依照 AAA 指令的操作过程分析 AAS 执行后的结果，应在 AL 中得到 05。

3. 乘法类指令（Multiplication）

乘法指令共有 3 条，其中 2 条为基本乘法指令，包括对无符号数和带符号数相乘的指令，还有 1 条是非组合 BCD 码相乘调整指令。

两个 8 位数相乘，其乘积是一个 16 位的数；两个 16 位数相乘，其乘积是 32 位数。

乘法指令中有两个操作数，其中一个隐含固定在 AL 或 AX 中。若是字节相乘，则被乘数总是先放入 AL 中，所得乘积在 AX 中；若是字相乘，则被乘数总是先放入 AX 中，乘积在 DX 和 AX 两个 16 位的寄存器，且 DX 为积的高 16 位，AX 为积的低 16 位。

1）无符号数的乘法指令 MUL src

MUL 指令中乘数 src 可以是寄存器或存储器单元中的 8 位或 16 位的无符号数，被乘数固定放在 AL 或 AX 中，也是无符号数。例如：

```
MUL  BL                    ;AL 中和 BL 中的 8 位数相乘,乘积在 AX 中
MUL  CX                    ;AX 中和 CX 中的 16 位数相乘,乘积在 DX 和 AX 中
MUL  BYTE PTR[DI]          ;AL 中和 (DI) 所指的单元中的 8 位数相乘,乘积在 AX 中
MUL  WORD PTR[DI]          ;AX 中和 [SI] 所指的单元中的 16 位数相乘,结果在 DX 和 AX 中
```

2）带符号数的乘法指令 IMUL src

IMUL 指令和 MUL 指令在功能和格式上类似，只是要求两个乘数都必须为带符号数。

例如：

```
IMUL  CL                   ;AL 和 CL 的 8 位带符号数相乘,结果在 AX 中
IMUL  AX                   ;AX 中的 16 位带符号数自乘,结果在 DX 和 AX 中
IMUL  BYTE PTR[BX]         ;AL 中和 (BX) 所指的存储单元中的 8 位带符号数相乘,结果在 AX 中
IMUL  WORD PTR[DI]         ;AX 中和 (DI) 所指的单元中的 16 位带符号数相乘,乘积在 DX 和 AX 中
```

乘法指令 MUL 和 IMUL 执行后，将对 CF 和 OF 产生影响，但是，此时的 AF、PF、SF 和 ZF 不确定（无意义）。

这里还可看到，对无符号数和带符号数来说，当做加、减法时，是用同一套指令；而做乘法时其指令是分开的。为什么要这样呢？这里先分析一个简单的例子，自然就清楚了。两个二进制数相乘，以 0011×1110 为例，可以用两种方法实现：

第 1 种方法：直接相乘。

二进制数	作为无符号数	作为带符号数
0011	3	+3
× 1110	× 11	× （-2）
0010 1010=2AH	42	-6
=42	正确	不正确

显然，这两个二进制数相乘，作为无符号数，所得结果是正确的；而作为带符号数，其乘法结果应为-6。-6 的补码是 11111010 = FAH，这就不正确了。

第 2 种方法：去掉符号相乘，对乘积添上符号，再取补码得乘法结果。这里的 + 3 和 - 2 去掉符号变为：

$$
\begin{array}{r}
0011 \\
\times\ 0010 \\
\hline
0000\ 0110
\end{array}
$$
取补变符号 → 11111010=FAH

这对作为带符号数相乘，结果是正确的。但对无符号数 3×14 又是错误的了。

可见，执行乘法运算时，要想使符号数是正确结果，则对带符号数相乘就得不到正确结果；相反，要使带符号数相乘得正确结果，则无符号数相乘就得不到正确结果。为使无符号数相乘和带符号数相乘都能获得正确结果，8086 指令系统就提供了无符号数乘法指令 MUL 和带符号数乘法指令 IMUL。上面的第 1 种方法就是 MUL 指令的执行过程，第 2 种方法则是 IMUL 指令的执行过程。

3）非组合十进制数乘法调整指令 AAM

对十进制数进行乘法运算，要求乘数和被乘数都是非组合的 BCD 码。AAM 指令用于对 8 位的非组合 BCD 码的乘积（AX 的内容）进行调整。调整后的结果仍为一个正确的非组合 BCD 码，放回 AX 中。AAM 紧跟在乘法指令之后，因为总是把 BCD 码当成无符号数看待，所以对非组合 BCD 码相乘是用 MUL 指令，而不是用 IMUL 指令。AAM 指令的操作如下：

（AH）← （AL）/0AH

（AL）← （AL）%0AH   （%取余操作符）

且对 PF、SF、ZF 产生，对 OF, AF 和 CF 无意义。例如：03×06 = 0108。

$$
\begin{array}{r}
00000011 \\
\times\ 00000110 \\
\hline
\end{array}
$$
（AX）←00000000 00010010=0012H   ;不是非组合的BCD码，需调整

① （AL）÷0AH = 00010010 – 00001010　　；商：（AH）←1

② 余数：00001000→AL

结果：（AX）= 00000001　00001000 = 0108

【例 6.11】实现 08 × 09 = 0702 的程序段为：

```
MOV  AL,08
MOV  BL,09
MUL  BL                    ;（AL）×（BL）→（AX）
AAM                        ;结果：（AX）= 0702
```

组合 BCD 码相乘后，对所得结果无法调整，因为 8086 指令系统没有提供对能使 BCD 码乘法的调整指令。因此，对组合 BCD 码相乘，可以采用累加的算法。

4．除法指令（Division）

除法指令共有 5 条，其中 2 条是分别对无符号和带符号数进行除法运算的指令，另有 1 条是对非组合 BCD 码除法进行十进制调整的指令，还有 2 条是用于对带符号数长度进行扩展的指令。

8086 执行除法运算时，规定被除数必须为除数的双倍字长，即除数为 8 位时，被除数应为 16 位；而除数为 16 位时，被除数应为 32 位。

除法指令有两个操作数，其中被除数固定放在 AX 中（除数为 8 位时）或 DX、AX 中（除数为 16 位时）。在使用除法指令前，需用 MOV 指令将被除数传送到位。

1）无符号数除法指令 DIV src

当用 DIV 指令进行无符号数的字/字节相除时，所得的商和余数均为无符号数，分别放在 AL 和 AH 中，若进行无符号数的双字/字相除时，所得的商和余数也是无符号数，则分别放在 AX 和 DX 中。例如：

```
DIV  CL              ;实现（AX）/（CL），所得商在 AL 中，余数在 AH 中
DIV  WORD PTR[DI]    ;实现 DX 和 AX 中的 32 位数被（DI）+1 所指的两单元中的 16 位数相除，商在 AX 中，
                     ;余数在 DX 中
```

2）带符号数的除法指令 IDIV src

IDIV 指令用于两个带符号数相除，其功能和对操作数长度的要求与 DIV 指令类似，本指令执行时，将被除数、除数都作为带符号数，其相除操作和 DIV 是不相同的。例如：

```
IDIV  CX              ;将（DX）和（AX）中的 32 位数除以（CX）中的 16 位数,商在 AX 中,余数在 DX 中
IDIV  BYTE PTR[DI]    ;将（AX）中的 16 位数除以（DI）所指单元中的 8 位数,商在 AL 中,余数在 AH 中
```

使用除法指令，需注意以下几点：

（1）除法运算后，标志位 AF、ZF、OF、SF、PF 和 CF 都是不确定的（无意义）。

（2）用 IDIV 指令时，若为双字/字，则商的范围为 – 32 768 ~ + 32 767；若为字/字节，则商的范围为 – 128 ~ + 127，如果超出范围，则 8086 CPU 将其除数作为 0 的情况处理，即产生 0 号除法错中断，而不是用溢出标志 OF = 1 表示。

（3）对带符号数进行除法运算时，比如（ – 30）/（ + 7），可以得商为 – 4，余数为 – 2，也可得商为 – 5，余数为 + 5。这两种结果都正确。但 8086 指令规定：余数的符号和被除数相同，因此前者是正确的。

（4）当被除数只有 8 位而除数也为 8 位时，必须先将此 8 位被除数放入 AL 中，并用符号扩展法将符号扩展到 AH 中而变成 16 位长的数。同样，当被除数只有 16 位，而除数也为 16 位时，必须先将 16 位被除数放在 AX 中，并用符号扩展法将符号扩展到 DX 中而变成 32 位长的数。若不进行扩展，除法将发生错误。扩展使用专门的扩展指令 CBW、CWD。

3）非组合十进制除法调整指令 AAD

对十进制数进行除法运算和乘法一样，要求除数、被除数都用非组合的 BCD 码，否则，不能进行调整。但是，要特别注意：除法调整指令 AAD 应放在除法指令之前，先将 AX 中的非组合 BCD 码的被除数调整为二进制数（仍放在 AX 中），再进行相除，以使除法得到的商和余数也是非组合的 BCD 码。

ADD 的操作为：（AL）←（AL）*0AH +（AL）

　　　　　　　（AL）←0

【例 6.12】 要实现 0103 ÷ 06 = 02 余 01，程序如下：

```
MOV   AX,0103          ;取被除数
MOV   BL,06            ;取除数
AAD                    ;调整为：(AX) = 000DH
DIV   BL               ;相除，得商(AL) = 02,余数(AH) = 1
```

4）将字节扩展成字的指令 CBW

CBW 指令用于带符号数的扩展，其功能是将 AL 寄存器中的符号位扩展到 AH 中，从而使 AL 中的 8 位数扩展成为 AX 中的 16 位数。例如：当（AL）< 80H（为正数），执行 CBW 后，（AH）= 0；而当（AL）≥80H（为负数），执行 CBW 后，（AH）= FFH。

遇到两个带符号的字节数相除时，应先执行 CBW 指令，产生一个双倍字节长度的被除数，否则不能正确执行除法操作。CBW 执行后，不影响标志位。

5）将字扩展成双字的指令 CWD

CWD 指令和 CBW 一样，用于带符号数扩展。其功能是将 AX 寄存器中的符号位扩展到 DX 中，从而得到（DX）、（AX）组成的 32 位双字。例如（AX）< 8000H（正数），执行 CWD 后，（DX）= 0；而当（AX）≥8000H（负数），执行 CWD 后，（DX）= FFFFH。

遇到两带符号数的字相除时，应先执行 CWD 指令，产生一个双倍字长度的被除数，否则不能正确执行除法操作。CWD 执行后，也不影响标志位。

【例 6.13】 编写 45ABH ÷ 2132H 的程序段。设被除数、除数分别按低字节在前、高字节在后的顺序依次存放在数据段中，其起始地址为 BUFFER，并在其后保留 4 个字节以存放商和余数。该程序段如下：

```
MOV   BX,OFFSET BUFFER
MOV   AX,[BX]
CWD                       ;对被除数先进行符号扩展
IDIV  2[BX]
MOV   4[BX],AX
MOV   6[BX],DX
```

若相除的两数为无符号数，则被除数扩展应使用指令：MOV DX, 0。

【例 6.14】 算术运算指令的综合应用：试计算（W－（X*Y + Z－220））/X，设 W、X、Y、Z 均为 16 位的带符号数，分别存放在数据段的 W、X、Y、Z 变量单元中。要求将计算结果的商存入 AX，余数存入 DX，或者存放到 RESULT 单元开始的数据区中。完整的汇编语言程序如下：

```
DATA     SEGMENT           ;数据段
W        DW  - 304
X        DW  10
Y        DW  - 12
Z        DW  20
RESULT   DW2 DUP(?)
DATA     ENDS
;
CODE     SEGMENT           ;代码段
         ASSUME CS: CODE,DS: DATA
START:   MOV AX,DATA        ;初始化 DS
         MOV DS,AX
;
         MOV AX,X           ;X*Y
         IMUL Y
         MOV CX,AX          ;乘积暂存 BX,CX
         MOV BX,DX
         MOV AX,Z           ;将 Z 带符号扩展
         CWD
         ADD CX,AX          ;与 X*Y 相加
         ADC BX,DX
```

```
        SUB CX,220           ;（X*Y+Z）-220,结果在（BX）和（CX）中
        SBB BX,0
        MOV AX,W             ;取 W→AX,并扩展成双字
        CWD
        SUB AX,CX            ;实现 W-（X*Y+Z-220）
        SBB DX,BX            ;结果在（DX）,（AX）中
        IDIV X               ;最后除以 X, 结果商在（AX）;余数在（DX）中
        MOV TESULT,AX        ;存结果到数据区
        MOV TESULT+2,DX
;......................................................
        MOV AH,4CH           ;返回 DOS
        INT 21H
   CODE    ENDS
;......................................................
        END START            ;汇编结束
```

6.3.3　逻辑运算与移位（Logic and shift）类指令

8086 指令系统提供了对 8 位数和 16 位数的逻辑运算与移位指令，由布尔型指令、移位指令和循环移位指令 3 小类组成，共 13 条，如表 6.6 所示。

表 6.6　逻辑运算与移位指令

类	名　称	助记符指令	操作数类型	操　作　说　明
布尔型	AND	AND dst,src	B,W	dst←dst AND src ⎫ 影响 SF、ZF、PF
		AND dst,im	B,W	dst←dst AND im ⎬ 但 OF、CF 置 0, AF 无意义
	OR	OR dst,src	B,W	dst←dst OR src ⎫ 影响 SF、ZF、PF
		OR dst,im	B,W	dst←dst OR im ⎬ 但 OF、CF 置 0, AF 无意义
	Exclusive OR	XOR,dst,src	B,W	dst←dst XOR src ⎫ 影响 SF、ZF、PF
		XOR dst,im	B,W	dst←dst XOR im ⎬ 但 OF、CF 置 0, AF 无意义
	Test,or Logical Compare	TEST r,src	B,W	rAND src, 只影响状态标志, 且清除 CF 和 OF
		TEST r,im	B,W	rANDim, 其余同上
	Not,or form 1's Complement	NOT src	B,W	src←src 的 1 补码, 对标志不影响
移位	Shift Logical/Arithmetic Left	SHL/SAL src,1	B,W	src 逻辑/算术左移一位, 填 0, CF、OF、PF、SF、ZF 受影响
		SHL/SAL src,CL	B,W	src 逻辑/算术左移 CL 位, 填 0, 余同上
	Shift Logical Right	SHR Src,1	B,W	src 逻辑右移一位, 填 0
		SHR src,CL	B,W	src 逻辑右移 CL 位, 填 0
	Shift Arithmetic Right	SAR src,1	B,W	src 算术右移一位, 填符号
		SAR srC,CL	B,W	src 算术右移 CL 位, 填符号
循环移位	Rotate Left	ROL src,1	B,W	操作如图 6.15 所示
		ROL src,CL	B,W	
	Rotate Right	ROR src,1	B,W	
		ROR src,CL	B,W	
	Rotate left though carry	RCL src,1	B,W	
		RCL src,CL	B,W	
	Rotate Right though carry	RCR src,1	B,W	
		RCR src,CL	B,W	

1. 布尔型指令

8086 的布尔型逻辑运算指令包括 AND（与）、OR（或）、XOR（异或）、NOT（非）和 TEST（测试）5 条指令。

其中 NOT 指令为单操作数指令,且不允许使用立即数。其余 4 条均为双操作数指令,其操作数除源操作数可为立即数外,在两个操作数中至少有一个为寄存器,另一个则可使用任意寻址方式。对标志位的影响情况是:NOT 不影响标志位,其他 4 条指令将使 CF 和 OF 置 0,AF 无意义,而 ZF、SF 和 PF 则根据运算结果进行设置。

每条指令除可完成对 8 位数或 16 位数指定的布尔运算外,在程序设计中还有专门用途。

AND OR 和 XOR 指令的使用形式很相似,例如:

```
AND   AL,0FH              ;(AL)和 0FH 相与,结果在 AL 中
AND   DX,[BX+SI]          ;DX 中的 16 位数与(BX)+(SI)所指的字单元内容相与,结果送回 DX
OR    AX,00F0H            ;AX 的内容与 00F0H 相或,结果送 AX
OR    BYTE PTR[BX],80H    ;(BX)所指字节单元的内容与 80H 相或,结果送该存储单元
XOR   CX,CX               ;CX 的内容本身进行异或,结果是对 CX 清零
XOR   AX,1000H            ;AX 的内容与 1000H 异或,结果送 AX
```

这些指令对处理操作数的某些位很有用,例如可屏蔽某些位,可使某些位置 1,或测试某些位等。

用 AND 指令可对指定位或指定的一些位进行屏蔽(清零)。例如:AND AL,0FH,可将 AL 中的高 4 位清零,这里的 0FH 称为屏蔽字。屏蔽字中的 0 对应于需要清 0 的高 4 位。

用 OR 指令可对一些指定位置 1。例如:XOR AL,80H 可将 AL 中的最高位置 1。

用 XOR 指令可以比较两个操作数是否相同。例如:XOR AL,3CH,若执行后,ZF = 1,说明(AL)= 3CH;否则,就不等于 3CH。用 XOR 指令与全 1 的立即数进行异或,可将指定的数据变反,例如:XOR AL,0FFH,AKD RXJ WYC RVY TF UE (AL)= 3AH,其操作为:

$$
\begin{array}{r}
(AL)=0011\ 1011 \\
XOR)\quad FFH=1111\ 1111 \\
\hline
1100\ 0101=C5H \rightarrow (AL)
\end{array}
$$

执行后,(AL)= C5H 是执行前的(AL)的反码。

特别需要指出:AND AX,AX;OR AX,AX;XOR AX,AX 都可以用来清除 CF,影响 SF、ZF 和 PF。其中 XOR AX,AX 在清除 CF 和影响 SF、ZF、PF 的同时,也清除 AX 自己;而 AND AX,AX 和 OR AX,AX 执行后,不改变操作数。但因影响了 SF、PF 和 ZF,可用来检查数据的符号、奇偶性和判断数据是否为零。

TEST 指令和 AND 指令类似,都是执行同样的逻辑与操作,但 TEST 指令不送回操作结果,仅仅影响标志位,例如:

```
TEST  AL,80H      ;测 AL 的最高位 D7 是否为 1,若是,ZF=0;否则,ZF=1
TEST  [BX],01H    ;测(BX)所指存储单元的最低位 D0 是否为 1,若是,ZF=0;否则,ZF=1
```

NOT 指令只有一个操作数。执行后,求得操作数的反码后再送回,因此操作数不能为立即数。例如:

```
NOT   BX                  ;(BX)变反码,结果送回 BX 中
NOT   BYTE PTR[1000H]     ;将 1000H 单元中内容变反码后,送回 1000H 单元
```

例如:指令 NOT AX 的作用相当于 NEG AX,即求 AX 的补码。

TEST 指令一般用来检测指定位是 0 还是 1。这个指定位往往对应一个物理量,例如,用 TEST AL,80H 可检测 AL 中的内容是正数还是负数,执行后,若 ZF = 1,为正数;否则为负数。用 TEST AL,01H 可检测 AL 中内容是奇数还是偶数。TEST 指令用在 8086/8088CPU 和 I/O 设备交换数据的程序中,可检测 I/O 设备的状态,这时,可先将 I/O 接口电路的状态寄存器内容通过 IN 指令取到累加器 AL 或 AX 中,再用 TEST 指令检查指定状态位的状态,当状态符合要求,便可进行输入/输出了。

【例 6.15】数据段中有一个由 4 个 8 位数组成的数组 ARRAY,其中有正数,也有负数,试求出该数组中各元素的绝对值,并存入以 RESULT 为起始的地址单元中,其程序段如下:

```
        ;
        LEA   BX,ARRAY         ;指向源操作数
        LEA   DI,RESULT        ;指向目的操作数
        MOV   CL,4             ;设计数初值
AGAIN:  MOV   AL,[BX]          ;取一字节能到 AL
        TEST  AL,80H           ;符号位为 1?
        JZ    NEXT
```

```
        NEG   AL                    ;是,变补码
NEXT:   MOV   [DI],AL               ;送结果
        INC   BX
        INC   DI
        DEC   CL
        JNZ   AGAIN                 ;直到检查完毕
;........................................................
```

2. 移位类指令

8086 指令系统中有 4 条移位指令，即算术左、右移指令 SAL、SAR 和逻辑左、右移指令 SHL、SHR，其功能是用来实现对寄存器或存储单元中的 8 位或 16 位数据的移位，操作示意图如图 6.14 所示。

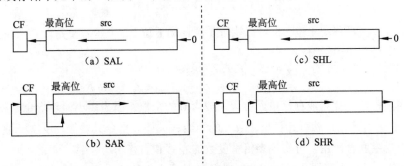

图 6.14 移位指令操作示意图

由图可见，逻辑移位指令用于无符号数的移位。左移时最低位补 0；右移时，最高位补 0。算术移位指令用于对带符号数的移位，左移时，最低位补 0；右移时，最高位的符号在右移的同时保持原符号位不变。

这里还可以看到：SHL 和 SAL 的功能完全一样，因为对一个无符号数乘以 2 和对一个带符号数乘以 2 没有区别，每移一次，最低位补 0，最高位移入 CF。在左移位数为 1 的情况下，移位后，如果最高位和 CF 不同，则溢出标志 OF = 1，这对带符号数可由此判断移位前后的符号位不同；反之，若移位后的最高位和 CF 相同，则 OF = 0，这表示移位前后符号位没有改变。

SHR 和 SAR 的功能不同。SHR 执行时最高位补 0，因为它是对无符号数移位，而 SAR 执行时最高位保持不变，因为它是对带符号数移位，应保持符号不变。

SAL、SHL、SAR 和 SHR 指令的形式是相似的。下面以 SAL 指令为例，其形式有：执行 1 次移动 1 位的和执行 1 次移动 n 位的两种。n 则需预先送入 CL 寄存器中，例如：

```
SAL CX,1    ;将 DX 中的内容左移一位,最低位补 0
SAL AL,CL   ;将 AL 中的内容左移 n 位,n 是 CL 的内容,如(CL)=4,则左移 4 位
SAL AX,CL   ;将 AX 中的内容左移 n 位,n 是 CL 的内容
```

左移 1 位可实现乘 2 运算，右移 1 位可实现除 2 运算，其余依次类推。用左、右移位指令实现乘/除一个系数（20 以内），比用乘、除法指令实现所需的时间要短得多。

【例 6.16】用移位指令实现快速乘法，求 $y = 10 \times x = (2 \times x) + (8 \times x)$。

【解】本题可用乘法指令实现，但所花时间长；若用移位和寄存器加指令实现，则使执行时间短很多，实现快速相乘，其程序段如下：

```
SAL AL,1    ;x*2
MOV BL,AL   ;暂存于 BL
SAL AL,1    ;x*4
SAL AL,1    ;x*8
ADD AL,BL   ;(X*2)+(X*8)
```

上述 5 条指令共花 20T（时钟周期），这比乘法指令执行时间短得多。

3. 循环移位指令

8086 指令系统中有 4 条循环移位指令，即不含进位的循环左、右移指令（又称小循环）ROL、ROR 和含进位的循环左、右移位指令（又称大循环）RCL、RCR，可实现对寄存器或存储单元中的 8 位或 16 位数据的循环移位，其操作示意图如图 6.15 所示。

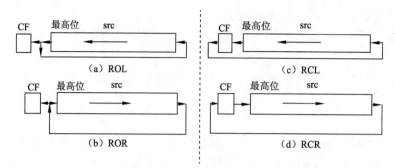

图 6.15　移位指令操作示意图

循环移位指令，执行 1 次可移动 1 位，也可以执行 1 次移动 n 位，n 仍然需预先入 CL 寄存器中。这 4 条循环移位指令的形式类似，下面以 ROR 为例：

```
ROR  AX,1                ;AX 中内容不含进位右移 1 位
ROR  BYTE PTR[DI],CL     ;若（CL）=8,则（DI）所指内存单元的内容不含进位右移 8 位（使数据还原）
```

循环移位指令可用来检测寄存器或存储单元中含 1 或含 0 的个数，因为用小循环指令循环 8 次，数据又还原了。通过每次移位对 CF 进行检测，就可计算出 1 或 0 的个数；大循环指令只要循环 9 次，数据也还原了。

大循环指令与移位指令联合使用，可实现多倍精度数的左移和右移。

【例 6.17】欲实现存于通用寄存器 AX 和 DX 的 32 位数的联合左移（乘 2），使用的指令如下：

```
SAL  AX,1
RCL  DX,1
```

同理，要实现存于连续两个存储单元中的 32 位数据乘以 2，使用的指令如下：

```
SAL  FIRST-WORD,1
RCL  SECOND-WORD,1
```

*6.3.4　串操作（String manipulation）指令

串操作指令是用一条指令实现对一串字符或数据的操作。共有 6 条指令，其中 5 条为基本串操作指令，另 1 条为重复前缀。当把重复前缀加在每条基本串操作指令之前时，可实现重复串操作。串操作指令如表 6.7 所示。

表 6.7　串操作指令

名　称	助记符指令	操作数类型	操 作 说 明
Move byte String or Word String	MOVS/MOVSB/MOVSW dst,src	B,W	dst←src，对标志无影响 若 DF=0，SI←SI+DELTA，D1←DI+DELTA，否则：SI←S1-DELTA，DI←DI-DELTA（为字节串，DELTA=1；为字串时，DELTA=2）
Compare Byte String or Word String	CMPS/CMPSB/CMPSW dst,src	B,W	dst-src，结果影响 AF、CF、OF、PF、SF、ZF（其余同上）
Scan Byte String or Word String	SCAS/SCASB/SCASW dst	B,W	AL 或 AX-dst，结果影响 AF、CF、OF、PF、SF、ZF（dst 的变化同上）
Load Byte String or Word String	LODS/LODSB/LODSW src	B,W	AL 或 AX←src，对标志无影响（src 的变化同上）
Store Byte String or Word String	STOS/STOSB/STOSW dst	B,W	Dst←AL 或 AX，对标志无影响（dst 的变化同上）
Repeat string operation	REP/REPZ/REPE/REPNE/REPNZ		串操作的重复次数由 CX 给定，当 CX 达到给定值时，停止重复

串操作指令有如下特点：

（1）可以对字节串进行操作，也可对字串进行操作。

（2）所有串操作指令都用 SI 对 DS 段中的源操作数进行间接寻址，而用 DI 对 ES 段中的目的操作数进行间接寻址。串操作指令是唯一的一类源操作数和目的操作数都是存储单元的指令。

（3）串操作指令执行时，地址指针的修改和方向标志 DF 有关。当 DF = 1 时，SI 和 DI 做自动减量修改；当 DF = 0 时，SI 和 DI 做自动增量修改。因此，在串操作指令执行前，需对 SI、DI 和 DF 进行设置，且把串的长度设置在 CX 中。

（4）通过在串操作指令前加重复前缀，可使串操作重复进行到结束，其执行过程相当于一个循环程序的运行。在每次重复之后，地址指针 SI 和 DI 都被修改，但指令指针 IP 仍保持指向前缀的地址。因此，如果在执行串操作指令的过程中，有一个外部中断进入，那么，在完成中断处理以后，将返回去继续执行串操作指令。

串操作指令是一类高效率的操作指令，合理选用对程序的优化很有好处。串操作使用的寄存器和状态标志如下所示：

```
SI         源字符串变址（偏移量）寄存器
DI         目前字符串变址（偏移量）寄存器
CX         重复操作次数计数器
AL/AX      SCAS 的扫描值
           LODS 的目的
           STOS 的源
DF         等于 0,使 SI、DI 自动加 1（或加 2）
           等于 1,使 SI、DI 自动减 1（或减 2）
ZF         扫描/比较串操作的终止标志
```

1. 重复前缀 REP/REPZ/REPE/REPNZ/REPNE

重复前缀共有 5 种，这种指令不能单独使用，只能用在串操作指令之前，用来控制跟在其后的基本串操作指令，使之重复执行，重复前缀不影响标志。其中：

（1）REP 为重复前缀，执行的操作为：

① 若（CX）= 0，则退出 REP，否则，往下执行。

②（CX）←（CX）–1。

③ 执行后跟的串操作指令。

④ 重复①~③。

REP 前缀常与 MOVS 和 STOS 串操作指令配用，表示串未处理完时重复。

（2）REPE/REPZ 为相等时（ZF = 1）重复前缀；与 REP 相比，除满足（CX）= 0 的条件可结束串操作外，还增加 ZF = 0 的条件。本前缀与 CMPS 和 SCANS 串操作指令配用，表示只有当两数相等（ZF = 1）方可继续比较；若两数不相等（ZF = 0），则可提前结束串操作。

2. 传送指令（Move String）MOVSB/MOVSW

该指令把位于 DS 段的由 SI 所指向的存储单元中的字节或字传送到位于 ES 段由 DI 所指向的存储单元中，并修改 SI 和 DI，以指向串中的下一个元素，例如：

```
MOVSB              ;用于字节串传送,SI 和 DI 内容±1
MOVSW              ;用于字串传送,SI 和 DI 内容±2
MOVS dst,src       ;用于字串或字节串操作,具体由 dst,src 的数据类型属性确定
```

【例 6.18】将内存中的 100 个字从 AREA1 传到 AREA2，改用串传送指令实现。程序段如下：

```
        MOV  SI,OFFSET AREA1
        MOV  DI,OFFSET AREA2
        MOV  CX,100
AGAIN:  MOVS  AREA2,AREA1
        DEC  CX
        JNZ  AGAIN
```

若采用重复前缀，用一条指令便可完成 100 个数据的传送。注意，这时串长度必须放在 CX 中。

```
MOV  SI,OFFSET AREA1
MOV  DI,OFFSET AREA2
```

```
        MOV     CX,100
      REP MOVS  AREA2,AREA1      ;重复传送直到（CX）=0 为止
```

3. 串比较指令（Compare String）CMPSB/CMPSW

该指令把 DS 段由 SI 所指向的存储单元的字节或字与 ES 段中由 DI 所指向的存储单元中的字节或字进行比较（相减），但不送回结果，只影响 OF、SF、ZF、AF、PF 和 CF，并在比较之后，自动修改地址指针。例如：

```
      CMPSB                 ;比较两字节串,SI 和 DI 内容±1
      CMPSW                 ;比较两字串,SI 和 DI 内容±2
      CMPS  dst,src         ;比较两字节串或字串,具体由 dst、src 的数据类型属性决定
```

【例 6.19】比较 DS 段和 ES 段中的两个字节串。它们分别放在 DS 段中从 FLAGS 和 ES 段中从 STATUS 开始的单元中。设串长度 = 5，试比较它们是否一样。若不一样，找出出现不一样时的位置，并记入 DS 段中的 POINT 单元，程序段如下：

```
      ;
            LEA     SI,FLAGS         ;SI 指向源串
            LEA     DI,STAUS         ;DI 指向目的串
            MOV     CX,0005          ;设计数器初值为 5
            CLD                      ;增址比较
            REPE    CMPSB            ;重复比较
            JNE     FOUND
      SAME; RET                      ;否则，相同
      FOUND: INC    CX               ;退回一字节
            MOV     WORD PTR POINT,CX ;存结果
            JMP     SAME
      ;
```

4. 串搜索指令（SCAN String）SCASB/SCASW

该指令把 AL（或 AX）中的内容与由（DI）所指的附加段 ES 中的一个字节（或字）进行比较，结果不送回，只影响 OF、SF、ZF、AF、PF 和 CF，并在比较之后，自动修改地址指针。

【例 6.20】AL 中存放收到的键盘命令（字符），而在 DS 段从 COMMAND 开始的 16 个单元中存放着有"01234567…DEF"共 16 个数字命令对应的 ASCII 码表示的命令串。应用 REPNZ SCASB 指令，在 DS 中的命令串中搜寻，若键盘命令与其中一个相同，则显示，否则，进行出错处理。该程序段如下：

```
      ;
            MOV  AH,01H             ;键盘输入命令字节到 AL 并显示
            INT  21H
            MOV  DI,OFFSET COMMAND  ;DI 指向 DS 段中的命令字符
            CLD                     ;增址搜索
            MOV  CX,10H             ;设计数值
            REPNZ SCASB            ;重复搜索
            JNZ  ERROR             ;未找到,转出错处理
            MOV  AH,02H            ;找到,显示该命令
            MOV  DL,AL
            INT  21H
      ERROR: RET
      ;
```

5. 存字符串指令（Store String）STOSB/STOSW

该指令是把 AL（或 AX）的数据存到 ES 段由 DI 所指的内存单元中，并且自动修改地址指针(DD)←(DI)+1（或 2）。STOSB/STOSW 可以与 REP 前缀配用，实现在一串内存单元中填入某一相同的数。

【例 6.21】欲将 ES 段中从 0400H 开始的 256 个单元清 0。程序段如下：

```
      ;
            LEA  DI,[0400H]         ;DI 指向存储目的首址
            MOV  CX,0080H          ;设计数值为 128 个字
            CLD                     ;增址存储
```

```
        XOR  AX,AX                    ;（AX）=0
        REP  STOSW                    ;将 0 重复存入出境 256 个字节单元中
;
```

6. 取字符串指令（Load String）LODSB/OLDSW

　　该指令用来把 DS 段中由 SI 所指的存储单元的内容取到 AL（或 AX）中。因为 AL 或 AX 中的内容会被后一次取入的字符所覆盖，因此 LODSB/LODSW 指令不能加重复前缀，否则会导致 AL 或 AX 中只能得到字符串中的最后一个字节或字。实际使用时，LODSB/LODSW 指令一般用在循环处理的程序中。

　　【例 6.22】设内存中有一字符串，起始地址为 BLOCK，其中有正数和负数，欲将它们分开存放，正数放于以 PLUS 为首址的存储区，负数放于以 MINUS 为首址的存储区。

　　为解决此问题，可设 SI 为源字节串指针，DI 和 BX 分别为正、负数的存储区的区指针，使用 LODS 指令，将源串中的字节数据取入 AL 中，检查其中符号位，若为正数，用 STOSB 指令存入正数存储区；若为负数，则应先将 DI 与 BX 交换，再用 STOSB 送负数到负数存储区；用 CX 控制循环次数，完成该功能的完整汇编语言程序如下：

```
        DATA    SEGMENT                      ;数据段
        BLOCK   DB   -1 ,5,7,-3,8,18, -4,-2,48,32
        COUNT   EQU  $ -BLOCK
        PLUS    DB   COUNT DUP（?）
        MINIS   DB   COUNTD DUP（?）
        DATA    ENDS
;       ─────────────────────────────────────────────

        CODE    SEGMENT              ;代码段
        MAIN    PROC FAR
                ASSUME  CS: CODE, DS: DATA, ES; DATA
        START: PUSH DS                ;保护返回地址
               SUB  AX, AX
                PUSH  AX
               MOV  AX,DATA           ;初始化 DS,ES
               MOV  DS,AX
               MOV  ES,AX
;       ─────────────────────────────────────────────

        INIT:  MOV  SI,OFFSET BLOCK   ;指向数据区
               MOV  DI,OFFSET PLUS    ;指向正数缓冲区
               MOV  BX,OFFSET MINUS   ;指向正数缓冲区
               MOV  CX,COUNT          ;设计数器
        GOON:  LODSB
               TEST  AL,80H           ; 是负数?
               JNX  MINS              ;是,转移
        PLS:   STOSB                  ;GIK,存正数
               JMP  AGAIN
        MINS:  XCHG BX,DI
        AGAIN: DEC CX
               JNZ  GOON
               RET                    ;返回 DOS
;       ─────────────────────────────────────────────
        MAIN    ENDP
        CODE    ENDS
        END     START                 ;汇编结束
```

6.3.5　控制转移（Control Jump）指令

　　控制转移类指令的功能是改变程序执行顺序。8086 的指令执行顺序由代码段寄存器 CS 和指令指针 IP 的内容确定。CS 和 IP 结合起来，给出下条指令在存储器的位置。多数情况下，要执行的下一条指令已从存储器中取出预先存于 8086 CPU 的指令队列中等待执行。正常情况下，CPU 执行完一条指令后，自动接着执行下一条指令。

程序转移指令用来改变程序的正常执行顺序,这种改变是通过改变 IP 和 CS 内容实现的。若程序发生转移,原存放在 CPU 指令队列中的指令就被废弃。BIU 将根据新 IP 和 CS 值,从存储区中取出一条新的指令直接送到 EU 去执行。接着,再逐条读取指令重新填入到指令队列中。

8086 的控制转移类指令可分为 4 小类:无条件转移与调用、返回类指令,条件转移类指令,循环控制类指令和中断类指令。除中断类指令外,其他各类指令均不影响标志位。

控制转移类指令中关于转移地址的寻址与前面讲述的操作数寻址不同。为此,讲述第 1 类控制转移指令的时候,以无条件转移指令为例先分析与转移地址有关的寻址。

1. 无条件转移(JUMP)、调用(CALL)和返回(RETURN)类指令

JMP 和 CALL 指令都是通过改变 CS 和 IP 值改变程序执行顺序的。但不同的是,CALL 指令要先将 IP 和 CS 的当前值入栈保存,以备返回时使用;返回指令 RETJ 则将 CALL 指令入栈保存的值弹回到 CS 和 IP 中,实现正确返回。CALL 和 RET 指令必须成对使用。

8086 的转移、调用和返回指令根据转移地址在段内或段外,又分为段内转移和段间转移。8086 宏汇编程序 MASM-86 定义内转移的目标为"NEAR"类,称为近转移;而定义段间转移目标为"FAR"类,称为远转移。段内转移只需改变 IP 的值;段间转移不但要改变 IP 值,同时还要给出一个代码段的码段值给 CS,使之成为当前码段;段内转移指令码短,执行速度快,在程序设计时大量使用。段内和段间的转移指令寻址方法又有两种,即直接寻址和间接寻址。

1)无条件转移指令(JMP)

(1)段内直接寻址(Intersegment Direct Addressing)。用这种寻址方式的转移指令,直接给出一个相对位移量,这样,有效转移地址 IP(即 EA)为 IP 的当前内容再加上一个 8 位或 16 位的位移量,即 EA =(IP)$_{目的}$ ←(IP)$_源$ + 位移量 e。因为位移量 e 是相对(IP)来计算的,所以段内直接寻址又称相对寻址。段内直接寻址方式既可用在无条件转移指令中,也可用在条件转移指令中,但要特别注意,在条件转移指令中,只能用 8 位的位移量。

段内直接寻址的无条件转移指令的格式如下:

```
JMP NEAR PTR TAGET    ;转移目标的位移量为16位的带符号数范围-32 768~+32 767
                      ;(IP)←(IP)+16位位移量,其中,NEAR PTR 为运算符
JMP SHORT OBJECT      ;转移目标的位移量为8位的带符号数。范围-128~+127
                      ;此时(IP)←(IP)+8位位移量,其中,SHORT 为运算符
```

【例 6.23】在例 6.19 的程序中有两条无条件转移指令 JNZ 和 JMP,试计算这两条指令的位移量 e。已知这两条转移指令转移前和转移后的(IP)分别如下所示:

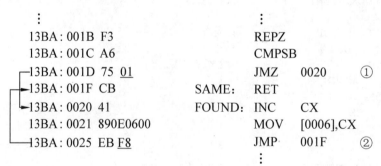

【解】JNZ 0020 指令的位移量 e 为:

e =(IP)$_{目的}$ -((IP)+2)$_源$ = 0020H-(001DH+2)= 01H,这里的 2 为该指令的长度(字节数)。位移量为正,属正向转移。

JMP 001F 指令的位移量 e 为:

e =(IP)$_{目的}$ -((IP)+2)$_源$ = 001FH-(0025H+2)= -8H,负数取补码,位移量为 F8H,位移量为负。属反向转移。

用这类寻址的转移指令,由于指令中只给出相对于 IP 当前值的相对位移量,因此,这种程序能实现在内存区

的浮动。

（2）段内间接寻址（Intersegment Indirect Addressing）。这种寻址方式下，有效的转移地址 EA 是一个寄存器或是一个存储单元的内容，并以此内容取代 IP 指针的内容。这里的寄存器或存储单元的内容可以用操作数寻址方式中除立即数之外的任何一种寻址方式取得，即 EA＝相应的操作数寻址方式的 EA。例如：

```
JMP BX                  ;BX 中的 16 位数据为有效转移地址 EA
JMP WORD PTR[SI]        ;由[SI]所指的字单元中的 16 位内容为有效转移地址 EA,WORD PTR 为运算符
```

现设（DS）＝2000H，（BX）＝1200H，（SI）＝5230H，存储单元（25230H）＝2450H。

则　JMP BX 指令执行后 EA＝（IP）＝（BX）＝1200H

JMP WORD PTR[SI]指令执行后 EA＝（IP）＝（16×（DS）＋（SI）＝（20000H+5230H）＝（25230H）＝2450H

（3）段间直接寻址。这种寻址方式下，指令中给出转移地址的段地址和段内偏移量。发生转移时，用前者取代当前 CS 中内容，用后者取代当前 IP 中的内容，从而使程序从一个代码段转移到另一个代码段，例如：JMP FAR PTR LABEL；其中 LABEL 为转移地址的符号，它是另一代码段中距段首址的偏移量。FAR PTR 为段间转移运算符。

（4）段间间接寻址（Intrasegment Indirect Addressing）。指令中将给出一个存储器地址，用该存储器地址所指的两个相继字单元的内容（32 位）来取代当前的 IP 和 CS 的内容。例如：

```
JMP  DWORD  PTR[BX][SI]  ;用（BX）+（SI）所指的存储器字单元的内容取代（IP）。用（BX）+（SI）+2
                        ;所指的存储器字单元内容取代（CS），DWORD  PTR 为双字指针运算符
```

2）调用指令 CALL

调用指令是为模块化程序设计准备的。程序设计时，往往把某些具有独立功能的程序编写成为独立的程序模块，又称其为子程序，可供一个或多个程序调用。8086 汇编又称子程序为过程。CALL 指令就是为调用程序调用过程（或称转子）而设立的。当子程序执行完后，应返回到调用程序中 CALL 的下一条语句。

子程序和调用程序可以在一个代码段内，也可不在一个代码段内，前者称为段内调用，后者称为段间调用。段内和段间调用均可直接寻址或间接寻址。CALL 指令的格式为：

```
CALL dst
```

其操作分 4 步进行：

① （SP）←（SP）-2

（（SP+1），（SP））←（CS）

② （CS）←SEG

③ （SP）←（SP）-2

（（SP）+1，（SP））←（IP）

④ （IP）←dst

若为段间调用，应完整执行完①~④步，即将下条指令的（CS）先入栈，然后（IP）入栈，最后再用转移地址的码段地址 SEG 取代（CS），偏移量 dst 取代（IP）。若为段内调用，则只需执行③、④两步。

下面列出各种调用指令的格式：

```
CALL 1000H 或 CALL NEAR PTR ROUT       ;段内直接调用。转移地址或在指令中直接给出,或在指令中给出
                                       ;调用的"近"过程名,NEAR TPR 为段内调用运算符
CALL BX                                ;段内间接调用,调用地址由（BX）给出
CALL 2500H: 1400H 或 CALL FAR PTR SUBR ;段间直接调用,调用过程的段地址和偏移量或由指令直接给出,
                                       ;或用"远"过程名代替
CALL DWORD PRR[DI]                     ;段间间接调用,调用地址在[DI]所指的连续 4 个单元中,
                                       ;前 2 个字节为偏移量,后 2 个字节为段地址
```

3）返回指令 RET

格式：RET Optinoal-pop-value

RET 指令放在子程序的末尾，当子程序功能完成后，由它返回调用程序。返回地址是执行 CALL 指令时入栈保存的。因此，RET 指令的操作如下：

若为段内返回，执行①、②步。

① （IP）←（（SP+1），（SP））

② （SP）←（SP）+2

若为段间返回，还要继续③、④步。

③ （CS）←（（SP+1），（SP））

④ （SP）←（SP）+2

【例6.24】有一过程名称为 MY-PROG，属性为 NEAR；调用时使用的指令如下。试给出调用、返回指令执行前后堆栈、堆栈指针及 IP 的变化示意图。

```
              MOV   SP, [01FEH]        ;设堆栈指针
                 ⋮
04F0          CALL MY-PROG             ;调用子程序
04F3    NEXT:  MOV AX, BX              ;调用后返回于此
                 ⋮
0500    MY-PROG PROC                   ;过程
0500          MOV CL, 6                ;过程程序的第一条
                 ⋮
051E          RET                      ;返回
051F    MY-PROG ENDP                   ;过程结束
```

【解】过程调用对堆栈、堆栈指针及 IP 的变化如图 6.16 所示。

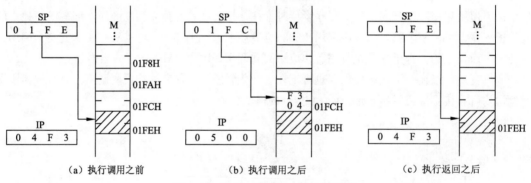

图 6.16 堆栈、SP 及 IP 变化示意图

段内返回和段间返回均用 RET 指令，其操作由与之配用的 CALL 指令中的过程名属性确定是段内返回还是段间返回。

RET 指令还可带立即数 n，如 RET4。该指令允许在返回地址出栈后，继续修改堆栈指针，将立即数 4 加到 SP 中，即（SP）←（SP）+4。这一特性可用来冲掉在执行 CALL 指令之前推入堆栈的一些数据。要注意，n 一定为偶数。带立即数的返回指令 RET n 一般用在这样的情况：调用程序为某个子程序提供一定的参数或参数的地址。在进入子程序前，调用程序将这些参数或参数地址先推入堆栈，通过堆栈传递给子程序。子程序运行过程中，使用了这些参数或参数地址，子程序返回时，这些参数或参数地址已经没有在堆栈中保留的必要。因而，可在返回指令中带上立即数 n，使得在返回的同时，将堆栈指针自动移动 n 个字节，以冲掉那些已经无用的参数和/或参数地址占用的空间。

2. 条件转移指令

格式：JCC Target

条件转移指令 JCC Target 是根据 8086 CPU 中的状态标志位的状态或这些标志位间的逻辑关系作为转移条件 CC，以决定是否发生转移。若条件 CC 成立，转移到所给出的转移目标 target。若不成立，程序将顺序执行。8086 的条件转移指令共有 19 条，如表 6.8 所示。条件转移指令功能如图 6.17 所示。

表6.8　条件转移指令

序　号	名　称	助　记　符	条件CC	意义（如……收转移）
1	Jump if above,or if not below nor equal	JA/JNBE	CF 或 ZF=0	高于/不低于也不等于
2	Jump if above or equal,or if not below	JAE/JNB	CF=0	高于或等于/不低于
3	Jump if below,or if not above nor equal	JB/JNAE	CF=1	低于/不高于也不等于
4	Jump if Carry	JC	CF=1	有进位
5	Jump if below or equal,or if not above	JBE/JNA	CF 或 ZF=1	低于或等于/不高于
6	Jump if equal,or if Zero	JE/JZ	ZF=1	等于/为零
7	Jump if greater,or if not less nor equal	JG/JNLE	（SF 异或、OF）或 ZF=0	大于/不小于也不等于
8	Jump if greater or equal,or if not less	JGE/JNL	SF 异或 OF=0	大于或等于/不小于
9	Jump on less,or on not greater nor equal	JL/JNGE	SF 异或 OF=1	小于/不大于也不等于
10	Jump if less or equal,if not greater	JLE/JNG	（SF 异或 OF）或 ZF=1	小于或等于/不大于
11	Jump if no carry	JNC	CF=0	无进位
12	Jump if not equal,or if not Zero	JNE/JNZ	ZF=0	不等于/不为零
13	Jump on not overflow	JNO	OF=0	无溢出
14	Jump on no parity,or if parity odd	JNP/JPO	PF=0	无奇偶/奇偶位为奇
15	Jump on not sign,if Positive	JNS	SF=0	无符号，或为正
16	Jump on overflow	JO	OF=1	有溢出
17	Jump on parity,or if parity even	JP/JPE	PF=1	有奇偶/奇偶位为偶
18	Jump on sign	JS	SF=1	有符号
19	Jump if CX is Zero	JCXZ	CX=0	（CX）为零

注：高于和低于指的是两个无符号数之间的关系；大于和小于指的是两个带符号数之间的关系。

条件转移指令均为双字节指令，第 1 字节为操作码，第 2 字节是相对转移目标的地址，即转移指令本身的偏称量与目标地址的偏移量之差，范围在–128 ~ +127 之间。因此条件转移只能发生在当前代码段中，是一种短转移。当需要超出短转移所能转移的范围时，可通过两条转移指令来实现，即用一条条件转移指令，首先转移到跟在后面一条无条件转移指令，再由无条件转移指令实现在整个地址空间的转移。

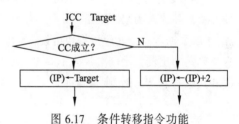

图 6.17　条件转移指令功能

由于条件转移指令都采用段内相对寻址，使用这类指令的程序，易于实现在内存中的浮动。条件转移指令执行后，均不影响标志位。条件转移指令按所依据的条件可分为 3 组：

（1）根据单个标志为条件进行测试，CF、ZF、SF、PF、OF 分别作为测试的状态标志，故这组指令共有 10 条；

① 测 CF 的：　JB/JNAE/JC　　　　　;当 CF = 1,转移

　　　　　　　 JNB/JAE/JNC　　　　　;当 CF = 0,转移

　　　用于判断无符号数的大小。

②测 ZF 的：　JE/JZ　　　　　　　　;当 ZF = 1,转移

　　　　　　　 JNE/JNZ　　　　　　　;当 ZF = 0,转移

用于测无符号数或带符号数是否相等。

③ 测 SF 的：　JS　　　　　　　　　 ;当 SF = 1,转移

　　　　　　　 JNS　　　　　　　　　;当 SF = 0,转移

用于测试数据为正或为负。

④ 测 PF 的：　JP/JPE　　　　　　　 ;当 PF = 1,转移

　　　　　　　 JNP/JPO　　　　　　　;当 PF = 0,转移

用于测试操作结果的低 8 位中含 "1" 个数为偶数还是奇数。

⑤ 测 OF 的：　JO　　　　　　　　　 ;当 OF = 1,转移

　　　　　　　 JNO　　　　　　　　　; 当 OF = 0,转移

用来判断带符号数的运算结果是否产生溢出。

【例 6.25】根据加法运算的结果进行不同的处理。若结果为 0，停止，否则继续。

【解】这是一种分支结构。实现这种两分支的程序段可有两种形式：

第 1 种

```
            ⋮
        ADD  AX,[BX]
        JZ   DONE
GOON:            ;继续
            ⋮
DONE:            ;停止
```

第 2 种

```
            ⋮
        ADD  AX,[BX]
        JNZ  GOON
DONE:            ;停止
GOON:            ;继续
            ⋮
```

（2）根据标志间的组合条件进行测试：根据表 6.8 反映两数关系的状态标志，对无符号数由 CF 或 ZF 反映；而对带符号数则由 SF、OF 和 ZF 反映。因此，根据用途可有下列几种：

① 判断无符号数大小：

```
    JA/JNBE          ;当 CF 或 ZF=0 转移
    JNA/JBE          ;当 CF 或 ZF=1 转移
```

② 判断带符号数大小：

```
    JG/JNLE          ;当（SF 异或 OF）或 ZF=0 转移
    JLE/JNG          ;当（SF 异或 OF）或 ZF=1 转移
    JGE/JNL          ;当（SF 异或 OF）=0 转移
    JL/JNGE          ;当（SF 异或 OF）=1 转移
```

（3）根据对 CX 寄存器值进行测试作为转移的依据：

```
    JCXZ             ;当（CX）=0,转移
```

因为 CX 寄存器在循环程序中常用作计数器，所以这条指令可以根据 CX 内容被修改后是否为零，产生两分支。

【例 6.26】数据段中从 2000H 开始的区域中存放着由 100 个无符号数组成的数据块 BUFFER，试找出其中的最大者，并放入 MAX 单元。

【解】据题意，处理数据块可设 BX 作为指针，指向 2000H 单元（即 BUFFER 之值），用寄存器间接寻址实现两个单元的比较，比较次数为 100-1=99（次）。指针指向数据块的起始单元，取前个元素 A 到 AL，并和后个元素 B 比较；若 A>B，则保留前个元素在 AL 中；否则，改取后个元素到 AL。其程序段如下：

```
;····························································
CETMAX: MOV  BX,OFFSET BUFFER   ;BX 指向 2000H 单元
        MOV  CX,COUNT-1         ;CX 作为计数器
        MOV  AL,[BX]            ;取前个元素到 AL
GOON:   INC  BX                 ;指向后个元素
        CMP  AL,[BX]            ;两数比较
        JAE  BIGER             ;前元素>后元素,转移
EXCH:   MOV  AL,[BX]            ;否则,取元素到 AL
BIGER:  DEC  CX                 ;计数
        JNZ  GOON               ;未比较完,继续
        MOV  BYTE PTR MAX,AL    ;完,存最大数
        RET                     ;返回
;····························································
```

若将本例改为带符号的数据块，需找出其中的最大值时，则把 JAE BIGER 改为 JGE BIGER 就可以了。读者还可考虑若要找出无符号数据块或带符号数据块中的最小值，这条指令又该改用什么指令。

3. 循环控制指令

8086 提供的这类命令，可方便地实现程序有规律的循环。循环控制指令必须以 CX 作为计数器控制循环次数。该指令和条件转移指令一样，所控制的目的地址在-128~+127 范围之内，也是短转移指令。执行之后，对标志位无影响。循环控制指令共有 3 条：

1）LOOP 指令

格式：LOOP　SHORT-Label

指令执行时，使（CX）≠0时，循环，执行（IP）←（IP）+8位的位移量（符号扩展到16位）；否则，退出循环，执行下一条指令。一条 LOOP 指令相当于下面两条指令的作用：

```
DEC   CX
JNZ   GOON
```

这样，例 6.26 程序中可用 LOOP GOON 代替上述两条指令。

例如，用下面两条指令构成的循环，是最简单的延时子程序：

```
      MOV  CX CONT          ;（CX）为循环次数 CONT
AGAIN: LOOP   AGAIN         ;循环
          ⋮
```

LOOP 指令执行循环时花 9 个时钟周期，退出时花 5 个时钟周期。因此，根据需要的延时时间性，可计算出常数 CONT 之值应该为多少。

2）LOOPZ/LOOPE SHORT-Label 指针

格式：LOOPZ/LOOPE SHORT-Label

指令执行时，使（CX）减1，当（CX）≠0，并且 ZF = 1 时，循环，使（IP）←（IP）+8 位的位移量（符号扩展到16位）；否则，当（CX）= 0，或者 ZF = 0 两种情况下均可退出循环。要注意，（CX）= 0 时，不会影响标志 ZF，换句话说，ZF 是否为 1，是受到前面其他指令执行结果影响的。

【例 6.27】找出字节数组 ARRAY 中的第 1 个非零项，并将序号存入 NO 单元。

设 ARRAY 由 8 个元素组成，使用 LOOPZ 指令，若未出现非零项，则返回。

程序段如下：

```
;…………………………………………………………………………………
          MOV CX,8
          MOV SI,-1          ;数组元素序号从 0 开始,先设为-1
NEXT:     INC SI
          CMP BYTE PTR[SI],0  ;该元素 = 0?
          LOOPZ NEXT          ;是 0,且（CX）≠0,循环
          JNZ ORENTRY         ;找到第 1 个非零元素,转移
ALLZ:     RET                 ;整个数组为 0,退出
ORENTRY:  INC CX              ;退回 1 个序号
          MOV WORD PTR NO,CX  ;存序号
          JMP ALLZ
;…………………………………………………………………………………
```

3）LOOPNZ/LOOPNE 指令

格式：LOOPNZ/LOOPNE SHORT-Label

执行时，使（CX）减1，当（CX）≠0，且 ZF = 0 时，循环，执行（IP）←（IP）+8 位的位移量（符号扩展到16位）；否则，当（CX）= 0 或者 ZF = 1 时，退出循环。这时紧接着用 JNZ 或 JZ 指令来判断是在什么情况下退出循环的。要特别注意，ZF 标志不受（CX）减 1 的影响，ZF 是否为 1 由前面其他指令执行结果影响。

【例 6.28】当计算两个字节数组 ARRAY1 和 ARRAY2 之和时，若遇到两个数组中的项同时为 0，即停止计算，并在 NO 单元中记下非零数组的长度。

```
;…………………………………………………………………………………
          MOV   AL,0          ;清和
          MOV   SI,-1         ;设指针
          MOV   CX,8          ;设计数值
NONZERO: INC   SI
          MOV   AL,ARRAY1[SI]  ;取被加数
          ADD   AL,ARRAY2[SI]  ;相加
          MOV   SUM[SI],AL     ;存和
          LOOPNZ NONZERO       ;不为 0,循环
```

```
            JZ    ORENTRY
ZERO:    RET                              ;为 0,退出
ORENTRY: INC CX
            MOV   WORD PTR NO, CX       ;存序号
            JMP   ZERO
;………………………………………………………………………………
```

*6.3.6 处理器控制（Processor Control）指令

8086 的这类指令如表 6.9 所示，包括状态标志操作指令、与外部事件同步的指令及空操作指令。除状态标志操作指令外，均不影响状态标志。

表 6.9 处理器控制指令

类	名　称	助记符指令	功　能
状态标志位操作	Clear Carry Flag	CLC	$CF\leftarrow0$
	Complement Carry F.	CMC	$CF\leftarrow\overline{CF}$
	Set Carry F.	STC	$CF\leftarrow1$
	Clear Direction F.	CKD	$DF\leftarrow0$
	Set Direction F.	STD	$DF\leftarrow1$
	Clear Interrupt F.	CLI	$1F\leftarrow0$
	Set Interrupt F.	STL	$IF\leftarrow1$
外部同步	Halt	HLT	暂停，等待中断或复位
	Wait	WAIT	当引脚 TEST=1，等待外部中断，否则顺序执行使协处理器可以从 8086 指令流中获取操作码总线封锁前缀
	Escape	ESC OPC, src	
	Lock	LOCK	
空操作	No Operation	NOP	空操作

这类指令中的 ESC 和 LOCK 都用于 8086 的最大方式中，分别用来处理和协处理器及多处理器间的同步关系。

执行 ESC 指令时，协处理器可监视系统总线，并能取得这个操作码 OPC。当 ESC 指令中的源操作数 src 是一个寄存器（如 ESC20，AL）时，主处理器没有操作；若 src 是一个存储器操作数（如 ESC6，ARRAY[SI]）时，则主处理器要从存储器将其取出，并使协处理器获得此数。

LOCK：是一个单字节的前缀，可放在任何指令的前面，执行时，使引脚 LOCK = 0（有效）。这在多处理器具有共享资源的系统中，可用来实现对共享资源的存取控制，即通过标志位进行测试进行交互封锁。根据标志位状态，在 LOCK 有效期间，禁止其他的总线控制器对系统总线进行存取。当存储器和寄存器进行信息交换时，LOCK 前缀指令非常有用。

NOP 空操作指令：该指令不执行任何操作，其机器码占一个字节单元，在调试程序时往往用这种指令占一定数量的存储单元，以便在正式运行时，用其他指令取代。这条指令花 3 个小时钟周期，又可用在延时程序中凑时间。

HLP 暂停指令，该指令可使机器暂停工作，使处理器处于停机状态，以便等待一次外部中断的到来。中断结束后，退出暂停继续执行后续程序。除中断外，对系统进行复位操作时，也可 CPU 退出暂停状态。

WAIT 等待指令：该指令使处理器处于空转状态，也可用来等待外部中断发生，但中断结束后仍返回 WAIT 指令继续等待。

6.4 指令系统的发展

不同类型的计算机有各具特色的指令系统，由于计算机的性能、机器结构和使用环境不同，指令系统的差异也是很大的。指令系统是计算机软、硬件设计和运行的基础。按指令集的划分，计算机体系结构分为复杂指令集

计算机（CISC）和精简指令集计算机（RSIC）。Intel 80x86 基本属 CISC 体系结构。

6.4.1 80x86 架构的扩展指令集

目前主流微机使用的指令系统都基于 x86 架构，为了提升处理器各方面的性能，Intel 和 AMD 公司又各自开发了一些新的扩展指令集。80x86 指令集包含了三部分：Intel8086 指令系统（标准指令集约 90 条）、8087 浮点指令集（77 条），以上两部分构成了 80x86 的基本指令集；第三部分主要指 MMX 指令（57 条）、SSE 指令（70 条）、SSE2 指令（144 条），构成了多媒体扩展指令集，主要用于增强微型计算机对多媒体 3D 图形、音频、视频等信息的处理能力。如表 6.10 所示，列举了 80x86 基本指令集的发展情况。

表 6.10　Intel80x86 基本指令数量一览表

适用的 CPU	新 增 指 令	指 令 总 数
8086	89 条	89 条
8087	77 条	166 条
80286	新增 24 条	190 条
80386	新增 14 条	204 条
80387	新增 7 条	211 条
80486	新增 5 条	216 条
Pentium	新增 6 条	222 条
Pentium Pro	新增 8 条	230 条
Pentium MMX	新增 MMX 指令 57 条	287 条
Pentium Ⅱ	新增 4 条	291 条
Pentium Ⅲ	新增 SSE 指令 70 条	361 条
Pentium 4	新增 SSE2 指令 144 条	505 条
Itanium	未公布	
……	……	……

1. MMX 指令集

MMX（Multi Media eXtension，多媒体扩展）指令集是 Intel 公司 1997 年为 Pentium 系列处理器所开发的一项多媒体指令增强技术。MMX 指令集中包括了 57 条多媒体指令，通过这些指令可以一次性处理多个数据，对视频、音频和图形数据处理特别有效。

MMX 指令分为以下几种类型：算术指令、比较指令、转移指令、逻辑指令、移位指令、数据传输指令、数据打包/解包指令、清空 MMX 状态指令。

MMX 指令集没有增加新的寄存器，而是利用了 8 个浮点寄存器的 64 位尾数部分。映射的浮点寄存器可以像堆栈一样寻址。

MMX 指令系统引入了 4 种新的数据结构：8 个压缩的连续的 8 位字、4 个压缩的连续的 16 位字、2 个压缩的连续的 32 位双字和 1 个压缩的 4 字。这 4 种数据结构具有连续的内存地址。

2. SSE 系列指令集

1999 年，Intel 公司在 PIII 产品中推出了 SSE（数据流单指令序列扩展）指令集，共 70 条。Pentium 4 CPU 又新增了 144 条 SSE2 扩展指令集，主要用于：三维几何运算，完成图形光线的控制，以获取更高水准的图形效果；三维物体及成像计算，改进动画及图像变形；视频图像压缩/解压缩，语音识别和处理等。

SSE(Streaming SIMD Extension,流式 SIMD 扩展),也叫单指令多数据流(Single Instruction Multiple Data,SIMD)。SSE 指令集共有 70 条指令，其中包含提高 3D 图形运算效率的 50 条 SIMD 浮点运算指令、12 条 MMX 整数运算增强指令、8 条优化内存中的连续数据块传输指令。理论上这些指令对图像处理、浮点运算、3D 运算、多媒体处理等众多多媒体的应用能力起到了全面提升的作用。

SSE 指令集分为三类：

第一类：8 条，用于优化内存连续数据流（音频数据流、视频数据流、数据库访问数据流和图片处理数据流）。

第二类：50 条，SIMD 浮点运算指令，弥补了 MMX 指令集只能进行整数运算的不足。

第三类．12 条，新的多媒体指令，进一步提升了视频处理和图形处理的性能。

SSE2 指令集是 Intel 公司为适应 Pentium 4 CPU 而开发的新扩展指令集，共 144 条，分为 SSE 和 MMX 两部分，包括浮点和整型数据之间的转换指令。在指令处理速度保持不变的情况下，通过 SSE2 优化后的程序和软件，运行速度也能够提高两倍。由于 SSE2 指令集与 MMX 指令集相兼容，因此被 MMX 优化过的程序很容易被 SSE2 再进行更深层次的优化，达到更好的运行效果。

SSE3 指令集实际上就是在 SSE2 的 144 条指令基础上增加 13 条指令。这些新增指令强化了处理器在浮点转换至整数、复杂算法、视频编码、SIMD 浮点寄存器操作以及线程同步等方面的功能，它可以提升处理器的超线程的处理能力，大大简化超线程的数据处理过程，使处理器能够更加快速地进行并行数据处理。

SSE4 又增加了 50 条新的增加性能的指令，这些指令有助于编译、媒体、字符/文本处理和程序指向加速。SSE 4.1 版本的指令集增加了 47 条指令，主要针对向量绘图运算、3D 游戏加速、视频编码加速及协同处理的加速。SSE4.2 指令集可以将 256 条指令和并在一起执行，让类似 XML 的工作性能提升 3 倍。

SSE5 指令集是 AMD 公司推出的指令集，它的功能是增强高性能计算应用，并充分发挥多核心、多媒体的并行优势。SSE5 是 128 bit 指令集，一共有 170 条指令，其中基础指令 64 条。

3．3DNow 指令集

3DNow 指令集最初是由 AMD 公司推出的，拥有 21 条扩展指令。3DNow 在整体上与 SSE 非常相似，但它与 SSE 的侧重点又有所不同，3DNow 指令集主要针对三维建模、坐标变换和效果渲染等 3D 数据的处理，在相应的软件配合下，可以大幅度提高处理器的 3D 处理性能。增强型 3DNow 共有 45 条指令，比 3DNow 又增加了 24 条指令。

4．64 位架构

到 2002 年，由于 32 位特性的长度，x86 的架构开始到达某些设计的极限。这个导致要处理大量的信息储存大于 4 GB 会有困难，像是在数据库或是影片编辑上可以发现。

Intel 原本已经决定在 64 位的时代完全舍弃 x86 兼容性，推出新的架构，称为 IA-64 技术，作为其 Itanium 处理器产品线的基础。IA-64 与 x86 的软件天生不兼容，它使用各种模拟形式来运行 x86 的软件，不过，以模拟方式来运行的效率十分低下，并且会影响其他程序的运行。

AMD 主动把 32 位 x86（或称为 IA-32）扩充为 64 位。它以一个称为 AMD64 的架构出现（在重命名前也称为 x86-64），且以这个技术为基础的第一个产品是单内核的 Opteron 和 Athlon 64 处理器家族。由于 AMD 的 64 位处理器产品线首先进入市场，且微软也不愿意为 Intel 和 AMD 开发两套不同的 64 位操作系统，Intel 也被迫采纳 AMD64 指令集且增加某些新的扩充到他们自己的产品，命名为 EM64T 架构，EM64T 后来被 Intel 正式更名为 Intel 64。

5．AVX 指令集

AVX 指令集，在单指令多数据流计算性能增强的同时也沿用了 MMX/SSE 指令集。不过和 MMX/SSE 的不同点在于，增强的 AVX 指令从指令的格式上就发生了很大的变化，在 x86（IA-32/Intel 64）架构的基础上增加了 prefix（Prefix），所以实现了新的命令，也使更加复杂的指令得以实现，从而提升了 x86 CPU 的性能。例如，酷睿 i7 3770 的指令集是 64 bit，可扩展 SSE4.1、4.2，AVX 的指令集、英特尔 11 代酷睿使用 AVX512F 指令集。

6.4.2 从复杂指令系统到精简指令系统

指令系统的发展有两种截然不同的方向：一种是增强原有指令的功能，设置更为复杂的新指令实现软件功能的硬化；另一种是减少指令种类和简化指令功能，提高指令的执行速度。前者称为复杂指令系统，后者称为精简指令系统。

长期以来，计算机性能的提高往往是通过增加硬件的复杂性获得的，随着 VLSI 技术的迅速发展，硬件成本不断下降，软件成本不断上升，促使人们在指令系统中增加更多的指令和更复杂的指令，以适应不同应用领域的需要。这种基于复杂指令系统设计的计算机称为复杂指令系统计算机，简称 CISC（Complex Instruction Set Computer）。CISC 的指令系统多达几百条指令，例如，Intel 80x86 （IA-32）就是典型的 CISC，其中 Pentium 4 的指令条数已达到 500 多条（包括扩展的指令集）。

如此庞大的指令系统使得计算机的研制周期变得很长，同时也增加了设计失误的可能性，而且由于复杂指令需进行复杂的操作，有时还可能降低系统的执行速度。通过对传统的 CISC 指令系统进行测试表明，各种指令的使用频度相差很悬殊。最常使用的是一些比较简单的指令，这类指令仅占指令总数的 20%，但在各种程序中出现的频度却占 80%，其余大多数指令是功能复杂的指令，这类指令占指令总数的 80%，但其使用频度仅占 20%。因此，人们把这种情况称为"20%-80%"律。从这一事实出发，人们开始了对指令系统合理性的研究，于是基于精简指令系统的精简指令系统计算机 RISC（Reduced Instruction Set Computer）随之诞生。

RISC 的中心思想是要求指令系统简化，尽量使用寄存器操作指令，除去访存指令（Load 和 Store）外，其他指令的操作均在单周期内完成，指令格式力求一致，寻址方式尽可能减少，并提高编译的效率，最终达到加快机器处理速度的目的。

6.4.3　VLIW 和 EPIC

1. VLIW 和 EPIC 概念

VLIW 是英文 Very Long Instruction Word 的缩写，中文含义是"超长指令字"，即一种非常长的指令组合，它把许多条指令连在一起，提高了运算的速度。在这种指令系统中，编译器把许多简单、独立的指令组合到一条指令字中。当这些指令字从主存中取出放到处理器中时，它们被容易地分解成几条简单的指令，这些简单的指令被分派到一些独立的执行单元去执行。

EPIC 是英文 Explicit Parallel Instruction Code 的缩写，中文含义是"显式并行指令代码"。EPIC 是从 VLIW 中衍生出来的，通过将多条指令放入一个指令字，有效地提高了 CPU 各个计算功能部件的利用效率，提高了程序的性能。

VLIW 和 EPIC 处理器的指令集与传统处理器的指令集有极大的区别。

2. Intel 的 IA-64

虽然 80x86 指令集功勋卓著，但日显疲态也是人们所共知的事实。随着时间的推移，IA-32 的局限性越来越明显了。作为一种 CISC 架构，变长指令结构有无数种不同的指令格式，这使它难于在执行中进行快速译码；同时，为了能够使用 RISC 架构上非常普遍的流水线和分支预测等技术，Intel 公司被迫增加了很多复杂的设计。因此，Intel 公司决定抛弃 IA-32，转向全新的指令系统，20 世纪末，由 Intel 公司和 HP 公司联合推出了彻底突破 IA-32 的 IA-64 架构，最大限度地开发了指令级并行操作。

Intel 公司人员反对将 IA-64 划归到 RISC 或 CISC 的类别中，因为他们认为这是 EPIC 架构，是一种基于超长指令字的设计，它合并了 RISC 和 VLIW 技术方面的优势。最早采用这种技术的处理器是 Itanium，后来又有了 Itanium 2。

Itanium 有 128 个 64 位的整数寄存器，128 个 82 位的浮点寄存器，64 个 1 位的判定寄存器和 8 个 64 位的分支寄存器。Itanium 在硬件上与 IA-32 指令集兼容，通过翻译软件与 HP 公司的 PA-RISC 指令集兼容。

3. 128 位指令束

A-64 将三条指令拼接成 128 位的"指令束"，以加快处理速度。每个指令束里包含了三个 41 位的指令和一个 5 位的模板，这个 5 位的模板包含了不同指令间的并行信息，编译器将使用模板告诉 CPU 哪些指令可以并行执行。模板也包含了指令束的结束位，用告诉 CPU 这个指令束是否结束、是否需准备捆绑下两个或更多的指令束。

指令束中的每条指令的长度是固定的，均为 41 位，由指令操作码字段、判定寄存器字段和三个寄存器字段（其中两个为源寄存器，一个为目的寄存器）组成，指令只对寄存器操作。一个指令束中的三条指令之间一定是没有依赖关系的，由编译程序将三条指令拼接成指令束。假设，编译程序发现了 16 条没有相互依赖关系的指令，便可以把它们拼接成 6 个不同的指令束，前 5 束里每束 3 条，剩下的一条放在第 6 束里，然后在模板里做上相应的标记。

指令束的 128 位被 CPU 一次装载并检测，依靠指令的模板，三个指令能被不同的执行单元同时执行。任意数目的指令束能安排在指令组里，一个指令组是一个彼此可以并行执行并且不发生冲突的指令流。

习 题 6

1．指令长度和机器字长有什么关系？单字长指令、双字长指令分别表示什么意思？

2．零地址指令的操作数来自哪里？一地址指令中，另一个操作数的地址通常可采用什么寻址方式获得？各举一例说明。

3．某计算机为定长指令字结构，指令长度为 16 位；每个操作数的地址码长为 6 位，指令分为无操作数、单操作数和双操作数三类。若双操作数指令已有 K 种，无操作数指令已有 L 种，问：单操作数指令最多可能有多少种？上述三类指令各自允许的最多指令条数是多少？

4．设某计算机为定长指令字结构，指令长度为 12 位，每个地址码占 3 位，试提出一种分配方案，使该指令系统包含 4 条三地址指令、8 条二地址指令、180 条单地址指令。

5．指令格式同第 4 题，能否构成三地址指令 4 条、单地址指令 255 条、零地址指令 64 条？为什么？

6．指令中地址码的位数与直接访问的主存容量和最小寻址单位有什么关系？

7．试比较间接寻址和寄存器寻址。

8．试比较基址寻址和变址寻址。

9．某计算机字长为 16 位，主存容量为 64 KB，采用单字长单地址指令，共有 50 条指令。若有直接寻址、间接寻址、变址寻址和相对寻址四种寻址方式，试设计其指令格式。

10．某计算机字长为 16 位，主存容量为 64 KB，指令格式为单字长单地址，共有 64 条指令。问：

（1）若只采用直接寻址方式，指令能访问多少主存单元？

（2）为扩充指令的寻址范围，可采用直接 / 间接寻址方式，若只增加一位直接 / 间接标志，指令可寻址范围是怎样的？指令直接寻址的范围是怎样的？

（3）采用页面寻址方式，若只增加一位 Z/C（零页 / 现行页）标志，指令寻址范围是怎样的？指令直接寻址范围是怎样的？

（4）将（2）、（3）两种方式结合，指令的寻址范围是怎样的？指令直接寻址范围是怎样的？

11．设某计算机字长为 32 位，CPU 有 32 个 32 位的通用寄存器，设计一个能容纳 64 种操作的单字长指令。

（1）如果是存储器间接寻址方式的寄存器/存储器型指令，则能直接寻址的最大主存空间是多大？

（2）如果采用通用寄存器作为基址寄存器，则能直接寻址的最大主存空间又是多大？

12．设相对寻址的转移指令占两个字节，第一个字节是操作码，第二个字节是相对位移量，用补码表示。假设当前转移指令第一字节所在的地址为 2000H，且 CPU 每取一个字节便自动完成（PC）+1→PC 的操作。试问，当执行 JMP*+8 和 JMP*-9 指令（*为相对寻址特征）时，转移指令第二字节的内容各为多少？转移的目的地址各是什么？

第 7 章

中央处理器

中央处理器（CPU）是整个计算机的核心，它包括运算器和控制器。本章着重讨论 CPU 的功能和组成、控制器的工作原理和实现方法、微程序控制原理、基本控制单元的设计以及先进的 CPU 系统设计技术。

7.1　中央处理器的功能和组成

CPU 对整个计算机系统的运行起着决定性的作用。

若用计算机来解决某个问题，首先要为这个问题编制解题程序，而程序又是指令的有序集合。按"存储程序"的概念，只要把程序装入主存储器后，即可由计算机自动地完成取指令和执行指令的任务。在程序运行过程中，在计算机的各部件之间流动的指令和数据形成了指令流和数据流。

需要指出，这里的指令流和数据流都是程序运行的动态概念，它不同于程序中静态的指令序列，也不同于存储器中数据的静态分配序列。指令流指的是 CPU 执行的指令序列，数据流指的是根据指令操作要求依次存取数据的序列。从程序运行的角度来看，CPU 的基本功能就是对指令流和数据流在时间与空间上实施正确的控制。

对于冯·诺依曼结构的计算机而言，数据流是根据指令流的操作而形成的，也就是说数据流是由指令流来驱动的。

7.1.1　中央处理器的主要性能指标

CPU 性能的高低直接决定了一个计算机系统的档次，而 CPU 的主要技术参数可以反映出 CPU 的大致性能。衡量处理器好坏的主要性能指标有以下几个方面：

1．处理器的字长

字长是计算机内部一次可以处理的二进制数码的位数。一般一台计算机的字长决定于它的通用寄存器、内存储器、ALU 的位数和数据总线的宽度。字长越长，一个字所能表示的数据精度就越高；在完成同样精度的运算时，则数据处理速度越高。然而，字长越长，计算机的硬件代价相应也增大。为了兼顾精度/速度与硬件成本两方面，有些计算机允许采用变字长运算。

一般情况下，CPU 的内部数据总线宽度是一致的。但有的 CPU 为了改进运算性能，加宽了 CPU 的内部总线宽度，致使内部字长和对外数据总线宽度不一致。如 Intel 8088/80188 的内部数据总线宽度为 16 位，外部为 8 位。对这类芯片，称之为"准××位"CPU。因此 Intel 8088／80188 被称为"准 16 位"CPU。

2．指令数

告诉计算机完成某种操作的命令被称为指令。一台计算机可以有几十到几百条指令。一台计算机完成的操作种类愈多，表示该计算机系统功能愈强。

3．工作频率

1）内部工作频率

内部工作频率又称为内频或主频，它是衡量 CPU 速度的重要参数。CPU 的主频表示在 CPU 内数字脉冲信号振荡的速度，主频仅是 CPU 性能表现的一个方面，不代表 CPU 整体性能的全部。

内部时钟频率的倒数是时钟周期，这是 CPU 中最小的时间元素。每个动作至少需要一个时钟周期。

2）外部工作频率

CPU 除了主频之外，还有另一种工作频率，称为外部工作频率，它是由主板为 CPU 提供的基准时钟频率。

与内频相比，其他设备的速度还很缓慢，所以外频跟内频已不再是一比一的同步关系，导致了"倍频"的出现。内频、外频和倍频三者之间的关系是：内频=外频×倍频。

3）前端总线频率

前端总线（Front Side Bus），通常用 FSB 表示，它是 CPU 和外界交换数据的最主要通道，主要连接主存、显卡等数据吞吐率高的部件，因此前端总线的数据传输能力对计算机整体性能作用很大。

在 Pentium 4 出现之前，前端总线频率与外频是相同的，因此往往直接称前端总线频率为外频。随着计算机技术的发展，需要前端总线频率高于外频，因此采用了 QDR（Quad Date Rate）技术或者其他类似的技术，使得前端总线频率成为外频的几倍甚至更高。

4）睿频

睿频是指当启动一个运行程序后，处理器会自动加速到合适的频率，而原来的运行速度会提升 10%~20% 以保证程序流畅运行的一种技术。英特尔睿频加速技术可以理解为自动超频。当开启睿频加速之后，CPU 会根据当前的任务量自动调整 CPU 主频，从而重任务时发挥最大的性能，轻任务时发挥最大节能优势。

英特尔酷睿处理器发展到现在已经有 10 多年的历史，从最初的双核到如今的 10 核心 20 线程，通过工艺和架构不断的推进，酷睿处理器的性能一代比一代强，每一代酷睿产品都对 PC 市场产生巨大冲击。在上代九代酷睿 i9 9900K 完成了睿频 5.0 GHz 的壮举后，十代酷睿桌面级处理器旗舰型号酷睿 i9-10900K 更是突破到了 5.3 GHz 的睿频，将处理器频率再一次拉到了新高度。英特尔十一代酷睿 UP3 为 TDP 12~28W 的型号，最低为双核四线程的 i3-1115G4，此外还有四核心八线程的 i3-1125G4、i5-1135G7、i7-1165G7，最高的型号为 i7-1185G7，四核心八线程，基础主频 3 GHz，睿频 4.8 GHz，全核睿频可达到 4.3 GHz，核显频率为 1.35 GHz，最高可支持 DDR4-3200 和 LPDDR4X-4266 内存；UP4 为 TDP 7W~15W 的型号，同样涵盖了 i3/i5/i7，最低为双核四线程的 i3-1110G4，主频 1.8 GHz，睿频 3.9 GHz，全核睿频可达 3.9 GHz。最高为四核心八线程的 i7-1160G7，主频 1.2 GHz，睿频 4.4 GHz，全核睿频可达 3.6 GHz，支持 LPDDR4X-4266 内存。

4．运算速度

处理器执行一条指令所花费的时间可用来衡量微型机的运算速度。8086 执行一条指令的时间约为 400 ns，80286 为 250 ns，80486 为 25 ns，Pentium 的速度为 80486 的 2 倍，Pentium Pro 为 80486 的 3 倍，PentiumⅡ比 Pentium Pro 快 10% ~ 25%。提高计算机的工作速度可以说是微处理器芯片发展的核心问题。从 80486 开始，把协处理器集成到芯片中的目的也是为了提高浮点处理速度。

计算机的运算速度一般用每秒所能执行的指令条数表示。由于不同类型的指令所需时间长度不同，因而运算速度的计算方法也不同。常用计算方法有：

（1）根据不同类型的指令出现的频度，乘上不同的系数，求得统计平均值，得到平均运算速度。这时常用 MIPS（Millions Of Instruction Per Second，百万条指令/秒）作单位。

（2）以执行时间最短的指令（如加法指令）为标准来估算速度。

（3）直接给出 CPU 的主频和每条指令的执行所需的时钟周期。主频一般以 MHz 为单位。

MIPS 用来表示微处理器的性能，意思是每秒能执行多少百万条指令。由于执行不同类型的指令所需时间长度不同，所以 MIPS 通常是根据不同指令出现的频度乘上不同的系数求得的统计平均值。主频为 25 MHz 的 80486 其性能大约是 20 MIPS，主频为 400 MHz 的 Pentium II 的性能为 832 MIPS。

利用 7-Zip 自带多线程性能测试工具进行 MIPS 测试，英特尔酷睿十一代 i5-1135G7 是一颗 4 核 8 线程处理器，实测其压缩性能评分 26 077 MIPS，解压缩性能评分 23 673 MIPS，总分为 24 875 MIPS，性能表现已经相当不错了，后续英特尔酷睿 MIPS 值更高。

5．访存空间

处理器可以直接访问的存储器容量称为访存空间，通常是指计算机的内存空间，它是衡量计算机存储二进制信息量大小的一个重要指标。计算机中一般以字 B（ Byte 的缩写 ）为单位表示存储容量，并且将 1 024 B 简称为 1 KB，1 024 KB 简称为 1 MB（ 1 兆字节 ），1 024 MB 简称为 1 GB（ 千兆字节 ），1 024 GB 简称为 1 TB（ 兆兆字节 ）。

内存容量又分最大容量和实际装机容量。最大容量由 CPU 的地址总线的位数决定，如 8080 CPU 的地址总线为 16 位，其内存最大容量为 64 KB；8086 的地址总线为 20 位，其内存最大容量为 1 MB；而装机容量则由所用软件环境决定，如采用 Windows10 系统 64 位环境，内存最低必须在 2 GB 以上，一般建议用户参考推荐要求的配置是内存 4 GB 以上，不然运行会不流畅。

6．高速缓存

在 CPU 的所有操作中，访问内存是最频繁的操作。一般的计算机内存由 MOS 型动态 RAM 构成，其工作速度要比 CPU 慢，加上 CPU 的所有访问都要通过总线这个瓶颈，所以缩短存储器的访问时间是提高计算机速度的关键。一般采用在 CPU 和内存之间加进高速缓冲存储器（ Cache ）的方法。高速缓冲存储器的存取速度比主存要快一个数量级，大体与 CPU 的处理速度相当。有了它以后，CPU 在对一条指令或一个操作数寻址时，首先要看其是否在高速缓存器中。若在，就立即存取；否则，就作一常规的存储器访问，同时将所访问内容及相关数据块复制到高速缓存器中。前者称为"命中"，后者称为"未命中"。

根据程序存取的局部性原理，CPU 对高速缓存器的命中率可以很高。一般说来，这种命中率可在 90% 以上，甚至高达 99%。

7．虚拟存储

所谓虚拟存储技术，是一种通过硬件和软件的综合来扩大用户可用存储空间的技术。它是在内存储器和外存储器之间增加一定的硬件和软件支持，使两者形成一个有机整体，使编程人员在写程序时不用考虑计算机的实际内存容量，可以写出比实际配置的物理存储器大很多的单用户或多用户程序。程序预先放在外存储器中，在操作系统的统一管理和调度下，按某种置换算法依次调入内存储器被 CPU 执行。这样，从 CPU 看到的是一个速度接近内存却具有外存容量的假想存储器，这个假想存储器就叫虚拟存储器。用户就如同使用内存一样使用虚拟存储器的辅存部分，用户编程时指令地址允许涉及辅存大小的空间范围，这种指令地址称为"虚地址"（即虚拟地址）或叫"逻辑地址"，虚地址对应的存储空间称为"虚存空间"或叫"逻辑空间"。实际的主存储器单元的地址则称为"实地址"（即主存地址）或叫"物理地址"，实地址对应的是"主存空间"，亦称物理空间。

虚拟存储器的用户程序以虚地址编址并存放在辅存里，程序运行时，CPU 以虚地址访问主存，由辅助硬件找出虚地址和物理地址的对应关系，判断由这个虚地址指示的存储单元的内容是否已装入主存，如果在主存，CPU 就直接执行已在主存的程序；如果不在主存，就要进行辅存内容向主存的调度，这种调度同样以程序块为单位进行。计算机系统存储管理软件和相应的硬件，把欲访问单元所在的程序块从辅存调入主存，且把程序虚地址变换成实地址，然后再由 CPU 访问主存。

按虚拟存储器信息块的划分方案不同，虚拟存储器的实现，可以分为页式虚拟存储器、段式虚拟存储器、段页式虚拟存储器等形式，其中，段页式虚拟存储器综合了段式和页式结构的优点，是一种较好的虚拟存储器信息块的划分方案，也是目前大中型计算机系统中普遍采用的一种方式。

8．多处理器系统

为了进一步提高系统的工作速度和工作能力，一些系统采用多处理器结构。多处理器系统是指一个微型计算机系统中，同时有几个微处理器部件，可以接受指令，并进行指令的译码操作。多处理器系统，可以实现数据的并行处理，在很大程度上提高系统的性能。

9．工艺形式及其他

处理器工艺指在硅材料上生产微处理器时内部各元器件间连接线的宽度，是指芯片内电路与电路之间的距离，一般以 μm 为单位，数值越小，生产工艺越先进，意味着芯片上包括的晶体管数目越多。Pentium II 的线宽是 0.35 μm，晶体管数达到 7.5 兆个；Pentium Ⅲ 的线宽是 0.25 μm，晶体管数达到 9.5 兆个；Pentium 4 的线宽是 0.18 μm，晶体管数达到 42 兆个。近年来，线宽已由 65 nm、45 nm、32 nm、28 nm 等，一直发展到目前的 14 nm、10 nm、7 nm 等。处理器的集成度是指微处理器芯片上集成的晶体管的密度。最早 Intel 4004 的集成度为 2 250 个晶体管，Pentium Ⅲ 的集成度已经达到 750 万个晶体管以上，酷睿 i7-875K 集成晶体管数量更是高达 7.74 亿个。

7.1.2　CPU 的内部结构

CPU 由运算器和控制器两大部分组成，图 7.1 给出了 CPU 的模型。

控制器的主要功能有：① 从主存中取出一条指令，并指出下一条指令在主存中的位置；② 对指令进行译码或测试，产生相应的操作控制信号，以便启动规定的动作；③ 指挥并控制 CPU、主存和输入/输出设备之间的数据流动方向。

运算器的主要功能有：①执行所有的算术运算；②执行所有的逻辑运算，并进行逻辑测试。

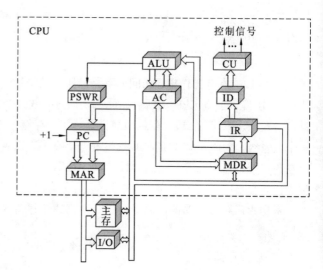

图 7.1　CPU 模型

7.1.3　CPU 中的主要寄存器

CPU 中的寄存器是用来暂时保存运算和控制过程中的中间结果、最终结果以及控制、状态信息的，它可分为通用寄存器和专用寄存器两大类。

1．通用寄存器

通用寄存器可用来存放原始数据和运算结果，有的还可以作为变址寄存器、计数器、地址指针等。现代计算机中为了减少访问存储器的次数、提高运算速度，往往在 CPU 中设置大量的通用寄存器，少则几个，多则几十个，甚至上百个。通用寄存器可以由程序编址访问。

累加寄存器 A_{CC} 也是一个通用寄存器，它用来暂时存放 ALU 运算的结果信息。例如，在执行一个加法运算前，先将一个操作数暂时存放在 A_{CC} 中，再从主存中取出另一操作数，然后同 A_{CC} 的内容相加，所得的结果送回 A_{CC} 中。运算器中至少要有一个累加寄存器。

2．专用寄存器

专用寄存器是专门用来完成某一种特殊功能的寄存器。CPU 中至少要有五个专用的寄存器。它们是程序计数器（PC）、指令寄存器（IR）、存储器数据寄存器（MDR）、存储器地址寄存器（MAR）、状态标志寄存器（PSWR）。

1）程序计数器

程序计数器又称指令计数器，用来存放正在执行的指令地址或接着要执行的下条指令地址。

对于顺序执行的情况，程序计数器的内容应不断地增量（加"1"），以控制指令的顺序执行。这种加"1"的功能，有些机器是程序计数器本身具有的，也有些机器是借助运算器来实现的。

当遇到需要改变程序执行顺序的情况时，将转移的目标地址送往程序计数器，即可实现程序的转移。

2）指令寄存器

指令寄存器用来存放从存储器中取出的指令。当指令从主存取出存于指令寄存器之后，在执行指令的过程中，指令寄存器的内容不允许发生变化，以保证实现指令的全部功能。

3）存储器数据寄存器

存储器数据寄存器用来暂时存放由主存储器读出的一条指令或一个数据字；反之，当向主存写入一条指令或一个数据字时，也暂时将它们存放在存储器数据寄存器中。

4）存储器地址寄存器

存储器地址寄存器用来保存当前 CPU 所访问的主存单元的地址。由于主存和 CPU 之间存在着操作速度上的差别，所以必须使用地址寄存器来保持地址信息，直到主存的读/写操作完成为止。

CPU 和主存进行信息交换，无论是 CPU 向主存写数据，还是 CPU 从主存中读出指令，都要使用存储器地址寄存器和数据寄存器。

5）状态标志寄存器

状态标志寄存器用来存放程序状态字（PSW）。程序状态字的各位表征程序和机器运行的状态，是参与控制程序执行的重要依据之一。它主要包括两部分内容：一是状态标志位，如进位标志位（CF）、结果为零标志位（ZF）等，大多数指令的执行将会影响到这些标志位；二是控制标志，如中断标志位、陷阱标志位等。状态标志寄存器的位数往往等于机器字长，各类机器的状态标志寄存器的位数和设置位置不尽相同。例如：8086 微处理器的状态标志寄存器有 16 位，如图 7.2 所示，一共包括九个标志位，其中六个为状态标志位，三个为控制标志位。

图 7.2　8086 的状态标志寄存器

六个状态标志位为：① 进位标志位（CF）；② 辅助进位标志位（AF）；③ 溢出标志位（OF）；④ 零标志位（ZF）；⑤ 符号标志位（SF）；⑥ 奇偶校验标志位（PF）。

三个控制标志位为：① 方向标志（DF），表示串操作指令中字符串操作的方向；② 中断允许标志位（IF），表示 CPU 是否能够响应外部的可屏蔽中断请求；③ 陷阱标志位（TF），为了方便程序的调试，使处理器的执行进入单步方式而设置的控制标志位。

7.2　算术逻辑单元

针对每一种算术运算或者逻辑运算，都必须有一个相对应的基本硬件配置，其核心部件是加法器和寄存器。ALU 电路就是既能完成算术运算又能完成逻辑运算的部件。

7.2.1　ALU 电路

图 7.3 所示是 ALU 框图，A_i 和 B_i 为输入变量；k_i 为控制信号，k_i 的不同取值可决定该电路做哪一种算术运算或哪一种逻辑运算；F_i 是输出函数。

7.2.2　快速进位链

随着操作数位数的增加，电路中进位的速度对运算时间的影响也越来越大，为了提高运算速度，本节将通过对进位过程的分析设计快速进位链。

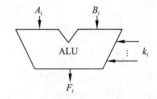

图 7.3　ALU 框图

1. 并行加法器

并行加法器由若干个全加器组成，如图 7.4 所示。$n+1$ 个全加器级联就组成了一个 $n+1$ 位的并行加法器。

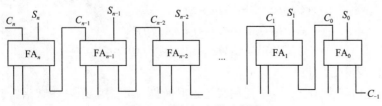

图 7.4　并行加法器示意图

由于每位全加器的进位输出是高一位全加器的进位输入,因此当全加器有进位时,这种一级一级传递进位的过程将会大大影响运算速度。

由全加器的逻辑表达式可知:

和 $\qquad S_i= \overline{A}_i \, \overline{B}_i \, C_{i-1}+ \overline{A}_iB_i \, \overline{C}_{i-1}+A_i \, \overline{B}_i \, \overline{C}_{i-1}+A_iB_iC_{i-1}$

进位 $\qquad C_i= \overline{A}_iB_iC_{i-1}+A_i \, \overline{B}_iC_{i-1}+A_iB_i \, \overline{C}_{i-1}+A_iB_iC_{i-1}$

$$=A_iB_i+(A_i+B_i)C_{i-1}$$

可见,C_i 进位由两部分组成:本地进位 A_iB_i,可记作 d_i,与低位无关;传递进位 $(A_i+B_i)C_{i-1}$,与低位有关,可称 A_i+B_i 为传递条件,记作 t_i,则有

$$C_i=d_i+t_iC_{i-1}$$

由 C_i 的组成可以将逐级传递进位的结构转换为以进位链的方式实现快速进位。目前进位链通常采用串行和并行两种。

2. 串行进位链

串行进位链是指并行加法器中的进位信号采用串行传递,图 7.5 所示就是一个典型的串行进位的并行加法器。以四位并行加法器为例,每一位的进位表达式可表示为:

$$C_0=d_0+t_0C_{-1}$$
$$C_1=d_1+t_1C_0$$
$$C_2=d_2+t_2C_1$$
$$C_3=d_3+t_3C_2$$

可见,采用与非逻辑电路可方便地实现进位传递,如图 7.5 所示。

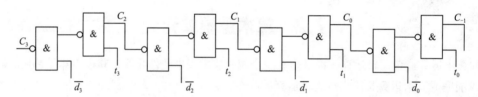

图 7.5　四位串行进位链

若设与非门的级延迟时间为 t_y,那么 d_i、t_i 形成后,共需 $8t_y$,便可产生最高位的进位。实际上每增加 1 位全加器,进位时间就会增加 $2t_y$。n 位全加器的最长进位时间为 $2nt_y$。

3. 并行进位链

并行进位链是指并行加法器中的进位信号是同时产生的,又称先行进位、跳跃进位等。理想的并行进位链是 n 位全加器的 n 位进位同时产生,但实际实现有困难。通常并行进位链有单重分组和双重分组两种实现方案。下面以单重分组跳跃进位为例说明并行进位链特性。

单重分组跳跃进位就是将 n 位全加器分成若干小组,小组内的进位同时产生,小组与小组之间采用串行进位,这种进位又有组内并行、组间串行之称。

以四位并行加法器为例,对下式稍做变换,便可获得并行进位表达式:

$$C_0=d_0+t_0C_{-1}$$
$$C_1=d_1+t_1C_0=d_1+t_1d_0+t_1t_0C_{-1}$$
$$C_2=d_2+t_2C_1=d_2+t_2d_1+t_2t_1d_0+t_2t_1t_0C_{-1}$$
$$C_3=d_3+t_3C_2=d_3+t_3d_2+t_3t_2d_1+t_3t_2t_1d_0+t_3t_2t_1t_0C_{-1}$$

按式可得与其对应的逻辑图,如图 7.6 所示。

设与或非门的级延迟时间为 $1.5t_y$,与非门的级延迟时间仍为 t_y,则 d_i、t_i 形成后,只需 $2.5t_y$ 就可产生全部进位。

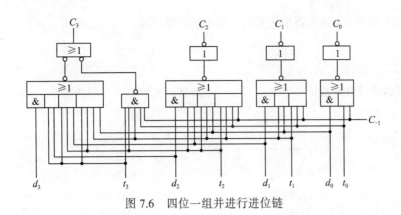

图 7.6　四位一组并进行进位链

7.2.3　补码定点加减法所需的硬件配置

图 7.7 中寄存器 A、X、加法器的位数相等，其中 A 存放被加数（或被减数）的补码，X 存放加数（或减数）的补码。当做减法运算时，由"求补控制逻辑"将 X 送至加法器,并使加法器的最末位外来进位为 1，以达到对减数求补的目的。运算结果溢出时，通过溢出判断电路置"1"，溢出标记 V。G_A 为加法标记，G_S 为减法标记。

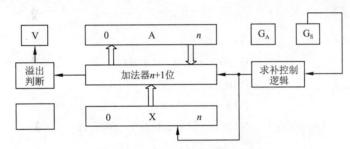

图 7.7　补码定点加减法硬件配置

补码加减运算控制流程如图 7.8 所示。可见，加（减）法运算前，被加（减）数的补码在 A 中，加（减）数的补码在 X 中。若是加法，直接完成 $(A)+(X) \rightarrow A$（mod 2 或 mod 2n+1）的运算；若是减法，则需对减数求补，再和 A 寄存器的内容相加，结果送 A。最后完成溢出判断。

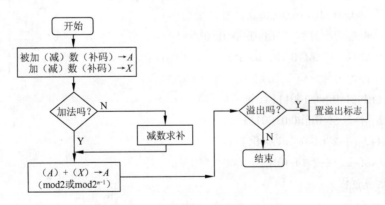

图 7.8　补码加减运算控制流程

7.2.4　定点乘法

在计算机中，乘法运算是一种经常要用到的算术运算，现代计算机中普遍设置乘法器，乘法运算由硬件直接完成；早期的计算机由于硬件成本高，没有乘法器，乘法运算要靠软件编程实现。

下面从分析笔算乘法入手，介绍机器中用到的几种乘法运算方法。

1. 分析笔算乘法

设 $A=+0.1101$ B，$B=+0.1011$ B，求 $A \times B$。

笔算乘法时，乘积的符号由两数符号心算而得：正正得正。其数值部分的运算如下：

$$
\begin{array}{r}
0.1101 \\
\times\ 0.1011 \\
\hline
1101 \\
1101 \\
0000 \\
1101 \\
\hline
0.10001111
\end{array}
$$

1101	············ $A\times2^0$ A不移位
1101	············ $A\times2^1$ A左移1位
0000	············ 0×2^2 A左移2位
1101	············ $A\times2^2$ A左移3位

所以 $A \times B=+0.10001111$

可见，这里包含着被乘数 A 的多次左移，以及四个位积的相加运算。

若计算机完全模仿笔算乘法步骤，将会有两大困难：其一，将四个位积一次相加，机器难以实现；其二，乘积位数增长了一倍，这将造成器材的浪费和运算时间的增加。为此，对笔算乘法进行改进。

2. 笔算乘法的改进

$$
\begin{aligned}
A\times B &= A\times 0.1011 \\
&= 0.1A+0.00A+0.001A+0.0001A \\
&= 0.1A+0.00A+0.001(A+0.1A) \\
&= 0.1A+0.01[0A+0.1(A+0.1A)] \\
&= 0.1\{A+0.1[0A+0.1(A+0.1A)]\} \\
&= 2^{-1}\{A+2^{-1}[0A+2^{-1}(A+2^{-1}A)]\} \\
&= 2^{-1}\{A+2^{-1}[0A+2^{-1}(A+2^{-1}(A+0))]\}
\end{aligned}
$$

可见，两数相乘的过程，可视为加法和移位（乘 2^{-1} 相当于做一位右移）两种运算，这对计算机来说是非常容易实现的。

从初始值为 0 开始，做分步运算，则：

第一步：被乘数加零 $A+0=0.1101+0.0000=0.1101$。

第二步：右移一位，得新的部分积 $2^{-1}(A+0)=0.01101$。

第三步：被乘数加部分积 $A+2^{-1}(A+0)=0.1101+0.01101=1.00111$。

第四步：右移一位，得新的部分积 $2^{-1}[A+2^{-1}(A+0)]=0.100111$。

第五步：$0\times A+2^{-1}[A+2^{-1}(A+0)]=0.100111$。

第六步：$2^{-1}\{0\times A+2^{-1}[A+2^{-1}(A+0)]\}=0.0100111$。

第七步：$A+2^{-1}\{0\times A+2^{-1}[A+2^{-1}(A+0)]\}=1.0001111$。

第八步：$2^{-1}\{A+2^{-1}[0\times A+2^{-1}(A+2^{-1}(A+0))]\}=0.10001111$。

表 7.1 列出了全部运算过程。

表7.1　运算过程

部 分 积	乘　　数	说　　明
0.0000 +0.1101	1011$\underline{1}$	初始条件，部分积为 0 乘数为 1，加被乘数
0.1101 0.0110 +0.1101	1101$\underline{1}$	右移 1 位，形成新的部分积；乘数同时右移 1 位 乘数为 1，加被乘数

续表

部　分　积	乘　　数	说　　　明
1 0 0 1 1 0.1 0 0 1 +0.0 0 0 0	1 1 1 1 <u>0</u>	右移 1 位，形成新的部分积；乘数同时右移 1 位 乘数为 0，加上 0
0.1 0 0 1 0.0 1 0 0 +0.1 1 0 1	1 1 1 1 1 <u>1</u>	右移 1 位，形成新的部分积；乘数同时右移 1 位 乘数为 1，加被乘数
1.0 0 0 1 0.1 0 0 0	1 1 1 1 1 1 1	右移 1 位，形成最终结果

上述运算过程可归纳如下：

（1）乘法运算可用移位和加法来实现，两个 4 位数相乘，总共需要进行 4 次加法运算和 4 次移位。

（2）由乘数的末位值确定被乘数是否与原部分积相加，然后右移一位，形成新的部分积；同时，乘数也右移一位，由次低位作新的末位，空出最高位放部分积的最低位。

（3）每次做加法运算时，被乘数仅仅与原部分积的高位相加，其低位被移至乘数所空出的高位位置。

计算机很容易实现这种运算规则。用一个寄存器存放被乘数，一个寄存器存放乘积的高位，另一个寄存器存放乘数及乘积的低位，再配上加法器及其他相应电路，就可组成乘法器。又因加法只在部分积的高位进行，故不但节省了器材，而且还缩短了运算时间。

3．原码乘法

由于原码表示与真值极为相似，只差一个符号，而乘积的符号又可通过两数符号的逻辑异或求得，因此，上述讨论的结果可以直接用于原码一位乘，只需加上符号位即可。

1）原码一位乘运算规则

下面以小数为例说明。

设 $[x]_原=x_0.x_1x_2\cdots x_n$，$[y]_原=y_0.y_1y_2\cdots y_n$，则：

$$[x]_原\times[y]_原=x_0\oplus y_0\cdot(0.x_1x_2\cdots x_n)(0.y_1y_2\cdots y_n)$$

式中：$0.x_1x_2\cdots x_n$ 为 x 的绝对值，记作 x^*；$0.y_1y_2\cdots y_n$ 为 y 的绝对值，记作 y^*。

原码一位乘的运算规则如下：

（1）乘积的符号位由两原码符号位异或运算结果决定。

（2）乘积的数值部分由两数绝对值相乘。

其通式如下：

$$x^*\times y^*=x^*(0.y_1y_2\ldots y_n)$$
$$=x^*(y_12^{-1}+y_22^{-2}+\cdots+y_n2^{-n})$$
$$=2^{-1}(y_1x^*+2^{-1}(y_2x^*+2^{-1}(\cdots+2^{-1}(y_n-1x^*+2^{-1}(y_nx^*+0))\cdots)))$$

【例 7.1】已知 $x=-0.1101$，$y=0.1001$，求 $[x\times y]_原$。

【解】因为 $x=-0.1101$，所以 $[x]_原=1.1101$，$x^*=0.1101$（为绝对值），$x_0=1$。

又因为 $y=0.1001$，所以 $[y]_原=0.1001$，$y^*=0.1001$（为绝对值），$y_0=0$。

按原码一位乘运算规则，$[x\times y]_原$ 的数值部分计算如表 7.2 所示。

表 7.2　例 7.1 数值部分的计算

部　分　积	乘　　数	说　　　明
0.0 0 0 0 +0.1 1 0 1	1 0 0 <u>1</u>	开始部分积 $z_0=0$ 乘数为 1，加上 x^*
0.1 1 0 1 0.0 1 1 0 +0.1 1 0 1	1 1 0 <u>0</u>	右移 1 位得 z_1，乘数同时右移 1 位 乘数为 0，加上 0

部 分 积	乘 数	说 明
1 0 1 1 0 0 . 0 0 1 1 +0 . 0 0 0 0	1 0 1 1 <u>0</u>	右移 1 位得 z_2，乘数同时右移 1 位 乘数为 0，加上 0
0 . 0 0 1 1 0 . 0 0 0 1 +0 . 1 1 0 1	0 1 1 0 1 <u>1</u>	右移 1 位得 z_3，乘数同时右移 1 位 乘数为 1，加上 $x*$
1 . 1 1 1 0 0 . 0 1 1 1	1 0 1 0 1 0 1	右移 1 位得 z_4，乘数已全部移出

即 $x* \times y* = 0.01110101$，乘积的符号位为 $x_0 \oplus y_0 = 1 \oplus 0 = 1$，故 $[x \times y]_原 = 1.01110101$。

值得注意的是，这里部分积取 $n+1$ 位，以便存放乘法过程中绝对值大于或等于 1 的值。此外，由于乘积的数值部分是两数绝对值相乘的结果，故原码一位乘法运算过程中的右移操作均为逻辑右移。

2）原码一位乘所需的硬件配置

图 7.9 是实现原码一位乘运算的基本硬件配置框图。

图 7.9 中 A、X、Q 均为 $n+1$ 位的寄存器，其中 X 存放被乘数的原码，Q 存放乘数的原码。移位和加控制电路受末位乘数 Q_n 的控制（当 $Q_n = 1$ 时，A 和 X 内容相加后，A、Q 右移一位；当 $Q_n = 0$ 时，只做 A、Q 右移一位操作），计数器 C 用于控制逐位相乘的次数。S 存放乘积的符号。G_M 为乘法标记。

3）原码一位乘控制流程

原码一位乘控制流程如图 7.10 所示。

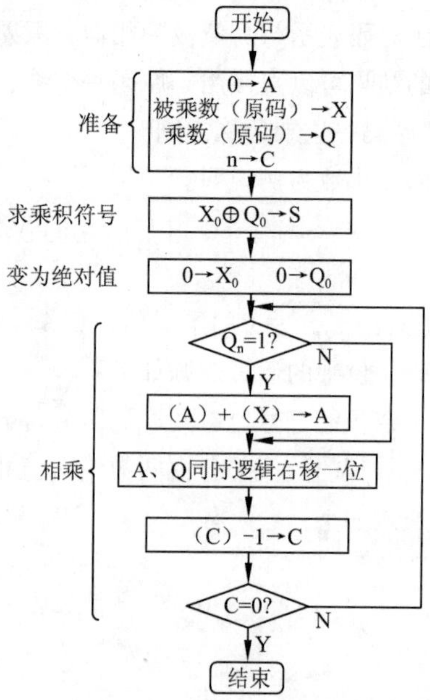

乘法运算前，A 寄存器被清零，作为初始部分积，被乘数原码 X 中，乘数原码在 Q 中，计数器 C 中存放乘数的位数 n。乘法开始后，首先通过异或运算，求出乘积的符号并存于 S，接着将被乘数和乘数从原码形式变为绝对值。然后根据 Q_n 的状态决定部分积是否加上被乘数，再逻辑右移一位，重复 n 次，即得运算结果。上述讨论的运算规则同样适用于整数原码。

另外，为了提高乘法速度，可采用原码两位乘。原码两位乘与原码一位乘一样，符号位的运算和数值部分是分开进行的，但原码两位乘是用两位乘数的状态来决定新的部分积如何形成，因此可提高运算速度。

4．补码乘法

原码乘法实现比较容易，但由于机器都采用补码做加减运算，倘若做乘法运算，要先将补码转换成原码，相乘之后又要将负积的原码变为补码形式，无形中增添了许多操作步骤，反而使运算复杂。为此，有不少机器直接用补码相乘，机器里配置实现补码乘法的乘法器，避免了码制的转换，提高了机器效率。

补码一位乘运算规则

设被乘数　$[x]_补 = x_0.x_1x_2 \cdots x_n$

乘数　　　$[y]_补 = y_0.y_1y_2 \cdots y_n$

（1）被乘数 x 符号任意，乘数 y 符号为正。

$$[x]_补 = x_0.x_1x_2 \cdots x_n = 2 + x = 2^{n+1} + x(\mathrm{mod}\ 2)$$

$$[y]_补 = y_0.y_1y_2 \cdots y_n = y$$

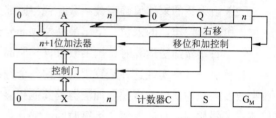

图 7.9　原码一位乘运算的基本硬件配置框图

图 7.10　原码一位乘控制流程

（流程图）开始 → 0→A，被乘数（原码）→X，乘数（原码）→Q，n→C（准备）→ $X_0 \oplus Q_0$→S（求乘积符号）→ 0→X_0　0→Q_0（变为绝对值）→ $Q_n=1$? → Y：(A)+(X)→A → A、Q同时逻辑右移一位 → (C)−1→C → C=0? → N：返回；Y：结束（相乘）

则　　　　　$[x]_补 \times [y]_补 = [x]_补 \times y = (2^{n+1} + x) \times y = 2^{n+1} \times y + xy$

（2）被乘数 x 符号任意，乘数 y 符号为负。

$$[x]_补 = x_0.x_1x_2\cdots x_n$$
$$[y]_补 = 1.y_1y_2\cdots y_n = 2 + y(\bmod 2)$$

则　　　　　$y = [y]_补 - 2 = 1.y_1y_2\cdots y_n - 2 = 0.y_1y_2\cdots y_n - 1$
$$x \times y = x(0.y_1y_2\cdots y_n - 1)$$
$$= x(0.y_1y_2\cdots y_n) - x$$

故　　　　　$[x \times y]_补 = [x(0.y_1y_2\cdots y_n)]_补 + [-x]_补$

当将 $0.y_1y_2\cdots y_n$ 视为一个正数时，正好与第一种情况相同。

则　　　　　$[x(0.y_1y_2\cdots y_n)]_补 = [x]_补(0.y_1y_2\cdots y_n)$

所以　　　　$[x \times y]_补 = [x]_补(0.y_1y_2\cdots y_n) + [-x]_补$

因此，当乘数为负时是把乘数的补码 $[y]_补$ 去掉符号位，当成一个正数与 $[x]_补$ 相乘，然后加上 $[-x]_补$ 进行校正，也称校正法。

【例 7.2】已知 $[x]_补 = 1.0011$，$[y]_补 = 0.1101$，求 $[x \times y]_补$。

【解】因为乘数 $y > 0$，所以按原码一位乘的算法运算，只是在相加和移位时按补码规则进行，如表 7.3 所示。考虑到运算时可能出现绝对值大于 1 的情况（但此刻并不是溢出），故部分积和被乘数取双符号位。

表 7.3　例 7.2 的运算过程

部　分　积	乘　　数	说　　明
0 0 . 0 0 0 0 +1 1 . 0 0 1 1	1 1 0 <u>1</u>	初值[z0]_补=0 y_4=1，+$[x]_补$
1 1 . 0 0 1 1 1 1 . 1 0 0 1 1 1 . 1 1 0 0 +1 1 . 0 0 1 1	 1 1 1 <u>0</u> 1 1 1 1	右移 1 位，得[z1]_补，乘数同时右移 1 位 y_3=0，右移 1 位，得[z2]_补，乘数同时右移 1 位 y_2=1，+$[x]_补$
1 0 . 1 1 1 1 1 1 . 0 1 1 1 +1 1 . 0 0 1 1	1 1 1 1 1 <u>1</u>	右移 1 位，得[z3]_补，乘数同时右移 1 位 y_1=1，+$[x]_补$
1 0 . 1 0 1 0 1 1 . 0 1 0 1	1 1 1 0 1 1 1	右移 1 位，得[z4]_补

故 $[x \times y]_补 = 1.01010111$。

【例 7.3】已知 $[x]_补 = 0.1101$，$[y]_补 = 1.0011$，求 $[x \times y]_补$。

【解】因为乘数 $y < 0$，故先不考虑符号位，按原码一位乘的运算规则运算，最后再加上 $[-x]_补$ 进行修正，运算过程如表 7.4 所示。

表 7.4　例 7.3 的运算过程

部　分　积	乘　　数	说　　明
0 0 . 0 0 0 0 +0 0 . 1 1 0 1	0 0 1 <u>1</u>	初值[z0]补=0 y_4=1，+$[x]_补$
0 0 . 1 1 0 1 0 0 . 0 1 1 0 +0 0 . 1 1 0 1	 1 0 0 <u>1</u>	右移 1 位，得[z1]_补，乘数同时右移 1 位 y_3=1，+$[x]_补$
0 1 . 0 0 1 1 0 0 . 1 0 0 1 0 0 . 0 1 0 0 0 0 . 0 0 1 0 +1 1 . 0 0 1 1	1 1 1 0 <u>0</u> 1 1 1 <u>0</u> 0 1 1 1	右移 1 位，得[z2]_补，乘数同时右移 1 位 y_2=0，右移 1 位，得[z3]_补，乘数同时右移 1 位 y_1=0，右移 1 位，得[z4]_补 +$[-x]_补$进行修正
1 1 . 0 1 0 1	0 1 1 1	

故　$[x \times y]_{\text{补}} = 1.01010111$。

由例 7.2 和例 7.3 可见，乘积的符号位在运算过程中自然形成，这是补码乘法和原码乘法的重要区别。上述校正法与乘数的符号有关，虽然可将乘数和被乘数互换，使乘数保持正，不必校正，但当两数均为负时必须校正。

7.2.5　定点除法

1．分析笔算除法

以小数为例，设 $x=-0.1011$，$y=0.1101$，求 x/y。

笔算除法时，商的符号心算而得：负正得负。其数值部分的运算如下面的竖式所示：

$$
\begin{array}{r}
0.1101 \\
0.1101{\overline{)0.10110000}} \\
0.01101 \qquad 2^{-1}\cdot y \\
\overline{0.011010} \\
0.001101 \qquad 2^{-2}\cdot y \\
\overline{0.00010100} \\
0.00001101 \qquad 2^{-4}\cdot y \\
\overline{0.00000111}
\end{array}
$$

所以商 $x/y=-0.1101$，余数 $=0.00000111$。

其特点可归纳如下：

（1）每次上商都是由心算来比较余数（被除数）和除数的大小，确定商为"1"还是"0"。

（2）每做一次减法运算，总是保持余数不动，低位补 0，再减去右移后的除数。

（3）上商的位置不固定。

（4）商符单独处理。

如果将上述规则完全照搬到计算机内，实现起来有一定困难，主要问题如下：

（1）机器不能"心算"上商，必须通过比较被除数（或余数）和除数绝对值的大小来确定商值，即 $x-y$，若差为正（够减），则上商 1，若差为负（不够减），则上商 0。

（2）按照每次减法总是保持余数不动低位补 0，再减去右移后的除数这一规则，则要求加法器的位数必须为除数的两倍。仔细分析发现，右移除数可以用左移余数的方法代替，其运算结果是一样的，但对线路结构更有利。不过此刻所得到的余数不是真正的余数，只有将它乘上 2^{-n} 才是真正的余数。

（3）笔算求商时是从高位向低位逐位求的，而要求机器把每位商直接写到寄存器的不同位置也是不可取的。计算机可将每一位商直接写到寄存器的最低位，并把原来的部分商左移 1 位，这样更有利于硬件实现。

综上所述便可得原码除法运算规则。

2．原码除法

原码除法和原码乘法一样，符号位是单独处理的，下面以小数为例。

设　　$[x]_{\text{原}}=x_0.x_1x_2\cdots x_n$

　　　$[y]_{\text{原}}=y_0.y_1y_2\cdots y_n$

则　　$[x/y]_{\text{原}}=(x_0 \oplus y_0).(0.x_1x_2\cdots x_n)/(0.y_1y_2\cdots y_n)$

式中，$0.x_1x_2\cdots x_n$ 为 x 的绝对值，记作 x^*；$0.y_1y_2\cdots y_n$ 为 y 的绝对值，记作 y^*，即商符由两数符号位进行异或运算求得，商值由两数绝对值相除（x^*/y^*）求得。小数定点除法对被除数和除数有一定的约束，即必须满足下列条件：$0<$被除数$\leq$除数。

实现除法运算时，还应避免除数为 0 或被除数为 0。前者结果为无限大，不能用机器的有限位数表示；后者结果总是 0，这个除法操作没有意义，浪费了机器时间。商的位数一般与操作数的位数相同。原码除法中由于对余数的处理不同，又可分为恢复余数法和不恢复余数法（加减交替法）两种。

1）恢复余数法

恢复余数法的特点是：当余数为负时，需加上除数，将其恢复成原来的余数。

由上所述，商值的确定是通过比较被除数和除数的绝对值大小，即 $x*-y*$ 实现的，而计算机内只设加法器，故需将 $x*-y*$ 操作变为 $[x*]_{补}+[-y*]_{补}$ 的操作。

【例 7.4】已知 $x=0.1001$，$y=-0.1101$，用恢复余数法求 $[x/y]_{原}$。

【解】由 $x=0.1001$，$y=-0.1101$

得　　$[x]_{原}=0.1001$，$x_0=0$，$x*=0.1001$

　　　　$[y]_{原}=1.1101$，$y_0=1$，$y*=0.1101$，$[-y*]_{补}=1.0011$

表 7.5 列出了例 7.4 商值的求解过程。

表 7.5　例 7.4 用恢复余数法求解的过程

被除数（余数）	商	说　　明
0.1001 +1.0011	0.0000	+[-y]*（减去除数）
1.1100 +0.1101	0	余数为负，上商“0” 恢复余数+[y*]_补
0.1001 1.0010 +1.0011	0	被恢复的被除数 左移 1 位 +[-y*]_补（减去除数）
0.0101 0.1010 +1.0011	01 01	余数为正，上商“1” 左移 1 位 +[-y*]_补（减去除数）
1.1101 +0.1101	010	余数为负，上商“0” 恢复余数+[y*]_补
0.1010 1.0100 +1.0011	010	被恢复的余数 左移 1 位 +[-y*]_补（减去除数）
0.0111 0.1110 +1.0011	0101 0101	余数为正，上商“1” 左移 1 位 +[-y*]_补（减去除数）
0.0001	01011	余数为正，上商“1”

故商值为 0.1011，商的符号位为 $x_0 \oplus y_0 = 0 \oplus 1 = 1$，所以 x/y 所得的商的原码表示为 1.1011；余数为 0.0001×2^{-4}。

由例 7.4 可见，共左移（逻辑左移）四次，上商五次，第一次上的商在商的整数位上，这对小数除法而言，可用它做溢出判断。即当该位为“1”时，表示此除法溢出，不能进行，应由程序进行处理；当该位为“0”时，说明除法合法，可以进行。

在恢复余数法中，每当余数为负时，都需恢复余数，这就延长了机器除法的时间，操作也很不规则，对硬件实现不利。加减交替法可克服这些缺点。

2）加减交替法

加减交替法又称不恢复余数法，可以认为它是恢复余数法的一种改进算法。

分析原码恢复余数法可得：当余数 $R_i>0$ 时，可上商“1”，再对 R_i 左移 1 位后减除数，即 $2R_i-y*$；当余数 $R_i<0$ 时，可上商“0”，然后先做 R_i+y*，即完成恢复余数的运算，再做 $2(R_i+y*)-y*$，即 $2R_i+y*$。

因而，原码恢复余数法可归纳如下：

当 $R_i>0$，上商“1”，做 $2R_i-y*$ 的运算；当 $R_i<0$，上商“0”，做 $2R_i+y*$ 的运算。这里已经看不出余数的恢复问题了，而只是做加 $y*$ 或减 $y*$ 操作，因此，一般将其称为加减交替法或不恢复余数法。

【例 7.5】已知 $x=0.1001$，$y=-0.1101$，用不恢复余数法求 $[x/y]_原$。

【解】由 $x=0.1001$，$y=-0.1101$，得 $[x]_原=0.1001$，$x_0=0$，$x^*=0.1001$

$[y]_原=1.1101$，$y^*=0.1101$，$y^*=0.1101$，$[-y^*]_补=1.0011$

表 7.6 列出了例 7.5 商值的求解过程。

表 7.6　例 7.5 用加减交替法求解的过程

被除数（余数）	商	说　明
0.1001 +1.0011	0.0000	+[−y*]补（减除数）
1.1100 1.1000 +0.1101	0 0	余数为负，上商 "0" 左移 1 位 +[y*]补（加除数）
0.0101 0.1010 +1.0011	01 01	余数为正，上商 "1" 左移 1 位 +[−y*]补（减除数）
1.1101 1.1010 +0.1101	010 010	余数为负，上商 "0" 左移 1 位 +[y*]补（加除数）
0.0111 0.1110 +1.0011	0101 0101	余数为正，上商 "1" 左移 1 位 +[−y*]补（减除数）
0.0001	01011	余数为正，上商 "1"

故商值为 0.1011，商的符号位为 $x_0 \oplus y_0 = 0 \oplus 1 = 1$，所以 x/y 所得的商的原码表示为 1.1011，余数为 0.0001×2^{-4}。

3）原码加减交替法所需的硬件配置

原码加减交替法所需的硬件配置如图 7.11 所示。其中 A、X、Q 均为 $n+1$ 位寄存器，A 存放被除数的原码，X 存放除数的原码。移位和加控制逻辑受 Q 的末位 Q_n 控制（$Q_n=1$ 做减法，$Q_n=0$ 做加法），计数器 C 用于控制逐位相除的次数 n，G_D 为除法标记，V 为溢出标记，S 为商符。

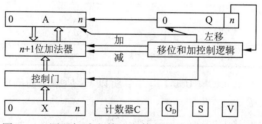

图 7.11　原码加减交替法运算的基本硬件配置框图

4）原码加减交替法控制流程

原码加减交替法控制流程如图 7.12 所示。除法开始前，Q 寄存器被清零，准备接收商，被除数的原码放在 A 中，除数的原码放在 X 中，计数器 C 中存放除数的位数 n。除法开始后，首先通过异或运算求出商符，并存于 S。接着将被除数和除数变为绝对值，然后开始第一次上商判断是否溢出。若溢出，则置溢出标记 V 为 1，停止运算，进行中断处理，重新选择比例因子；若无溢出，则先上商，接着 A、Q 同时左移 1 位，然后再根据上一次商值的状态，决定是加还是减除数，这样重复 n 次后，再上最后一次商（共上商 $n+1$ 次），即得运算结果。

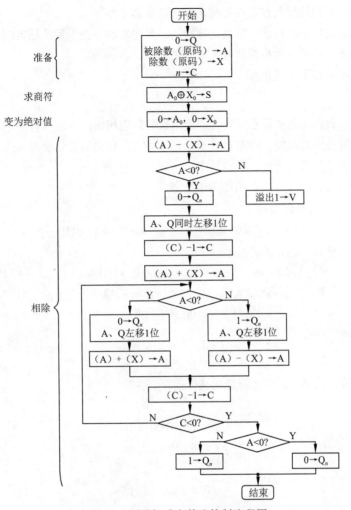

图 7.12 原码加减交替法控制流程图

对于整数除法，要求满足以下条件：$0 < |除数| \leqslant |被除数|$。

因为这样才能得到整数商。通常在做整数除法前，先要对这个条件进行判断，若不满足上述条件，机器发出出错信号，程序要重新设定比例因子。

上述讨论的小数除法完全适用于整数除法，只是整数除法的被除数位数可以是除数的两倍，且要求被除数的高 n 位要比除数（n 位）小，否则即为溢出。如果被除数和除数的位数都是单字长，则要在被除数前面加上一个字的 0，从而扩展成双倍字长再进行运算。

补码除法与补码乘法类似，也可以用补码完成除法操作。补码除法也分恢复余数法和加减交替法两种，有关内容参见相关资料自行练习。

7.2.6 浮点加减运算

从前面浮点数的讨论可设，机器中任何两个浮点数都可写成：

$$x = S_x \cdot 2^{jx}$$

$$y = S_y \cdot 2^{jy}$$

由于浮点数尾数的小数点均固定在最高数值位之前，所以尾数的加减运算规则与定点小数的完全相同。但由于其阶码的大小会直接反映尾数有效值小数点的实际位置，所以当两浮点数阶码不等时，导致两尾数小数点的实际位置不一样，尾数部分就无法直接进行加减运算。因此，浮点数加减运算必须分成如下步骤进行：

（1）对阶，使两数的小数点位置对齐。

（2）尾数求和，将对阶后的两尾数按定点加减运算规则求和（差）。

（3）规格化，为增加有效数字的位数，提高运算精度，需将求和（差）后的尾数规格化。

（4）舍入，为提高精度，要考虑尾数右移时丢失的数值位。

（5）溢出判断，即判断结果是否溢出。

1. 对阶

对阶的目的是使两操作数的小数点位置对齐，即使两数的阶码相等。为此，首先要求出阶差，再按小阶向大阶看齐的原则，使阶码小的尾数向右移位，每右移 1 位，阶码加 1，直到两数的阶码相等为止。右移的次数正好等于阶差。尾数右移时可能会发生数码丢失，影响精度。

例如，两浮点数 $x=0.0101 \times 2^{01}$，$y=(-0.1010) \times 2^{10}$，求 $x+y$。

首先写出 x、y 在计算机中的补码表示：

$$[x]_{补}=00,01;00.0101, \quad [y]_{补}=00,10;11.0110$$

在进行加法前，必须先对阶，故先求阶差：

$$[\Delta j]_{补}=[j_x]_{补}-[j_y]_{补}=00,01+11,10=11,11$$

即 $\Delta j=-1$，表示 x 的阶码比 y 的阶码小，再按小阶向大阶看齐的原则，将 x 的尾数右移 1 位，其阶码加 1，得：

$$[x]'_{补}=00,10;00.0010$$

此时，$\Delta j=0$，表示对阶完毕。

2. 尾数求和

将对阶后的两个尾数按定点加（减）运算规则进行运算。

如上面两数对阶后得：

$$[x]'_{补}=00,10;00.0010$$
$$[y]_{补}=00,10;11.0110$$

则 $[S_x+S_y]_{补}$ 为：

$$
\begin{array}{r}
0\,0.\,0\,0\,1\,0\ [S_x]'_{补} \\
+\ 1\,1.\,0\,1\,1\,0\ [S_y]_{补} \\
\hline
1\,1.\,1\,0\,0\,0\ [S_x+S_y]'_{补}
\end{array}
$$

即 $[x+y]_{补}=00,10;11.1000$。

3. 规格化

（1）规格化数的定义：

$$r=2 \quad \frac{1}{2} \leqslant |S| < 1$$

（2）规格化数的判断，如下所示：

真值	$0.1 \times \times ... \times$	真值	$-0.1 \times \times ... \times$
原码	$0.\boxed{1} \times \times ... \times$	原码	$1.\boxed{1} \times \times ... \times$
补码	$\boxed{0.1} \times \times ... \times$	补码	$\boxed{1.0} \times \times ... \times$
反码	$0.1 \times \times ... \times$	反码	$1.0 \times \times ... \times$

原码：不论正数、负数，第一数位为 1。

补码与反码：符号位和第一数位不同。

（3）左规。尾数左移一位，阶码减 1，直到数符和第一数位不同为止。

例如： $\qquad [x+y]_{补} = 00,11; 11.1001$

左规后： $\qquad [x+y]_{补} = 00,10; 11.0010$

所以： $\qquad x+y = (-0.1110) \times 2^{10}$

（4）右规。当尾数溢出（ >1）时，需右规。

即尾数出现 01. ××…×或 10. ××…×时，尾数右移一位，阶码加 1。

例如：　　　　　　$[x+y]_补=00,10;01.0011$

运算结果两符号位不等，表示尾数之和绝对值大于 1，需右规，即将尾数之和向右移 1 位，阶码加 1，故得

　　　　　　　　$[x+y]_补=00,11;00.1001$

则　　　　　　　　$x+y=0.1001×2^{11}$

4. 舍入

在对阶和右规的过程中，可能会将尾数的低位丢失，引起误差，影响精度。为此可用舍入法来提高尾数的精度。常用的舍入方法有以下两种：

（1）0 舍 1 入法。0 舍 1 入法类似于十进制数运算中的四舍五入法，即尾数右移时，被移去的最高数值位为 0，则舍去；被移去的最高数值位为 1，则在尾数的末位加 1。这样做可能使尾数又溢出，此时需再做一次右规。

（2）恒置"1"法。尾数右移时，不论丢掉的最高数值位是"1"或"0"，都使右移后的尾数末位恒置"1"。这种方法同样有使尾数变大和变小的两种可能。

综上所述，浮点加减运算要经过对阶、尾数求和、规格化和舍入等步骤。与定点加减运算相比，显然要复杂得多。

5. 溢出判断

与定点加减法一样，浮点加减运算最后一步也需判断溢出。在浮点规格化中已指出，当尾数之和（差）出现 01.××…×或 10.××…×时，并不表示溢出，只有将此数右规后，再根据阶码来判断浮点运算结果是否溢出。

若机器数为补码，尾数为规格化形式，并假设阶符取 2 位，阶码的数值部分取 7 位，数符取 2 位，尾数的数值部分取 n 位，则它们能表示的补码在数轴上的表示范围如图 7.13 所示。

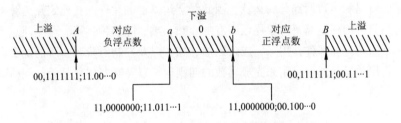

图 7.13　补码在数轴上的表示

图中 A、B、a、b 的坐标均为补码表示，分别对应最小负数、最大正数、最大负数和最小正数。它们所对应的真值如下：

A 最小负数：$2^{+127}×(-1)$。

B 最大正数：$2^{+127}×(1-2^{-n})$。

a 最大负数：$2^{-128}×(-2^{-1}-2^{-n})$。

b 最小正数：$2^{-128}×2^{-1}$。

注意，由于图 7.13 所示的 A、B、a、b 均为补码规格化的形式，故其对应的真值与上述结果有所不同。其中 a、b 之间的阴影部分对应的阶码小于-128，这种情况称为浮点数的下溢。下溢时，浮点数值趋于零，故机器不做溢出处理，仅把它作为机器零。A、B 两侧的阴影部分对应的阶码大于+127，这种情况称为浮点数的上溢。此刻，浮点数真正溢出，机器需停止运算，做溢出中断处理。一般说浮点溢出，均是指上溢。

可见，浮点数的溢出与否可由阶码的符号决定，即：

阶码 $[j]_补$=01,××…×为上溢。

阶码 $[j]_补$=10,××…×为下溢，按机器零处理。

当阶符为"01"时，需做溢出处理。

7.2.7 浮点乘除运算

设两个浮点数分别为:

$$x = S_x \cdot 2^{jx}$$
$$y = S_y \cdot 2^{jy}$$

则可将阶码与尾数分别进行定点运算,两个浮点数相乘,乘积的阶码应为相乘两数的阶码之和,乘积的尾数应为相乘两数的尾数之积。两个浮点数相除,商的阶码为被除数的阶码减去除数的阶码,尾数为被除数的尾数除以除数的尾数所得的商。具体规则如下:

1.乘法

$$x \cdot y = (S_x \cdot S_y) \times 2^{jx+jy}$$

2.除法

$$\frac{x}{y} = \frac{S_x}{S_y} \times 2^{jx-jy}$$

3.步骤

(1)阶码采用补码定点加(乘法)、减(除法)运算。

(2)尾数乘除同定点运算。

(3)规格化。

具体运算请自行完成。

4.浮点运算部件

由于浮点运算需完成阶码和尾数两部分的运算,因此浮点运算器的硬件配置比定点运算器的复杂。分析浮点四则运算发现,对于阶码只有加减运算,对于尾数则有加、减、乘、除四种运算。可见浮点运算器主要由两个定点运算部件组成。一个是阶码运算部件,用来完成阶码加、减,以及控制对阶时小阶的尾数右移次数和规格化时对阶码的调整;另一个是尾数运算部件,用来完成尾数的四则运算以及判断尾数是否已规格化。此外,还需有判断运算结果是否溢出的电路等。

7.3 控制器的组成和实现方法

控制器是计算机系统的指挥中心,它把运算器、存储器、输入/输出设备等部件组成一个有机的整体,然后根据指令的要求指挥全机协调工作。

7.3.1 控制器的基本组成

各种不同类型计算机的控制器会有不少差别,但其基本组成是相同的,图 7.14 给出了控制器的基本组成框图。控制器主要由以下几部分组成:

1.指令部件

指令部件的主要任务是完成取指令并分析指令。指令部件包括以下几个:

(1)程序计数器 PC。

(2)指令寄存器 IR。

(3)指令译码器 ID。指令译码器又称操作码译码器或指令功能分析解释器。暂存在指令寄存器中的指令只有在其操作码部分经过译码之后才能识别出这是一条什么样的指令,并产生相应的控制信号提供给微操作信号发生器。

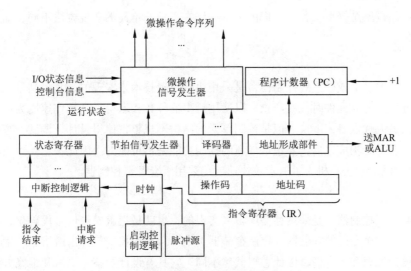

图 7.14　控制器的基本组成

（4）地址形成部件。地址形成部件根据指令的不同寻址方式，形成操作数的有效地址。在微、小型机中，可以不设专门的地址形成部件，而利用运算器来进行有效地址的计算。

2. 时序部件

时序部件能产生一定的时序信号，以保证机器的各功能部件有节奏地进行信息传送、加工及信息存储。时序部件包括以下几个：

（1）脉冲源。脉冲源用来产生具有一定频率和宽度的时钟脉冲信号，为整个机器提供基准信号。为使主脉冲的频率稳定，一般都使用石英晶体振荡器作脉冲源。当计算机的电源一接通，脉冲源立即按规定的频率重复发出具有一定占空比的时钟脉冲序列，直至关闭电源为止。

（2）启停控制逻辑。只有通过启停控制逻辑将计算机启动后，主时钟脉冲才允许进入，并启动节拍信号发生器开始工作。启停控制逻辑的作用是根据计算机的需要，可靠地开放或封锁脉冲，控制时序信号的发生或停止，实现对整个机器的正确启动或停止。启停控制逻辑保证启动时输出的第一个脉冲和停止时输出的最后一个脉冲都是完整的脉冲。

（3）节拍信号发生器。节拍信号发生器又称脉冲分配器。脉冲源产生的脉冲信号，经过节拍信号发生器后产生出各个机器周期中的节拍信号，用于控制计算机完成每一步微操作。

3. 微操作信号发生器

一条指令的取出和执行可以分解成很多最基本的操作，这种最基本的不可再分割的操作称为微操作。微操作信号发生器也称为控制单元（CU）。不同的机器指令具有不同的微操作序列。

4. 中断控制逻辑

中断控制逻辑是用来处理当 CPU 和外围设备之间采用中断的控制方式进行通信时完成处理的硬件逻辑。

7.3.2　控制器的硬件实现方法

控制器的核心是微操作信号发生器（控制单元 CU），图 7.15 所示的是反映控制单元外特性的框图。微操作控制信号是由指令部件提供的译码信号、时序部件提供的时序信号和被控制功能部件所反馈的状态及条件综合形成的。

控制单元的输入包括时序信号、机器指令操作码的译码、各部件状态反馈信号等，输出的微操作控制信号又可以细分为 CPU 内的控制信号和送至主存或外围设备的控制信号。根据产生微操作控制信号的方式不同，控制器可分为组合逻辑型、存储

图 7.15　控制单元外特性框图

逻辑型、组合逻辑与存储逻辑结合型三种，它们的根本区别在于控制单元的实现方法不同，而控制器中的其他部分基本上是大同小异的。

1．组合逻辑型

这种控制器称为常规控制器或硬连线控制器，是采用组合逻辑技术来实现的，其控制单元是由门电路组成的复杂树状网络。这种方法是分立元件时代的产物，以使用最少器件数和取得最高操作速度为设计目标。

组合逻辑控制器的最大优点是速度快。但是控制单元的结构不规整，使得设计、调试、维修较困难，难以实现设计自动化；一旦控制单元构成之后，要想增加新的控制功能是不可能的。因此，它受到微程序控制器的强烈冲击。目前仅有一些巨型机和 RISC 机为了追求较快速度仍采用组合逻辑控制器。

2．存储逻辑型

这种控制器称为微程序控制器，是采用存储逻辑来实现的，也就是把微操作信号代码化，使每条机器指令转化成为一段微程序并存入一个专门的存储器（控制存储器）中，微操作控制信号由微指令产生。

微程序控制器的设计思想和组合逻辑设计思想截然不同。它具有设计规整、调试和维修方便，以及更改、扩充指令容易等优点，易于实现自动化设计，但是，由于它增加了一级控制存储器，所以指令的执行速度比组合逻辑控制器的慢。

3．组合逻辑和存储逻辑结合型

这种控制器称为可编程逻辑阵列（PLA）控制器，是吸收前两种方法的设计思想来实现的。PLA 控制器实际上也是一种组合逻辑控制器，但它又与常规的组合逻辑控制器的硬联结构不同；它是可编程序的，某一微操作控制信号由 PLA 的某一输出函数产生。

PLA 控制器是组合逻辑技术和存储逻辑技术结合的产物，克服了二者的缺点，是一种较有前途的方法。

7.4 时序系统与控制方式

由于计算机高速地进行工作，每一个动作的时间是非常严格的，不能有任何差错，时序系统是控制器的心脏，其功能就是为指令的执行提供各种定时信号。

7.4.1 时序系统

1．指令周期和机器周期

指令周期是指从取指令、分析指令到执行完该指令所需的全部时间。由于各种指令的操作功能不同，有的简单，有的复杂，因此各种指令的指令周期不尽相同。

机器周期又称 CPU 周期。通常把一个指令周期划分为若干个机器周期，每个机器周期完成一个基本操作。一般机器的 CPU 周期有取指周期、取数周期、执行周期和中断周期等。所以有：

$$指令周期 = i \times 机器周期$$

不同的指令周期中所包含的机器周期数差别可能很大。一般情况下，一条指令所需的最短时间为两个机器周期，即取指周期和执行周期。

通常，每个机器周期都有一个与之对应的周期状态触发器。机器运行在不同的机器周期时，其对应的周期状态触发器被置"1"。显然，在机器运行的任何时刻只能处于一种周期状态，因此，有一个且仅有一个触发器被置"1"。

由于 CPU 内部的操作速度较快，而 CPU 访问主存所花的时间较长，所以许多计算机系统往往以主存的工作周期（存取周期）为基础来规定 CPU 周期，以便二者的工作能配合协调。CPU 访问主存也就是一次总线传送，故在微机中称为总线周期。

2．节拍

在一个机器周期内，要完成若干个微操作。这些微操作有的可以同时执行，有的需要按先后次序串行执行。

因而应把一个机器周期分为若干个相等的时间段，每一个时间段对应一个电位信号，称为节拍电位信号。

节拍的宽度取决于 CPU 完成一次微操作的时间，例如：ALU 一次正确的运算，寄存器间的一次传送等。

由于不同的机器周期内需要完成的微操作内容和个数是不同的，因此，不同机器周期内所需要的节拍数也不相同。节拍的选取一般有以下几种方法：

（1）统一节拍法。以最复杂的机器周期为准，定出节拍数，每一个节拍时间的长短也以最烦琐的微操作作为标准。这种方法采用统一的、具有相等时间间隔和相同数目的节拍，使得所有的机器周期长度都是相等的，因此称为定长 CPU 周期。

（2）分散节拍法。按照机器周期的实际需要安排节拍数，需要多少节拍，就发出多少节拍，这样可以避免浪费，提高时间利用率。由于各机器周期长度不同，故称为不定长 CPU 周期。

（3）延长节拍法。在照顾多数机器周期要求的情况下，选取适当的节拍数，作为基本节拍。如果在某个机器周期内统一的节拍数无法完成该周期的全部微操作，则可以延长一或两个节拍。

（4）时钟周期插入。在一些微机中，时序信号中不设置节拍，而直接使用时钟周期信号。一个机器周期中含有若干个时钟周期，时钟周期的数目取决于机器周期内完成微操作数目的多少及相应功能部件的速度。一个机器周期的基本时钟周期数确定之后，还可以不断插入等待时钟周期。如 8086 的一个总线周期（即机器周期）中包含四个基本时钟周期 T_1 至 T_4，在 T_2 和 T_3 之间可以插入任意个等待时钟周期 T_w，以等待速度较慢的存储部件或外围设备完成读/写操作。

3．工作脉冲

在节拍中执行的有些微操作需要同步定时脉冲，如将稳定的运算结果打入寄存器，又如机器周期状态切换等。为此，在一个节拍内常常设置一个或几个工作脉冲，作为各种同步脉冲的来源。工作脉冲的宽度只占节拍电位宽度的 $1/n$，并处于节拍的末尾部分，以保证所有的触发器都能可靠、稳定地翻转。

在只设置机器周期和时钟周期的微机中，一般不再设置工作脉冲，因为时钟周期既可以作为电位信号，其前、后沿又可以作为脉冲触发信号。

4．多级时序系统

图 7.16 为小型机每个指令周期中常采用的机器周期、节拍、工作脉冲三级时序系统。图中每个机器周期 M 中包括四个节拍（$T_1 \sim T_4$），每个节拍内有一个脉冲 P。在机器周期间、节拍电位间、工作脉冲间，既不允许有重叠交叉，也不允许有空隙，应该是一个接一个的准确连接。

微机中常用的时序系统与小型机的略有不同，称为时钟周期时序系统。一个指令周期包含若干个机器周期，一个机器周期又包含若干个时钟周期。

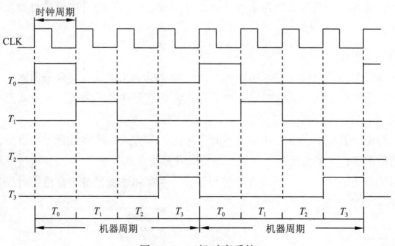

图 7.16　三级时序系统

5. 节拍电位和工作脉冲的时间配合关系

在计算机中，节拍电位和工作脉冲所起的控制作用是不同的。电位信号是信息的载体，即控制信号，它在数据通路传输中起着开门或关门的作用；工作脉冲则作为打入脉冲加在触发器的脉冲输入端，起到定时触发的作用。通常，触发器使用电位—脉冲工作方式，节拍电位控制信息送到 D 触发器的 D 输入端，工作脉冲送到 CP 输入端。节拍电位和工作脉冲配合关系如图 7.17 所示。

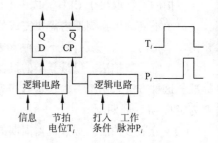

图 7.17 节拍电位和工作脉冲的配合关系

7.4.2 控制方式

CPU 的控制方式可以分为同步控制、异步控制、联合控制三种方式，下面分别加以介绍：

1. 同步控制方式

同步控制方式即固定时序控制方式，各项操作都由统一的时序信号控制，在每个机器周期中产生统一数目的节拍电位和工作脉冲。由于不同的指令操作，时间长短不一致，所以同步控制方式应以最复杂指令的操作时间作为统一的时间间隔标准。

这种控制方式设计简单，容易实现，但是对于许多简单指令来说会有较多的空闲时间，造成较多的时间浪费，从而影响指令的执行速度。

在同步控制方式中，各指令所需的时序由控制器统一发出，所有微操作都与时钟同步，所以又称为集中控制方式或中央控制方式。

2. 异步控制方式

异步控制方式即可变时序控制方式，各项操作不采用统一的时序信号控制，而根据指令或部件的具体情况决定，需要多少时间，就占用多少时间。

这是一种"应答"方式，各操作之间的衔接是由"结束—起始"信号来实现的。由前一项操作已经完成的"结束"信号，或由下一项操作的"准备好"信号来作为下一项操作的起始信号，在未收到"结束"或"准备好"信号之前不开始新的操作。例如，存储器读操作时，CPU 向存储器发一个读命令（起始信号），启动存储器内部的时序信号，以控制存储器读操作，此时 CPU 处于等待状态。在存储器操作结束后，存储器向 CPU 发出结束信号，以此作为下一项操作的起始信号。

异步控制采用不同时序，没有时间上的浪费，因而提高了机器的效率，但控制比较复杂。

由于这种控制方式没有统一的时钟，而是由各功能部件本身产生各自的时序信号自我控制，故又称为分散控制方式或局部控制方式。

3. 联合控制方式

这是同步控制和异步控制相结合的方式。实际上，现代计算机中几乎没有完全采用同步或完全采用异步的控制方式，大多数是采用联合控制方式。通常的设计思想是：在功能部件内部采用同步方式或以同步方式为主的控制方式，在功能部件之间采用异步方式。

例如，在一般小、微型计算机中，CPU 内部基本时序采用同步方式，按多数指令的需要设置节拍数。对于某些复杂指令，如果节拍数不够，可采取延长节拍等方法，以满足指令的要求。当 CPU 通过总线向主存或其他外围设备交换数据时，就转入异步方式。CPU 只需给出起始信号，主存和外围设备按自己的时序信号去安排操作；一旦操作结束，则向 CPU 发结束信号，以便 CPU 再安排它的后继工作。

7.4.3 指令运行的基本过程

一条指令运行过程可以分为三个阶段，即取指令阶段、分析取数阶段和执行阶段。

1．取指令阶段

取指令阶段完成的任务是将现行指令从主存中取出来并送至指令寄存器中去，具体的操作如下：

（1）将程序计数器（PC）中的内容先送至存储器地址寄存器（MAR），然后送至地址总线（AB）。

（2）由控制单元（CU）经控制总线（CB）向存储器发读命令。

（3）从主存中取出的指令通过数据总线（DB）送到存储器数据寄存器（MDR）。

（4）将 MDR 的内容送至指令寄存器（IR）中。

（5）将 PC 的内容递增，为取下一条指令做好准备。

以上这些操作对任何一条指令来说都是必须要执行的操作，所以称为公共操作。完成取指令阶段任务的时间称为取指周期，图 7.18 给出了在取指周期中 CPU 各部分的工作流程。

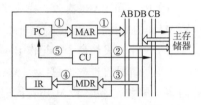

图 7.18　取指周期的工作流程

2．分析取数阶段

取出指令后，指令译码器（ID）可识别和区分出不同的指令类型。此时计算机进入分析取数阶段，以获取操作数。由于各条指令功能不同，寻址方式也不同，所以分析取数阶段的操作是各不相同的。

对于无操作数指令，只要识别出是哪条具体的指令即可以直接转至执行阶段，所以无须进入分析取数阶段。而对于带操作数指令，为读取操作数首先要计算出操作数的有效地址。如果操作数在通用寄存器中，则不需要再访问主存；如果操作数在主存中，则要到主存中去取数。对于不同的寻址方式，有效地址的计算方法是不同的，有时要多次访问主存才能取出操作数来（间接寻址）。另外，单操作数指令和双操作数指令由于需要的操作数的个数不同，分析取数阶段的操作也不同。

完成分析取数阶段任务的时间又可以细分为间址周期、取数周期等类别。

3．执行阶段

执行阶段完成指令规定的各种操作，形成稳定的运算结果，并将其存储起来。完成执行阶段任务的时间称为执行周期。

计算机的基本工作过程就是取指令、取数、执行指令，然后再取下一条指令……如此周而复始，直至遇到停机指令或外来的干预为止。

7.4.4　指令的微操作序列

控制器在实现一条指令的功能时，总要把每条指令分解成为一系列时间上先后有序的最基本、最简单的微操作，即微操作序列。微操作序列是与 CPU 的内部数据通路密切相关的，不同的数据通路就有不同的微操作序列。

假设某计算机的数据通路如图 7.19 所示。规定各部件用大写字母表示，字母加下标 in 表示该部件的接收控制信号，实际上就是该部件的输入开门信号；字母加下标 out 表示该部件的发送控制信号，实际上就是该部件的输出开门信号。例如：MAR_{in}、PC_{out} 等就是这类微操作信号。下面分析具体指令发出的微操作控制信号。

1．加法指令 ADD @ R0,R1

这条指令完成的功能是把 R0 的内容作为主存地址取得一个操作数，再与 R1 中的另一个操作数相加，最后将结果送回主存中。即实现：

$$（R0）+（R1）\rightarrow（R0）$$

1）取指周期

取指周期完成的微操作序列是公共的操作，与具体指令无关。

（1）PC_{out} 和 MAR_{in} 有效，完成 PC 经 CPU 内部总线送至 MAR 的操作，记作（PC）→MAR。

（2）通过控制总线（图 7.19 中未画出）向主存发读命令，记作 Read。

（3）存储器通过数据总线将 MAR 所指单元的内容（指令）送至 MDR，记作 M（MAR）→MDR。

（4）MDR_{out} 和 IR_{in} 有效，将 MDR 的内容送至指令寄存器，记作（MDR）→IR。至此，指令被从主存中取出，其操作码字段开始控制 CU。

（5）使 PC 内容加 1，记作（PC）+1→PC。

2）取数周期

取数周期要完成取操作数的任务，被加数在主存中，加数已放在寄存器 R_1 中。

（1）R_{0out} 和 MAR_{in} 有效，完成将被加数地址送至 MAR 的操作，记作（R_0）→MAR。

（2）向主存发读命令，记作 Read。

（3）存储器通过数据总线将 MAR 所指单元的内容（即数据）送至 MDR，同时 MDR_{out} 和 Y_{in} 有效，记作 M（MAR）→MDR→Y。

3）执行周期

执行周期完成加法运算的任务，并将结果写回主存。

（1）R_{1out} 和 ALU_{in} 有效，同时 CU 向 ALU 发"ADD"控制信号，使 R_1 的内容和 Y 的内容相加，结果送寄存器 Z，记作（R_1）+Y→Z。

（2）Z_{out} 和 MDR_{in} 有效，将运算结果送 MDR，记作（Z）→MDR。

（3）向主存发写命令，记作 Write。将运算结果送内存，记作 MDR→（R_0）。

2. 转移指令 JCA

这是一条条件转移指令，若上次运算结果有进位（CF=1），就转移；若上次运算结果无进位

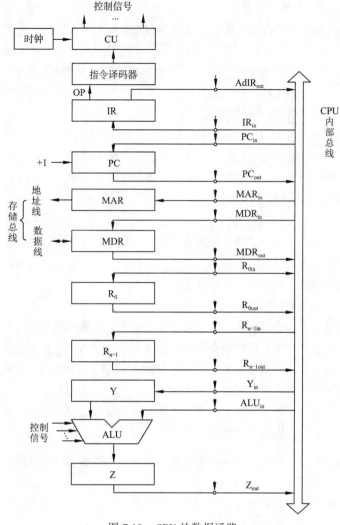

图 7.19　CPU 的数据通路

（CF=0），就顺序执行下一条指令。设 A 为位移量，转移地址等于 PC 的内容加位移量。相应的微操作序列如下：

1）取指周期

与上条指令的微操作序列完全相同。

2）执行周期

如果有进位（CF=1），则完成（PC）+A→PC 的操作，否则跳过以下几步：

（1）PC_{out} 和 Y_{in} 有效，记作（PC）→Y（CF=1）。

（2）$AdIR_{out}$ 和 ALU_{in} 有效，同时 CU 向 ALU 发"ADD"控制信号，使 IR 中的地址码字段 A 和 Y 的内容相加，结果送寄存器 Z，记作 Ad（IR）+Y→Z（CF=1）。

（3）Z_{out} 和 PC_{in} 有效，将转移地址送 PC，记作（Z）→PC（CF=1）。

7.5 微程序控制原理

微程序设计技术的实质是将程序设计技术和存储技术相结合，即用程序设计的思想方法来组织设计控制逻辑，将微操作控制信号按一定规则进行信息编码（代码化），形成控制字（微指令），再把这些微指令按时间先后排列起来构成微程序，存放在一个只读的控制存储器中。

7.5.1　微程序控制的基本概念

1．微程序设计的提出与发展

微程序设计的概念和原理最早是由英国剑桥大学的 M. V. Wilkes 教授于 1951 年提出来的。他在《设计自动化计算机的最好方法》一文中指出：一条机器指令可以分解为许多基本的微命令序列。并且首先把这种思想用于计算机控制器的设计。他提出将一条机器指令编写成一个微程序，每一个微程序包含若干条微指令，一条微指令对应一个或几个微操作命令。然后把这些微程序存储在一个控制存储器中，用寻找机器指令的方法来寻找每一个微程序中的微指令。但是由于当时还不具备制造专门存放微程序的控制存储器的技术，所以在十几年时间内实际上并未真正使用。直到 1964 年，IBM 公司在 IBM360 系列机上成功地采用了微程序设计技术，解决了指令系统的兼容问题。20 世纪 70 年代以来，由于 VLSI 技术的发展，推动了微程序设计技术的发展和应用，目前，大多数计算机都采用微程序设计技术。

2．基本术语

1）微命令和微操作

前面已经提到，一条机器指令可以分解成一个微操作序列，这些微操作是计算机中最基本的、不可再分解的操作。在微程序控制的计算机中，将控制部件向执行部件发出的各种控制命令叫做微命令，它是构成控制序列的最小单位。例如，打开或关闭某个控制门的电位信号、某个寄存器的打入脉冲等。因此，微命令是控制计算机各部件完成某个基本微操作的命令。

微命令和微操作是一一对应的。微命令是微操作的控制信号，微操作是微命令的操作过程。

微命令有兼容性和互斥性之分。兼容性微命令是指那些可以同时产生、共同完成某一个微操作的微命令；而互斥性微命令是指在机器中不允许同时出现的微命令。兼容和互斥都是相对的，一条微命令可以和一些微命令兼容，却可能和另一些微命令互斥。对于单独一条微命令，谈论其兼容和互斥都是没有意义的。

2）微指令、微地址

微指令是指控制存储器中的一个单元的内容，即控制字，是若干条微命令的集合。存放控制字的控制存储器的单元地址就称为微地址。

一条微指令通常至少包含两大部分信息：

（1）操作控制字段，又称微操作码字段，用以产生某一步操作所需的各微操作控制信号。

（2）顺序控制字段，又称微地址码字段，用以控制产生下一条要执行的微指令地址。

微指令有垂直型和水平型之分。垂直型微指令接近于机器指令的格式，每条微指令只能完成一个基本微操作；水平型微指令则具有良好的并行性，每条微指令可以完成较多的基本微操作。

3）微周期

从控制存储器中读取一条微指令并执行相应的微命令所需的全部时间称为微周期。

4）微程序

一系列微指令的有序集合就是微程序。每一条机器指令都对应一个微程序。

注意：

微程序和程序是两个不同的概念。微程序是由微指令组成的，用于描述机器指令，微程序实际上是机器指令的实时解释器，是由计算机的设计者事先编制好并存放在控制存储器中的，一般不提供给用户。对于程序员来说，计算机系统中微程序一级的结构和功能是透明的，无须知道；而程序最终由机器指令组成，是由软件设计人员事先编制好并存放在主存或辅存中的。所以说，微程序控制的计算机涉及两个层次：一个是机器语言或汇编语言程序员所看到的传统机器层，包括机器指令、工作程序和主存储器；另一个是机器设计者看到的微程序层，包括微指令、微程序和控制存储器。

7.5.2 微指令编码法

微指令可以分成操作控制字段和顺序控制字段两大部分。这里所说的微指令编码法指的就是操作控制字段的编码方法。各类计算机从各自的特点出发，设计了各种各样的微指令编码法。例如：大型机强调速度，要求译码过程尽量快；微、小型机则更多地注意经济性，要求更大限度地缩短微指令字长；而中型机介于这二者之间，兼顾速度和价格，要求在保证一定速度的情况下，能尽量缩短微指令字长。下面从基本原理出发，对几种基本的微指令编码方法进行讨论。

1. 直接控制法

直接控制法（不译码法），顾名思义，是操作控制字段中的各位分别可以直接控制计算机，无须进行译码。在这种形式的微指令字中，操作控制字段的每一个独立的二进制位代表一条微命令，该位为"1"表示这条微命令有效，为"0"则表示这条微命令无效。每条微命令对应控制数据通路中的一个微操作。

这种方法结构简单，并行性强，操作速度快，但是微指令字太长。若微命令的总数为 N 个，则微指令字的操作控制字段就要有 N 位。在某些计算机中，微命令的总数可能会多达三四百个，甚至更多，这使微指令的长度达到难以接受的地步。另外，在 N 个微命令中，有许多是互斥的，不允许并行操作，将它们安排在一条微指令中是毫无意义的，只会使信息的利用率下降。所以这种方法在复杂的系统中很少单独采用，往往与其他编码方法混合起来使用。

2. 最短编码法

直接控制法使微指令字过长，而最短编码法则走向另一个极端，使得微指令字最短。这种方法将所有的微命令统一编码，每条微指令只定义一条微命令。若微命令的总数为 N，操作控制字段的长度为 L，则最短编码法应满足关系式：$L \geq \log_2 N$。

最短编码法的微指令字长最短，但要通过一个微命令译码器译码以后才能得到需要的微命令。微命令数目越多，译码器就越复杂。这种方法在同一时刻只能产生一条微命令，不能充分利用机器硬件所具有的并行性，使得机器指令对应的微程序变得很长，而且对于某些要求在同一时刻同时动作的组合型微操作将无法实现。因此，这种方法也只能与其他方法混合使用。

3. 字段编码法

这是前述两种编码法的一个折中的方法，既具有二者的优点，又克服了它们的缺点，这种方法将操作控制字段分为若干个小段，每段内采用最短编码法，段与段之间采用直接控制法。这种方法又可进一步分为字段直接编码法和字段间接编码法两类。

1）字段直接编码法

图 7.20 为字段直接编码法的微指令结构，各字段都可以独立地定义本字段的微命令，而与其他字段无关，因此又称为显式编码或单重定义编码方法。这种方法缩短了微指令字，因此得到了广泛的应用。

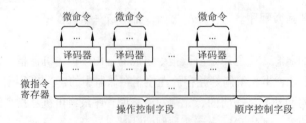

图 7.20　字段直接编码法

2）字段间接编码法

字段间接编码法是在字段直接编码法的基础上，用来进一步缩短微指令字长的方法。间接编码的含义是，一个字段的某些编码不能独立地定义某些微命令，而需要与其他字段的编码来联合定义，因此又称为隐式编码或多重定义编码方法，如图 7.21 所示。

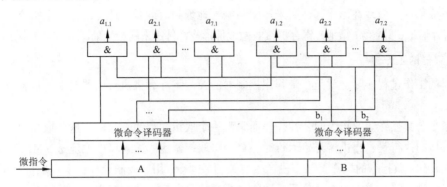

图 7.21 字段间接编码法

图中字段 A（3 位）所产生的微命令还要受到字段 B 的控制。当字段 B 发出 b_1 微命令时，字段 A 与其合作产生 $a_{1.1}$、$a_{2.1}$、$\cdots$、$a_{7.1}$ 中的一条微命令；而当字段 B 发出 b_2 微命令时，字段 A 与其合作产生 $a_{1.2}$、$a_{2.2}$、$\cdots$、$a_{7.2}$ 中的另一条微命令。这种方法进一步缩短了微指令的长度，但通常可能会削弱微指令的并行控制能力，且译码电路相应的较复杂，因此，它只作为字段直接编码法的一种补充。

字段编码法中操作控制字段的分段并非是任意的，必须要遵循如下的原则：

（1）把互斥性的微命令分在同一段内，兼容性的微命令分在不同段内。这样不仅有助于提高信息的利用率，缩短微指令字长，而且有助于充分利用硬件所具有的并行性，加快执行的速度。

（2）应与数据通路结构相适应。

（3）每个小段中包含的信息位不能太多，否则将增加译码线路的复杂性和译码时间。

（4）一般每个小段还要留出一个状态位，表示本字段不发出任何微命令。因此当某字段的长度为 3 位时，最多只能表示七条互斥的微命令，通常用 000 表示不操作。

例如，运算器的输出控制信号有直传、左移、右移、半字交换等四个。这四条微命令是互斥的。它们可以安排在同一字段编码内。同样，存储器的读/写命令也是一对互斥的微命令。还有像 A→C、B→C（假设 A、B、C 都是寄存器）这样一类的微命令也是互斥的微命令，不允许它们在同一时刻出现。

假设某计算机共有 256 条微命令，如果采用直接控制法，微指令的操作控制字段就要有 256 位；而如果采用最短编码法，操作控制字段只需要 8 位就可以了。如果采用字段直接编码法，若 4 位为一个段，每段可表示 15 条互斥的微命令，则操作控制字段只需 72 位，分成 18 个段，在同一时刻可以并行发出 18 条不同的微命令。

除上述几种基本的编码方法外，另外还有一些常见的编码技巧，如可采用微指令译码与部分机器指令译码的复合控制、微地址参与解释微指令译码等。对于实际机器的微指令系统，通常可同时采用几种不同的编码方法。如在一条微指令中，可以有些位采用直接控制法，有些字段采用直接编码法，另一些字段采用间接编码法。总之，要尽量减少微指令字长，增强微操作的并行性，提高机器的控制性能并降低成本。

7.5.3 微程序控制器的组成和工作过程

1. 微程序控制器的基本组成

图 7.22 给出了一个微程序控制器基本结构的简化框图。在图 7.22 中主要画出了微程序控制器比组合逻辑控制器多出的部件，包括控制存储器、微指令寄存器、微地址形成部件和微地址寄存器等。

（1）控制存储器（CM）。控制存储器是微程序控制器的核心部件，用来存放微程序，其性能（包括容量、速度、可靠性等）与计算机的性能密切相关。

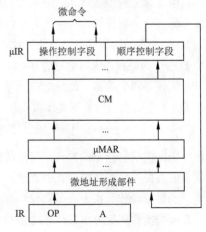

图 7.22 微程序控制器的基本结构

（2）微指令寄存器（μIR）。微指令寄存器用来存放从 CM 中取出的微指令，它的位数同微指令字长相等。

（3）微地址形成部件。微地址形成部件用来产生初始微地址和后继微地址，以保证微指令的连续执行。

（4）微地址寄存器（μMAR）。微地址寄存器接收微地址形成部件送来的微地址，为在 CM 中读取微指令做准备。

2．微程序控制器的工作过程

微程序控制器的工作过程实际上就是在微程序控制器的控制下计算机执行机器指令的过程，这个过程可以描述如下：

（1）执行取指令公共操作。取指令的公共操作通常由一个取指微程序来完成，这个取指微程序也可能仅由一条微指令组成。具体的执行是：当机器开始运行时，自动将取指微程序的入口微地址送μMAR，并从 CM 中读出相应的微指令送入μIR。微指令的操作控制字段产生有关的微命令，用来控制计算机实现取机器指令的公共操作。取指微程序的入口地址一般为 CM 的 0 号单元，取指微程序执行完后，从主存中取出的机器指令就已存入指令寄存器中了。

（2）由机器指令的操作码字段通过微地址形成部件产生该机器指令所对应的微程序的入口地址，并送入μMAR。

（3）从 CM 中逐条取出对应的微指令并执行之。

（4）执行完对应于一条机器指令的一个微程序后，又回到取指微程序的入口地址，继续第（1）步，以完成取下一条机器指令的公共操作。

以上是一条机器指令的执行过程，如此周而复始，直到整个程序执行完毕为止。

3．机器指令对应的微程序

通常，一条机器指令对应一个微程序。由于任何一条机器指令的取指令操作都是相同的，因此可以将取指令操作抽出来编成一个独立的微程序，这个微程序只负责将指令从主存中取出送至指令寄存器。此外，也可以编出对应间址周期的微程序和中断周期的微程序。这样，控制存储器中的微程序个数应等于指令系统中的机器指令数再加上对应取指、间址和中断周期等公用的微程序数。若指令系统中具有 n 种机器指令，则控制存储器中的微程序数至少为 $n+1$ 个。

7.5.4 微程序入口地址的形成

公用的取指微程序从主存中取出机器指令之后，由机器指令的操作码字段指出各个微程序的入口地址（初始微地址）。这是一种多分支（或多路转移）的情况。由机器指令的操作码转换成初始微地址的方式主要有三种：

1．一级功能转换

如果机器指令操作码字段的位数和位置固定，可以直接使操作码与入口地址码的部分位相对应。例如，某计算机系统有 16 条机器指令，指令操作码由 4 位二进制数表示，分别为 0000、0001……1111。现在字母 θ 表示操作码，令微程序的入口地址为 θ11B，比如：MOV 指令的操作码为 0000，则 MOV 指令的微程序入口地址为 000011B；ADD 指令的操作码为 0001，则 ADD 指令的微程序入口地址为 000111B……由此可见，相邻两个微程序的入口地址相差四个单元，如图 7.23 所示。也就是说，每个微程序最多可以由 4 条微指令组成，如果不足 4 条就让有关单元空闲着。

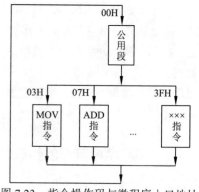

图 7.23　指令操作码与微程序入口地址

2．二级功能转换

当同类机器指令的操作码字段的位数和位置固定，而不同类机器指令的操作码字段的位数和位置不固定时，就不能再采用一级功能转换的方法。所谓二级功能转换是指第一次先按指令类型标志转移，以区分出指令属于哪一类，如是单操作数指令还是双操作数指令等。因为每类机器指令中操作码字段的位数和位置是固定的，所以第二次即可按操作码区分出具体是哪条指令，以便找出相应微程序的入口微地址。

3．通过 PLA 电路实现功能转换

当机器指令的操作码位数和位置都不固定时，可以采用 PLA 电路将每条机器指令的操作码翻译成对应的微程序入口地址。这种方法对于变长度、变位置的操作码显得更有效，而且转换速度较快。

7.5.5　后继微地址的形成

找到初始微地址之后，可以开始执行微程序，每条微指令执行完毕都要根据要求形成后继微地址。后继微地址的形成方法对微程序编制的灵活性影响很大，它主要有两大基本类型，即增量方式和断定方式。

1．增量方式（顺序—转移型微地址）

这种方式和机器指令的控制方式很类似，它也有顺序执行、转移和转置之分。顺序执行时后继微地址就是现行微地址加上一个增量（通常为"1"）；转移或转置时，由微指令的顺序控制字段产生转移微地址。因此，在微程序控制器中应当有一个微程序计数器（μPC）。为了降低成本，一般情况下都是将微地址寄存器（μMAR）改为具有计数功能的寄存器，以代替 μPC。

增量方式的优点是：简单，易于掌握，编制微程序容易，每条机器指令所对应的一段微程序一般安排在 CM 的连续单元中。其缺点是：这种方式不能实现两路以上的并行微程序转移，因而不利于提高微程序的执行速度。

2．断定方式

断定方式的后继微地址可由微程序设计者指定，或者根据微指令所规定的测试结果直接决定后继微地址的全部或部分值。

这是一种直接给定与测试断定相结合的方式，其顺序控制字段一般由两部分组成，即非测试段和测试段。

（1）非测试段：可由设计者指定，一般是微地址的高位部分，用来指定后继微地址在 CM 中的某个区域内。

（2）测试段：根据有关状态的测试结果确定其地址值，一般对应微地址的低位部分。这相当于在指定区域内断定具体的分支。所依据的测试状态可能是指定的开关状态、指令操作码和状态字等。

测试段如果只有一位，则微地址将产生两个分支；若有两位，则最多可产生四个分支；依此类推，测试段为 n 位，最多可产生 $2n$ 个分支。

断定方式的优点是实现多路并行转移容易，有利于提高微程序的执行效率和执行速度，且微程序在 CM 中不要求必须连续存放，缺点是后继微地址的生成机构比较复杂。

7.5.6　微程序设计

1．微程序设计方法

在实际进行微程序设计过程中，应考虑尽量缩短微指令字长，减少微程序长度，提高微程序的执行速度。这几项指标是互相制约的，应当全面地进行分析和权衡。

（1）水平型微指令及水平型微程序设计。水平型微指令是指一次能定义并能并行执行多条微命令的微指令。它的并行操作能力强，效率高，灵活性强，执行一条机器指令所需微指令的数目少，执行时间短；但微指令字较长，增加了控存的横向容量，同时微指令和机器指令的差别很大，设计者只有熟悉了数据通路，才有可能编制出理想的微程序，一般用户不易掌握。由于水平型微程序设计是面对微处理器内部逻辑控制的描述，所以把这种微程序设计方法称为硬方法。

（2）垂直型微指令及垂直型微程序设计。垂直型微指令是指一次只能执行一条微命令的微指令。它的并行操作能力差，一般只能实现一个微操作，控制一两条信息传送通路，效率低，执行一条机器指令所需的微指令数目多，执行时间长；但是微指令与机器指令很相似，所以容易掌握和利用，编程比较简单，不必过多地了解数据通路的细节，且微指令字较短。由于垂直型微程序设计是面向算法的描述，所以把这种微程序设计方法称为软方法。

（3）混合型微指令。综合前述两者特点的微指令称为混合型微指令，它具有不太长的微指令字，又具有一定的并行控制能力，可高效地去实现机器的指令系统。

2．微指令的执行方式

执行一条微指令的过程与执行机器指令的过程很类似。第一步将微指令从控存中取出，称为取微指令。对于垂直型微指令还应包括微操作码的译码时间。第二步执行微指令所规定的各个操作。微指令的执行方式可分为串行和并行两种方式。

1）串行方式

在这种方式中，取微指令和执行微指令是顺序进行的，在一条微指令取出并执行之后，才能取下一条微指令。在一个微周期中，在取微指令阶段，CM 工作，数据通路等待；而在执行微指令阶段，CM 空闲，数据通路工作。串行方式的微周期较长，但控制简单，形成后继微地址所用的硬件设备较少。

2）并行方式

为了提高微指令的执行速度，可以将取微指令和执行微指令的操作重叠起来，从而缩短微周期。因为这两个操作是在两个完全不同的部件中执行的，所以这种重叠是完全可行的。在执行本条微指令的同时，预取下一条微指令。假设取微指令的时间比执行微指令的时间短，就以较长的执行时间作为微周期。

由于执行本条微指令与预取下一条微指令是同时进行的，若遇到某些需要根据本条微指令处理结果而进行条件转移的微指令，就不能并行地取出来。最简单的办法就是延迟一个微周期再取微指令。

除以上两种控制方式外，还有串、并行混合方式：当待执行的微指令地址与现行微指令处理无关时，采用并行方式；当其受现行微指令操作结果影响时，则采用串行方式。

3．微程序仿真

所谓微程序仿真，一般是指用一台计算机的微程序去模仿另一台计算机的指令系统，使本来不兼容的计算机之间具有程序兼容的能力。用来进行仿真的计算机称为宿主机，被仿真的计算机称为目标机。

假设 M1 为宿主机，M2 为目标机，在 M1 机上要能使用 M2 的机器语言编制程序并执行，就要求 M1 的主存储器和控制存储器中除含有 M1 的有关程序外，还要包含 M2 的有关程序，如图 7.24 所示。

M1 提供两种工作方式：本机方式和仿真方式。采用本机方式时，M1 通过本机微程序解释执行本机的程序；采用仿真方式时，M1 通过仿真微程序解释执行 M2 的程序。

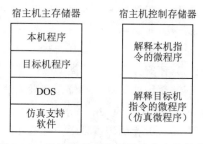

图 7.24　系统仿真时宿主机的主存和控存

4．动态微程序设计

通常，对应于一台计算机的指令系统有一系列固定的微程序。微程序设计好之后，一般不允许改变而且也不便于改变，这样的设计叫做静态微程序设计。若一台计算机能根据不同应用目标的要求改变微程序，则这台计算机就具有动态微程序设计功能。

动态微程序设计的出发点是为了使计算机能更灵活、更有效地适应各种不同的应用目标。例如，在不改变硬件结构的前提下，如果计算机配备了两套可供切换的微程序，一套是用来实现科学计算的指令系统，另一套是用来实现数据处理的指令系统，这样该计算机就能根据不同的应用需要随时改变和切换相应的微程序，以保证高效率地实现科学计算或数据处理。

动态微程序设计需要可写控制存储器（WCM）的支持，否则难以改变微程序的内容。由于动态微程序设计要求对计算机的结构和组成非常熟悉，所以这类改变微程序的方案也是由计算机的设计人员实现的。

5．用户微程序设计

用户微程序设计是指用户可借助于可写控制存储器进行微程序设计，通过本机指令系统中保留的供扩充指令用的操作码或未定义的操作码，来定义用户扩充指令，然后编写扩充指令的微程序，并存入可写控制存储器。这样用户可以如同使用本机原来的指令一样去使用扩充指令，从而大大提高计算机系统的灵活性和适应性。但是，事实上真正由用户来编写微程序是很困难的。

7.6　控制单元的设计

前面几节介绍了控制器的基本功能和 CPU 的总体结构，为了加深对这些内容的理解，这节将以一个简单的 CPU 为例来讨论控制器中控制单元的设计。为了突出重点，选择的 CPU 模型比较简单，指令系统中仅具有最常见的基本指令和寻址方式，在逻辑结构、时序安排、操作过程安排等方面尽量规整、简单，使初读者比较容易掌握，以帮助大家建立整机概念。

7.6.1　简单的 CPU 模型

控制单元的主要功能是根据需要发出各种不同的微操作控制信号。微操作控制信号是与 CPU 的数据通路密切相关的，图 7.25 给出了一个单累加器结构的简单 CPU 模型。

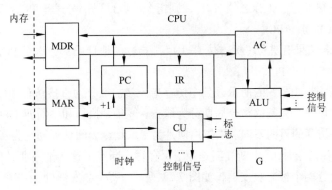

图 7.25　一个简单的 CPU 模型

图中 MAR 和 MDR 分别直接与地址总线和数据总线相连。考虑到从存储器取出的指令或有效地址都先送至 MDR 再送至 IR，故这里省去 IR 送至 MAR 的数据通路，凡是需从 IR 送至 MAR 的操作均由 MDR 送至 MAR 代替。

计算机中有一运行标志触发器 G，当 G=1 时，表示机器运行；当 G=0 时，表示停机。这个 CPU 的指令系统中包含下列指令：

1．非访存指令

这类指令在执行周期不访问存储器。

（1）清除累加器指令 CLA。该指令完成清除累加器操作，记作 $0 \to AC$。

（2）累加器取反指令 COM。该指令完成累加器内容取反，结果送累加器的操作，记作 $\overline{AC} \to AC$。

（3）累加器加 1 指令 INC。该指令完成累加器内容+1，结果送累加器的操作，记作 $(AC)+1 \to AC$。

（4）算术右移一位指令 SAR。该指令完成累加器内容算术右移一位的操作，记作 $R(AC) \to AC$，$AC_n \to AC_n$。

（5）循环左移一位指令 CSL。该指令完成累加器内容循环左移一位的操作，记作 $L(AC) \to AC$，$AC_n \to AC_0$。

（6）停机指令 STP。该指令将运行标志触发器置"0"，记作 $0 \to G$。

注意：

累加寄存器 AC 共 $n+1$ 位，其中 AC_n 为最高位（符号位），AC_0 为最低位。$AC_n \to AC_n$ 表示算术右移时符号位保持不变。

2．访存指令

这类指令在执行周期需访问存储器。

（1）加法指令 ADD。该指令完成累加器内容与对应主存单元的内容相加，结果送累加器的操作，记作：

$$（AC）+（MDR）→AC$$

（2）减法指令 SUB。该指令完成累加器内容与对应主存单元的内容相减，结果送累加器的操作，记作：

$$（AC）-（MDR）→AC$$

（3）与指令 AND。该指令完成累加器内容与对应主存单元的内容相与，结果送累加器的操作，记作：

$$（AC）\wedge（MDR）→AC$$

（4）取数指令 LDA。该指令将对应主存单元的内容取至累加器中，记作（MDR）→AC。

（5）存数指令 STA。该指令将累加器的内容存于对应主存单元中，记作（AC）→MDR。

3. 转移指令

转移指令在执行周期也不访问存储器。

（1）无条件转移指令 JMP。该指令完成将指令的地址码部分（即转移地址）送至 PC 的操作，记作（MDR）→PC。

（2）零转移指令 JZ。该指令根据上一条指令运行的结果决定下一条指令的地址，若运算结果为零（标志位 Z=1），则指令的地址码部分（即转移地址）送至 PC，否则程序按原顺序执行。由于在取指阶段已完成了（PC）+1→PC，所以当运算结果不为零时，就按取指阶段形成的 PC 执行。记作 $Z \cdot（MDR）+ \bar{Z} \cdot（PC）→PC$。

（3）负转移指令 JN。若结果为负（标志位 N=1），则指令的地址码部分送至 PC，否则程序按原顺序执行。记作 $N \cdot（MDR）+ \bar{N} \cdot（PC）→PC$

（4）进位转移指令 JC。若结果有进位（标志位 C=1），则指令的地址码部分送至 PC，否则程序按原顺序执行。记作 $C \cdot（MDR）+ \bar{C} \cdot（PC）→PC$。

上述三大类指令的指令周期如图 7.26 所示，其中访存指令又被细分为直接访存和间接访存两种。

在简单的 CPU 模型中，把一个完整的指令周期分为取指、间址、执行和中断四个机器周期。这四个机器周期中都有 CPU 访存操作，只是访存的目的不同。取指周期是为了取指令，间址周期是为了取有效地址，执行周期是为了取操作数（当指令为访存指令时），中断周期是为了保存程序断点。这四个周期又可称为 CPU 工作周期，为了区别它们，在 CPU 内可设置四个标志触发器，如图 7.27 所示。哪个触发器处于"1"状态，就表示机器正处于哪个周期运行。因此，同一时刻有一个且仅有一个触发器处于"1"状态。

图中的 FE、IND、EX 和 INT 分别对应取指、间址、执行和中断四个周期，它们分别由 1→FE、1→IND、1→EX 和 1→INT 四个信号控制。

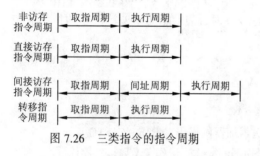

图 7.26 三类指令的指令周期

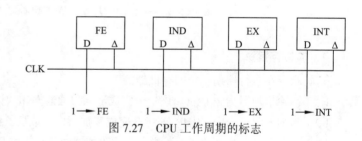

图 7.27 CPU 工作周期的标志

7.6.2 组合逻辑控制单元设计

1. 微操作的节拍安排

假设机器采用同步控制，每个机器周期包括三个节拍，安排微操作节拍时应注意以下几点：

- 有些微操作的次序是不容改变的，故安排微操作节拍时必须注意微操作的先后顺序。
- 凡是被控制对象不同的微操作，若能在一个节拍内执行，应尽可能安排在同一个节拍内执行，以节省时间。
- 如果有些微操作所占的时间不长，应该将它们安排在一个节拍内完成，并且允许这些微操作有先后次序。

1）取指周期微操作的节拍安排

取指周期的操作是公共操作，其完成的任务已在前面进行过描述，在此不再重复，这些操作可以安排在三个节拍中完成。

$$T_0 \quad (PC)\rightarrow MAR,\ Read$$
$$T_1 \quad M(MAR)\rightarrow MDR,\ (PC)+1\rightarrow PC$$
$$T_2 \quad (MDR)\rightarrow IR$$

考虑到指令译码时间短，可将指令译码 OP（IR）→ID 也安排在 T_2 节拍内。

2）间址周期微操作的节拍安排

间址周期完成取操作数有效地址的任务，具体操作如下：

（1）将指令的地址码部分（形式地址）送至存储器地址寄存器，记作（MDR）→MAR。

（2）向主存发读命令，启动主存读操作，记作 Read。

（3）将 MAR 所指的主存单元中的内容（有效地址）经数据总线读至 MDR，记作：M（MAR）→MDR。

（4）将有效地址送至存储器地址寄存器 MAR，记作（MDR）→MAR。此操作在有些机器中可省略。

这些操作可以安排在三个节拍中完成。

$$T_0 \quad (MDR)\rightarrow MAR,Read$$
$$T_1 \quad M(MAR)\rightarrow MDR$$
$$T_2 \quad (MDR)\rightarrow MAR$$

3）执行周期微操作的节拍安排

（1）非访存指令。

非访存指令在执行周期只有一个微操作，按同步控制的原则，此操作可安排在 T_0 至 T_2 的任一节拍内，其余节拍空。

① 清零指令 CLA。

T_0

T_1

$T_2 \quad 0\rightarrow AC$

② 取反指令 COM。

T_0

T_1

$T_2 \quad \overline{AC}\rightarrow AC$

③ 加 1 指令 INC。

T_0

T_1

$T_2 \quad (AC)+1\rightarrow AC$

④ 算术右移指令 SAR。

T_0

T_1

$T_2 \quad R(AC)\rightarrow AC,\ AC_n\rightarrow AC_n$

⑤ 循环左移指令 CSL。

T_0

T_1

$T_2 \quad L(AC)\rightarrow AC,\ AC_n\rightarrow AC_0$

⑥ 停机指令 STP。

T_0

T_1

T_2 $0 \rightarrow G$

（2）访存指令。

① 加法指令 ADDX。

T_0 （MDR）$\rightarrow$MAR，Read

T_1 M（MAR）$\rightarrow$MDR

T_2 （AC）+（MDR）$\rightarrow$AC（该操作包括（AC）$\rightarrow$ALU，（MDR）$\rightarrow$ALU，+，ALU$\rightarrow$AC）

② 减法指令 SUBX。

T_0 （MDR）$\rightarrow$MAR，Read

T_1 M（MAR）$\rightarrow$MDR

T_2 （AC）–（MDR）$\rightarrow$AC

③ 与指令 ANDX。

T_0 （MDR）$\rightarrow$MAR，Read

T_1 M（MAR）$\rightarrow$MDR

T_2 （AC）$\wedge$（MDR）$\rightarrow$AC

④ 取数指令 LDAX。

T_0 （MDR）$\rightarrow$MAR，Read

T_1 M（MAR）$\rightarrow$MDR

T_2 （MDR）$\rightarrow$AC

⑤ 存数指令 STAX。

T_0 （MDR）$\rightarrow$MAR

T_1 AC$\rightarrow$MDR，Write

T_2 MDR$\rightarrow$M（MAR）

（3）转移指令。

① 无条件转移 JMPX。

T_0

T_1

T_2 （MDR）$\rightarrow$PC

② 结果为零转 JZX。

T_0

T_1

T_2 $Z \cdot$（MDR）$+ \bar{Z} \cdot$（PC）$\rightarrow$PC

③ 结果有进位转 JCX。

T_0

T_1

T_2 $C \cdot$（MDR）$+ \bar{C} \cdot$（PC）$\rightarrow$PC

④ 结果为负转 JNX。

T_0

T_1

T_2 $N \cdot$（MDR）$+ \bar{N} \cdot$（PC）$\rightarrow$PC

（4）中断指令

T_0 $0 \rightarrow$MAR Write 硬件关中断

T_1 PC $\rightarrow$MDR

T₂　MDR→M（MAR）　　向量地址→PC

2．组合逻辑设计步骤

组合逻辑设计控制单元时，首先根据上述微操作的节拍安排，列出微操作命令的操作时间表，然后写出每一个微操作命令（控制信号）的逻辑表达式，最后根据逻辑表达式画出相应的组合逻辑电路图，如下例所示：

假设以下周期的 T_1 节拍均要执行操作 M（MAR）→MDR：取指周期 FE 的 T_1 节拍；加法 ADD、存储 STA、取数 LDA、无条件跳转 JMP、有条件跳转 BAN 的间址周期 IND 的 T_1 节拍；加法 ADD、取数 LDA 执行周期 EX 的 T_1 节拍。

则可简化、整理成能用现成电路实现的微操作命令逻辑表达式：

$$M（MAR）→MDR = FE \cdot T_1 + IND \cdot T_1（ADD + STA + LDA + JMP + BAN）+ EX \cdot T_1（ADD + LDA）$$
$$= T_1\{ FE + IND（ADD + STA + LDA + JMP + BAN）+ EX（ADD + LDA）\}$$

式中 ADD、STA、LDA、JMP、BAN 均来自操作码译码器的输出，则可根据上述逻辑表达式画出图 7.28 所示的组合逻辑电路图。

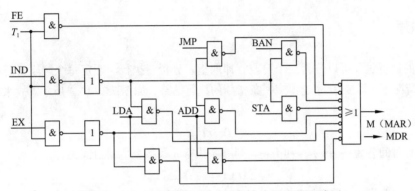

图 7.28　产生 M（MAR）→MDR 命令的逻辑电路图

由此可见，采用组合逻辑设计方法设计控制单元，思路清晰，简单明了，但因为每一个微操作命令都对应一个逻辑电路，因此一旦设计完毕便会发现，这种控制单元的线路结构十分庞杂，也不规范，而且指令系统功能越全，微操作命令就越多，线路也越复杂，调试就越困难。为了克服这些缺点，可采用微程序设计方案，但随着 RISC 技术的不断发展和完善，组合逻辑设计仍然是设计计算机的一种重要方法。

本节只是简单介绍组合逻辑设计，详细设计方法及思路请查找相关资料。

7.6.3　微程序控制单元设计

微程序控制单元设计的主要任务是编写对应各条机器指令的微程序，具体步骤是首先写出对应机器指令的全部微操作节拍安排，然后确定微指令格式，最后编写出每条微指令的二进制代码。

1．确定微程序控制方式

根据计算机系统的性能指标（主要是速度）确定微程序控制方式，如，是采用水平微程序设计还是采用垂直微程序设计，微指令是按串行方式执行还是按并行方式执行等。

2．拟定微命令系统

初步拟定微命令系统，并同时进行微指令格式的设计，包括微指令字段的划分、编码方式的选择、初始微地址和后继微地址的形成等。

3．编制微程序

对微命令系统、微指令格式进行反复地核对和审查，并进行适当的修改；对重复和多余的微指令进行合并和精简，直至编制出全部机器指令的微程序为止。

4. 微程序代码化

将修改完善的微程序转换成二进制代码，这一过程称为代码化或代真。代真工作可以用人工实现，也可以在机器上用程序实现。

5. 写入控制存储器

将一串串二进制代码按地址写入控制存储器的对应单元。

7.7 流水线技术

对于指令的执行，有顺序方式、重叠方式、先行控制及流水线控制方式几种控制方式。顺序方式指的是各条机器指令之间顺序串行执行，即执行完一条指令后，方可取出下一条指令来执行。这种方式控制简单，但速度慢，机器各部件的利用率低。为了加快指令的执行速度，充分利用计算机系统的硬件资源，提高机器的吞吐率，计算机中常采用重叠方式、先行控制方式，以及流水线控制方式。

7.7.1 重叠控制原理

通常，一条指令的运行过程可以分为三个阶段，即取指、分析、执行。假定每个阶段所需的时间为 t，那么在无重叠（顺序）的情况下，需要 $3t$ 才能得到一条指令的执行结果，如图 7.29（a）所示。故采用顺序方式执行 n 条指令所需的时间为：

$$T=3nt$$

如果每个阶段所需时间各为 $t_{取指}$、$t_{分析}$ 和 $t_{执行}$，则顺序执行 n 条指令所需时间为：

$$T=\sum(t_{取指}+t_{分析}+t_{执行})$$

最早出现的重叠是"取指 K+1"和"执行 K"在时间上的重叠，称为一次重叠，如图 7.29（b）所示，这将使处理机速度有所提高，所需执行时间减少为：

$$T=3\times t+(n-1)\times 2t=(2\times n+1)t$$

一次重叠方式需要增加一个指令缓冲器，当执行第 K 条指令时，寄存取出第 K+1 条指令。如果进一步增加重叠，使"取指 K+2"、"分析 K+1"和"执行 K"重叠起来，称为二次重叠［见图 7.29（c）］，则处理机速度还可以进一步提高，所需执行时间减少为：

$$T=3\times t+(n-1)t=(2+n)t$$

为了能在"执行 K"的同时，完成"分析 K+1"和"取指 K+2"的工作，就需要控制器同时发出三个阶段所需的控制信号。为此，应把 CPU 中原来集中的控制器分解为存储控制器、指令控制器和运算控制器。

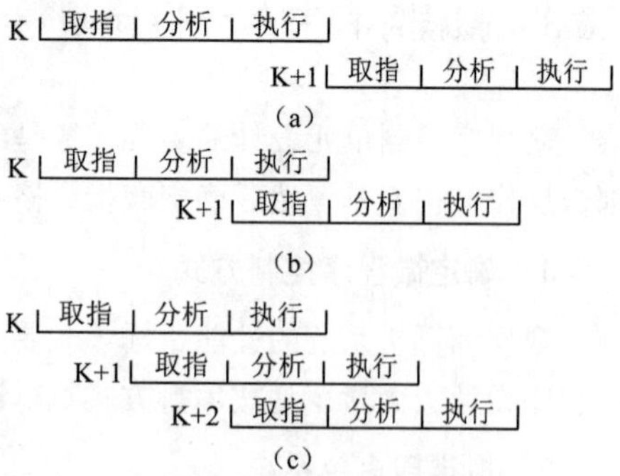

如果"分析 K+1"时需要访存取出操作数，而"取指 K+2"时也需访存取指令，此时就会出现访存冲突。为了解决这个问题，第一种方法是设置两个存储器，分别用来存放操作数和指令，即采用哈佛结构；第二种方法是主存采用多体交叉存储结构，指令和操作数仍混存于主存中，只要第 K+1 条指令的操作数和第 K+2 条指令本身不在同一存储体内，就能在一个存储周期内同时取出两者；第三种方法是设置指令缓冲器（指令预取队列），预先将未执行到的下一条指令由主存中取到指令缓冲器去，这样，"取指 K+2"时只需将第 K+2 条指令由指令缓冲器中拿出来送到指令寄存器去，而无须访问主存了。

图 7.29　重叠控制方式

很明显，指令的重叠执行并不能缩短单条指令的执行时间，但可以缩短相邻两条、多条指令乃至整个程序段的执行时间。

指令的重叠执行对于大多数非分支程序来说可以提高执行速度；但如果遇到转移、转子指令和各种中断，或者遇到第 K 条指令的执行结果正巧是第 K+1 条的操作数的情况（数据相关）时，提前取出的指令将是无效的，此时重叠也就失败了。

7.7.2 先行控制原理

假设每次都可以在指令缓冲器中取得指令，则取指阶段就可合并到分析阶段中，指令的运行过程就变为分析和执行两个阶段了。如果所有指令的"分析"与"执行"的时间均相等，则重叠的流程是非常流畅的，机器的指令分析部件和执行部件功能均充分地发挥，机器的速度也能显著地提高。但是，现代计算机的指令系统很复杂，各种类型指令难以做到"分析"与"执行"时间始终相等，此时，各个阶段的控制部件就有可能出现间断等待的问题。在图 7.30 中，分析部件在"分析 K+1"和"分析 K+2"之间有一个等待时间 Δt_1，在"分析 K+2"和"分析 K+3"之间又有一个等待时间 Δt_2；执行部件在"执行 K+2"和"执行 K+3"之间有一个等待时间 Δt_3，指令的分析部件和执行部件都不能连续地、流畅地工作，从而使机器的整体速度受到影响。

由于分析和执行部件有时处于空闲状态，此时执行 n 条指令所需时间为：

$$T = t_{\text{分析 }1} + \sum_{i=2}^{n}[\max(t_{\text{分析 }i}, t_{\text{执行 }i-1})] + t_{\text{执行 }n}$$

为了使各部件能连续地工作，提出了先行控制的方式，如图 7.31 所示。虽然图 7.31 中"分析"和"执行"阶段之间有等待的时间间隔 Δt_i，但它们各自的流程中却是连续的。先行控制的主要目的是使各阶段的专用控制部件不间断地工作，以提高设备的利用率及执行速度。

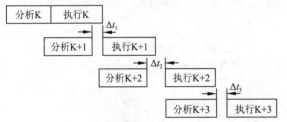

图 7.30 "分析"和"执行"的时间不等的重叠

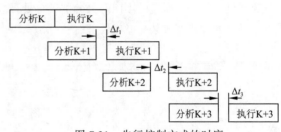

图 7.31 先行控制方式的时序

由于分析和执行部件能分别连续不断地分析和执行指令，此时执行 n 条指令所需时间为：

$$T_{\text{先行}} = t_{\text{分析 }1} + \sum_{i=1}^{n} t_{\text{执行 }i}$$

7.7.3 流水工作原理

流水处理技术是在重叠、先行控制方式的基础上发展起来的，它基于重叠的原理，但却是在更高程度上的重叠。

1. 流水线

流水线是将一个较复杂的处理过程分成 m 个复杂程度相当、处理时间大致相等的子过程，每个子过程由一个独立的功能部件来完成，处理对象在各子过程连成的线路上连续流动。在同一时间，m 个部件同时进行不同的操作，完成对不同对象的处理。这种方式类似于生产流水线，在那里每隔一段时间（Δt）从流水线上流出一个产品，而生产这个产品的总时间要比 Δt 长得多。由于流水线上各部件并行工作，机器的吞吐率将大大提高。

例如，将一条指令的执行过程分成取指令、指令译码、取操作数和执行四个子过程，分别由四个功能部件来完成，每个子过程所需时间为 Δt，四个子过程的流水线如图 7.32（a）所示。

图 7.32（b）是流水线工作的时空图。图 7.32（b）中横坐

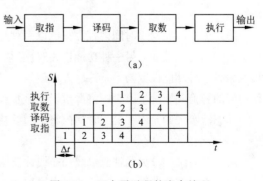

图 7.32 四个子过程的流水处理

标为时间，纵坐标为空间（即各子过程），标有数字的方格说明占用该空间与时间的任务号，此处表示机器处理的第一、二、三、四条指令，最多可以有四条指令在不同的部件中同时进行处理。若执行一条指令所需时间为 T，那么在理想情况下，当流水线充满后，每隔 $\Delta t=T/4$ 就完成了一条指令的执行。图 7.32 中，子过程数 $m=4$，任务数 $n=4$。

流水线技术特点：

（1）一条流水线由多个流水段组成。

（2）每个流水段有专门的功能部件对指令进行某种加工。

（3）各流水段所需时间是一样的。

（4）理想情况下，在流水线上，每隔 Δt 时间将会有一个结果流出流水线。

2．流水线分类

按照不同角度，流水线可有多种不同分类方法。

1）按处理级别分类

流水线按处理级别可分为操作部件级、指令级和处理机级三种。操作部件级流水线是将复杂的逻辑运算组成流水线工作方式。例如，可将浮点加法操作分成求阶差、对阶、尾数相加以及结果规格化四个子过程。指令级流水线则是将指令的整个执行过程分成多子过程，如前面提到的取指令、指令译码、取操作数和执行四个子过程。处理机级流水线又称为宏流水线，如图 7.33 所示。这种流水线由两个或两个以上处理机通过存储器串行连接起来，每个处理机对同一数据流的不同部分分别进行处理。各个处理机的输出结果存放在与下一个处理机所共享的存储器中。每个处理机完成某一专门任务。

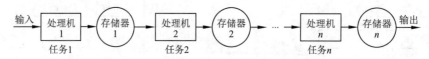

图 7.33　处理机级流水线

2）按功能分类

流水线按功能可分成单功能流水线和多功能流水线两种。单功能流水线只能实现一种固定的功能，例如，浮点加法流水线专门完成浮点加法运算，浮点乘法流水线专门完成浮点乘法运算。多功能流水线则可有多种连接方式来实现多种功能，例如，美国 TI 公司生产的 ASC 计算机中的一个多功能流水线，共有八个功能段［见图 7.34（a）］按需要它可将不同的功能段连接起来完成某一功能，以实现定点加法［见图 7.34（b）］、浮点加法［见图 7.34（c）］和定点乘法［见图 7.34（d）］等功能。

3）按工作方式分类

多功能流水线按工作方式可分为静态流水线和动态流水线两种。

静态流水线在同一时间内各段只能以一种功能连接流水，当从一种功能连接变为另一种功能连接时，必须先排空流水线，然后为另一种功能设置初始条件后方可使用。显然，不希望这种功能的转换频繁发生，否则将严重影响流水线的处理效率。

图 7.34　TIGASC 计算机的多功能流水线

动态流水线则允许在同一时间内将不同的功能段连接成不同的功能子集，以完成不同的功能。

4）按流水线结构分类

流水线按结构分为线性流水线和非线性流水线两种。在线性流水线中，从输入到输出，每个功能段只允许经过一次，不存在反馈回路。一般的流水线均属这一类。非线性流水线除有串行连接通路外，还有反馈回路，在流水过程中，某些功能段要反复多次使用。

流水线结构是现代 CPU 设计的一项重要技术，80486 是首款采用流水线技术的 80x86 CPU。流水线是将指令执行分成若干步，让各步操作重叠，从而实现几条指令并行处理的技术。

7.8 精简指令系统计算机

精简指令系统计算机（RISC）是 20 世纪 80 年代提出的一种新的设计思想，目前运行中的许多计算机都采用了 RISC 体系结构或采用了 RISC 设计思想。

7.8.1 RISC 的特点和优势

1．RISC 的主要特点

目前，难以在 RISC 和 CISC 之间划出一条明显的分界线，但大部分 RISC 具有下列一些特点：

（1）指令总数较少（一般不超过 100 条）。

（2）基本寻址方式种类少（一般限制在 2~3 种）。

（3）指令格式少（一般限制在 2~3 种），而且长度一致。

（4）除取数和存数指令（Load/Store）外，大部分指令在单周期内完成。

（5）只有取数和存数指令能够访问存储器，其余指令的操作只限于在寄存器之间进行。

（6）CPU 中通用寄存器的数目应相当多（32 个以上，有的可达上千个）。

（7）为提高指令执行速度，绝大多数采用硬连线控制实现，不用或少用微程序控制实现。

（8）采用优化的编译技术，力求以简单的方式支持高级语言。

2．RISC 的优势

计算机执行一个程序所用的时间 t 可用下式表示：

$$t = I \times C \times T$$

式中：I 是高级语言编译后在机器上执行的机器指令总数；C 是执行每条机器指令所需的平均周期数；T 是每个周期的执行时间。

由于 RISC 机器的指令比较简单，故完成同样的任务要比 CISC 机器使用更多的指令，因此 RISC 的 I 要比 CISC 多 20%~40%。但是 RISC 的大多数指令只需单周期实现，所以 C 值要比 CISC 小得多。同时因为 RISC 结构简单，所以完成一个操作所经过的数据通路较短，使 T 值有所减少，根据上述统计折算下来，RISC 的处理速度要比相同规模的 CISC 提高 3~5 倍。

由于 RISC 的结构简化，降低了芯片的复杂程度，节约了芯片面积。若使 RISC 芯片保持与 CISC 芯片相同的面积和复杂程度的话，则 RISC 芯片可集成更多的功能部件，集成度大为提高，且功能也大大增强。

当然，RISC 也存在着某些局限性，因此实际上商品化的 RISC 机器并不是纯粹的 RISC。为了满足应用的需要，实用的 RISC 除了保持 RISC 的基本特色之外，还必须辅以一些必不可少的复杂指令，如浮点和十进制运算指令等。所以，这种机器实际上是在 RISC 基础上实现了 RISC 与 CISC 的完美结合。

7.8.2 RISC 基本技术

为了能有效地支持高级语言并提高 CPU 的性能，RISC 结构采用了一些特殊技术。

1．RISC 寄存器管理技术

在计算机中，和访问寄存器相比，访问存储器的操作是很慢的操作，因此在 RISC 中，为了减少访存的频度，通常在 CPU 芯片上设置大量寄存器，把常用的数据保存在这些寄存器中。例如，RISC Ⅱ 有 138 个寄存器，AM 29000

有 192 个寄存器，Ry 公司的 9000 系列超级小型机，甚至设置了多达 528 个寄存器。

在 RISC Ⅱ 中使用了重叠寄存器窗口技术，即设置一个数量比较大的寄存器堆，并把它划分成很多窗口。每个过程使用其中相邻的三个窗口和一个公共的窗口，而在这相邻的三个窗口中有一个窗口与前一个过程公用，还有一个窗口是与下一个过程公用的。

2．流水线技术

一条指令通常可分为取指、译码、执行、写回等多个阶段，要想在一个周期内串行完成这些操作是不可能的，因此，采用流水线技术势在必行。

流水线的基本概念已在前面介绍过，各种 RISC 采用的流水线结构不完全相同。如 RISC Ⅰ 采用两级流水线（取指、执行）；RISC Ⅱ 采用三级流水线（取指、执行、写回）；AM29000 则采用四级流水线（取指、译码、执行、写回）。

当出现数据相关和程序转移情况时，流水线结构就可能发生断流的问题，这将会影响流水线的效率。

两级流水线不存在数据相关问题，而流水线级数越多，情况越复杂。RISC Ⅱ 是采用内部推前的方法来解决数据相关的问题的。每当执行 Load/Store 指令时，就把流水线各级操作暂停一个周期，以完成存储器读/写，所有指令的读/写运算结果总是先放在结果暂存器中。当硬件检测到数据相关时，直接从结果暂存器取得源操作数，即将与第 $i+1$ 条指令操作有关的第 i 条指令的数据预先推入一个暂存器中，所以第 $i+1$ 条指令是从暂存器中取出操作数的，这样使流水线不至于阻塞。

3．延时转移技术

在流水线中，取下一条指令是同上一条指令的执行并行进行的，当遇到转移指令时，流水线就可能断流。在 RISC 机器中，当遇到转移指令时，可以采用延迟转移方法或优化延迟转移方法。当采取延迟转移方法时，编译程序自动在转移指令之后插入一条（或几条，根据流水线情况而定）空指令，以延迟后继指令进入流水线的时间。所谓优化延迟转移方法，是将转移指令与前条指令对换位置，提前执行转移指令，可以节省一个机器周期。

7.9　微处理器中的新技术

7.9.1　超标量和超流水线技术

指令预取和存储器访问技术使得指令读取的速度有了大幅度的提高，与此同时，人们也在努力改善指令执行的效率，指令流水线是一种有效的措施。80486 采用了 5 级流水，分为取指、译码级 1、译码级 2、执行和写回，译码 2 负责计算操作数的地址。80486 的流水线可以在每个时钟周期执行一条指令。随着指令分支预测技术对指令预取效率的提高以及 Cache 技术的改进，指令的执行反而跟不上指令的读取。单条流水线的速度已经不能完全和取指相匹配，成为系统性能新的约束。

在 RISC 之后，出现了一些提高指令级并行性的技术，使得计算机在每个时钟周期里可以解释多条指令，这就是超标量技术和超流水线技术。

前面提到的流水线技术是指常规的标量流水线技术，每个时钟周期平均执行的指令的条数小于等于 1，即它的指令级并行度（Instruction Level Parallelism，ILP）≤1。

超标量技术是通过重复设置多个功能部件，并让这些功能部件同时工作来提高指令的执行速度，实际上是以增加硬件资源为代价来换取处理器性能的。使用超标量技术的处理器在一个时钟周期内可以发射多条指令，假设每个时钟周期发射 m 条指令，则有 $1<ILP<m$。

所谓超标量技术是指在 CPU 内部集成了多条流水线，并且可以在一个时钟周期内完成一条以上的指令。从 Pentium 开始，超标量技术被引入微处理器。所谓超标量就是可以并行启动并执行几个诸如取指、译码、执行的操作。Pentium 在 80486 流水线的基础上，采用了超标量结构，设计了两条可以并行执行的流水线 U 和 V。在流水线 U 和 V 上，Pentium 的多数指令可以配对执行，每个时钟周期完成两条整数指令。Pentium 的指令执行速度大约是 80486 的两倍。

Pentium II 采用了精简指令系统(RISC)和 12 级的流水线。在 Pentium 4 中采用了 20 级的流水线技术。Pentium II 以上的 CPU 均具备超标量结构，Pentium 4 为 3 路超标量结构，Itanium（安腾）处理器则采用了 4 路超标量结构。

超流水线技术仍然是一种流水线技术，可以认为它是将标量流水线的子过程（段）再进一步细分，使得子过程数（段数）大于或等于 8，也就是说只需要增加少量硬件，通过各部分硬件的充分重叠工作来提高处理器性能。采用超流水线技术的处理器在一个时钟周内可以分时发射多条指令，假设每个时钟周期 Δt 分时地发射 n 条指令，则每隔 $\Delta t'$ 就流出一条指令，此时 $\Delta t'=\Delta t/n$，有 $1<\mathrm{ILP}<n$。

7.9.2　动态执行技术

动态执行技术是目前 CPU 采用的先进技术，主要用来优化 CPU 的流水线。分支预测技术和推测执行技术是 CPU 动态执行的主要内容，即在分支指令执行前，预取分支指令的目标地址，以减少取址的延迟，避免了因执行跳转指令而造成流水线的空闲，提高了流水线的执行效率。

为了进一步提高 CPU 的速度，Intel 公司提出了乱序执行的技术，以配合超标量和超流水线技术。所谓乱序执行技术，就是打破指令的顺序执行。它是在微处理器的微体系结构中建立特殊的指令缓存池来实现的。指令缓存池分为重排序缓存器和保留站缓存器。通过对指令进行分析，把那些已形成操作数的指令先行送到流水线执行，打破指令的顺序执行。把不能立即执行的指令搁置在一边，而把能立即执行的后续指令提前处理。每执行一条指令后，剩下指令又重新组合为适当的序列。这样就可克服在执行一些可引起延时的指令时可能会造成流水线工作停顿的问题，从而强化了内部操作的并行性。

7.9.3　EPIC 的指令级并行处理

EPIC 架构是 Itanium 挑战 RISC 架构的基础，它的设计思想就是用智能化的软件来指挥硬件，以实现指令级并行计算。采用 EPIC 架构的处理器在运行中，首先由编译器分析指令之间的依赖关系，将没有依赖关系的三条指令组合成一个 128 位的指令束。在低端 CPU 中，每个时钟周期调度一个指令束，CPU 等待所有的指令都执行完后再调度下一个指令束。在高端的 CPU 中，每个时钟周期可以调用多个指令束，类似于现在的超标量设计。另外，在高端 CPU 中，CPU 可以在原有的指令束没有执行完之前调度新的指令束。当然，它需要检查将要用到的寄存器和功能单元是否可用，但是它不用检查同一束中的其他指令是否和它冲突，因为编译器已经保证不会出现这种情况。

值得一提的是，EPIC 还采用了更为先进的分支判定技术来保证并行处理的稳定性。传统 CPU 采用的分支预测技术是只沿一个预测的分支执行，一旦预测错误就不得不清空整条流水线，从头再来，损失较大；EPIC 的分支判定技术则同时执行两条分支，把条件分支指令变成可同时执行的判定指令，让两条分支并行执行，最后丢掉不需要的结果即可。

另外，EPIC 还导入了数据推测装载技术，它可预先在 Cache 中装入接下来的指令可能调用的数据，来提升 Cache 的工作效率，对经常需要使用 Cache 的应用程序，如大型数据库的性能提升非常显著。

7.9.4　超线程技术

超线程（Hyper-Threading, HT）是 Intel 公司提出的一种提高 CPU 性能的技术，简单地说，就是将一个物理 CPU 当做两个逻辑 CPU 使用，使 CPU 可以同时执行多重线程，从而发挥更大的效率。超线程技术利用特殊的硬件指令，把两个逻辑内核模拟成两个物理芯片，让单个处理器都能使用线程级并行计算，进而兼容多线程操作系统和应用软件，减少了 CPU 的闲置时间，提高 CPU 的运行效率。

超线程技术可以使操作系统或者应用软件的多个线程同时运行于一个超线程处理器上，其内部的两个逻辑处理器共享一组处理器执行单元，并行完成加、乘、加载等操作。这样做可以使得处理器的处理能力提高30%，因为在同一时间里，应用程序可以充分使用芯片的各个运算单元。

对于单线程芯片来说，虽然也可以每秒处理成千上万条指令，但是在某一时刻，其只能够对一条指令（单个线程）进行处理，必然使处理器内部的其他处理单元闲置。而超线程技术则可以使处理器在某一时刻同步并行处理更多指令和数据（多个线程）。所以说，超线程是一种可以将 CPU 内部暂时闲置处理资源充分"调动"起来的技术。

在处理多个线程的过程中，多线程处理器内部的每个逻辑处理器均可以单独对中断做出响应，当第一个逻辑处理器跟踪一个软件线程时，第二个逻辑处理器也开始对另外一个软件线程进行跟踪和处理。另外，为了避免 CPU 处理资源冲突，负责处理第二个线程的那个逻辑处理器，其使用的仅是运行第一个线程时被暂时闲置的处理单元。例如，当一个逻辑处理器在执行浮点运算（使用处理器的浮点运算单元）时，另一个逻辑处理器可以执行加法运算（使用处理器的定点运算单元）。这样做，无疑大大提高了处理器内部处理单元的利用率和相应数据、指令的吞吐能力。

7.9.5　双核与多核技术

1．双核处理器

双核处理器是指在一个处理器上集成两个运算核心，从而提高计算能力。"双核"的概念最早是由 IBM、HP、SUN 等支持 RISC 架构的高端服务器厂商提出的，目前双核处理器已在微机中普遍使用。

双核处理器并不能达到 1+1=2 的效果，也就是说，双核处理器并不会比同频率的单核处理器提高一倍的性能。IBM 公司曾经对比了 AMD 双核处理器和单核处理器的性能，其结果是双核比单核性能大约提高 60%。不过值得一提的是，这个 60%并不是说处理同一个程序时的提升幅度，而是在多线程任务下得到的提升。换句话说，双核处理器的优势在于多线程应用，如果只是处理单个任务，运行单个程序，也许双核处理器与同频率的单核得到的效果是一样的。

2．超线程技术与双核心技术的区别

开启了超线程技术的 Pentium 4（单核）与 Pentium D（双核）在操作系统中都同样被识别为两个处理器，它们究竟是不是一样的呢？这个问题确实具有迷惑性。其实，可以简单地把双核心技术理解为两个"物理"处理器，是一种"硬"的方式；而超线程技术只是两个"逻辑"处理器，是一种"软"的方式。

支持超线程的 Pentium 4 能同时执行两个线程，但超线程中的两个逻辑处理器并没有独立的执行单元、整数单元、寄存器甚至缓存等资源。它们在运行过程中仍需要共用执行单元、缓存和系统总线接口。执行多线程时两个逻辑处理器交替工作，如果两个线程都同时需要某一个资源时，其中一个要暂停并要让出资源，要待那些资源闲置时才能继续。因此，可以说超线程技术仅可以看做是对单个处理器运算资源的优化利用。

而双核心技术则是通过"硬"的物理核心实现多线程工作，每个核心拥有独立的指令集、执行单元，与超线程中所采用的模拟共享机制完全不一样。在操作系统看来，它是实实在在的双处理器，可以同时执行多项任务，能让处理器资源真正实现并行处理模式，其效率和性能提升要比超线程技术高得多，不可同日而语。

3．多核多线程技术

目前，高性能微处理器研究的前沿逐渐从开发指令级并行（ILP）转向开发多线程并行（Thread Level Parallelism，TLP），单芯片多处理器（Chip Multiprocessor，CMP）就是实现 TLP 的一种新型体系结构。

CMP 在一个芯片上集成多个微处理器核，每个微处理器核实质上都是一个相对简单的单线程微处理器或者比较简单的多线程微处理器，这样多个微处理器核就可以并行地执行程序代码，因而具有较高的线程级并行性。

如果按照单芯片多处理器上的处理器是否相同，CMP 可以分为同构 CMP 和异构 CMP，同构 CMP 大多数由通用的处理器组成，多个处理器执行相同或者类似的任务。异构 CMP 除含有通用处理器作为控制、通用计算之外，多集成了 DSP、ASIC、媒体处理器、VLIW 处理器等针对特定的应用提高计算的性能。

Pentium 系列微处理器中的 Pentium 属于单核单线程处理器，Pentium 4 属于单核多线程处理器，Pentium D 属于多核单线程处理器，Pentium EE 属于多核多线程处理器。

多核处理器广泛受到青睐的一个主要原因是，当工作频率受限于技术进步时，并行处理技术可以采用更多的内核并行运行来大大提高处理器的等效运行速度，同时由于工作频率没有提高，功耗相对于同性能的高频单核处理器要低得多。不难看出，多核处理器是处理器发展的必然趋势。无论是移动与嵌入式应用、桌面应用还是服务器应用，都将采用多核的架构。

以英特尔十一代酷睿桌面级处理器的旗舰型号酷睿 i9-11900K 为例，这款处理器拥有 8 核心 16 线程，CPU 主频为 3.9 GHz，全核心睿频为 4.8 GHz，睿频 MAX 3.0，单核睿频最高 5.2 GHz，三级缓存为 16 MB，热设计功耗为 125 W。

习　题　7

1. 控制器有哪几种控制方式？各有何特点？
2. 什么是三级时序系统？
3. 控制器有哪些基本功能？它可分为哪几类？分类的依据是什么？
4. 中央处理器有哪些功能？它由哪些基本部件所组成？
5. 中央处理器中有哪几个主要寄存器？试说明它们的结构和功能。
6. 某计算机 CPU 芯片的主振频率为 8 MHz，其时钟周期是多少微秒？若已知每个机器周期平均包含四个时钟周期，该机的平均指令执行速度为 0.8 MIPS，试问：
   （1）平均指令周期是多少微秒？
   （2）平均每个指令周期含有多少个机器周期？
   （3）若改用时钟周期为 0.4 μs 的 CPU 芯片，则计算机的平均指令执行速度又是多少？
   （4）若要得到 40 万次 / 秒的指令执行速度，则应采用主振频率为多少的 CPU 芯片？
7. 以一条典型的单地址指令为例，简要说明下列部件在计算机的取指周期和执行周期中的作用。
   （1）程序计数器（PC）。
   （2）指令寄存器（IR）。
   （3）算术逻辑运算部件（ALU）。
   （4）存储器数据寄存器（MDR）。
   （5）存储器地址寄存器（MAR）。
8. 什么是指令周期？什么是 CPU 周期？它们之间有什么关系？
9. 指令和数据都存放在主存，如何识别从主存储器中取出的是指令还是数据？
10. CPU 中指令寄存器是否可以不要？指令译码器是否能直接对存储器数据寄存器 MDR 中的信息译码？为什么？以无条件转移指令 JMP A 为例说明。
11. 什么是微命令和微操作？什么是微指令？微程序和机器指令有何关系？微程序和程序之间有何关系？

第 8 章

汇编语言及其程序设计

　　汇编语言是介于机器语言与高级语言之间的计算机编程语言，鉴于汇编语言的特性，我们经常称之为"准机器语言"。我们可以通过编制汇编语言程序及在系统上运行，监测和分析计算机系统的结构原理及运行机制。所以，本书加入汇编语言程序设计一章，以便读者方便地学习和使用汇编语言，进一步加深对计算机硬件的组成原理的理解。

　　汇编语言以指令系统为基础，用助记符指令表达的汇编语言程序以其能直接作用于微机的各组成硬件，且最具有实时性的特点，因而广泛应用于一些对内存容量和速度要求比较高的场合，如系统软件、实时控制软件和 I/O 接口驱动程序等设计中。本章主要对汇编语言和汇编程序、MASM 宏汇编语言程序的规范、伪指令及其应用、结构与记录、宏指令及其应用、指定处理器及段模式选择伪指令、程序设计的基本方法、程序的基本结构及基本程序设计进行介绍，同时还将介绍一些实用程序设计实例。

8.1　汇编语言和汇编程序

8.1.1　汇编语言（Assembly language）

　　汇编语言是一种面向 CPU 指令系统的程序设计语言，它采用指令系统的助记符来表示操作码和操作数，用符号地址表示操作数地址，因而易记、易读、易修改，给编程带来很大方便。

　　用汇编语言编写的程序能够直接利用硬件系统的特性，直接对位、字节、字寄存器、存储单元、I/O 端口等进行处理，同时也能直接使用 CPU 指令系统和指令系统提供的各种寻址方式编制出高质量的程序，这种程序不但占用内存空间少，而且执行速度快。

　　尽管汇编语言程序拥有上述直观、易懂、便于交流和维护、占用内存空间少、执行速度快的优点，但不能被计算机直接识别和运行，必须借助于系统通用软件（汇编程序）的翻译或借助于手工查表翻译，将汇编语言程序变成机器代码程序，即目标程序（Object Program）才能运行。用汇编程序翻译汇编语言程序的过程称为汇编。

8.1.2　汇编程序（Assembler）

　　如前所述，汇编程序与汇编语言程序是两个不同的概念。汇编程序是用来将汇编语言程序翻译为机器代码的系统（工具）程序。汇编语言程序是用户根据实际需求自行用助记符指令编写的程序。汇编程序以汇编语言程序作为其输入，并由此产生两种输出文件，即目标程序文件和源程序列表文件，如图 8.1 所示。目标程序文件经连接定位后可由机器执行，是汇编过程必须要产生而且也一定会产生的文件；源程序列表文件同时给出源程序和机器语言程序，便于程序员调试，列表文件不是必须的，是可有可无的。

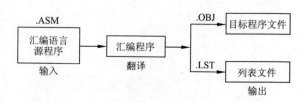

图 8.1　汇编程序功能示意图

1．汇编程序的种类

（1）按汇编程序完成翻译汇编语言程序的具体方法可分为自汇编程序和交叉汇编程序。自汇编程序用于本类机器的汇编语言编写，并以目标文件形式存储，运行时驻留于存储器中，所以又称为驻留汇编。自汇编程序汇编产生的目标程序只能在本机内运行。

（2）按汇编程序的功能范围分可分为基本汇编（Assembler）、小汇编（Mini-Assembler）和宏汇编（Macro-Assembler）。基本汇编能够汇编相应指令系统提供的指令语句和少量伪指令语句。小汇编是能力有限的一种汇编程序，对于指令语句中的符号地址都不能翻译，因此它的使用范围有限。宏汇编能够对包含宏指令及大量伪指令的汇编语言程序进行汇编，相对而言，其功能较强。

（3）按汇编实现的方法又可分为一次扫描和两次扫描汇编。一次扫描的汇编程序只对源程序进行一次处理就完成了对源程序的翻译，而两次扫描的汇编程序则要对程序进行两遍处理才能完成汇编。目前大多数的汇编程序为两次扫描。

2．MASM 宏汇编程序

MASM 是常用于以 8086/8088，80286，80386，80486 及 Pentium 等为 CPU 的微机上的一种宏汇编程序。它支持多模块的程序设计，由 MASM 汇编生成的目标程序可直接和其他模块的汇编语言程序的目标程序相连接，也可直接和其他高级语言程序的目标程序模块相连接。

MASM 宏汇编程序的版本也不断升级，低版本不支持较高级微处理器的新指令。本章将介绍支持 80x86 系列微处理器的 MASM 宏汇编程序，它是由美国 Microsoft 公司开发的应用较广的宏汇编程序。

8.2　MASM 宏汇编语言程序的规范

8.2.1　一个简单的汇编语言程序

首先给出一个简单的 8086 汇编语言程序实例（求 1~9 中任意自然数的平方值）以从宏观上了解汇编语言的分段结构、语句构成规范。

```
;------------------------------------------------------------------定义数据段
DATA    SEGMENT
        PF DB 0, 1, 4, 9, 16, 25, 36, 49, 64, 81          ;平方表
        X  DB  6                               ;给定数据
        RESULT  DB  ?                          ;结果单元
DATA    ENDS
;------------------------------------------------------------------定义代码段
CODE    SEGMENT
        ASSUME  CS:CODE, DS:DATA
START:  MOV  AX, DATA
        MOV  DS, AX                   ;数据段地址送 DS
        MOV  SI, OFFSET PF            ;取平方表首地址
        MOV  BL, [X]                  ;取给定的数据
        MOV  BH, 0
        MOV  AL, [SI+BX]              ;取给定数的平方
        MOV  [RESULT], AL            ;送结果至结果单元
        MOV  AH, 4CH
        INT  21H                      ;返回 DOS
CODE    ENDS
        END  START
```

8.2.2 分段结构

由上面的实例程序可以看出：

（1）与 CPU 对内存空间的分段管理对应，汇编语言源程序也是分段编写的。每一个段有一个名字，并以段定义伪指令 SEGMENT 开始，以段结束伪指令 ENDS 结束。开始和结束伪指令的名字必须相同。

（2）一个源程序由若干段组成。源程序以 END 语句作为结束。为便于阅读，段间可以用以 ";" 开头的虚线相隔。

（3）每个段由若干个语句组成，每条语句应按规范编写。

8.2.3 语句的类型构成与规范

1．语句类型

MASM 宏汇编语言程序有以下三种类型语句组成：

（1）指令语句：以 80x86 指令系统的助记符指令为基础构成。经汇编后产生相对应的机器代码而构成目标程序供机器执行。

（2）伪指令语句：这种语句是为汇编程序和连接程序提供一些必要控制信息的、由伪指令构成的管理性语句，其对应的伪指令操作是在汇编过程中完成的，汇编后不产生机器代码。

（3）宏指令语句：宏指令是由用户按照宏定义格式编写的一段程序，其中语句可以是指令、伪指令，甚至是已定义的宏指令。经定义的宏指令可以替代被定义的一组指令，从而使程序的书写变得简洁。汇编时产生相对应的目标代码，因此，宏指令只节省源程序篇幅，不节省目标代码。宏指令语句只能用于有宏汇编能力的宏汇编程序 MASM。

2．语句的构成与规范

指令语句和伪指令语句格式基本相同，均由 4 个域（Field）组成，格式分别是：

```
指令语句：  [标号:]   操作符   操作数   [;注释]
伪指令语句：[名字]    操作符   操作数   [;注释]
```

其中，带[]的部分为任选项。各域之间至少用一个空格符相隔。

在指令语句和伪指令语句中，名字域的最大区别是：指令语句的名字之后跟冒号，伪指令语句中的名字后不跟冒号。例如：

```
LOP: MOV AX,00H      ;指令语句，LOP 后跟冒号
STAR  PROC FAR       ;伪指令语句，X 后不跟冒号
```

1）名字域

标号和名字分别是给指令单元和伪指令起的符号名称，统称为标识符。标号和名字由字母开头的字符串组成，其长度不超过 31 个字符。可选字符集为：

- 字母 A ~ Z，a ~ z（汇编程序不区分大小写）。
- 数字 0 ~ 9。
- 专用字符 ? , . , @, - , $。

必须注意，标识符不允许以数字开头，也不允许用特殊符号单独作为标识符，更不允许用汇编语言中的保留字（如指令助记符、伪指令、寄存器名和运算符等）作为标识符。

2）操作符域

操作符可以是指令、伪指令或宏指令的助记符。指令或伪指令助记符由汇编语言系统规定，宏指令助记符由编程者定义时设定。

3）操作数域

操作数域可有一个或多个操作数，也可不跟操作数。各操作数之间，以逗号分隔。操作数的形式有常数、存储器操作数和表达式。

（1）常数。80x86 宏汇编允许的常数有：

二进制常数：以字母 B 结尾，例如：10110010B。

八进制常数：以字母 Q 结尾，由数字 0～7 组成，例如：23Q，46Q。

十进制常数：例如：2349。

十六进制常数：以字母 H 结尾，由数字 0～9，字母 A～F 组成。例如，3A2FH，0B75H。

注意，以字母开头的十六进制数应以 0 开头，以与字母开头的标识符相区别。

串常数：用单引号括起来的字符串，由每个字符的 ASCII 码值构成串常数。例如：'678'，其值为 373839H，而不是 678；'BC12'，其值为 42433132。

另外还允许使用十进制数和十六进制实数。

（2）存储器操作数。存储器操作数分为标号和变量两种。

标号是某条指令所存放单元的符号化地址，这个地址一定在代码段中，它是转移（JMP）/调用(CALL)指令的目标操作数。

变量则是数据所存放单元的符号化地址，它一般位于数据段或堆栈段中，不可能在代码段中。可用各种寻址方式对变量进行存取。

作为存储器操作数的标号和变量有三种共同属性：

- 段值：段基址，可用 SEG 运算符求得。
- 偏移值：段内偏移地址，可用 OFFSET 运算符求得。
- 类型：对变量，有字节、字、双字、四字、十字等五种类型；对标号，有 NEAR 和 FAR 两种类型，可用 TYPE 运算符求得。

此外，对变量操作数，还有两个属性：长度和字节数。可分别用 LENGTH 和 SIZE 运算符求得。

（3）表达式。表达式由常数、寄存器名、标号、变量与一些运算符组合而成。

80x86 宏汇编支持的运算符如表 8.1 所示。

表 8.1　80x86 汇编支持的运算符

| 运　算　符 | | | 运 算 结 果 |
类　　型	符　号	名　　称	
算术运算符	+	加法	和
	−	减法	差
	*	乘法	乘积
	/	除法	商
	MOD	模除	余数
	SHL	左移	左移后二进制数
	SHR	右移	右移后二进制数
逻辑运算符	NOT	非运算	逻辑非结果
	AND	与运算	逻辑与结果
	OR	或运算	逻辑或结果
	XOR	异或运算	逻辑异或结果
关系运算符	EQ	相等	结果为真输出全"1" 结果为假输出全"0"
	NE	不等	
	LT	小于	
	LE	不大于	

运算符			运算结果
类　型	符　号	名　称	
关系运算符	GT	大于	结果为真输出全"1"
	GE	不小于	结果为假输出全"0"
分析运算符	SEG	返回段地址	段基址
	OFFSET	返回偏移地址	偏移地址
	LENGTH	返回变量单元数	单元数
	TYPE	返回元素字节数	字节数
	SIZE	返回变量总字节数	总字节数
综合运算符	PTR	修改类型属性	修改后类型
	THIS	指定类型/距离属性	指定后类型
	段寄存器名	段前缀	修改段
	HIGH	分离高字节	高字节
	LOW	分离低字节	低字节
	SHORT	短转移说明	
其他运算符	( )	圆括号	改变运算符优先级
	[ ]	方括号	下标或间接寻址
	·	点运算符	连接结构与变量
	< >	尖括号	修改变量
	MASK	返回字段屏蔽码	字段屏蔽码
	WIDTH	返回记录宽度	记录/字段位数

① 算术运算符。算术运算符完成整数的算术运算，结果也是整数。应当特别注意的是，当运算对象为两个地址操作数时，要求两个地址在同一段内，且只有加、减运算才有实际意义。

【例8.1】 这是一个程序片断，用于说明一些算术运算符的使用方法。

```
DATA    SEGMENT
VR      DB  1,3,5,6
DATA    ENDS
CODE    SEGMENT
 ...
 ...
MOV AH,VR+2                  ;将VR+2单元的内容5送AH
MOV AL,3*10-20               ;将表达式3*10-20的值送AL
MOV BH,10   MOD 3            ;将表达式10 MOD 3的值送BH
MOV BL,01010B   SHL 4        ;将二进制数01010B左移4位后送BL
 ...
 ...
```

② 逻辑操作符。逻辑操作符都是按位操作的，只能用于数字表达式中。

【例8.2】 逻辑运算符应用举例，求下述语句执行后的结果。

解： 下述各语句执行后，得到结果如注释所示。

```
MOV AX,0FF00FH AND 253BH    ;AX=200BH
MOV AX,0FF00FH OR  253BH    ;AX=F53FH
MOV AX,0FF00FH XOR 253BH    ;AX=D534H
MOV AX,NOT 253BH            ;AX=DAC4H
```

③ 关系运算符。关系运算的对象是两个性质相同的操作数，其运算结果只能有两种可能：关系成立或不成立。当关系成立时，运算结果为全1，否则为全0。

【例8.3】 关系运算符应用举例，求下述语句执行后的结果。

解： 下述各语句执行后，得到结果如注释所示。

```
MOV AL,3 EQ 2        ;AL=00H
MOV AX,3 NE 2        ;AX=FFFFH
MOV AL,3 LT 2        ;AL=00H
MOV BX,3 LE 2        ;BX=0000H
MOV BH,3 GT 2        ;BH=FFH
MOV AL,3 EQ 2        ;BL=FFH
```

④ 分析运算符。存储器地址操作数（变量和标号）具有段、偏移量及类型 3 种属性。分析运算符用来分离出一个存储器地址操作数的这 3 种属性。并以数值方式表达出来。

分析运算符有：SEG、OFFSET、TYPE、LENGTH、SIZE 等。

SEG 格式为：SEG 变量或标号。汇编程序将回送变量或标号的段地址值。

OFFSET 格式为：OFFSET 变量或标号。汇编程序将回送变量或标号的偏移地址值。

TYPE 格式为：TYPE 表达式。如果表达式是变量，则汇编程序将回送该变量的以字节数表示的类型，见表 8.2。

LENGTH 格式为：LENGTH 变量。对于变量中使用 DUP 的情况，汇编程序将回送分配给该变量的单元数，而对于其他情况则送 1。

SIZE 格式为：SIZE 变量。汇编程序应回送分配给该变量的字节数。但是，此值是 LENGTH 值和 TYPE 值的乘积。

表 8.2　存储器操作数的类型值

存储器操作数	类型值	存储器操作数	类型值
字节数据（DB 定义）	1	5 字数据（DT 定义）	10
字型数据（DW 定义）	2	NEAR 指令单元	−1
双字数据（DD 定义）	4	FAR 指令单元	−2
3 字数据（DF 定义）	6	常数	0
4 字数据（DQ 定义）	8		

【例 8.4】关系运算符应用举例，求下述语句执行后的结果。

【解】下面定义的数据段 DATA，假设段地址从 40000H 开始，利用分析运算符可进行如下运算：

```
DATA SEGMENT
V1      DB      2AH,3FH
V2      DW      2A3FH,3040H
V3      DD      12345678H,12ABCDEFH
V4      DW      20 DUP(1)
DATA ENDS
    MOV AX,SEG  V1        ;AX=4000H
    MOV BX,SEG  V2        ;BX=4000H
    MOV CX,SEG  V3        ;CX=4000H
```

变量 V1、V2 和 V3 同属一段，故它们的段基址相同。

```
    MOV AX,OFFSET  V1     ;AX=0
    MOV BX,OFFSET  V2     ;BX=2
    MOV CX,OFFSET  V3     ;CX=6
```

变量 V1、V2 和 V3 的偏移地址分别为 0，2，6。

```
    MOV AX, TYPE   V1     ;AX=1
    MOV BX, TYPE   V2     ;BX=2
    MOV CX, TYPE   V3     ;CX=4
```

对照表 8.2，变量 V1、V2 和 V3 的类型值分别为 1，2，4。

LENGTH 和 SIZE 运算符仅对数组变量有意义。所谓数组变量，是由 DUP（DUPLICATION 的缩写）定义的变量。例如：

```
V4          DW      20 DUP(1)
```

V4 为一数组变量，包含 20 个字元素，每个元素的初始值为 1，则有：

```
MOV      AX, LENGTH  V4      ;AX=20
MOV      BX, SIZE    V4      ;BX=40
```
在这种情况下：

$$SIZE_x = TYPE_x * LENGTH_x$$

上式仅对 x 为 DUP 定义且 DUP 后括号内为单项数据时成立。而：

```
MOV AH, LENGTH  V1          ;AH=1
MOV AL, SIZE    V1          ;AL=1
MOV BH, LENGTH  V2          ;BH=1
MOV BL, SIZE    V2          ;BL=2
MOV CH, LENGTH  V3          ;CH=1
MOV CL, SIZE    V3          ;CL=4
```

对于形如 V1、V2 和 V3 格式定义的变量，运算符 LENGTH 和 SIZE 只对 DB, DW 和 DD 等定义的多项逗号分开的数据项的第一项有效。

⑤ 综合运算符。这类运算符为存储器地址操作数临时指定一个新的属性，而忽略当前原有的属性，因而又称为属性修改运算符。

80x86 宏汇编支持 6 个综合运算符，主要有：PTR、THIS、段操作符、SHORT、HIGH 和 LOW。在这里只介绍 PTR 和 THIS。

PTR 格式为：类型 PTR 符号地址。PTR 用来给已分配的存储地址（用符号地址表示）赋予另一种属性，使该地址具有另一种类型。

类型可有 BYTE、WORD、DWORD、FWORD、QWORD、TBYTE、NEAR 和 FAR 等几种，所以 PTR 也可以用来建立字、双字、四字或段内及段间的指令单元等。

例如，对于例 8.4 定义的变量 V1，可在其基础上定义为另一变量 V11。

```
V11 EQU WORD    PTR     V1
```

其结果是 V11 的段基址和偏移量与 V1 相同，只是类型不同，V1 是 BYTE 型，而 V11 是 WORD 型。

THIS 格式为：THIS 属性或类型。THIS 可以像 PTR 一样建立一个指定类型（BYTE、WORD、DWORD）或指定距离（NEAR 或 FAR）的地址操作数。该操作数的段地址和偏移地址与下一个存储单元地址相同。

例如：

```
V11 EQU THIS    WORD
V1  DB  20H,30H
```

此时 V11 的偏移地址和 V1 完全相同，但它是 WORD 类型的；而 V1 则是 DB 型的。

以上对常用运算符进行了讨论。当各种运算符同时出现在同一表达式当中时，应该首先计算优先级高的操作符，然后从左到右地对优先级相同的操作符进行计算。括号也可以改变计算次序，括号内的表达式应优先计算。运算符的优先级规定如表 8.3 所示。

表 8.3　运算符的优先级

优 先 级 别	运　算　符
	(...), [...], <...>, LENGTH, WIDTH, SIZE, MASK, 记录字段名
	PTR, OFFSET, SEG, TYPE, THIS, CS:, DS:, ES:, SS:
	HIGH, LOW
高 ↑ 低	*, /, MOD, SHL, SHR
	+, -
	EQ, NE, LT, LE, GT, GE
	NOT
	AND
	OR, XOR
	SHORT

4）注释域

注释域用来说明程序或语句的功能。";"为识别注释项的开始。";"也可以从一行的第一个字符开始，此时整行都是注释。一般注释常用来说明程序的功能、分段，以便于阅读和理解。

*8.3 伪指令及其应用

8.3.1 数据定义及存储器分配伪指令

格式：[变量名]　DB / DW / DD / DF / DQ / DT<数据表项>　[;注释]

功能：可为程序分配指定数目的存储单元，并根据实际情况进行初始化。

说明：变量名和注释部分为任选项，数据项表由逗号分隔的表达式组成。

DB：定义字节（BYTE）变量，数据项表中的每一数据项占 1 个字节。

DW：定义字（WORD）变量，数据项表中的每一数据项占 1 个字，即 2 个字节。

DD：定义双字（DWORD）变量，每一数据项占 4 个字节，即 1 个双字单元。

DF：定义三字（FWORD）变量，每一数据项占 6 个字节。

DQ：定义四字（DWORD）变量，每一数据项占 8 个字节。

DT：定义十字节（TBYTE）变量，每一数据项占 10 个字节。

【例 8.5】举例说明伪指令 DB / DW / DD / DQ 的用法。

【解】下面定义的数据段 DATA，定义和分配了一些存储单元，其实际分配情况如图 8.2 所示。

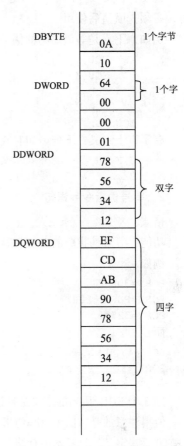

图 8.2 【例 8.5】存储器分配图

```
DATA SEGMENT
DBYTE    DB    10,10H
DWORD    DW    100,100H
DDWORD   DD    12345678H
DQWORD   DQ    1234567890ABCDEFH
DATA ENDS
```

【例 8.6】举例说明重复操作符 DUP 的用法。

【解】DUP 常用在数据定义的伪指令中，其使用格式为：

[变量名]　DB / DW / DD / DF / DQ / DT <表达式> DUP（表达式）　[;注释]

DUP 左边的表达式表示重复的次数，右边圆括号中的表达式表示要重复的内容。此括号中的表达式可以是：一个问号？，表示不置初值，为随机值；一个数据项表，将相应单元置初值。

下面定义的数据段表示了 DUP 的用法，其实际存储单元分配情况如图 8.2 所示。

```
DATA SEGMENT
array1  db    2 dup(0,1,?)
array2  dw    100 dup(?)
array3  db    20 dup(0,1,4 dup(2),5 )
DATA    ENDS
```

8.3.2 符号定义伪指令"EQU"和"="

1. 等值伪指令 EQU 语句

格式：符号名 EQU 表达式

功能：用返回名代替表达式的值，供以后使用。

说明：EQU 语句不能重新定义，即在同一源程序中，单元的符号名不能再被赋予其他的值。使用 EQU 语句时，必须先赋值后使用。

例如，下面是等值语句的例子：

```
X        EQU 50              ;符号 X 等价为 50
Y        EQU X + 10          ;符号 Y 等价表达式 X + 10
C        EQU CX              ;符号 C 等价为寄存器名 CX
M        EQU MOV             ;助记符 MOV 可由 M 代替
B    EQU DS: [BP + 20]       ;地址表达式 DS: [BP + 20] 可由符号 B 代替
```

有了以上定义，下列语句有效：

```
M    C,X             ;等效为 MOV  CX,50
M    BX,B            ;等效为 MOV  BX,DS: [BP + 20]
```

2．等号伪指令＝语句

格式：符号名 = 表达式

功能：等号伪指令的功能与等值伪指令 EQU 功能相同，只是其符号名可以再定义。

例如：

```
PORT=30H
PORT=PORT + 20H
PORT=325*8
```

而：

```
PORT  EQU  30H
PORT  EQU  PORT + 20H
PORT  EQU  325*8
```

这 3 个 EQU 语句的定义是错误的。

值得注意的是，EQU 和=伪指令仅仅是对程序中的某些符号进行等价说明，并不实际分配存储单元，因此，用 EQU 和=定义的符号不占存储单元。

8.3.3 标号定义伪指令 LABEL

功能：LABEL 可以使同一个变量具有不同的类型属性。

格式：变量名或标号 LABEL 类型

说明：其中，变量的数据类型可以是 BYTE，WORD，DWORD，标号的代码类型可以是 NEAR 或 FAR。

例如：

```
BYTE_ARRAY    LABEL    BYTE
WORD_ARRAY    DW  50 DUP (?)
```

在 50 个字数组中的第一个字节的地址赋予两个不同类型的变量名：字节类型的变量 BYTE_ARRAY 和字类型变量 WORD_ARRAY，即变量 BYTE_ARRAY 和 WORD_ARRAY 具有相同的段基址和偏移量，但 BYTE_ARRAY 是字节型，WORD_ARRAY 是字型。

```
L1   LABLE   FAR
L2:  MOV   CX,1000H
```

标号 L1 及 L2 均为指令 MOV CX,1000H 的符号地址，但 L1 具有 FAR 类型，L2 却是 NEAR 类型。

8.3.4 段定义伪指令 SEGMENT/ENDS

用途：用来将程序分为若干逻辑段，指出段名及段的各种属性，并表示段的开始和结束位置（地址）。

格式：

段名　SEGMENT　[定位类型]　[组合类型]　[,字长选择]　[,'类别']

```
        …
     （段体）
        …
段名    ENDS
```

说明：

（1）段名：是编程者给该段起的名字。定位类型、组合类型、字长选择和类别是赋予该段的属性，当省略时使用 80x86 宏汇编给定的默认值。

（2）定位类型：对段的起始边界进行定位，用于指定该段地址的 4 种可选类型（段起点的边界类型）。

- BYTE：该段可以从存储器中的任意字节地址开始定位，即：xxxx xxxx xxxx xxxx xxxxB。
- WORD：该段必须从字的边界开始（段首地址必须为偶数）即：xxxx xxxx xxxx xxxx xxx0B。
- PARA：要求该段的首地址必须在节的整数边界上，即：xxxx xxxx xxxx xxxx 0000B。
- PAGE：该段必须从页（每 256 个字节为一页）的边界开始，即：xxxx xxxx xxxx 0000 0000B。

（3）组合类型：用来说明连接程序本段与其他段的组合关系，连接程序可以将不同模块的同名段进行组合。可以有 6 种选择。

- NONE：表示本段与其他同名段不进行连接，独立存放在存储器中。如果省略组合类型，则隐含组合类型为 NONE。
- PUBLIC：表示本段与其他模块中的同名段在定位类型要求下，由连接命令从低地址到高地址连接起来，构成一个较大的逻辑段。如：

模块 1：
```
XDATA    SEGMENT PUBLIC
ONE DB 11H,22H
TWO DW 1234H
XDATA    ENDS
```
模块 2：
```
XDATA    SEGMENT PUBLIC
ARRAY    DB 66H,88H
XDATA    ENDS
```
模块 1 与模块 2 中 XDATA 段的组合情况如图 8.3 所示。

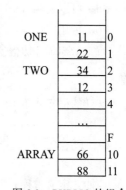

图 8.3　PUBLIC 的组合

- COMMON：连接程序将本段与其他模块中的同名段采用覆盖方式在存储器中定位，它们有相同的段首地址。段的长度取决于各同名段中的最大长度。段的内容为所连接的最后一个模块中 COMMON 段的内容及其没有覆盖到的前面 COMMON 段的内容。如：

模块 1：
```
YDATA    SEGMENT COMMON
A1  DB 11H,22H,33H
A2  DW 1234H,5678H
YDATA    ENDS
```
模块 2：
```
YDATA    SEGMENT COMMON
B1  DB 4DUP（0）
B2  DW 1110H
YDATA    ENDS
```
模块 1 与模块 2 的覆盖情况如图 8.4 所示，但段内容取决于模块 1 与模块 2 的连接顺序。故下例中的结果是不确定的。

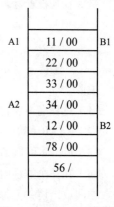

图 8.4　COMMON 覆盖段

```
MOV AL,A1    AL=?
MOV AX,B2    AX=?
```

- AT 表达式：连接程序把表达式的值指定为本段的段基址。

注意：用户可直接来定义段基址，但不能用来指定代码段。

- STACK：表示本段为堆栈段。被连接的程序中至少有一个 STACK 段。多个 STACK 类型的同名段相邻地连接成一个大的堆栈段，供各模块共享，SS 指向所遇到的第一个 STACK 段。STACK 类型可省略。
- MEMORY：连接程序把本段定位在所有其他连接在一起的段的最高地址上。若有多个 MEMORY 段，则汇编程序认为所遇到的第一个段为 MEMORY 段，而其他段则作 COMMON 段处理。

（4）类别：必须是用单引号括起来的字符串，以表明该段的类别。例如，代码段'CODE'；数据段'DATA'；堆栈段'STACK'。具有相同类别的段，不管其段名是否相同，在用连接程序连接时将所有类别相同的逻辑段连接在一起，形成一个统一的物理段。

8.3.5 段寻址伪指令 ASSUME

格式：ASSUME 段寄存器:段名,段寄存器:段名,…

功能：用来告诉汇编程序，在程序运行期间通过哪一个段寄存器才能找到所要的指令和变量，即要指出段和段寄存器的关系。

说明：

（1）ASSUME 伪指令必须放在代码段的开始处，用来告诉汇编程序当前有哪几个逻辑段分别被定义为代码段、数据段、堆栈段和附加段。

（2）段寄存器是 CS、DS、SS 和 ES 中的任意一个。段寄存器后要用冒号，各段寄存器之间要用逗号分隔。

（3）段名必须由 SEGMENT 伪指令定义过的段名。

（4）一行写不下时，可另起一行，但必须再以 ASSUME 伪指令开头。

（5）可以使用 ASSUME NOTHING 来取消前面对段寄存器的定义。

（6）可用段前缀运算符。

（7）ASSUME 伪指令并不实际给段寄存器赋值，必须在程序中用指令的实际操作来给段寄存器赋值。例如：

```
MOV  AX,DATA
MOV  DS,AX
```

这样的语句才给 DS 装入一实际的段地址。

8.3.6 过程定义伪指令 PROC/ENDP

功能：定义过程。汇编语言中的子程序是以过程的形式出现的，子程序的调用，即过程的调用。

格式：过程名 PROC [NEAR] / FAR

　　　　…
　　　　　RET
　　　　…
　　　过程名 ENDP

说明：

（1）过程名由编程者任取。

（2）NEAR（默认值）或 FAR 是过程的类型，为 NEAR 时，可以不写。

（3）PROC 和 ENDP 必须成对出现。

（4）在一个过程内部至少要设置一条返回指令 RET 作为过程的出口点。尽管源程序语序中 RET 的位置可以放在中间或结尾，但每一个过程最后执行的语句应为 RET，否则会出错。

8.3.7 程序计数器$和定位伪指令 ORG

1. 程序计数器$

在汇编程序对源程序汇编的过程中，使用程序计数器来保存当前正在汇编的指令的地址。程序计数器的值在汇编语言中可用$来表示。

当$用在伪指令的参数字段时，它所表示的是程序计数器的当前值。

例如：

```
DATA        SEGMENT
A1      DB  10H,20H,30H        ; 定义了 3 个字节
C       EQU $－A1              ; 符号 C 与表达式$－A1 等价
DATA        ENDS
```

其中，表达式$－A1 的值为程序下一个所能分配的偏移地址，即程序计数器的当前值 03H 减去 A1 的偏移地址 00H，所以，$－A1 = 03H－00H = 03H。

2. 定位伪指令 ORG

格式：`ORG  数值表达式`

功能：将指令中的表达式的值定义为下一条指令的偏移地址值。

以上介绍了一些常用伪指令。80x86 宏汇编还有诸如 EVEN、NAME、TITLE、GROUP 和 EXTRN 等伪指令，在此不再赘述。

8.4　指定处理器及简化段定义伪指令

8.4.1　指定处理器伪指令

由于 8086/8088 之后的微处理器（80286/80386/80486 等）对应的汇编语言是在 8086/8088 的基础上逐步发展而来并向上兼容的，因此汇编程序为区分当前的源程序是针对哪种 CPU 而执行的，提供了指定处理器伪指令。又因为 MASM 中对应每种处理器的指令系统都有一个汇编执行语句集合，简称指令集，所以指定微处理器伪指令本质上也就是指定指令集伪指令。指定处理器伪指令的格式和功能如表 8.4 所示。

表 8.4　指定处理器伪指令

伪指令格式	功　　能
.8086	通知汇编程序只接受 8086/8088 指令。这是默认方式。该伪指令还可以取消其他指定微处理器伪指令（.8087/.287/.387 除外）的设置
.286/.286C	通知汇编程序只接受 8086/8088 及 80286 非保护方式（即实地址方式）下的指令
.286P	通知汇编程序接受 8086/8088 及 80286 的所有指令。该伪指令一般只有系统程序员使用
.386/.386C	通知汇编程序只接受 8086/8088 指令及 80286/80386 非保护方式下的指令。禁止出现保护方式下的指令，否则将出错
.386P	通知汇编程序接受 8086/8088 指令及 80286/80386 的所有指令。该伪指令一般只有系统程序员使用
.8087	选 8087 指令集，并指定实数的二进制码为 IEEE 格式
.287	选 80287 指令集，并指定实数的二进制码为 IEEE 格式
.387	选 80387 指令集，并指定实数的二进制码为 IEEE 格式
.486/.486C	通知汇编程序只接受 8086/8088 指令及 80286/80386/80486 非保护方式下的指令。适用 MASM6.0
.486P	通知汇编程序只接受 8086/8088 指令及 80286/80386/80486 的所有指令。适用 MASM6.0

8.4.2　简化段定义伪指令

简化段有利于实现汇编语言模块与 Microsoft 高级语言程序模块的连接，它可以由操作系统安排段序，自动保持名字定义的一致性，简化段定义适用于构造.EXE 文件。

1. 段次序伪指令

格式：`DOSSEG`

功能：各段在内存的顺序按 DOS 段次序约定安排。

说明：各段在内存中的次序决定于很多因素，多数程序对段次序无明确要求，可由操作系统安排。该伪指令

用于主模块前面，其他模块不必使用。

2. 内存模式伪指令

格式：.MODEL 模式类型 [,高级语言]

功能：指定数据和代码允许使用的长度。

说明：[高级语言]是可选项，可使用 C、BASIC、FORTRAN、PASCAL 等关键字来指定与哪种高级程序设计语言接口。程序中凡数据或代码的长度不大于 64 KB 时为近程，否则为远程。近程的数据通常定义在一个段中，对应一个物理段，只要程序一开始设置其段值于 DS 中，以后数据的访问只改变偏移值，不改变段值。该伪指令一般放在用户程序中其他简化段定义伪指令之前。可选内存模式有 5 类，如表 8.5 所示。

表 8.5　可选内存模式

内存模式	说　　明
SMALL	小模式。数据、代码各放入一个物理段中，均为近程
MEDIUM	中模式。数据为近程，代码允许为远程
COMPACT	压缩模式。代码为近程，数据允许为远程，但任一个数据段所占内存不可超过 64 KB
LARGE	大模式。数据与代码均允许为远程。但任一个数据段不可超过 64 KB
HUGE	巨型模式。数据与代码均允许为远程，且数据语句所占内存也可大于 64 KB

当独立的汇编语言源程序不与高级语言程序连接时，多数情况下只用小模式即可，而且小模式的效率也最高。

3. 段定义伪指令

简化段定义的伪指令如表 8.6 所示。不同的内存模式允许的段定义伪指令有所不同。表 8.7 给出了标准内存模式允许的段及其隐含的段名、段参数和组名。

表 8.6　简化段定义的伪指令

段定义伪指令名	格　　式	功　　能
代码段定义伪指令	.CODE [名字]	定义一个代码段。如有多个代码段，要用名字区别
堆栈段定义伪指令	.STACK [长度]	定义一个堆栈段，并形成 SS 及 SP 初值。(SP)=长度，如省略长度，则(SP)=1024
初始化近程数据段定义伪指令	.DATA	定义一个近程数据段。当用于与高级语言程序连接时，其数据空间要赋初值
非初始化近程数据段定义伪指令	.DATA ?	定义一个近程数据段。当用于与高级语言程序连接时，其数据空间只能用"?"定义，表示不赋初值
常数段定义伪指令	.CONST	定义一个常数段。该段是近程的，用于与高级语言程序连接。段中数据不能改变
初始化远程数据段定义伪指令	.FARDATA [名字]	定义一个远程数据段，且其数据语句的数值应赋初值。用于与高级语言程序连用
非初始化远程数据段定义伪指令	.FARDATA ? [名字]	定义一个远程数段，但其数据空间不赋初值，只能用"?"定义数值。用于高级语言程序连用

表 8.7　标准内存模式允许的段及其隐含的段名、段参数和组名

MODEL	段定义符	段隐含内容				
		段名	定位类型	组合类型	类别	组名
SMALL	.CODE	–TEXT	WORD	PUBLIC	'CODE'	
	.DATA	–DATA	WORD	PUBLIC	'DATA'	DGROUP
	.CONST	CONST	WORD	PUBLIC	'CONST'	DGROUP
	.DATA ?	–BSS	WORD	PUBLIC	'BSS'	DGROUP
	.STACK	STACK	PARA	STACK	'STACK'	DGROUP
MEDIUM	.CODE	NAME–TEXT	WORD	PUBLIC	'CODE'	
	.DATA	–DATA	WORD	PUBLIC	'DATA'	DGROUP
	.CONST	CONST	WORD	PUBLIC	'CONST'	DGROUP
	.DATA ?	–BSS	WORD	PUBLIC	'BSS'	DGROUP
	.STACK	STACK	PARA	STACK	'STACK'	DGROUP

MODEL	段定义符	段隐含内容				
		段名	定位类型	组合类型	类别	组名
COMPACT	.CODE	−TEXT	WORD	PUBLIC	'CODE'	
	.FARDATA	FAR−DATA	PARA	独立段	'FAR−DATA'	
	.FARDATA ?	FAR−BSS	PARA	独立段	'FAR−BSS'	
	.DATA	−DATA	WORD	PUBLIC	'DATA'	DGROUP
	.CONST	CONST	WORD	PUBLIC	'CONST'	DGROUP
	.DATA ?	−BSS	WORD	PUBLIC	'BSS'	DGROUP
	.STACK	STACK	PARA	STACK	'STACK'	DGROUP
LARGE	.CODE	NAME−TEXT	WORD	PUBLIC	'CODE'	
	.FARDATA	FAR−DATA	PARA	独立段	'FAR−DATA'	
	.FARDATA ?	FAR−BSS	PARA	独立段	'FAR−BSS'	
	.DATA	−DATA	WORD	PUBLIC	'DATA'	DGROUP
	.CONST	CINST	WORD	PUBLIC	'CONST'	DGROUP
	.DATA ?	−BSS	WORD	PUBLIC	'BSS'	DGROUP
	.STACK	STACK	PARA	STACK	'STACK'	DGROUP

对于简化段定义，有两点需要说明：

（1）凡是与高级语言程序连接的数据，必须把常数与变量分开，变量中又要把赋初值的和不赋初值的分开，并分别定义在.CONST、.DATA/.FAR-DATA 和.DATA?/.FAR-DATA?中。远程数据段只能在压缩模式、大模式和巨型模式中使用，其他数据段和代码段在任何模式下使用。

（2）独立的汇编语言源程序（即不与高级语言连接的源程序）只用前述的 DOSSEG、.MODEL、.CODE、STACK 和.DATA，并且不区分常数与变量以及赋初值与不赋初值。在.DATA 定义的段中，所有数据定义伪指令均可使用。其一般格式如下：

```
DOSSEG
.MODEL SMALL
.STACK [长度]
.DATA
…
数据定义伪指令
…
.CODE
启动标号: MOV AX,DGROUP;或 MOV AX,@DATA
MOV DS,AX
…
执行性语句
…
END 启动标号
```

这种简化段的源程序结构中只有一个堆栈段、一个数据段和一个代码段。代码段长度可达 64 KB，数据段与堆栈段为一个组，其总长度可达 64 KB，组名 DGROUP 与数据段名@DATA 都代表组对应物理段的段界地址，装入内存时，系统给 CS 和 IP 赋初值，使其指向代码段。同时系统还给 SS 和 SP 赋初值，使(SS)=DGROUP，(SP)=数据段长度+堆栈段长度，从而使堆栈段为对应的物理段。这样处理是使堆栈元素也能用 DS 寄存器访问，以便同高级语言程序连接。在代码段开始运行处（启动标号处），用户应设置 DS 指向组的段界地址。

8.5 程序设计的基本方法

8.5.1 汇编语言程序的设计步骤和上机过程

1. 汇编语言程序的设计步骤

汇编语言程序设计与高级语言程序设计一样,一般按以下步骤进行:

(1)对问题进行分析,抽象出描述问题的数学模型。这一过程的实质是把实际问题用数学模型表示出来。

(2)确定解决问题的算法。建立数学模型后,许多情况下还不能直接进行程序设计,需要确定符合计算机运算的算法。解决同一问题可以有不同的算法思想,但它们的效率可能有较大差异。这一过程的实质是把数学模型转化为计算机处理步骤。

(3)画出程序流程图。对于初学者或者问题比较复杂的情况,这一步是不可缺少的。对于有编程经验者且问题比较直观、简单的情况,这一步可以省略。

(4)分配寄存器和内存工作单元。这是汇编语言程序设计的重要特点之一。因为汇编语言能够直接用指令或伪指令为数据或代码程序分配寄存器和内存单元,并直接对它们进行访问,而80x86的内存结构是分段的,所以要分配内存工作单元,就要考虑设在什么逻辑段中。

(5)编程与静态检查。按照指令系统和伪指令的语法规则进行编程。编写完成后作静态检查。

(6)调试与动态检查。该过程就是在计算机上处理汇编语言程序的过程。

2. 汇编语言程序的上机过程

汇编语言程序的上机过程一般分为源程序编辑、汇编、连接、调试、运行五个阶段。在这几个阶段中,编辑、汇编、连接和运行是必须的,调试可以省略。调试主要用于检查逻辑错误。在这个过程中机器可能处于三种状态下:DOS命令行状态,编辑状态,DEBUG 状态(动态调试)。后两种环境也基于 DOS支持下。

要建立和运行汇编语言程序,计算机系统中应该有如下文件:

```
ASM.EXE          汇编程序
 (或 MASM.EXE)    宏汇编程序
LINK.EXE         连接程序
DEBUG.COM        调试程序
```

其中,ASM.EXE 是普通汇编程序,它不支持宏汇编,如果要用宏汇编,则必须用 MASM.EXE。

现在,我们来说明汇编语言程序从建立到执行的过程。汇编语言程序的上机过程如图 8.5 所示。

1)编辑源程序

用户的源程序要输入到计算机内存并以源程序文件形式存入磁盘,必须使用编辑程序。目前,常用的文字编辑程序,例如 EDIT、WPS、Word、记事本、写字板等都可以输入汇编语言源程序,只是操作上有所不同,用户可任选一种熟悉的编辑程序。需要注意的是,保存时选择文件类型为文本文件,而且文件名的扩展名部分必须是.ASM,用于指明该源程序是汇编语言源程序,否则汇编程序认为不能汇编。为了便于从输入的源程序中阅读和查错,各个段、标号、各变量和各类指令应排列整齐,重要的地方可用注释。

2)汇编

汇编就是使用汇编程序将用户编制的源程序翻译成机器语言目标程序的过程。目前,国内用的最多的汇编程

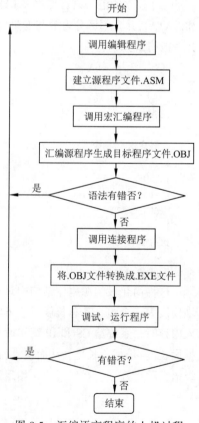

图 8.5 汇编语言程序的上机过程

序是宏汇编程序，即 MASM 程序。它自身含有宏指令的处理功能。经 MASM 程序汇编后的源程序可产生三个文件，并且均能自动存入磁盘中。这三个文件的扩展名分别是.OBJ，.LST 和.CRF。其中，第一个目标文件是必须的，后两个列表文件和交叉引用文件可有可无，汇编时可按该软件提示的信息作出选择。

MASM 宏汇编程序的操作和汇编后可能产生的三个文件介绍如下（为说明方便,假定源文件名为 TEST.ASM）:

（1）MASM 的操作。在 DOS 状态下，调用 MASM 的操作如下（假定 MASM、CRF、LINK 等软件已在 C 盘上\MASM 子目录下）:

```
C:\ MASM>MASM TEST.ASM↙
```

屏幕上显示的信息是:

```
Microsoft (R) Macro Assembler Version 5.00
Copyright (C)Microsoft Crop 1981-1985,1987.All rights reserved.
Object filename[TEST.OBJ]:
```

此时宏汇编程序停下来询问用户汇编后产生的目标程序文件名是否为方括号中默认值，若是，可直接按【Enter】键，否则可以另输入程序文件名，然后按【Enter】键，用户回答完这一询问后，宏汇编程序接着依次询问是否需要产生列表文件和交叉引用文件。此时宏汇编程序的提示信息为:

```
Source listing [NUL.LST]:
Cross-reference [NUL.CRF]:
```

若需要产生，则应输入相应的文件名；若不需要产生，则只需按【Enter】键即可。

完成上述人机对话后，宏汇编程序就开始对源程序进行语法检查，同时将各语句汇编成对应的机器指令代码。汇编过程中若发现程序有语法错误会给出出错信息。出错信息的格式是:

　　语句所在的源程序文件行　错误信息代码　错误信息的说明

宏汇编程序在最后两行给出此次汇编后的出错总数。其中，第一行是警告性错误总数，第二行是严重性错误总数。若这两个错误总数均为零，说明源程序的汇编通过，可以进行连接，否则要返回编辑程序，修改源程序，然后再次汇编直至汇编正确为止。

（2）文件的说明:

① 目标程序文件（.OBJ）。源程序经汇编后，生成的第一个程序文件是目标程序文件，它是一个二进制代码文件，不能用 DOS 显示命令直接在屏幕上显示，也不能被计算机直接执行。生成目标程序文件是汇编的主要目的，所以这个文件也是用户所需要的。

② 列表文件（.LST）。列表文件对程序的调试提供了很有用的信息。这是因为列表文件同时列出了源程序中的各个语句及对应的目标代码，各个语句所属段内的偏移地址，使用的段名，段长及有关属性，使用的标号，变量和符号的名字、类型和值，用户可以很方便地通过列表文件查阅指令或数据的偏移地址以及其它信息。

③ 交叉引用文件（.CRF）。源程序汇编后能提供的第三个文件是交叉引用文件。交叉引用文件是为了建立交叉引用表而生成的，交叉引用表给出用户在源程序中定义的所有符号（包括段名、变量名、标号等），对于每个符号又都列出了其定义的所在行和引用行号的情况，并按字母顺序排列。用户若想使用交叉引用表，还需调用 DOS 中的 CREF.EXE 程序，根据 TEST.CRF 文件建立一个名为 TEST.REF 的文件。若显示 TEST.REF 文件的内容，则可看到该符号表。

3）连接目标程序

源程序经过汇编后已产生二进制的目标程序，并以文件方式存在磁盘上，但它还不是可执行的程序文件，必须使用连接程序（LINK）把目标程序文件转换成重定位的可执行文件（扩展名为.EXE）。

当一个程序较大且由多个程序模块组成时，也应通过连接程序将它们连接在一起，产生一个可执行文件。经连接程序处理的目标程序可产生两个程序文件，并且都能自动存入磁盘中，这两个程序文件分别为可执行文件 TEST.EXE 和内存映像文件 TEST.MAP。其中，TEST.EXE 文件是用户必须的，内存映像文件可有可无，由用户在连接操作时选择。下面我们对目标程序的连接操作和连接后可能产生的两个程序文件简单介绍如下:

（1）连接操作。在 DOS 状态下调用连接程序的操作如下:

```
C:\MASM>LINK TEST↙
```

屏幕上显示信息:

```
Microsoft（R）Overlay Version 3.60
```

Copyright (C) Microsoft Corp 1983-1987.All rights reserved.
Run file [TEST.EXE]:

连接程序询问用户产生的可执行文件名是否用方括号中的默认值，若是，则按【Enter】键，否则可另行输入文件名。接着显示：

List file[NUL.MAP]:

连接程序询问用户是否需要内存映像文件，若不需要，则可按【Enter】键，若需要，则要输入文件名。最后显示：

Libraries[.LIB]:

这是连接程序询问用户连接时是否要用库文件，若无特殊需要，则用户按【Enter】键应答。

如果一个较大的程序由多个模块组成，例如，有三个源程序文件 TEST、TEST1 和 TEST2 组成，则应将它们分别汇编，汇编后无语法错误，才可使用 LINK 把它们连接起来，连接后产生一个可执行程序文件，并约定自动取第一个目标程序文件的主名作为可执行程序文件的主名。其连接操作是：

Link TEST+TEST1+TEST2

（2）程序文件的说明。

① 可执行程序文件（.EXE 文件）。经 LINK 连接操作后，生成的第一个文件称为可执行程序文件，它是必须要有的。

② 内存映像文件（.MAP 文件）。它是连接程序的列表文件，该文件列出各个段在内存中的分配情况，主要有各段的名字、起点、终点和长度等信息。从过程的提示信息中，可看到最后给出了一个"无堆栈段"的警告性错误，这并不影响程序的执行。当然，如果源程序中设置了堆栈段，则无此提示信息。

3．程序的执行

用户的汇编语言源程序经汇编得到目标文件，目标文件经过连接后得到可执行程序，并且都以文件的形式存在磁盘上。汇编语言的可执行程序可用下述两种方式运行：

（1）DOS 状态下运行程序。像其他任何的可执行文件一样，已生成的可执行文件在 DOS 状态下就可以直接执行，具体操作如下所示：

C:\MASM>TEST✓

程序运行过程中，若需要输入数据，则用户就应按规定输入；若有结果，则可从相应的输出设备观察。程序运行结束后自动返回 DOS 状态。

（2）在 DEBUG 状态下运行程序。当用户无法保证程序的正确性时需要调试，将执行文件（.EXE 文件）置于 DEBUG（调试软件）状态下运行。在 DOS 状态下调用 DEBUG 程序，由 DEBUG 将可执行程序文件从盘上调入内存，在 DEBUG 状态下利用 DEBUG 提供的各种命令可以观察、修改寄存器和存储单元的内容，观察每条指令执行的结果。最后达到纠正程序中错误的目的。

先进入 DEBUG 程序并装入要调试的程序 TEST.EXE，操作命令如下：

C:\MASM>DEBUG TEST.EXE✓；进入 DEBUG，并装配 TEST.EXE

此时，屏幕上出现一个短划线。为了查看程序运行情况，常常要分段运行程序，为此，要设立"断点"，即让程序运行到某处自动停下，并把所有寄存器的内容显示出来。为了确定我们所要设定的断点地址，常常用到反汇编命令，反汇编命令格式如下：

-U✓   ;从当前地址开始反汇编

也可以从某个地址处开始反汇编，如下所示：

-U200✓   ;从 CS:200 处开始反汇编

程序员心中确定了断点地址后，就可以用 G 命令来设置断点。比如，想把断点设置在 0120H 处，则输入命令如下：

-G120✓

此时，程序在 0120H 处停下，并显示出所有寄存器以及各标志位的当前值，在最后一行还给出下一条将要执行的指令的地址、机器语言和汇编语言，程序员可以从显示的寄存器的内容来了解程序运行是否正确。

对于某些程序段，单从寄存器的内容看不到程序运行的结果，而需要观察数据段的内容，此时可用 d 命令，使用格式如下：

```
-d DS:0000✓;从数据段的 0 单元开始显示 128 个字节
```

在有些情况下，为了确定错误到底由哪些指令的执行所引起，要用到跟踪命令。跟踪命令也叫单步执行命令，此命令使程序每执行一条指令，便给出所有寄存器的内容。

比如：

```
-T3✓        ;从当前地址往下执行三条指令
```

此命令使得从当前地址往下执行三条指令，每执行一条，便给出各寄存器内容。最后，给出下一条要执行的指令的地址，机器语言和汇编语言。

从 DEBUG 退出时使用如下命令：

```
-Q✓
```

每一个有经验的操作员都必定熟练掌握调试程序的各主要命令。为此，初学者要花一些功夫查阅，掌握有关 DEBUG 程序的命令说明。

8.5.2　模块化程序设计

将一个大程序按功能划分为许多较小的、具有独立功能的模块，模块之间按统一规范连接，每个模块分别编写和调试，最后连接成一个完整的可执行程序文件，这样的程序设计方法称为模块化程序设计。

1．模块化程序设计的优点

模块化程序设计有以下优点：

（1）单个模块易于编写、调试和修改。

（2）不同模块由不同程序员编写，有利于缩短软件开发周期。

（3）程序的易读性好，便于维护。

（4）有利于提高软件设计的质量，便于软件项目管理。

2．模块化程序设计的一般原则

模块化程序设计应遵循以下一般原则：

（1）模块的划分要适中，不宜过大或过小，主要根据功能而定。每个模块的功能要明确，且尽量单一。

（2）模块的独立性要强，即模块的功能由本模块自身完成，不依赖其他模块。

（3）每个模块最好只有一个入口、一个出口。

（4）模块之间的关系要明确。各模块最好再分层，形成树状层次结构，如图 8.6 所示。上层模块可以调用下层模块，同层模块可以调用，但不允许下层模块调用上层模块。

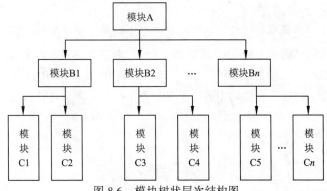

图 8.6　模块树状层次结构图

（5）程序中易变化的部分与不易变化的部分要分开，形成不同的模块，便于软件的修改和更新升级。

3．宏汇编语言对模块化程序设计的支持

模块化程序设计需要程序设计语言提供支持条件。MASM 提供了模块化程序设计的条件，允许用户程序由多

个源文件或模块组成。这些条件包括：

（1）过程和宏定义伪指令。

（2）段定义伪指令中的可选项——边界类型、组合类型、使用类型和类别。

（3）简化段定义伪指令，实现与其他语言混合编程支持。

（4）模块连接伪指令。

模块连接伪指令又称为外部引用伪指令。这类伪指令用于解决多模块连接问题，实现多模块之间数据和过程的共享。下面介绍 4 种这类伪指令语句。

1）全局符说明语句（PUBLIC）

格式：`PUBLIC 符号名 1[,符号名 2,…]`

功能：将本文件中定义的符号名说明为全局符号，允许程序中其他模块使用。

说明：本语句中的符号名可以是标号、变量名、过程名或由 EQU（或=）伪指令定义的名字。这些符号名必须是在当前源程序中定义的，其他模块不能再用它们去定义别的内容。未被说明的符号名不能被其他模块引用。

需要注意的是，PUBLIC 伪指令与 SEGMENT 伪指令中的 PUBLIC 组合类型是两个不同的概念。

2）外部符说明语句（EXTRN）

格式：`EXTRN 符号名 1：类型[,符号名 2：类型,…]`

功能：本语句中指定的符号名是在其它模块中用 PUBLIC 伪指令语句定义过的。类型可以是 NEAR、FAR、BYTE、WORD、DWORD、FWORD、QWORD、TBYTE 或由 EQU 伪指令定义的常数符，具体类型必须与其他模块中定义的相同符号名的类型相一致。

说明：当前模块要引用其他模块中定义的符号名时，必须用 EXTRN 伪指令说明。如果当前模块中没有用 EXTRN 伪指令说明，或者在被引用模块中没有用 PUBLIC 伪指令说明，均不能引用，否则 LINK 程序将会产生一个错误信息。可见，EXIRN 伪指令和 PUBLIC 伪指令是互相对应的。

3）包含说明语句（INCLUDE）

格式：`INCLUDE 文件名`

功能：将指定文件的内容完整地插入到本语句出现的位置。

说明：使用本伪指令语句可避免重复书写多个模块都要使用的相同程序块。当 MASM 汇编某一源程序文件时，若遇到 INCLUDE 伪指令，就按文件说明打开磁盘上存在的相应文件，并将它插入当前文件的该 INCLUDE 伪指令处，然后汇编插入进来的文件中的语句。当该文件中的所有语句处理完后，MASM 继续处理当前文件中 INCLUDE 语句后面的语句。

汇编语言程序设计时，常用 INCLUDE 伪指令语句将一个标准的宏定义插入到程序中。

4）公用符说明语句（COMM）

格式：`COMM [NEAR/FAR]符号名：尺寸[：元素],…`

功能：将语句中的符号名说明为公共符号。公共符号既是全局的，又是外部非初始化的。

说明：语句中的符号名可以是近程（NEAR）或远程（FAR）数据段的符号，NEAR/FAR 省略时，在完整段和简化段的中、小模式下为 NEAR，其他模式下为 FAR；尺寸可以是 BYTE、WORD、DWORD、QWORD 及 TBYTE；元素数为符号的个数，默认值为 1。一条语句中可说明多个公用符号，多个符号间用逗号隔开。本伪指令语句经常用在 INCLUDE 文件中。如果一个变量用于多个模块中，可以在 INCLUDE 文件中将它说明为公用变量，然后在每一个模块中都用 INCLUDE 指令嵌入这个 INCLUDE 文件。

实例：

```
.DATA
COMM NEAR BUFFER: BYTE: 20    ;在近程数据段中定义一个 20 字节的公用缓存区
.FARDATA
COMM FAR BUFFER: DWORD: 30    ;远程数据段中定义一个 30 双字的公用缓存区
```

8.6　程序的基本结构及基本程序设计

一个"好"的汇编语言程序，除了能正确执行、实现预定功能外，一般还应满足运行速度快、占用内存少、程序结构化的要求。但随着 VLSI 技术的发展，半导体存储器的容量越来越大，成本越来越低，微机的内存容量已从几十、几百千字节上升到几兆、几十兆字节，乃至目前的以吉字节为单位。所以程序所占的内存容量大小问题已逐渐变得不太重要了。相反，随着程序的日益复杂、庞大，为了节省软件的开发成本，使程序结构化显得越来越重要。写好程序文件，使之简明清晰，易于阅读、测试、交流、移植以及与其他程序连接和共享，是每个程序设计人员都必须重视的。

因此，编程时一定要注意：

- 采用模块化程序结构，并且每个模块都由基本结构程序顺序组成。
- 对源程序加注释（注释行和注释字段）。

8.6.1　程序的基本结构

程序的基本结构形式有三种：顺序结构、分支结构和循环结构。从理论上讲，这三种结构是完备的，用它们可写出任何功能的程序。结构化程序设计就是指程序中只能使用顺序结构、分支结构和循环结构，从而保证程序质量的程序设计方法。

8.6.2　顺序结构与简单程序设计

顺序结构的程序是顺序执行的，无分支，无循环，也无转移，只作直线运行，所以又称为直线结构程序。这种程序一般是简单程序。

【例 8.7】内存中自 TABLE 开始的 7 个单元连续存放着自然数 0 至 6 的立方值（称作立方表）。任给一个数 X（$0 \leqslant X \leqslant 6$）在 XX 单元，查表求 X 的立方值，并把结果存入 YY 单元。

程序如下：

```
DATA    SEGMENT
TABLE   DB  0,1,8,27,64,125,216
XX      DB ?
YY      DB ?
DATA    ENDS
STACK   SEGMENT PARA STACK 'STACK'
        DB  50 DUP(?)
STACK   ENDS
CSEG    SEGMENT
        ASSUME CS:CSEG,DS:DATA,SS:STACK
START   PROC FAR
        PUSH DS
        MOV  AX,0
        PUSH AX
        MOV  AX,DATA
        MOV  DS,AX
        MOV  BX,OFFSET TABLE
        MOV  AH,0
        MOV  AL,XX
        ADD  BX,AX
        MOV  AL,[BX]
        MOV  YY,AL
        RET
```

```
START  ENDP
CSEG   ENDS
       END START
```

8.6.3 条件结构与分支程序设计

分支结构程序是利用条件转移指令或跳转表，使程序执行到某一指令后，根据运行结果是否满足一定条件来改变程序执行的顺序，去执行不同的分支程序。正是分支结构程序使计算机有了一定的分析、判断能力，体现出一定程度的"智能"。

分支程序的结构形式通常有三种：不完全分支、完全分支和多分支，分别如图 8.7 所示。

从实现分支结构的基本方法来说，一般有以下两种：

1．利用比较与条件转移指令实现分支

这种方法一般在分支较少时使用。转移语句的地址变量有标号、直接内存变量、寄存器变量和间接内存变量 4 种，转移地址已知且不变时通常用标号；转移地址有变化时可用其他 3 种形式。

【例 8.8】求 X 的绝对值，保存到 Y 中。

程序如下：

```
DATA  SEGMENT
   X  DW  34
   Y  DW  ?
DATA  ENDS
CODE  SEGMENT
     ASSUME CS:CODE，DS:DATA
START: MOV  AX,DATA
       MOV  DS,AX
       MOV  AX,X
       CMP  AX,0
       JGE  PLUS         ;是零或正数
       MOV  BX,0         ;是负数
       SUB  BX,AX
PLUS:  MOV  Y,BX
       MOV  AH,4CH       ;用 4CH 功能调用返回 DOS
       INT  21H
CODE   ENDS
       END START
```

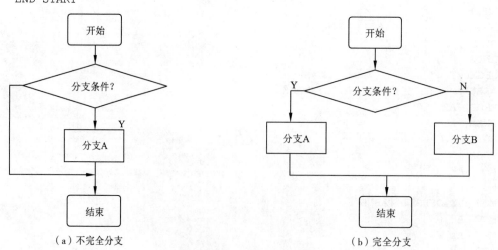

图 8.7 分支程序的结构形式

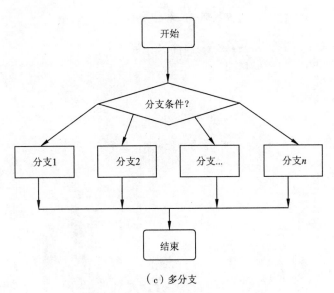

（c）多分支

图 8.7　分支程序的结构形式（续）

2．跳转表实现分支

这种方法适用于分支较多时。跳转表实际上是内存中的一段连续单元，根据表中存放的内容性质的不同，利用跳转表实现分支又可分为三种情况：

（1）根据表内地址分支：跳转表内连续存放的是一系列跳转地址（各分支程序入口地址）。当各分支程序均属近程跳转时，跳转表中装入的是各分支程序的入口偏移地址；当属远程跳转时，跳转表中装入的则应是各分支程序的完整入口地址，即段地址和偏移地址。

（2）根据表内指令分支：跳转表中连续存放的是主程序转向各分支程序的转移指令码。

（3）根据关键字分支：跳转表内连续存放的是各分支程序对应的关键字、入口地址数据。

下面举一个利用跳转表实现分支的程序的例子。

【例 8.9】试根据 AL 寄存器中哪一位为 1（从低位到高位），把程序转移到 8 个不同的程序分支去。

程序如下：

```
DATA    SEGMENT
BRANCH_TABLE  DW  SUB1        ; SUB1 程序分支 1 的起始地址
              DW  SUB2
              DW  SUB3
              DW  SUB4
              DW  SUB5
              DW  SUB6
              DW  SUB7
              DW  SUB8

DATA    ENDS
CODE    SEGMENT
MAIN    PROC FAR
        ASSUME CS:CODE,DS:DATA
START:  PUSH DS
        SUB  BX,BX
        PUSH BX
        MOV  BX,DATA
        MOV  DS,BX
        MOV  AL,16          ; 运行时将显示 E
        CMP  AL,0
        JE   CONTINUE       ;为 0 则结束
        LEA  BX,BRANCH_TABLE
```

```
LOOP1:    SHR  AL,1                    ;查找哪一位为 1?
          JNC  ZERO
          JMP  WORD PTR[BX]            ;转向对应的程序分支
ZERO:     ADD  BX,TYPE BRANCH_TABLE    ;
          JMP  LOOP1
CONTINUE:
          NOP
          RET
SUB1:     MOV  DL, 'A'                 ; 用 02 号功能调用, 显示一个字符。
          MOV  AH,02
          INT  21H
          RET
SUB2:     MOV  DL, 'B'
          MOV  AH,02
          INT  21H
          RET
SUB3:     MOV  DL, 'C'
          MOV  AH,02
          INT  21H
          RET
SUB4:     MOV  DL, 'D'
          MOV  AH,02
          INT  21H
          RET
SUB5:     MOV  DL, 'E'
          MOV  AH,02
          INT  21H
          RET
SUB6:     MOV  DL, 'F'
          MOV  AH,02
          INT  21H
          RET
SUB7:     MOV  DL, 'G'
          MOV  AH,02
          INT  21H
          RET
SUB8:     MOV  DL, 'H'
          MOV  AH,02
          INT  21H
          RET
MAIN      ENDP
CODE      ENDS
          END START
```

8.6.4 循环结构与循环程序设计

循环结构的使用可以缩短程序长度,减少占用的内存空间。但要注意,循环结构并不简化程序的执行过程,相反,增加了一些循环控制环节,使总的程序执行语句和时间不仅无减,反而有增。

1. 循环程序的组成

循环程序一般由四部分组成:

(1)初始化部分:为循环作准备,包括建立指针、设置循环次数、设置其他变量的初值等。

(2)循环体:是循环程序的核心部分,完成循环的基本操作。

(3)修改部分:修改变量、指针、循环次数等,为下次循环作准备。

（4）循环控制部分：根据给定的循环次数或循环条件，判断是否结束循环。

有时这四部分也可简化，形成互相包含互相交叉的情况，不一定总是分得这样明显。

2．循环程序的基本结构形式

循环程序的基本结构形式有两种，图 8.8 给出了这两种循环结构的示意图。

（1）先判断后执行结构（DO...WHILE 结构），这种结构的特点是，进入循环后，首先判断循环结束条件，再决定是否执行循环体。如果一进入循环就满足结束条件，循环体将一次也不执行，即循环次数为 0。

（2）先执行后判断结构（DO...UNTIL 结构），这种结构至少执行一次循环体，即进入循环后，先执行一次循环体，再判断循环是否结束。

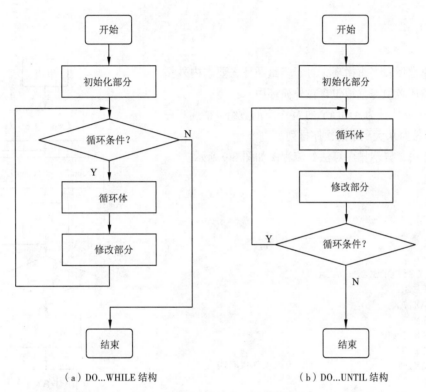

　　（a）DO...WHILE 结构　　　　　　　　　（b）DO...UNTIL 结构

图 8.8　循环程序的基本结构形式

3．循环控制方式

循环控制方式通常有 4 种：

（1）计数控制：事先已知循环次数，每循环一次加/减 1。

（2）条件控制：事先不知循环次数，根据条件真假控制循环。

（3）状态控制：根据事先设置或实时检测的状态来控制循环。

（4）逻辑尺控制：当循环条件不规则时，可通过建立位串（逻辑尺）控制循环。

无论采用哪种循环控制方式，最终都是要达到控制循环的目的。如考虑不周，会造成"零循环"或"无限循环"。

【例 8.10】计数控制。从一组学生成绩中找出最高分。

程序如下：

```
DSEG  SEGMENT
FEN   DB 85,67,90,58    ;学生成绩表
DSEG  ENDS
CSEG  SEGMENT
      ASSUME CS:CSEG,DS:DSEG
START: MOV  AX,DSEG
       MOV  DS,AX
```

```
        MOV  BX,OFFSET FEN
        MOV  CX,LENGTH FEN; 分数的个数,即循环次数
        DEC  CX
        MOV  AL,[BX]
LOOP1:  INC  BX
        CMP  AL,[BX]
        JAE  NEXT
        MOV  AL,[BX]
NEXT:   LOOP LOOP1
        MOV  AH,4CH
        INT  21H
CSEG  ENDS
        END START
```

4．多重循环

循环程序分为单循环和多重循环，对于多重循环，要求内外循环不能交叉，即内循环必须完整地包含在外循环中。

【例8.11】有一个首地址为ARRAY的M个字的数组，请编写程序使该数组中的元素按照从大到小的次序排列。

采用冒泡排序算法，冒泡排序算法的流程图如图8.9所示。

程序如下：

```
DATA  SEGMENT
ARRAY DW M DUP (?)
DATA  ENDS
CODE  SEGMENT
MAIN  PROC FAR
      ASSUME CS:CODE,DS:DATA
START:  PUSH DS
        SUB  AX,AX
        PUSH AX
        MOV  AX,DATA
        MOV  DS,AX
        MOV  CX,M          ;CX 为内循环次数控制
        DEC  CX
LOOP1:  MOV  DI,CX         ;DI 为外循环次数控制
        MOV  BX,0
LOOP2:  MOV  AX,ARRAY[BX]
        CMP  AX,ARRAY[BX+2]
        JGE  CONTINUE
        XCHG AX,ARRAY[BX+2] ;交换两个数的位置
        MOV  ARRAY[BX],AX
CONTINUE: ADD BX,2
        LOOP LOOP2          ;内循环次数检查
        MOV  CX,DI
        LOOP LOOP1          ;外循环次数检查
        RET
MAIN  ENDP
CODE  ENDS
        END START
```

8.6.5 子程序结构与子程序设计

如果一段程序在一个程序中多次使用或在多个程序上使用，可将这段程序抽出来单独存放在内存某一区域，每当需要执行这段程序时，就用调用指令转到这段程序去，执行完

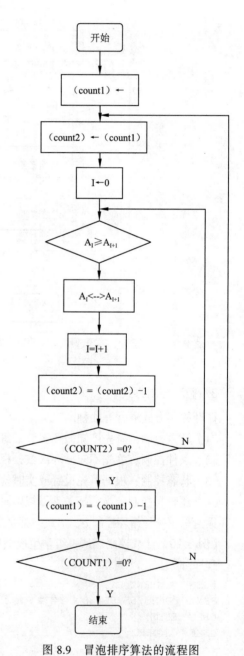

图 8.9 冒泡排序算法的流程图

后再返回原来的程序。这段程序就叫子程序或过程，而调用它的程序称为主程序或调用程序。主程序向子程序转移叫子程序调用或过程调用，简称"转子"；从子程序返回主程序则简称为"返主"。

1．与子程序有关的几个术语

（1）子程序嵌套：子程序中调用其他子程序称为嵌套。

（2）子程序递归调用：子程序中调用该子程序本身称为递归调用。

（3）可重入子程序：可被中断并能再次被中断程序调用的子程序。

（4）可重定位子程序：可重定位在内存任意区域的子程序。这种子程序不采用绝对地址，全部采用相对地址。

2．子程序文件

为了使用方便，子程序常以文件形式编写。子程序文件由子程序说明和子程序本身（即前述定义的过程）构成。子程序说明包括以下组成部分：

（1）功能描述：包括名称、功能、主要性能指标（如执行时间）等。

（2）所用寄存器和存储单元。

（3）入口、出口参数。

（4）其中调用的其他子程序。

（5）必要时还有调用实例。

（6）各部分要求语言简明、准确。

3．子程序设计中的问题

（1）主程序与子程序的接口，包括转子和返主接口，两者都要正确，不可混乱，互相干扰。为此，一要正确使用 CALL、RET 指令对，它们必须成对出现，并且注意它们在执行时伴随有压栈/出栈操作；二要做好转子和返主过程中的现场保护和恢复工作。

（2）"现场"主要是指在主程序转向子程序之前这一时刻，主程序所使用的一些资源或状态，如寄存器和存储单元。由于调用程序（又称主程序）和子程序经常是分别编制的，所以它们所使用的寄存器往往会发生冲突。如果主程序在调用子程序以前的某个寄存器内容，在从子程序返回后还有用，而子程序又恰好使用了同一个寄存器，造成破坏了该寄存器的原有内容，那么就会造成程序运行错误，这是不允许的。为避免这种错误的产生，需要将这些内容在子程序执行前保护起来，而在子程序返回时，再将这些内容进行恢复。

4．现场的保护方法

（1）主程序与子程序所使用的存储单元和寄存器尽量分开，互不干扰，这样在子程序中就不会破坏主程序所用的内容。不过，由于寄存器的个数有限，使寄存器的使用受到很大限制，因此对寄存器来说，最好采用进栈保护的方法。

（2）将现场通过堆栈保存和恢复。一般情况下，在子程序的开始安排一段保护程序，用以对它所用到的寄存器或存储单元内容加以保护。在子程序结束前，再将有关的内容恢复。例如：

```
SUBR PROC
PUSH AX
PUSH BX
…
POP BX
POP AX
RET
SUBR ENDP
```

现场的保护与恢复也可以安排在主程序中，即在调用子程序指令（CALL）前进行保护，而在该指令后（即子程序已返回）时对现场再进行恢复。例如：

```
CODE SEGMENT
PUSH AX
PUSH BX
```

```
        CALL

        POP   BX
        POP   AX
        SUBR  PROC
        RET
```

5．主程序与子程序之间的参数传递

主程序和子程序之间具有参数传递能力，是增加子程序通用性的必要条件。

一般将子程序需要从主程序获取的参数称为入口参数，而将子程序需要返回给主程序的参数称为出口参数。入口参数使子程序可对不同数据进行相同功能的处理，出口参数使子程序可送出不同结果至主程序。

参数传递方法一般有以下三种：

1）利用寄存器传递参数

在主程序中，调用子程序前，将参数保存在某些通用寄存器中（80386/80486 的每个通用寄存器都可用于保存参数），子程序就可直接使用寄存器中的入口参数；同样，出口参数也可通过寄存器返回给主程序。用这种方法传递参数简单快捷，但需要占用通用寄存器，而寄存器数量十分有限，当要传递的参数较多时，采用寄存器传递就不行了，因此这种方法只适合于参数较少的情况。

下面我们来看一个例子，要求通过编程将从键盘上输入的小写字母转换成大写后输出。

分析：由 ASCII 码编码表可知，英文大、小写的 26 个字母字符的编码值是顺序递增的，且各小写字母与相应大写字母之间的编码差值均为 32，因此当要将一个小写字母转换为大写字母时，只要将其 ASCII 码值减去 32 即可。另外，为简化程序，我们将判断输入的字符是否小写字母的工作编为一子程序 COMPARE，该子程序将判断的结果通过标志寄存器中的 CF 标志返回给主程序，CF=0 表示是小写字母，CF=1 表示不是小写字母；主程序通过 AL 寄存器将要判断的内容传递给子程序 COMPARE。

```
CODE   SEGMENT   'CODE'
ASSUME CS:CODE,DS:CODE
ORG 100H
START: PUSH CS
       POP   DS
INPUT: MOV   AH,1
       INT   21H
       CALL  COMPARE
       JC    ERR
       SUB   AL,32          ;转换为大写
       MOV   DL,AL          ;显示单个字符
       MOV   AH,2
       INT   21H
       MOV   AH,4CH         ;返回 DOS
       INT   21H
ERR:   MOV   DX,OFFSET MSG  ;显示提示串
       MOV   AH,9
       INT   21H
       JMP   INPUT
COMPARE:
       CMP   AL,'a'         ;是小写字母吗？
       JB    SETFLAG
       CMP   AL,'z'
       JA    SETFLAG
       CLC
       RET
SETFLAG:
       STC
       RET
```

```
MSG DB 'ERROR!',0DH,0AH,'$' ;出错提示
CODEENDS
       END START
```

2）利用存储器传递参数

主程序与子程序之间可利用指定的存储变量传递参数，这样可使数据便于保存，而且适于参数较多的情况。但要事先在内存中建立一个参数表。

如果主程序与子程序在同一源文件中，则各个过程可以直接访问模块中的变量。

3）利用堆栈传递参数

主程序和子程序可将要传送的信息放在堆栈中，使用时再从堆栈中弹出。由于堆栈具有先进后出（后进先出）特性，故多重调用中各重参数的层次很分明，很适于参数多且子程序有嵌套、递归调用的情况。（前两种参数传递方法都不能实现递归调用的信息传送）

此时，主程序将参数推入堆栈，子程序将参数从堆栈中弹出。由于在主程序中是先将参数压栈，然后才执行 CALL 指令去调用相应子程序，这时 CALL 指令将返回地址存于栈顶位置，因此在子程序中为了不破坏栈顶指针，不能直接用退栈指令 POP 使参数弹出，而经常是借用(E)BP 寄存器来达到目的，即将某一时刻的栈顶指针(E)SP 的值送给(E)BP，使(E)BP 指向堆栈中某一位置，然后用地址表达式[BP+disp]间接访问堆栈的非栈顶字（或字节）单元内容，其中 disp 是该字（或字节）单元距离(E)BP 指向位置的相对位移量（字节数）。而子程序也可将返回参数存放在堆栈中由主程序预留的堆栈空间内，以便返回后主程序能从堆栈中弹出返回参数。

下面我们来看一个用堆栈传递参数的程序例子。

【例 8.12】实现两个数组的分别求和。两个数组位于数据段中，将求和程序定义为过程，且主程序和过程分别安排在两个不同的代码段中（即过程是 FAR 类型的）。利用堆栈实现主程序向过程的参数传递，要特别注意配合好子程序中参数的读取和返回。本程序执行过程中，堆栈变化情况如图 8.10 所示，程序如下：

```
MYSTACK SEGMENT PARA STACK 'STACK'
SPA      DW 20 DUP (?)
STTOP    EQU LENGTH SPA
    MYDATA    SEGMENT
ARRAY1      DB 20 DUP (?)
ARRAY2      DB 50 DUP (?)
SUM1    DW ?
SUM2    DW ?
MYDATA  ENDS
CSPROC  SEGMENT
    ASSUME CS:CSPROC,DS:MYDATA,SS:MYSTACK
MYPROC  PROC FAR
       PUSH AX
       PUSH BX
       PUSH CX
       PUSH BP
       MOV  BP,SP
       PUSHF
       MOV  CX,[BP+14]
       MOV  CX,[BP+12]
       MOV  AX,0
ANEXT: ADD  AL,[BX]
       INC  BX
       ADC  AH,0
       LOOP ANEXT
       MOV  [BX],AX
       POPF
       POP  BP
```

```
        POP   CX
        POP   BX
        POP   AX
        RET   4
MYPROC  ENDP
CSPROC          ENDS
MYCODE  SEGMENT
    ASSUME CS:MYCODE,DS:MYDATA,SS:MYSTACK
START:  PUSH  DS
        MOV   AX,0
        PUSH  AX
        MOV   AX,MYDATA
        MOV   DS,AX
        MOV   AX,SIZE ARRAY1
        PUSH  AX
        MOV   AX,OFFSET ARRAY1
        PUSH  AX
        CALL  MYPROC
        MOV   AX,SIZE ARRAY2
        PUSH  AX
        MOV   AX,OFFSET ARRAY2
        PUSH  AX
        CALL  MYPROC
        MOV   AH,4CH
        INT   21H
MYCODE  ENDS
        END START
```

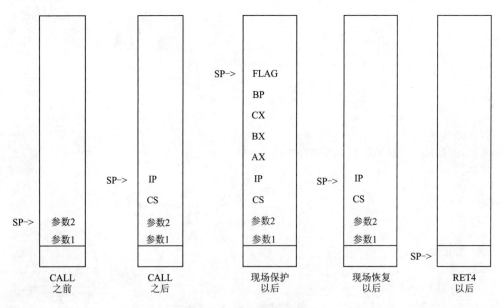

图 8.10　堆栈变化示意图

对于用堆栈传递参数，还要说明几点：一是如果主程序没有为返回参数在堆栈中预留空间，则不能将它们压入堆栈，这时可采用寄存器或存储器将它们传送给主程序；二是在 16 位寻址方式中，近调用时，CALL 指令只将返回地址的偏移量（2 个字节）压入堆栈，而远调用时，则是将返回的完整地址（4 个字节，段址及偏移地址各 2 字节）压入堆栈。在 32 位寻址方式中，近调用向堆栈中压入 4 个字节的返回偏移地址，远调用则压入 6 个字节（2 字节的段址和 4 字节的偏移地址）；三是在使(E)BP 指向入口参数之前，一定要保护(E)BP 的原有值。

6. 常用的 DOS/BIOS 功能子程序调用

DOS/BIOS 功能调用是一组系统为用户提供的例行子程序，用于完成基本 I/O 设备、内存、文件和作业的管理。用户使用时只需提供参数，不必知道相关硬件。用软中断指令 INT，称为中断调用。

使用步骤：

（1）将入口参数送规定寄存器。

（2）将子程序编号（功能调用号）送 AH 寄存器。

（3）发软中断指令：INT　n

```
                n:      5-1FH    ;对应 ROM-BIOS 功能调用
                        20H,21H,23-2AH,2EH,2FH,33H,67H   ;对应 DOS 功能调用，INT 21H 对应 100
                                                         ;多个子程序
```

下面列举几个常用的功能调用的使用方法：

1）输入并显示单字符子程序（01 号功能调用）

入口参数：无。

调用方式：
```
      MOV AH,01
          INT  21H
```

出口参数：AL 中是输入字符的 ASCII 码。

举例：
```
AGAIN:…
        MOV AH,01
        INT 21H
        CMP AL,'Y'
        JE EXIT
        CMP AL,'y'
        JE EXIT
        JMP AGAIN
EXIT:…
```

2）单字符输出子程序（02 号功能调用）

入口参数：DL 中是要输出的字符。

调用方式：
```
      MOV AH,02
          INT  21H
```

出口参数：无。

举例：
```
…
MOV DL,'B'
MOV AH,02
INT 21H
…
```

3）字符串输出子程序（09H 号功能调用）

入口参数：DS:DX 中是要输出的字符串首址。

调用方式：
```
MOV AH,09
     INT  21H
```

出口参数：无。

举例：
```
.DATA
BUFF  DB 'How are you ?',0dh,0ah,'$'
.CODE
MOV AX,@DATA
MOV DS,AX
…
```

```
MOV DX,OFFSET BUFF
MOV AH,09H
INT 21H
…
```

4）字符串输入子程序（0AH 号功能调用）

入口参数：DS:DX 中是要存字符串的缓冲区首址；第一个字节存放缓冲区长度；第二个字节存放实际输入的字符个数；未满时多余的补零。

调用方式：MOV AH,0AH

　　　　　　INT　21H

出口参数：第二个字节存放实际输入的字符个数。

举例：

```
.DATA
BUFF  DB 40
DB ?
DB 40 DUP(?)
.CODE
…
MOV DX,OFFSET BUFF
MOV AH,0AH
INT 21H
…
```

5）返回 DOS（4CH 号功能调用）

在代码段结束前加调用语句：

```
MOV AH,4CH
INT  21H
```

7. 程序中模块间的关系

程序中的模块间一般有三种关系：全局符号的定义及使用，模块间的转移以及模块间的参数传递。

1）全局符号

单个模块中使用的符号（标号或变量等）为局部符号。一个模块中定义的符号如不另加说明，均为局部符号，局部符号只能在定义它的模块中使用。多个模块可共同使用的符号为全局符号。全局符号有两种，它们的形成与使用有所不同。

（1）局部符号说明为全局符号，对局部符号，只要在定义和使用它的模块中分别用 PUBLIC 语句和 EXTRN 语句说明，即可作为全局符号使用。

（2）直接定义为全局符号。

2）模块间的转移

模块间的转移有两种：近转移和远转移。它们都是通过转移语句来实现。实现模块间转移的语句有三种：JMP、CALL 和 INT，详见有关指令的说明。

3）模块间的参数传递

模块间的参数传递类似主程序与子程序之间的参数传递，不同之处是主程序和子程序不在同一源文件中。

8.7　实用程序设计举例

8.7.1　代码转换程序

计算机在通信、控制等各种应用中经常会遇到代码转换问题。比如：从键盘上输入的数字，机器中接收到的是它的 ASCII 码值。若要让这个数字参加二进制运算，就要先将其转换成二进制数字。若要让这个数字参加十进制运算，就要先将其转换成十进制数字。再比如：内存中的二进制数字要在屏幕上以十进制形式显示出来，则要先将其转换成十进制数，再转换成 ASCII 码才能够输出。

常用的代码有二进制、八进制、十进制、十六进制、BCD 码、ASCII 码、七段显示代码等。

下面结合例子介绍 ASCII 码转换成 BCD 码。

从键盘上输入的十进制数的每一位数字，是以 ASCII 码形式表示的。机器中的一个十进制数，或者转换为相应的二进制数存放，或者以 BCD 码形式存放。

如果在内存中的输入缓冲区中，已有若干个用 ASCII 码表示的十进制数据，则每一个单元只存放一位十进制数码。要求把它转换为相应的 BCD 码，且把两个相邻单元的十进制数码的 BCD 码合并在一个单元中，且地址高的放在前四位，从而节约一半的存储单元。

要把十进制数码的 ASCII 码转换成 BCD 码，只要把高四位变为 0 就可以了；要把两位并在一个单元，则只要把地址高的字节左移四位，再与地址低的字节组合在一起即可。

输入缓冲区中存放的 ASCII 码的个数有可能是偶数，也可能是奇数。如果是奇数，则把地址最低的一个转换为 BCD 码（高四位为 0）；然后把剩下的偶数个按统一的方法处理。

程序如下：

```
DATA        SEGMENT
ASCBUF      DB   31H,32H,33H,34H,35H
            DB   36H,37H,38H,39H,30H
COUNT       EQU  $-ASCBUF
BCDBUF      DB   5 DUP(?)
DATA        ENDS
STACK       SEGMENT PARA STACK 'STACK'
STAPN       DB    100 DUP(?)
STACK       ENDS
COSEG       SEGMENT
        ASSUME CS:COSEG,DS:DATA,ES:DATA,SS:STACK
STR         PROC FAR
GO:         PUSH DS
            MOV  AX,0
            PUSH  AX
            MOV  AX,DATA
            MOV  DS,AX
            MOV  ES,AX
            MOV  SI,OFFSET  ASCBUF
            MOV  DI,OFFSET  BCDBUF
            MOV  CX,COUNT
            ROR  CX,1
            JNC  NEXT
            ROL  CX,1
            LODSB
            AND  AL,0FH
            STOSB
            DEC  CX
            ROR  CX,1
NEXT:       LODSB
            AND  AL,0FH
            MOV  BL,AL
            LODSB
            PUSH CX
            MOV  CL,4
            SAL  AL,CL
            POP  CX
            ADD  AL,BL
```

```
              STOSB
              LOOP  NEXT
              RET
     STR      ENDP
     COSEG    ENDS
              END   GO
```

8.7.2 用逻辑尺控制对数组的处理

设有数组 X 和 Y，X 数组中有 X1,...,X10；Y 数组中有 Y1,..., Y10。编制程序计算：

Z1=X1+Y1   Z2=X2+Y2   Z3=X3-Y3   Z4=X8.Y4Z5=X5-Y5

Z6=X6+Y6   Z7=X7-Y7   Z8=X8-Y8   Z9=X9+Y9   Z10=X10+Y10

结果存入数组 Z。

利用循环程序来解决该问题。已知循环计数值为 10，每次循环的操作数是可以顺序取出的，但所作的操作却又不同，加法或减法，为了区别每次应该做哪一种操作，可以设立标志位，如标志位为 0 作加法，为 1 作减法，这样进入循环后只要判别标志位就可以确定应该做什么操作。显然，这里要做 10 次操作就应该设立 10 个标志位，我们把它放在一个存储单元 LOGIC_RULER 中，这种存储单元一般称为逻辑尺。

分析算式特点，本例设计的逻辑尺为 0000000011011100，从低位开始所设的标志位反映了每次要做的操作顺序，最高 6 位没有意义，把它设为 0。

程序中对逻辑尺的某一位进行判断，为 0 作加法，为 1 作减法。

程序如下：

```
DSEG  SEGMENT
X     DW 12,67,90,34,55,66,77,44,33,22
Y     DW 18,23,36,34,16,8,3,44,54,12
Z     DW 10 DUP (?)
LOGIC_RULER DW 0000000011011100B
DSEG  ENDS
CSEG  SEGMENT
      ASSUME CS:CSEG,DS:DSEG
START:  MOV  AX,DSEG
        MOV  DS,AX
        MOV  BX,0
        MOV  CX,10
        MOV  DX,LOGIC_RULER
NEXT:   MOV  AX,X[BX]
        SHR  DX,1
        JC   SUBSTRACT
        ADD  AX,Y[BX]
        JMP  SHORT RESULT
SUBSTRACT:
        SUB  AX,Y[BX]
RESULT: MOV  Z[BX],AX
        ADD  BX,2
        LOOP NEXT
        MOV  AH,4CH
        INT  21H
CSEG  ENDS
        END  START
```

8.7.3 表处理程序

表的应用是很广泛的。前面我们已经接触到多种用途的表，如实现程序分支的跳转表等。表中还可以存放一系列供机器执行的任务、一组组的结果、一系列有关联的数据，以及供各种运算、查询等用。

对表的处理是多样的，主要的有以下几个方面：

（1）查看：检查一下表中某个或某些单元的内容是什么，以便对不同内容作不同处理等。

（2）插入：将一新的内容插入到表中某个单元以前或以后。这里就需要先将插入位置以后的数据后移，然后再将数据插入，同时表元素的个数也应做相应的修改（增加）。

（3）删除：将表中某些内容删除。为保持表的完整，应将被删内容以后的数据前移，并修改表元素个数。

（4）排序：按某种规律（升序或降序）将表中内容重新排列组织。

（5）搜索：给定某元素，到表中查找，看是否存在此元素，存在何处并做些其他处理等。

其中某些方面在前面章节的例题中已讲述过。下面举例将其它方面的问题加以讲述。

首先我们来介绍一条换码指令 XLAT。XLAT 指令用表中的一个字节（称为换码字节）来置换累加器 AL 中的内容。用此指令以前，要求先把表的起始地址存入 BX 寄存器，且在 AL 中置好所需的初值，AL 中的初值为所需的换码字节在表中的相对位置（用字节数给出），又可称为查找所需换码字节的索引值。然后 XLAT 指令将 BX 内容加上 AL 内容所形成的地址单元中的内容（即所需的换码字节）取到 AL 中去。现结合实例看其应用。

【例 8.13】数据或程序的加密和解密示例。

为了使数据能够保密，可以建立一个密码表，利用 XLAT 指令将数据加密。例如，从键盘上输入 0～9 之间的数字，经加密后存到内存中，密码表可选择为：

原始数字：0，1，2，3，4，，5，6，7，8，9。

密码数字：7，5，9，1，3，6，8，0，2，4。

该加密程序如下所示：程序接受输入的一个数字，加密后存入 MIMA 单元。

```
DATA    SEGMENT
MITAB   DB    '75913680024'      ;加密密码表
CONT    EQU   $-MITAB
JMITAB  DB    '7384915062'       ;解密密码表
MIMA    DB    ?
DATA    ENDS
CODE    SEGMENT
    ASSUME  CS:CODE,DS:DATA
STARt   PROC  FAR
        PUSH  DS
        MOV   AX,0
        PUSH  AX
        MOV   AX,DATA
        MOV   DS,AX
        MOV   AH,1
        INT   21H
        AND   AL,0FH
        LEA   BX,MITAB
        XLAT  MITAB
        MOV   MIMA,AL
        RET
STARt   ENDP
CODE    ENDS
        END   STARt
```

可以改造上述程序为循环程序，使之能连续地接收键盘输入数字，遇到某一规定的标志字符时结束输入，并将输入的数字加密后存到内存缓冲区。

用类似的方法，可将内存中的程序代码加密，也可将编译或汇编后的高级语言程序或汇编语言程序加密。

在数据通信中也可以用类似的方法，先将要发送的代码加密以后再发送。

为将加密后的数据或程序复原，可编写解密程序。下述程序段可将 MIMA 单元中的数据解密，结果送屏幕显示。

```
MOV    AL,MIMA
```

```
        AND     AL,0FH
        LEA     BX,JMITAB
        MOV     AH,0
        ADD     BX,AX
        MOV     DL,[BX]
        MOV     AH,6
        INT     21H
        HLT
```

还可以利用 XLAT 指令将键盘输入的密码数字解密。下述程序接收键盘输入一个密码数字，解密后的数字在 AL 中。

```
        MOV     AH,1
        INT     21H
        AND     0FH
        LEA     BX,JMITAB
        XLAT    JMITAB
        HLT
```

可以用同样的方法对加密的程序或通信中的数据解密。

【例 8.14】有一 100 个字节的数据表，表内元素已按从小到大的顺序排列好。现给定一元素，试编程在表内查找，若表内已有此元素，则结束；否则，按顺序将此元素插入表中适当的位置，并修改表长。

这个问题的主要环节是：当发现表中无此元素时，应将其插在表中适当位置，也就是大于（或等于）前一个元素，并且小于（或等于）后一个元素的位置。同时其后的元素应依次后移。详见下列程序：

```
DATA    SEGMENT
LTH     DW      100
TAB     DB      5FH,……
TEM     DB      'X'
DATA    ENDS
STACK   SEGMENT PARA STACK 'STACK'
        DB      100 DUP(?)
STACK   ENDS
CODE    SEGMENT
        ASSUME  CS:CODE,DS:DATA,ES:DATA
STR     PROC    FAR
START:  PUSH    DS
        MOV     AX,0
        PUSH    AX
        MOV     AX,DATA
        MOV     DS,AX
        MOV     ES,AX
        MOV     BX,OFFSET  TAB
        MOV     AL,TEM
        MOV     CX,LTH
LOP:    CMP     AL,[BX]
        JE      SOP
        JL      INST
        INC     BX
        DEC     CX
        JNZ     LOP
        MOV     [BX],AL
        JMP     JUST
INST:   MOV     AH,[BX]
        MOV     [BX],AL
        INC     BX
LOPI:   MOV     AL,[BX]
        MOV     [BX],AH
```

```
          INC      BX
          MOV      AH,[BX]
          MOV      [BX],AL
          INC      BX
          DEC      CX
          DEC      CX
          JNZ      LOPI
JUST:     INC      LTH
SOP:      RET
STR       ENDP
CODE      ENDS
          END      START
```

至于删除操作，则有许多地方与插入类似，它应将被删元素之后的数据一一前移，并将表长减一。至于搜索操作，则有许多地方与查找类似，只是可以采用不同的查找算法。排序操作在前面关于多重循环的例子中已有说明。

8.7.4 声音和动画程序

1. 声音程序

1）声音的产生

IBM PC 的主机箱上装的一只小喇叭，由定时器 8253 和并行接口芯片 8255（IBM PC XT 是 8255A）控制其发音。主板上有喇叭的控制驱动电路。

在 ROM BIOS 中有一个称为 BEEP 的过程（它的程序清单在 IBM PC 或 IBM PC XT 硬件技术手册的附录 A 中）。BEEP 过程根据 BL 中给出的时间计数值控制 8253 定时器产生一个或几个 500 ms、约 1 000 Hz（实为 896 Hz）的脉冲信号，此信号经 8255 芯片（端口地址为 61H）控制喇叭的接通与断开，使其发出长或短声音。关于 8253 和 8255 的详细介绍请参阅有关资料。

2）演奏乐曲

BEEP 过程只能产生 896 Hz 的声音，且声音的持续时间只能是 500 ms 的倍数。若演奏乐曲，应能产生任一音频的声音，并且持续时间容易调整（例如可以是 10 ms 的倍数）。可以利用并改造过程。BEEP 是将计数值 533H 送给定时器 8253 的通道 2 而产生 896 Hz 声音的，那么产生其他频率声音的计数值可用比例方法计算：

$$533H \times 896 \div 给定频率 = 1234DCH \div 给定频率$$

也可以直接用定时器时钟 119 318 0 Hz 计算计数值：

$$119\,318\,0 \div 给定频率 = 1234DCH \div 给定频率$$

假设给定频率在 DI 中，可用下述程序产生对应的常数：

```
MOV     DX,12H
MOV     AX,34DCH
DIV     DI
```

为了不使除法产生溢出，限制 DI 中频率不小于 19 Hz，一般音符的频率不会如此低。

10 ms 延时可用程序 DL10ms 实现。如：

```
        MOV     CX,2801
DL10ms: LOOP    DL10ms
```

现在编写一段程序，让它产生任何音频、持续时间是 10 ms 的倍数的声音，详见下面例题中 SOUND 过程。SOUND 的频率范围是 19~65 535 Hz（由 DI 决定），上限实际是多余的，因为人的耳朵最高辨听频率是 20 000 Hz。这个过程利用 BX 内容控制声音的持续时间，从 1 变到 65 535，对应时间是 0.01~655.35 秒，BX=0 时对应 655.35 秒。

利用 SOUND 过程，就可以编写演奏乐曲的程序。

演奏乐曲的程序中需要定义两组数据：一组是频率数据，一组是节拍时间数据。节拍时间取决于速度和每个音符持续的节拍。在 4/4 中，每小节包括 4 拍，全音符持续 4 拍，二分音符持续 2 拍，4 分音符持续一拍，8 分音符持续半拍等。

【例8.15】可以演奏乐曲"两只老虎"的程序。数据段中定义了频率数据（FREQ）和节拍时间数据（TIME），
0000H作为频率数据结束标志。代码段中，演奏过程（SING）要求把频率数据的首地址送到SI，节拍时间数据的
首地址送到BP。演奏过程中多次调用SING过程。

```
STACK    SEGMENT
         DW  100 DUP (?)
STACK    ENDS
DATA     SEGMENT
BG       DB 0AH,0DH,"TWO TIGER:$"
FREQ     DW 2 DUP(262,294,330,262)    ;频率数据
         DW 2 DUP(330,349,392)
         DW 2 DUP(392,440,392,349,330,262)
         DW 2 DUP(294,196,262),0
TIME     DW 10 DUP(25),50,25,25,50    ;时间数据
         DW 2 DUP(12,12,12,12,25,25)
         DW 2 DUP(25,25,50)
DATA     ENDS
CODE     SEGMENT
         ASSUME CS:CODE,DS:DATA
START    PROC  FAR
         PUSH  DS
         MOV   AX,0
         PUSH  AX
         MOV   AX,DATA
         MOV   DS,AX
         MOV   DX,OFFSET BG        ;显示歌名
         MOV   AH,09
         INT   21H
         MOV   SI,OFFSET FREQ
         MOV   BP,OFFSET TIME
         CALL  SING                ;调用SING过程
         RET
START    ENDP
SING     PROC  NEAR
         PUSH  DI
         PUSH  SI
         PUSH  BP
         PUSH  BX
REPT1:   MOV   DI,[SI]
         CMP   DI,0
         JE    ENDSING
         MOV   BX,DS:[BP]
         CALL  SOUND
         ADD   SI,2
         ADD   BP,2
         JMP   REPT1
ENDSING:
         POP   BX
         POP   BP
         POP   SI
         POP   DI
         RET
SING     ENDP
SOUND    PROC  NEAR            ;声音过程
         PUSH  AX
```

```
        PUSH  BX
        PUSH  CX
        PUSH  DX
        PUSH  DI
        MOV   AL,0B6H          ;8253 初始化
        OUT   43H,AL           ;43 端口是 8253 的命令寄存器
        MOV   DX,12H           ;计算时间常数
        MOV   AX,34DCH
        DIV   DI
        OUT   42H,AL           ;设置时间常数
        MOV   AL,AH
        OUT   42H,AL
        IN    AL,61H
        MOV   AH,AL
        OR    AL,3
        OUT   61H,AL           ;开喇叭（8255 I/O 端口 61H 的低两位置 1）
DELAY:  MOV   CX,2801          ;延时
DL10MS: LOOP  DL10MS
        DEC   BX
        JNZ   DELAY
        MOV   AL,AH
        OUT   61H,AL           ;关喇叭
        POP   DI
        POP   DX
        POP   CX
        POP   BX
        POP   AX
        RET
SOUND ENDP
CODE  ENDS
        END   START
```

2．字符图形移动

利用 10H 号中断，可以编写使图形字符移动的程序。例如，让"太阳"字符（编码 0FH）首先在屏幕位置（0，0）显示，然后沿斜线向下，每次移动一行一列。

图形的移动可以分几步进行：

（1）先在屏幕上显示某个图形。

（2）延时适当时间。

（3）清除这个图形。

（4）改变图形显示的行、列坐标。

（5）返回第（1）步，重复上述过程。

实现"太阳"移动的程序如下：

```
MOVE      PROC   FAR
          MOV    AH,15
          INT    10H
          MOV    AH,0
          MOV    AL,2
          INT    10H
          MOV    CX,1           ;要显示的字符个数为 1
          MOV    DX,0
REPT1:    MOV    AH,2
          INT    10H            ;置光标位置（0，0）
          MOV    AL,0FH
          MOV    AH,10
```

```
                INT     10H          ;显示"太阳"
                CALL    DELAY        ;延时
                SUB     AL,AL
                MOV     AH,10        ;清除原图形
                INT     10H
                INC     DH
                INC     DL
                CMP     DH,25
                JNE     REPT1
                RET
        MOVE    ENDP
        DELAY   PROC
                PUSH    CX
                PUSH    DX
                MOV     DX,50
        DL500:  MOV     CX,2801
        DL10MS: LOOP    DL10MS
                DEC     DX
                JNZ     DL500
                POP     DX
                POP     CX
                RET
        DELAY   ENDP
```

时间延时是调用过程 DELAY 实现的。这个过程用指令的执行时间延时 0.5 秒，也可以用 1AH 中断计算时间，时间计数器加到 9（55 ms×9≈0.5 s）也表示半秒。写一个字符到原来位置的操作可以清除图形。

如果没有延时和清图程序，将看不到图形的移动，而是一条由太阳字符组成的斜线。

习 题 8

1. 名词解释：汇编语言   汇编程序
2. 汇编语言程序设计分为哪几个步骤？
3. 计算下列表达式的值（设 A1＝50，B1＝20，G1＝2）。

   （1）A1*100+B1   （5）（A1＋3）＊（B1 MOD G1）

   （2）A1 MOD G1＋B1   （6）A1 GE G1

   （3）（A1＋2）*B1－2   （7）B1 AND 7

   （4）B1/3 MOD 5   （8）B1 SHL 2＋G1 SHR 1

4. 已知数据段定义如下，设该段从 03000H 开始：

```
DSEG        SEGMENT
ARRAY1      DB      2 DUP（0,1）
ARRAY2      DW      100 DUP（？）
FHZ         EQU     20H
ARRAY3      DB      10 DUP（0,1,4DUP（2），5）
DSEG        ENDS
```

   试用分析运算符 OFFSET，LENGTH，SIZE，SEG，TYPE 求出 ARRAY1，ARRAY2，ARRAY3 的段基址、偏移量和类型，以及它们的 LENGTH 和 SIZE。

5. 试用示意图来说明下列变量在存储器中的分配情况。

```
VAR1   DW   9
VAR2   DW   4DUP（？），2
CONT   EQU  2
VAR3   DD   CONT DUP（？）
VAR4   DB   2 DUP（？,CONT DUP（0），'AB'）
```

6. 假设程序中的数据定义如下：

```
PARTNO DW ?
PNAME  DB 16 DUP(?)
COUNT  DD ?
PLENTH EQU $-PARTNO
```

   问 PLENTH 的值为多少？

7. 假设数据段中数据定义如下：

```
VAR DW '34'
VAR1 DB 100, 'ABCD'
VAR2 DD 1
COUNT EQU $-VAR1
X DW 5 DUP (COUNT DUP (0))
Y LABEL WORD
Z DB '123456'
V DW 2, $-VAR
```

   执行下面程序段并回答问题。

```
MOV AX, COUNT ; (AX) = ?
MOV BX, Z-X ; (BX) = ?
MOV CX, V+2 ; (CX) = ?
MOV DX, VAR ; (DX) = ?
MOV Y+3, 2
MOV SI, Y+4 ; (SI) = ?
ADD Z+5, 1
MOV DI, WORD PTR Z+4 ; (DI) = ?
```

8. 假设 VAR 为字变量，LAB 为标号，试指出下列指令的错误之处：

   （1）SUB AL, VAR

   （2）MOV [BX], [SI]

   （3）MOV AX, [SI][DI]

   （4）MOV CS, AX

   （5）JMP NEAR LAB

   （6）POP DH

9. 试定义一个结构，它应包含一个学生的下列信息：姓名、学号及 3 门课程的成绩。然后给出 3 条结构预置语句，将 3 个学生的情况送入 3 个结构变量中。

10. 试定义一条宏指令，它可以实现任一数据块的传送（假设无地址重叠），源地址、目的地址和块长度作为参数处理。

11. 编程判断输入的 ASCII 码字符是数字还是字母，并将判断结果，分别用"D"和"L"显示。

12. 从 first 开始的 100 个单元中存放着一个字符串，结束符是'$'。编写一个程序，统计该字符串中字母'A'的个数。

13. 从 block 开始的 100 个字节单元中存放着带符号数，编写一个程序，找出其中的最大值，存入 max 单元中。

14. 编写一个程序，功能是将一个字数组中的正数和负数分开，并存放于 PLUS 和 MINUS 开始的单元中。该数组的长度存放在数组的第一个字单元中。

15. 试编制一个程序，把 AX 中的十六进制数转换为 ASCII 码，并将对应的 ASCII 码依次存放到 MEM 数组的四个字节中。例如：当(AX)=2A49H 时，程序执行完，MEM 中的 4 个单元内容分别为 39H,34H,41H,32H。

16. 已知数组 A 中有 20 个互不相等的整数，数组 B 中有 30 个互不相等的整数。编写程序把既在 A 中出现又在 B 中出现的数存放于数组 C 中。

第 ⑨ 章

中 断 系 统

中断是作为计算机与外围设备交换信息的一种同步控制方式而提出的，是计算机与外设之间交换数据常采用的一种主要方式。中断是现代计算机能有效合理地发挥效能和提高效率的一个十分重要的功能。通常又把实现这种功能所需的软硬件技术统称为中断技术。随着计算机技术的发展，中断技术不断发展，中断概念不断延伸，除了传统的外部事件（硬件）引起的中断外，又产生了内部软件中断的概念。

本章主要以 80x86 系列为例，介绍中断结构、中断源、中断过程，以及如何设置中断向量表以使 CPU 能正确地转去执行相应中断源的中断服务程序。介绍 8086/8088 的硬件中断、NMI 和 INTR 的差别，以及多个外设使用 INTR 时中断优先级管理的方法。8259A 是常用的可编程中断控制器，本章在介绍它内部结构、外部引脚连接、工作原理和工作方式的基础上，讲解使用它的基本方法。

9.1 中断控制方式的优点

中断是指 CPU 执行当前程序的过程中，由于某种随机出现的外设请求，使 CPU 暂停（即中断）正在执行的程序而转去执行为外设服务的程序；当服务完毕后，CPU 再返回到暂停处（即断点）继续执行原来的程序。因此，中断一方面是为了解决 CPU 与外设间速度方面存在差异而引入的控制方式之一，若用程序查询方式，则 CPU 将浪费很多时间去等待外设，而不能执行其他的程序。在各种计算机系统中，常利用 CPU 的中断机构来处理与外围设备间的数据传送，以最少的响应时间和内部操作来处理所有外设的服务请求，使整个计算机系统的性能达到最佳。另一方面，中断也是处理来自内部异常故障的重要手段，因此，使用中断控制方式归纳起来主要有以下 3 方面的优点：

1. 并行工作

中断方式下，CPU 和外设可并行工作。当 CPU 启动外设后，就去执行主程序，完成其他工作，同时外设也在工作。当外设的状态满足要求时，发出进行数据交换的请求，CPU 中断主程序，执行输入/输出的中断服务程序。服务完后，CPU 恢复执行主程序，外设也继续工作。CPU 可同时管理多个外设的工作，按外设轻重缓急要求，分时执行各自的服务程序，大大提高了 CPU 的利用率，也提高了输入/输出的速率。

2. 事件实时处理

在实时控制系统中，现场产生的各种参数、信息，需要 CPU 及时处理时，可向 CPU 提出中断请求，CPU 可立即响应（在中断标志为开放的情况）进行处理。

3. 及时处理故障

计算机运行过程中，如果出现事先未预料的情况或一些故障，如掉电、运算溢出、存储出错等，则可利用中断系统运行相应的服务程序自行处理，而不必停机或报告工作人员。

9.2 8086/8088 的中断机构

8086/8088 有一个简单而灵活的中断系统。最多可以处理多达 256 种类型的中断，每个中断都有一个向量号（0~255）供 CPU 识别，既可用软件也可用硬件来启动中断。

9.2.1　中断源

8086/8088 的中断可来自 CPU 内部，也可来自 CPU 外部的接口芯片。图 9.1 示出了 8086/8088 CPU 的中断源。

1. 外部中断

外部中断是由用户确定的硬件中断，又分为可屏蔽中断 INTR 和非屏蔽中断 NMI。可屏蔽中断可用中断允许标志 IF 屏蔽，此类中断的请求信号通常是经可编程中断控制器 8259A 进行管理之后发出的，并由 INTR 引脚输入 CPU。非屏蔽中

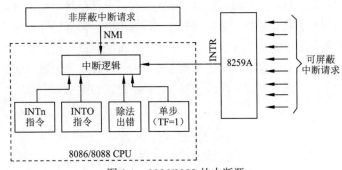

图 9.1　8086/8088 的中断源

断，不能由 IF 加以屏蔽，其中断请求信号由 NMI 引脚输入 CPU，只要有非屏蔽中断请求到达，CPU 就进行响应，不能对它进行屏蔽，因此常用于对系统中发生的某种紧急事件进行处理。

2. 内部中断

内部中断是通过软件调用的中断。这类中断都是非屏蔽型的，包括单步中断、除法出错中断、溢出中断（INTO）和指令中断（INTn）。单步中断是为调试程序准备的；除法出错中断是在进行除法运算所得的商超出数表示范围时产生的，并给出相应的出错信号；溢出中断 INTO 是由溢出标志 OF 为 1 而启动的；指令中断 INTn 是由用户编程确定的。

3. 中断的优先权

当系统中有多个中断源时，可能出现两个或多个中断源同时申请中断的情况，中断逻辑将根据轻重缓急给每个中断源确定 CPU 对它响应的优先级别（优先权）。当有多个中断源同时申请中断时，CPU 首先响应优先权最高的中断请求；在响应某一中断请求时又有更高级的中断请求到来，CPU 将暂停目前的中断服务转去对更高级的中断源进行服务，这称为中断嵌套。8086/8088 系统的中断源优先级别由高到低的顺序为：除法出错→INTn→INTO→NMI→INTR→单步。由于中断优先级别高的中断能够中断优先级别低的中断，在系统设计时，需将中断源按轻重缓急进行排队，安排最重要的为最高级别中断。

9.2.2　中断过程

中断是一个过程，包括中断检测、中断响应及执行中断服务程序和中断返回。图 9.2 示出了 8086 / 8088 的中断处理流程。

由图可见，CPU 在执行完当前指令后，才响应中断请求。它首先要判定中断申请的性质，按照中断优先级别的规定，顺序进行查询。当检测到为除法出错、INTn 或 INTO 中断或非屏蔽 NMI 中断时，立即转入相应的中断服务程序进行中断处理。如果是可屏蔽 INTR 中断请求，则需判定中断允许触发标志位 IF，当 IF＝1 时，允许中断，否则 CPU 对该中断请求不予响应。单步中断受 TF

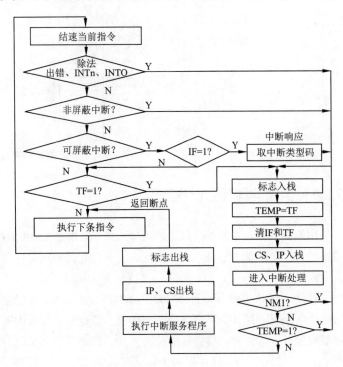

图 9.2　8086 / 8088 中断处理流程图

单步中断标志控制，当 TF=1 时，响应单步中断，否则不予响应。

当 CPU 响应中断后，即开始中断处理。为保证中断结束后能正确地返回断点处执行下一条指令，首先应自动地对断点进行保护操作，即将断点处的标志寄存器和 CS、IP 的值压入堆栈，同时，清除中断标志 IF 和 TF，以关闭中断，接着根据中断类型号 n，计算出中断向量指针，找到中断服务程序的入口，再执行中断服务程序。当中断服务完毕，应将保护在堆栈中的内容按"后进先出"原则弹回到相应的寄存器中，恢复中断时的状态，这一操作称为断点恢复。只有正确地恢复了断点，程序才能顺利地回到断点处，执行下一条指令。

可屏蔽中断的响应、执行与返回的过程如图 9.3 所示。

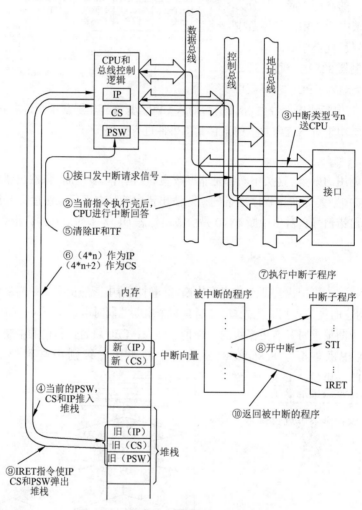

图 9.3　可屏蔽中断的响应、执行与返回

9.2.3　中断向量表的设置方法

中断向量是指中断处理程序的入口地址（段地址 CS 和偏移地址 IP）。中断向量表用来存放中断服务程序入口地址的 CS 和 IP 值。它是中断类型代码 n 和与此代码相对应的中断服务程序（过程）间的一个连接链，因而又称为中断指针表。

8086 / 8088 在内存地址 00000H～003FFH 的 1 KB 区建立了一个中断向量表达式，可存储 256 个中断向量，每个中断向量占用 4 个字节，前两个字节（低地址）存放中断处理程序入口的偏移地址，后两个字节（高地址）存放段地址。取用时，将偏移地址装入 IP，段地址装入 CS。对每种类型的中断都指定 0～255 范围中的一个类型号 n，每一个 n 都与一个中断服务程序相对应。当 CPU 处理中断时，需要把控制引导至相应中断服务程序入口地址。当 CPU 调用类型号为 n 的中断服务程序时，首先把中断类型号乘以 4，得到中断指针表的入口地址 4n，然后把此入口地址开始的四个字节中的两个低字节内容装入指令指针寄存器 IP，即：

$$(IP)\leftarrow(4n:4n+1)$$

再把两个高字节的内容装入代码段寄存器 CS，即：

$$(CS)\leftarrow(4n+2:4n+3)$$

这样，就可把 CPU 引导至类型 n 中断服务程序的起点，开始中断处理过程。

中断向量表由 3 部分组成。类型号 0~4 为专用中断指针（0——除法出错，1——单步中断；2——NMI，3——断点中断，4——溢出中断），占用由 000H~013H 的 20 个字节，它们的类型号和中断向量由制造厂家规定，用户不能修改。类型号 5~13 为保留中断指针，占用 013H~07FH 的 108 个字节，这是 Intel 公司为将来的软、硬件开发保留的中断指针，即使现有系统中未用到，但为了保持系统之间的兼容性，以及当前系统与未来系统的兼容性，用户不应使用。类型号 32~255 为用户使用的中断向量，占用 080H~3FFH 的 896 个字节，这些中断类型号和中断向量可由用户任意指定。

用户在使用中断之前，必须采用一定的方法，将中断服务程序的入口地址设置在与类型号相对应的中断向量表中，完成中断向量表的设置。下面介绍中断向量表设置的 3 种方法。

（1）在程序设计时定义一个起始地址为 0 的数据段，结构如下：

```
VDATA    SEGMENT   AT 00H
ORG    N*4
VINTSUB  DW noffset,nseg
       ⋮
VDATA    ENDS
```

其中：N 为常数，是所分配的中断类型号，nseg 和 noffset 分别表示中断服务程序入口的段地址值和段内偏移地址值。

这种方法的基本思想是借助 DOS 的装入程序，在经汇编、连接产生的可执行程序装入内存时，把服务程序的入口地址置入中断向量表。

（2）在程序的初始化部分使用几条传送指令，把中断服务程序的入口地址置入中断向量表，结构如下：

```
VDATA SEGMENT AT 00H
      ORG n*4
VINTSUB DW 2 DUP(?)              ;保留 4 个字节单元
       ⋮
  VDATA    ENDS
  ININT    SEGMENT
       ASSUME CS: ININT,DS: VDATA
       MOV AX,VDATA
       MOV DS,AX             ;初始化 D8
       MOV  VINTSUB,noffset
       MOV VINTSUB+2,nseg    ;设置中断向量表
       ⋮
  ININT    ENDS
```

这种方法适用于把中断服务程序（包括初始化部分）固化在 ROM 中的情况。因为这时不能再借助 DOS 中的装入程序。

（3）借助 DOS 的功能调用 INT 21H，把中断服务程序的入口地址置入中断向量表中。在执行该功能调用之前，应预置的参数如下：

● AH 中置入功能号 25H。
● AL 中置入设置的中断类型号。
● DS：DX 中置入中断服务程序的入口地址（包括段地址和偏移地址）。

按以上格式置入各参数后，执行指令 INT 21H，就把中断服务程序的入口地址置入向量表内的适当位置了。

反过来，也可用 INT 21H 查出某中断类型号在中断向量表中设置好的中断服务程序入口地址。需预置的参数如下：

- AH 中置入功能号 35H。
- AL 中置入中断类型号。

这样，执行 INT 21H 后，ES 和 BX 中分别是中断服务程序入口的段地址和偏移地址。

9.3 外部中断

外部中断的中断源来自微处理器外，是微机和外设交换信息的重要方法之一。8086/8088 CPU 有两个引脚（NMI 和 INTR），可以接收外部的硬件中断请求，INTR 引脚上的中断请求引发的中断称为可屏蔽中断，NMI 引脚上的中断请求引发的中断称为非屏蔽中断。由于外部中断是通过接口的硬件产生的，所以又称为硬件中断或硬中断。

9.3.1 NMI 中断

当系统出现灾难性事件，如电源掉电、存储器读写错误或受到严重干扰时，可以请求非屏蔽中断加以处理。NMI（Non Maskable Interrupt）是非屏蔽中断请求信号，高电平有效，边沿触发方式，对应于中断类型号 2。NMI 请求信号不能用中断允许标志 IF 加以屏蔽禁止，一旦发生，就立即被 CPU 锁存起来，但要求有效高电平持续 2 个时钟周期以上。NMI 的优先权级别比 INTR 的优先级别高。一般系统中，非屏蔽中断请求信号是由某些检测电路发出的，而这些检测电路往往是用来监视电源电压、时钟等系统基本工作条件的。例如在不少系统中，当电源电压严重下降时，检测电路便发出 NMI 请求，这时 CPU 不管在进行什么处理，总是立即进入 NMI 中断服务程序。非屏蔽中断服务程序的功能通常是保护现场，比如把 RAM 中的关键性数据存入磁盘，或通过程序接通一个备用电源等。

在 IBM PC 系列机中，若系统板上存储器产生奇偶校验错，或 I/O 通道上产生奇偶校验错，或协处理机 Intel8087 产生异常，都会引起一个 NMI 中断。

9.3.2 INTR 中断

INTR（Interrupt Request）是可屏蔽中断请求信号，高电平有效，电平触发方式。INTR 通常由专用的中断控制器 Intel8259A 负责处理并接于 CPU 的 INTR 引脚上。对可屏蔽中断请求，CPU 是否响应取决于中断标志 IF 的状态。当设置 IF=0，从 INTR 引脚进入的中断请求将得不到响应，只有当设置 IF=1 时，CPU 才会响应，并通过 $\overline{INTA}$ 引脚往接口电路送两个脉冲作为应答信号。中断接口电路收到 $\overline{INTA}$ 信号后，将中断向量送至数据总线，同时清除中断请求触发器的请求信号。CPU 根据中断向量找到中断服务程序入口，从而执行中断服务程序。当中断服务程序结束，执行中断返回指令 IRET，将恢复进入该中断前的 IF 状态。

9.4 中断的优先权管理

在有多中断源的微机系统中，完全有可能几个中断源同时提出中断请求，或者在尚未处理完一个中断时又有一个新的中断请求提出。而一个 CPU 只有一条 INTR 引脚，不可能做到一个中断源一根中断请求线，在同一时刻只能为一个中断请求服务，这就决定了在微机系统中必然存在着一个多中断源之间的冲突问题。因此，CPU 必须先识别出是哪个中断请求，CPU 除了要识别中断源外，还要比较它们的优先级别，先响应优先级别高的中断申请，往往识别中断源和比较优先权在系统中是同时解决的。

在微计算机系统中，中断的优先权管理的结构通常对中断优先级采用软件查询方式、菊花链法、专用芯片管理方式 3 种办法进行管理。

9.4.1　软件查询方式

使用软件查询技术，是当 CPU 响应中断后，在接口硬件支持下，程序查询以确定哪些外设申请中断，根据安排的优先级别，确定查询的先后顺序。利用软件查询方式要借助 1 个简单的接口电路，如图 9.4（a）所示。假设现有 3 种外设 A、B、C 均采用中断方式与 CPU 交换数据，其中 A 的优先级最高，B 次之，C 最低。3 个外设的中断请求触发器组成一个中断请求寄存器，端口地址设为 20H，将这 3 个中断请求信号相"或"后接到 CPU 的 INTR 信号端。这样，任何一个外设都可向 CPU 发中断请求，CPU 响应中断请求进入中断服务程序。设计中断服务程序时，要在开始部分安排一段能区别优先级别的查询程序，其流程如图 9.4（b）所示。这样，A、B、C 3 种外设就具备了从高到低的优先级。

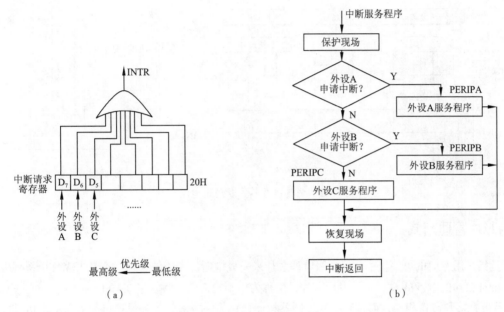

（a）　　　　　　　　　　　　　　　（b）

图 9.4　软件查询方式的接口电路和中断服务程序流程图

对应于图 9.4（b）流程的中断服务程序如下：

```
INT_SER  PROC
        PUSH AX              ;保护现场
        ⋮
        PUSH DX
        IN   AL,20H          ;查询中断请求寄存器
        SAL  AL,1
        JC PERIPA            ;D₇=1,转外设 A 服务程序
        SAL  AL,1
        JC PERIPB            ;D₆=1,转外设 B 服务程序
 PERIPC:       ......        ;否则,D₅=1,执行外设 C 服务程序（程序略）
 PERIPA:       ......        ;外设 A 服务程序（略）
 PERIPB:       ......        ;外设 B 服务程序（略）
        CLI                  ;关中断
        POP DX               ;恢复现场
        ⋮
        POP AX
        STI                  ;开中断
        IRET                 ;返回断点
INT_SER  ENDP
```

利用软件查询方式的优点是节省硬件，但在中断源较多时，必然有较长的查询程序段，这样，由外设发中断请求信号到 CPU 转入相应的服务程序入口所花的时间也较长。

9.4.2 菊花链法

菊花链法是一种获得中断优先级管理的简单硬件方法，其做法是在每个外设对应的接口上接一个逻辑电路，这些逻辑电路构成一个链以控制中断回答信号的通路，称为菊花链。菊花链线路图如图 9.5（a）所示，（b）图是菊花链上各中断逻辑电路的具体线路图。

由图中可以看出，当有一个接口发出中断请求时，CPU 如果允许中断，就发回 $\overline{INTA}$ 应答信号，如果优先级别较高的外设没有发中断请求信号，那么 $\overline{INTA}$ 信号将在链路中原封不动地往后送至申请中断的接口，而且该接口的中断逻辑电路就对后面的中断逻辑实行阻塞，致使 $\overline{INTA}$ 不再后传，当某一接口收到 $\overline{INTA}$ 信号后，才撤除中断请求信号，否则，就一直保持中断请求。可以看出，在该电路中，越靠近 CPU 的接口，优先级越高。

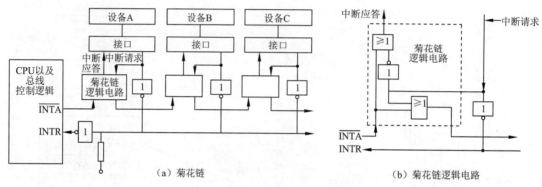

图 9.5　菊花链及其中断逻辑电路

9.4.3 专用芯片管理方式

这种方式是指采用专门的可编程中断优先级管理芯片来完成中断优先级的管理。这是 IBM PC 系列微机系统最常用的方法。Intel 公司的 8259A 就是这种专用芯片，又称为中断控制器。将它接在 CPU 和接口之间，CPU 的 INTR 脚和 $\overline{INTA}$ 脚不再直接和接口相连，而是和中断控制器相接连；另一方面，各外设接口的中断请求信号并行地送到中断控制器，此管理电路为各中断请求信号分配优先级。下面将对 8259A 的工作原理及应用进行详细的讲述。

*9.5　IBM PC/XT 微计算机的中断系统

IBM PC/XT 微计算机的中断系统如图 9.6 所示。图中所示为由 8088 CPU 的中断逻辑管理的内部中断和外部中断。外部中断又分可屏蔽中断 INTR 和非屏蔽中断 NMI。其中内部中断已在前面述及，不再赘述。

1. 可屏蔽中断 INTR

IBM PC/XT 用单片 8259A 可接收来自外设的 8 个中断源 IRQ0～IRQ7 的请求，形成中断请求信号 INT 输出给 8088 CPU 的 INTR 引脚。可屏蔽中断源与 8259A 对应的 IR 编码及优先级别见表 9.1。

表 9.1　IBM PC / XT 的可屏蔽中断源与对应的 IR 编码及优先级别

IR 编码	外设的中断请求信号及对应的中断源	优先级别
IR0	IRQ0：电子时钟	0（最高级）
IR1	IRQ1：键盘中断	1
IR2	IRQ2：（保留）	2
IR3	IRQ3：异步通信（COM2）	3
IR4	IRQ4：异步通信（COM1）	4
IR5	IRQ5：硬磁盘	5
IR6	IRQ6：软磁盘	6
IR7	IRQ7：并行打印机	7（最低级）

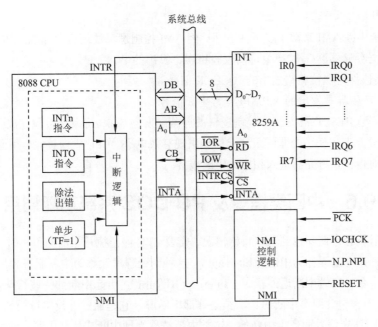

图 9.6 IBM PC/XT 的中断控制系统

IBM PC/XT 微机为 INTR 分配的中断类型码为：08H ~ 0FH（初始化命令字 ICW2 的 $D_7 \sim D_0$ 为 00001B），分别对应 IR0 ~ IR7。

图 9.6 中的 8259A 的 $\overline{RD}$ 和 $\overline{WR}$ 由系统控制总线的 $\overline{IOR}$（I/O 读）和 $\overline{IOW}$（I/O 写）信号提供；片选信号来自地址译码电路的中断地址线 $\overline{INTRCS}$；A_0 则直接与地址总线的 A_0 相连，决定了 8259A 的两个端口地址为 20H 和 21H。当任一个中断源有中断请求时，8259A 按程序设置好的优先级别产生中断请求信号 INT 送至 8088 的 INTR 引脚，若 CPU 处于中断开放状态，就会在当前指令执行完后进入中断响应周期，CPU 向 8259A 发回 $\overline{INTR}$ 应答信号，促使 8259A 把中断类型码送至数据总线，开始中断服务。

8259A 的初始化编程和工作方式设置编程如下：

```
    ⋮
CLI                     ;关中断
MOV AL,13H              ;ICW1 设置为: 单片,边缘触发,需要 ICW4
OUT 20H,AL
MOV AL,08H              ;ICW2 设置为: 中断类型码的 D7 ~ D3 为 00001B
OUT 21H,AL
MOV AL,01H              ;ICW4 设置为: 非自动的 EOI,非缓冲式,8086 / 8088 系统
OUT 21H,AL
;------------------------------------------------------------------
MOV AL,04H              ;OCW1 设置为: 只屏蔽 IRQ2 (保留中断)
OUT 21H, AL
MOV AL,20H              ;OCW2 设置为: 固定优先权,一般的 EOI
OUT 20H,AL
MOV AL,4BH             ;OCW3 设置为: 正常屏蔽,非查询方式,可读 ISR
OUT 20H,AL
STI                     ;开中断
```

若要读出 ISR、IRR 和 IMR 寄存器的状态，可用下面的程序段完成：

```
IN AL,21H              ;读 IMR
PUSHAX                 ;保存
IN AL,20H              ;读 ISR (先设 OCW3 为读 ISR)
PUSH AX                ;保存
MOV AL,4AH             ;重写命令字 OCW3,读 IRR
OUT 20H,AL
IN AL,20H              ;读 IRR
```

2. 非屏蔽中断 NMI

IBM PC/XT 的非屏蔽中断 NMI 来源于以下 3 方面，经 NMI 控制逻辑处理后向 8088 CPU 发出 NMI 信号。

（1）系统板上的数据存储器读/写时产生奇偶校验错误，发出的 PCK 信号。

（2）I/O 通道的扩展选件奇偶校验错发出的 IOCHCK 信号。

（3）协处理器 8087 产生异常发出的 N.P.NPI 异常中断信号。

系统一上电，复位信号 RESET 先将 NMI 控制逻辑的屏蔽触发器清 0，待系统自检完成开始正常工作之后，再开放 NMI 请求。此时，只要上述任一个非屏蔽请求信号出现有效电平，CPU 立即接收，用固定的 NMI 类型码 n=2 寻址中断向量，并在当前指令执行完后进入相应的中断服务。

*9.6 中断类指令及 PC DOS 系统功能调用

当微计算机系统在运行程序期间遇到某些特殊情况，需要 CPU 停止执行当前的程序时，就生产断点，转去执行一组专门的例行程序，这个过程称为中断（Interrupt）。这种例行程序又称为中断服务程序。在中断服务程序的末尾需要设置一条返回指令，叫做中断返回指令（Interrupt RETurn）。引起中断的一些特殊情况被称为中断源。

在 8086 的中断机构中，包含两类中断源：一类是外部中断源，它是通过外设接口向 8086 CPU 的 2 条中断请求引脚 INT 和 NMI 发中断请求信号而产生中断的，这类中断被称为硬中断或外部中断；另一类是内部中断，内部中断是通过 CPU 执行中断指令产生的，或者是 CPU 在执行程序时遇到了一些情况，如除法运算时，除数为 0 使商超出范围而产生的，或者是对控制标志，如对陷阱标志 TP 进行设置后，由 CPU 对 TP 的测试而产生的（这些都是产生内部中断的内部中断源）。

9.6.1 中断及中断返回指令

1. 中断指令（共有 3 条）

1）INT n

该中断指令为双字节指令，n 为中断类型号（Type），占有一个字节。因此可有 0~255 共 256 级中断。CPU 根据此类型号 n，从位于内存实际地址 00000H~003FFH 区中的中断向量表找到中断服务程序的首地址，每个类型号含一个 4 字节的中断向量。中断向量就是中断服务程序的入口地址。将中断类型号乘以 4 就得到中断向量的存放地址。由此地址开始，前 2 个单元中存放着中断服务程序入口地址的偏移量，即（IP），后 2 个单元中存放着中断服务入口地址的段首址，即（CS）。8086 的中断向量表是在完成 DOS 引导后装入内存的，其结构如图 9.7 所示。

INT n 指令的操作如下：

① $(SP) \leftarrow (SP) - 2$
  $((SP)+1, (SP)) \leftarrow (F)$；（F）入栈
② $(TF) \leftarrow 0$
  $(IF) \leftarrow 0$
③ $(SP) \leftarrow (SP) - 2$
  $((SP)+1, (SP)) \leftarrow (CS)$ ；码段（CS）
                        ；入栈
④ $(CS) \leftarrow (n*4+2)$ ；取入口地址的
                        ；段首址
⑤ $(SP) \leftarrow (SP) - 2$
  $((SP)+1, (SP)) \leftarrow (IP)$ ；（IP）入栈
⑥ $(IP) \leftarrow (n*4)$ ；取入口地址偏移量

【例 9.1】以 INT 21H 为例，试说明其操作步骤。

【解】指令执行时，先将标志寄存器（E）入栈，然后清标

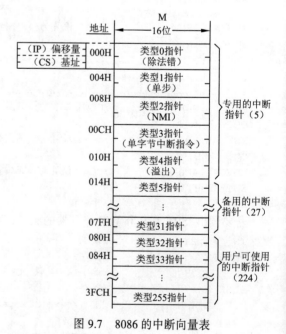

图 9.7 8086 的中断向量表

志 TF,IF，阻止 CPU 进入陷阱（单步）中断，再保护断点，将断点处下一条指令的地址入栈，即（CS），（IP）入栈，最后计算向量地址 21H*4 = 84H，查出向量表 84H~87HP 这 4 个单元中依次存放的内容：AE，01，C8，09。接着执行：（IP）←01AEH，（CS）←09C8H。最后，CPU 将转到 09C8H:01AEH 单元去执行中断服务程序。

2）INT

该指令为单字节指令，相当于 n = 3 的 INT3 指令。但类型号 3 可以省去不写。该中断又被称为断点中断，是 8086 提供给用户的一种调试手段。一般用在调试程序（DEBUG）中。

3）INTO（Interrupt if Overflow）

该指令可以写在一条算术运算指令的后面。若算术运算产生溢出，标志 OF = 1。当 INTO 指令检测到 OF = 1 时，则启动一个中断；否则，不进行任何操作，顺序执行下一条指令。INTO 的操作类似于 INT n，所不同的是：该指令相当于类型号 n = 4，故向量地址为：4H*4 = 10H。

2. 中断返回指令 IRET（Interrupt Return）

该指令用在任何一种中断服务程序的末尾，以退出中断，并返回到中断断点处的下一条指令。IRET 指令的操作如下：

```
（IP）← ((SP)+1,(SP))
       (SP)← (SP)+2
（CS）← ((SP)+1,(SP))
       (SP)← (SP)+2
（F）← ((SP+1,(SP))
       (SP)← (SP)+2
```

9.6.2　8086 的专用中断

从图 9.7 的中断向量表可以看到：从类型 0~类型 4 共 5 种中断属 8086 的专用中断。

1. 类型 0 中断

该类型被称为除数为 0 的中断。每当算术运算过程中遇到除数为 0，或对带符号数进行除法运算时，所得的商超出规定的范围（双字/字的范围为：−327 68~327 67；字/字节的范围为：− 128~127），CPU 会自动产生类型 0 中断，转入相应的中断服务程序。因此，类型 0 中断没有相应的中断指令，也不会由外部硬件引起。

2. 类型 1 中断

该中断又被称为单步中断，和类型 0 中断一样，既没有相应的中断指令，也不会由外部硬件引起。CPU 进入单步中断的唯一依据是标志寄存器中的陷阱标志 TF = 1。当 CPU 测试到 TF = 1 时，自动产生单步中断。单步中断是 8086 提供给用户使用的一种调试手段。

所谓单步中断，就是 CPU 每执行一条指令，就进入一次单步中断服务程序。此服务程序的功能是显示出 CPU 内部各寄存器的内容，或提示一些附加信息。因此，用它来检查用户程序中的一些逻辑错误往往是很有用的。单步中断一般用于调试较小的程序，需要逐条执行指令、逐条检查的场合。单步中断的服务程序在调试程序中。

调试程序为了用单步方式执行用户程序，当程序员设置了单步调试命令之后，有一个专门的程序段会修改标志位 TF，并且用一个计数单元记录需要执行的单步中断次数。应注意，TF 的值是由调试程序修改的，而不是由被调试的程序修改的。

当 CPU 测试到 TF = 1 时，就进入单步中断。单步中断和 INT n 指令的中断过程一样，首先将标志寄存器内容（F）入栈（这时就保存了 TF = 1 的状态），接着清除标志 TF 和 IF，再把断点地址入栈，最后进入单步中断服务程序。进入单步中断服务程序后，因为 TF = 0，CPU 不会以单步方式执行中断服务程序，而仍然以连续方式执行服务程序，显示 CPU 内部各寄存器内容并提示一些附加信息，最后返回断点，并弹回堆栈保存的标志寄存器的内容，使单步计数单元的内容减 1。由于从堆栈弹回了标志寄存器的内容，于是 TF 又变为 1，所以在执行下一条指令后，又进入单步中断服务程序。如此进行下去，每单步执行一条指令，便显示各寄存器内容，直到单步计数单元的内容减为 0 时，调试程序又用传送指令将标志寄存器中的 TF 复位为 0，从而结束单步中断的状态。

还要指出一点：如果遇到被调试程序中有带重复前缀的串操作指令，则在单步操作状态下，将在每次重复操作之后，产生一个单步中断，而不是在整个串操作指令结束以后才进入单步中断。

3．类型 2 中断

此中断是供 CPU 外部紧急事件使用的非屏蔽中断 NMI。

4．类型 3 中断

前面已讲述过类型 3 中断是执行一条单字节的 INT 指令引起的，又称为断点中断。它和单步中断一样，也是 8086 提供给用户使用的一种调试手段。但是，单步中断对调试一个较小的程序，或者对一个较长的程序（确定了存在错误的范围的情况）比较适合，可以用这种逐条执行、逐条检查的办法去发现逻辑上的错误。但是，要想从一个较长的程序中去分离出一个存在问题的程序段，最好采用断点中断。下面介绍如何设置断点。

程序员往往将一个较长的程序划分为多个程序段。每个段都完成一定的功能，在每个段的结束点用中断指令 INT 去代替用户程序中的原有指令，同时把原有指令妥善保存起来。这样，当程序运算到这点时，就由 INT 指令产生断点，使 CPU 转到类型 3 的中断服务程序。类型 3 的中断操作过程和 INT n 指令一样。

断点中断的服务程序实际上也是调试程序的一部分，其功能是显示 CPU 内部各寄存器的内容，并给出一些提示信息，供程序员判断在断点以前的用户程序运行是否能达到预期的结果。此外，断点中断服务程序还负责恢复进入中断以前在用户程序中被 INT 指令所替换的原有指令，并且还要负责修改堆栈中的断点地址，以便能正确返回到曾被替换掉的那条指令所在的单元，否则，将返回到被替换的指令的下一条指令，也就是说，将少执行一条指令。

8086 的调试程序允许一次设置多个断点，这样，在调试用户程序的过程中，会自动在各断点处停下，显示信息，供程序员检查运行结果。

INT 断点指令为单字节指令，这是与其他中断指令相比的特殊之处。其原因就是为了在任何情况下，用它都只替换用户程序中的一条指令，而不牵连其他指令。可以想到，若 INT 指令也为双字节指令，当其用它来替换一条原有的单字节指令时，必然还替换了下一条指令的 1 个字节的操作码，这样，当程序运行到断点处停下时，可能是恢复到进入断点前被替换的第 2 条指令的操作码处，因而会出现意外的、非程序上固有的错误。

5．类型 4 中断

该中断又被称为溢出中断。溢出中断是在程序中设置一条 INTO 指令实现的。INTO 指令为单字节指令。

在前面的算术运算类指令中曾提到：8086 的指令系统对无符号数和带符号数进行乘法或除法运算时，各自采用一套指令，而对加法或减法运算，却采用了同一套指令。只不过，当把数据作为无符号数时，用检测标志 CF 是否为 1 来判断结果是否溢出，而且即使 CF = 1，所得的结果并不是错误的，反而可利用 CF = 1 作为多倍精度数相加或相减时，由低位字节或低位字向高位字节或高位字的进位或借位。但是，当把数据作为是带符号数时，是用检测标志 OF 是否为 1 来判断结果是否溢出的。带符号数运算结果一经溢出，就表示出错，若不做及时处理，就会导致整个程序出错。

对 CPU 来说，无法确定当前处理的数据到底是无符号数还是带符号数。因此，就给程序设计者提出了这样一个问题，即在程序中用什么指令能确定处理数据的性质。INTO 正是这种指令。INTO 指令总是跟在带符号数进行加、减运算的指令后面。 这样，当加减运算使 OF = 1 时，就执行 INTO 溢出中断，进入溢出中断服务程序，由它给出出错信息。若加减运算不出现溢出，OF = 0 时，执行 INTO 指令的结果，也进入该中断服务程序，但此时，仅仅对标志进行测试后，就返回被中断的程序，继续执行，对程序不会产生什么影响。

9.6.3　PC DOS 的系统功能调用与基本 I/O 子程序调用

1．8086 中断类型号的分配

在 8086 允许的 256 级（即 00H~0FFH）中断类型中，除 00H~04H 级规定为专用的中断外，IBM–PC 把类型号 08H~1FH 分配给主板和扩展槽上的基本外设的中断服务子程序和 BIOS（Basic Input/Out System）ROM 中的 I/O 子程序调用指令；把类型号 20H~0FFH 中的一些分配给 DOS 中的功能子程序调用指令，其中的 40H~7FH 留给用户，作为开发时供使用的中断类型号。

2. PC-DOS 系统功能调用（Function CALL）

PC-DOS 为用户提供了许多可直接使用的命令。另外，DOS 还为用户提供了 80 多个功能子程序，可供汇编语言程序设计时直接使用。这样，程序员就不必编写这些繁杂的程序，也不必为此去搞清有关的设备、电路及接口等，而只须遵循 DOS 规定的调用方法就可直接调用了。对于机器的使用者来说，这些子程序和命令一样，都可看成是操作系统向用户提供的软件资源，又称为软接口。普通用户可以通过键盘发送命令在命令处理模块（其文件名为 COMMAND,COM）这个层次上和 DOS 打交道；高级用户则通过软件中断和系统功能调用在 DOS 的较低层次和操作系统打交道。

这 80 多个子程序按服务功能可分为 3 个方面：

（1）磁盘的读写管理。

（2）内存管理。

（3）基本 I/O 管理（包括对键盘、打印机、显示器和磁带等的管理）以及对时间、日期的处理子程序。

DOS 的所有功能子程序调用都利用 INT 21H 中断指令。为了便于使用，已将所有子程序放在其中断服务程序中按顺序编号，这个编号就是子程序的功能号。因这些调用已包含了整个系统的功能，因此，称 INT 21H 为系统功能调用。DOS 拥有的功能子程序数目视 DOS 版本而异，例如，DOS 2.0 以上版本共有 87 个功能子程序，DOS 3.0 以上版本共有 98 个功能子程序。

在调用这些子程序时，程序中应给出以下 3 方面的内容：

（1）入口参数。

（2）子程序的功能号送入 AH 寄存器。

（3）INT 21H。

有的子程序不需要入口参数，但大部分需要将入口参数送入指定的地方。调用结束，所得结果为出口参数，它一般是给在寄存器中。有的子程序，如"屏幕显示字符"子程序，调用结束后，会立即在屏幕上看到结果。

3. 基本 I/O 子程序调用

BM PC 系统向用户提供了十分有效的基本 I/O 子程序。这些子程序有两个存放的地方：一个在 DOS 系统功能调用中，另一个在 BIOS 的固化 ROM 中。这些子程序就是基本 I/O 子程序，它和 DOS 中的基本 I/O 子程序功能类似，允许用户在汇编语言程序设计时用 INT n 指令调用。

这里，将以 DOS 的基本 I/O 子程序调用为主进行介绍，并举例说明其应用。

1）键盘输入并回显（功能号 01）

1 号系统功能调用等待从标准输入设备（默认为键盘）输入一个字符，并送入寄存器 AL。不需要入口参数。例如：

```
MOV AH,1        ;将功能号 01 送入 AH
INT  21H
```

执行上述指令，系统将扫描键盘，等待有键按下，一旦有键按下，就将键值（相应键符的 ASCII 值）读入，先检查是否是 Ctrl-Break，若是，则退出命令执行；否则，将键值送入 AL,寄存器，同时回显在屏幕上。

2）显示输出（功能号 02）

2 号系统功能调用是向标准输出设备（默认为显示器）输出一个字符代码，入口参数是将要输出的字符的 ASCII 码置入 DL，例如：

```
MOV   AH,02      ;将功能号 02 送入 AH
MOV   DL,'$'      ;设入口参数
INT   21H
```

执行上述指令，屏幕上将显示$。若 DL 中给的字符为"退格"符，将使显示器上光标左移一个位置，并显示空格。如果是 Ctrl-Break，则退出命令执行。

3）异步通信输入（功能号 03）

3 号系统功能调用等待并从标准辅助设备（默认为 1 号异步通信接口 COM1）输入 1 个字符（或者 ASCII 码），并送到寄存器 AL 中。启动时，DOS 把此通信端口初始化为 2 400 波特、一个停止位、没有奇偶校验位、字长为 8 位。

执行后，出口参数在 AL 中得到输入的字符代码。

4）异步通信输出（功能号 04）

4 号系统功能调用是从标准辅助设备上输出一个字符，入口参数是把输出的字符码放入 DL 中。

关于异步通信接口的 I/O，建议使用 ROM BIOS 中的中断调用 INT 14H 更为方便，它可对通信接口任意初始化。

5）打印机输出（功能号 05）

5 号系统功能调用是把入口时放入 DL 中的字符输出到标准打印输出设备（默认为接入 1 号并行接口的打印机），例如：

```
MOV DL,'A'      ;设入口参数
MOV AH,05       ;将功能 号 05 送入 AH
INT  21H
```

执行后，打印出字母 A。

6）直接控制台 I/O（功能号 06）

6 号系统功能调用可以从标准输入设备键盘输入字符，也可以向标准输出设备屏幕输出字符。但和 01 号调、02 号调用不同的是不检查 Ctrl-Break，入口参数放入 DL 中。执行分两种情况：

（1）当 DL=0FFH，表示操作功能为输入，而且又分两种情况：

• 若标志 ZF=0，则表示键盘上的字符代码已准备好，读入到 AL 中了。

• 若 ZF=1，则表示无键按下，AL 中不是输入的字符值。

（2）当 DL≠0FFH 时，表示操作功能为输出，DL 为输出字符的 ASCII 码，例如：

```
MOV  DL,0FFH     ;从键盘输入字符
MOV  AH,06H
INT  21H
MOV  DL,24H      ;从屏幕输出字符 $
MOV  AH,06H
INT  21H
```

7）键盘输入无回显（功能号 07）

7 号系统功能调用等待从标准输入设备（键盘）输入字符，然后将输入字符送入 AL 出口。7 号功能调用也不检查字符代码是否为 Ctrl-Break。

8）键盘输入无回显（功能号 08）

8 号功能调用除不回显外，其他功能同 01 调用，但要检查 Ctrl-Break 键盘。

9）显示字符串（功能号 09）

9 号系统功能调用将从标准输出设备上输出存于存储器内的字符串。入口时，要求 DS:DX 指向内存中一个以"$"为结束标志的字符串。执行过程中，标准输出设备上将连续显示或打印出字符串中的每一个字符，直到遇到结束标志$为止（不显示$）。

10）键盘输入到缓冲区（功能号 0AH）

执行 0AH 系统功能调用前，应在数据段定义一个缓冲存储区，这个缓冲存储区应以下列格式定义：

```
DATA  SEGMENT
BUF  DB  81           ;定义缓冲区长度（不能为 0）
     DB  ?            ;保留为填入实际输入的字符个数
       ⁝
     DB  81  DUP（?）  ;定义具有缓冲区长度的存储区
DATA  ENDS
```

入口时，要求 DS:DX 指向输入缓冲区 BUF。执行时，将逐一读入键盘输入码，存入缓冲区自第 3 个单元开始的存储区，直到遇到回车符为止。但计入第 3 单元的字符个数不包括回车符。

若实际输入的字符数少于定义的字符数，缓冲区将多余的空间填零；若输入字符数多于定义的字符数，则多余输入的字符被丢掉，且响铃。

【例 9.2】试编写完整的汇编语言程序，利用 09 和 0AH 系统功能调用，实现"人—机"会话。

【解】人机会话的程序如下：

```
  DATA    SEGMENT
  BUF     DB  81
          DB  ?
          DB  81 DUP（?）
  MESG    DB 'WHAT IS YOUR NAME?',0AH,0DH
          DB'$'
  DATA    ENDS
;……………………………………………………………………
  STACK  SEGMENT PARA STACK 'STACK'
  STACK  ENDS
;……………………………………………………………………
  CODE    SEGMENT
          ASSUME  CS;;CODE,DS: DATA,SS: STACK
  START  PROC    FAR
          PUSH    DS
          MOV     AX,0
          PUSH    AX
          MOV     AX,DATA
          MOV     DS,AX
;……………………………………………………………………
  DISP:   MOV     DX,OFFSET MESG      ;显示提问信息
          MOV     AH,09
          INT     21H
  KEYBI:  MOV     DX,OFFSET BUT       ;接收键盘的回答信息（输入的最后一个字符为 '$'）
          MOV     AH,0AH
          INT     21H
  LF:     MOV     DL,0AH             ;换行
          MOV     AL,02H
          INT     21H
  DISTR:  MOV     DX,0FFSET BUF+2    ;显示输入的回答信息
          MOV     AH,09H
          INT     21H
          RET                        ;返回 DOS
;……………………………………………………………………
  START  ENDP
  CODE    ENDS
          END     START
```

11）检查键盘状态（功能号 0BH）

执行 0BH 号系统功能调用时，若键盘有键按下，则在寄存器 AL 置入 0FFH，同时检查按键是否为 Ctrl-Break，若是，则退出；反之，无键按下时，则向 AL 中置入 0。

上述 11 种 DOS 系统功能调用，都是控制"字符型"的 I/O 设备用的。

12）设置日期（功能号 2BH）

本功能调用的入口参数 CX:DX 中必须有一个有效的日期，CX 中放入年号（1980—2099），DH 中放入月号（1~12），DL 中放入日号（1~31），若日期有效，则设置成功，AL=0，否则 AL=0FFH。

【例 9.3】将日期置为 2020 年 8 月 30 日的程序段如下：

```
MOV CX,2020
MOV DH,8
MOV DL,30
MOV AH,2BH
```

```
      INT  21H
```

13）取得日期（功能号 2AH）

本功能调用不需要入口参数，调用后的返回日期放在 CX:DX 中，CX 中放年号，为二进制数，DH 中放月号，DL 中放日号。如果日时钟转到下一天，日期将自动调整，调整时考虑了每月的天数和闰年。

14）设置时间（功能号 2DH）

时间的格式由 4 个 8 位二进制数表示。具体地说：CH 中放小时数（0~23），CL 中放分（0~59），DH 中放秒（0~59），DL 中放 1/100 秒（0~99）。这种格式易于转化为打印/显示形式，也可以用来计算，例如从一个时间值中减去另一个时间值。

执行时，若时间设置为有效的格式，则表示设置成功，出口时，使 AL=00，反之，则将设置操作取消，出口时使 AL=0FFH。

15）取得时间（功能号 2CH）

本功能调用不需用入口参数，调用结束时，从 CX:DX 中取得时间，时间格式同 2DH 功能调用。

【例 9.4】欲将系统当前的时间设置为 10 点 5 分 8 秒，设置的时间可以从 CX:DX 中取得。

程序段如下：

```
;…………………………………………………………………………………
   MOV   AH,2DH        ;设置时间
   MOV   CX,0A05H
   MOV   DX,0800H
   INT   21H
;…………………………………………………………………………
         MOV  AH,2CH
   LAST: INT  21H
;………………………………………………………………………
```

9.6.4　BIOS 中断调用

1. BIOS 中断调用类型

在 IBM PC 的系统板上装有 40KB 的 ROM，其中，地址从 0FE000H~0FFFFFH 的 8 KB 为 ROM BIOS。另外的 32 KB 为 BASIC 解释程序。

BIOS 提供系统加电自检、引导装入以及对主要 I/O 接口的控制等功能。其中，I/O 接口主要指键盘、磁带、磁盘、显示器、打印机、异步串行通信接口等。

ROM BIOS 由许多功能模块组成。每个功能模块的入口地址都在中断向量地址表中，通过软中断指令 INT n 可以直接调用。它与 DOS 系统功能调用不同的是，DOS 系统功能调用都使用 INT 21H 中断类型，以功能号区别调用子程序的功能。而 BIOS 使用了多种中断类型号，n=8H~1FH。每个类型号 n 代表对一种 I/O 硬件的中断调用，每一种中断调用又以功能号区分控制的功能。

BIOS 中断调用使用的方法和 DOS 系统功能调用类似：首先将功能号送 AH，并给出所需的入口参数，然后再写中断指令。

2. BIOS 中断调用举例

这里仅以键盘 I/O 和打印机 I/O 的中断调用为例说明应用。

1）键盘 I/O 中断调用（INT 16H）

INT 16H 中断调用有 3 个功能，分别用功能号 0，1，2，表示。功能号送 AH。

（1）AH=0。本调用的功能是从键盘读入字符，出口时，AL 中为键盘输入字符的 ASCII 码，AH 中为键盘输入字符的扫描码。

（2）AH=1。本调用的功能包含了 AH=0 的调用功能。但是，执行后还要对 ZF 标志进行设置；若有键按下，键盘缓冲区不空，则置 ZF=1。出口时，若 ZF=0，则 AL 中为输入字符的 ASCII 码，AH 为输入字符的扫描码。

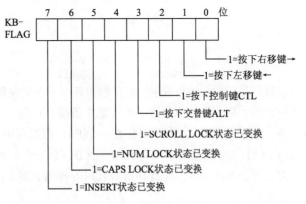

图 9.8　键盘状态字节

（3）AH=2。本调用的功能是读取特殊功能键的状态。这些特殊键不具有 ASCII 码。但按下它们时，又能改变其他键产生的代码。本功能调用执行时，可把表示这些键的状态密切联字节 KB-FLAG（见图 9.8）在出口时回送到 AL 中。

【例 9.5】欲查看按键的 ASCII 码和对应的扫描码，其程序段如下：

```
MOV   AH,0        ;读入字符→AX
INT   16H
MOV   BX,AX       ;字符传 BX
CALL  BTOHSCR     ;显示扫描码和 ASCII
```
其中，BTOHSCR 子程序是二进制转换为十六进制并显示的子程序。

2）打印机 I/O 中断调用（INT 17H）

本调用有 3 个功能，分别用功能号 0，1，2 表示，功能号送 AH。入口时，需将打印机号送 CX，BIOS 最多允许连接 3 台打印机，机号分别为 0，1，2。如果只有一台打印机，则机号一定为 0 号。

（1）AH=0。本功能调用是把 AL 中的字符在打印机上打印出来。入口时，将打印机号送 DX，要打印的字符的 ASCII 送 AL。

（2）AH=1。本功能调用是初始化打印机，并回送打印机状态到 AH 中。

（3）AH=2。本功能调用是读取打印机的状态信号，出口时将此状态信息放在 AL 中。

【例 9.6】试用 INT 17H 的 0 号调用打印字符。

其程序段如下：

```
MOV DX,0        ;送打印机号 0→DX
MOV AL,'A'
MOV AH,0
INT 17H
```

9.6.5　返回 DOS 的方法及使用的中断调用

在 DOS 环境下运行的每一个 MASM-86 的汇编语言程序，都应具备正确返回 DOS 的功能，否则就会出现死机。INT 20H 和 INT 21H 的 4CH 号功能调用都能退出或结束当前程序，返回 DOS。但要注意，它们将分别用在不同框架结构的汇编语言源程序中。

1. 源程序框架结构之一及程序结束中断 INT 20H 的使用

INT 20H 中断调用指令的功能是退出当前程序，返回 DOS。使用 INT 20H 指令的源程序框架结构如下所示：

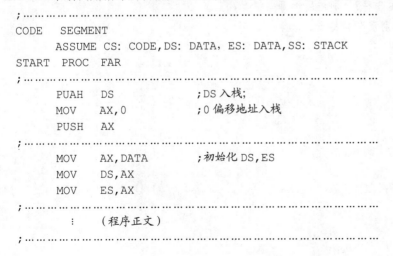

```
        RET                      ;返回 DOS
  START  ENDP
  CODE   ENDS
        END     START           ;汇编结束
```

这种框架结构使用很普遍。但从结构表面看不到使用了 INT20H，那么，为什么又能正确返 DOS 呢。这里，首先应指出，程序框架中的第 4~6 行这 3 条指令功能是"保存返回地址"，它和 RET 指令是配合使用的，不能缺少一条，而这些指令又必须同时用在一个 FAR 调用程序中。当执行 RET 指令时，便将 PUSH AX 入栈的 0 偏移地址和由 PUSH DS 入栈的（DS）分别弹回 IP 和 CS 中，而由（DS）所指向的正是程序段的前缀 PSP。在 PSP 入口处，放着一条 INT 20H，这是 DOS 设计时安排的，当（CS）=（DS）时，就转 PSP 入口处，执行 INT 20H，从而实现正确返 DOS。

2. 源程序框架结构之二及 INT 21H 的 4CH 号功能调用的使用

使用 INT 21H 的 4CH 号功能调用终上当前程序，返回 DOS 的源程序框架结构之二如下所示：

```
;………………………………………………………………………………………
CODE     SEGMENT
         ASSUME   CS; CODE,DS: DATA,ES: EDAT,SS: STACK
MAIN:    MOV  AX,DATA            ;初始化 DS
         MOV  DS,AX
         MOV  AX,EDAT            ;初始化 ES
         MOV  ES,AX
         MOV  AX,STACK           ;初始化 SS
         MOV  SS,AX
         MOV  SP,OFFSET  TOP     ;初始化栈顶
;………………………………………………………………………………………
         ⋮    （程序正文）
;………………………………………………………………………………………
         MOV  AH，4CH            ;返回 DOS
         INT  21H
         CODE ENDS
         END  MAIN
```

注意，这种框架结构的程序不是以 FAR 过程出现的。

习　题　9

1．8086/8088 系统的中断源分哪两大类?它们分别包括哪些中断?

2．简述硬件中断和软件中断的基本概念，并叙述基于 8086/8088 的微机系统处理硬件中断的过程。

3．一般中断系统的各部分及其功能是什么?

4．8086 / 8088 中断向量表设置方法有哪 3 种?分别适用于哪些情况?

5．分析中断与 DMA 两种传输方式的区别及各自特点。

参 考 文 献

[1] 唐朔飞. 计算机组成原理[M]. 2 版. 北京：高等教育出版社，2008.1.

[2] 尹艳辉，王海文，邢军. 计算机组成原理教程[M]. 武汉：华中科技大学出版社，2017.1.

[3] 曲宁，王希敏. 计算机硬件技术基础[M]. 北京：兵器工业出版社，2005.9.

[4] 蒋本珊. 计算机组成原理[M]. 2 版. 北京：清华大学出版社，2009.7.

[5] 黄颖. 计算机组成原理[M]. 北京：机械工业出版社，2008.9.